PyQt 5

从入门到精通

朱文伟 著

清华大学出版社
北京

内 容 简 介

本书既是介绍 PyQt 5 的快速入门图书，也是介绍 PyQt 5 实战应用的图书。本书学习曲线平缓，除了适合初学者之外，内容详细和全面的特点又使本书非常适合做软件工程师的案头查询手册，可以大大地节省繁忙的工程师查阅和筛选信息的时间，做到"一本在手，PyQt 我有"。本书配套示例源码、PPT 课件、作者 QQ 群答疑服务。

本书共分 11 章，从基本的 PyQt 5 环境搭建开始介绍，不仅有 PyQt 5 窗口设计基础、PyQt5 常用控件、菜单、工具栏和状态栏、对话框应用、布局管理等基础知识，还包括多线程编程、数据库编程、图形图像编程和网络编程等。本书聚焦 PyQt 5，内容虽多，但都是实实在在的"干货"。

本书旨在帮助读者以最短的时间掌握 PyQt 5 的基础知识及实战应用，适合 PyQt 5 初学者以及 Python 开发工程师，也适合作为高等院校计算机软件开发及相关专业的教材。

图书在版编目（CIP）数据

PyQt 5 从入门到精通 / 朱文伟著. —北京：清华大学出版社，2023.4
ISBN 978-7-302-63245-0

I. ①P… II. ①朱… III. ①软件工具—程序设计 IV. ①TP311.561

中国国家版本馆 CIP 数据核字（2023）第 057956 号

责任编辑：夏毓彦
封面设计：王 翔
责任校对：闫秀华
责任印制：曹婉颖

出版发行：清华大学出版社
　　网　　　址：http://www.tup.com.cn，http://www.wqbook.com
　　地　　　址：北京清华大学学研大厦 A 座　　　　　邮　　编：100084
　　社 总 机：010-83470000　　　　　　　　　　　邮　　购：010-62786544
　　投稿与读者服务：010-62776969，c-service@tup.tsinghua.edu.cn
　　质 量 反 馈：010-62772015，zhiliang@tup.tsinghua.edu.cn

印 装 者：天津鑫丰华印务有限公司
经　　销：全国新华书店
开　　本：190mm×260mm　　　印　张：24.75　　　字　数：667 千字
版　　次：2023 年 5 月第 1 版　　　　　　　　　　印　次：2023 年 5 月第 1 次印刷
定　　价：129.00 元

产品编号：096794-01

前　言

近几年，Python 无疑是编程语言届的黑马，横扫了 TIOBE、Stack Overflow 各大榜单。根据 IEEE Spectrum 发布的编程语言排行榜，2022 年主流的十大编程语言中，Python 排名第一。Python 的语言优势也很多，简单易学、免费/开源、速度快/效率高、可移植性强、面向对象以及可扩展性、可嵌入性、丰富的库等都是 Python 的优势；而且 Python 相对来说比较简单，对新手友好，这些都决定了学 Python 不怕学不会，也不怕没前途。2021 年就是 Python 摘得 IEEE 编程语言排行榜的桂冠，2022 年依旧如此。回顾近几年的编程语言，还没有另外一门编程语言发展得如此迅猛。在各种榜单的加持下，似乎不学 Python 就会被打上技术落后的标签。

那么 Qt 呢？Qt 作为一个跨平台的开源 UI（用户界面）应用程序开发框架，在国内外的应用有很大的发展，尤其是面向军工、嵌入式、自主可控的信息安全行业，应用更是广泛。所以，掌握 Qt 的开发技能对于跨平台开发者显得尤为重要，因为当今很多商业软件都要求能在多个操作系统下运行。在跨平台图形界面编程世界，Qt 已经是事实上的霸主。

关于本书

由 Python 和 Qt 结合起来的 PyQt 让 Python 开发者如虎添翼，使得 Python 开发者的技能更加完善。本书既是介绍 PyQt 5 的快速入门图书，也是介绍 PyQt 5 实战应用的图书。PyQt 5 是对 Qt 所有类的 Python 封装，既可以利用 Qt 的强大功能，也可以利用 Python 丰富的生态，同时能够结合 Python 简洁的语法进行操作，其结果就是使用 PyQt 5 可以高效、快速地开发出自己想要的程序。

本书对 PyQt 5 基础知识的介绍比较全面，同时对新手使用 PyQt 5 的一些重点、难点都有专门的章节进行针对性分析，相对于市面上其他 PyQt 开发图书来说，内容循序渐进，充分照顾初学者，使得初学者的学习曲线非常平缓，因此特别适合作为初学者的 PyQt 入门书以及高等院校或高职高专的教学用书。同时，本书实例丰富、注释详细，能帮助读者快速掌握 PyQt 5 的实战应用，我们知道实例的作用非常大，稍微有经验的工程师看一遍带注释的代码，基本就能掌握开发精髓。

本书既有手工编写代码的方式，这是深刻理解原理的基础，也采用了主流的可视化界面开发工具 Qt Designer 进行图形界面的设计，并采用 Python 世界的主流集成开发环境 PyCharm 进行代码编辑和调试等。PyCharm 是一种 Python IDE（Integrated Development Environment，集成开发环境），带有一整套可以帮助用户在使用 Python 语言开发时提高效率的工具，比如调试、语法高亮、项目管理、代码跳转、智能提示、自动完成、单元测试、版本控制。可以说，学会本书，不但学会了 PyQt 5，也学会了 Qt Designer 和 PyCharm。

资源下载与技术支持

本书配套示例源码、PPT 课件、作者 QQ 群答疑服务，需要使用微信扫描右面的二维码获取。阅读过程中如果发现问题或者疑问，请邮件联系 booksaga@163.com，邮件主题写"PyQt 5 从入门到精通"。作者答疑服务信息请参看下载资源中的相关文件。

本书作者

本书的主创作者为朱文伟，参加本书创作并对代码做测试的人员还有李建英，在此表示感谢。虽然我们已经用心在写本书，但是疏漏之处在所难免，希望读者不吝指教。

作　者
2023 年 1 月

目 录

第1章

Qt 概述

1.1　Qt 简介

Qt（发音为 cute，而不是 cu-tee）是 1991 年由 Haavard Nord 和 Eirik Chambe-Eng 开发的跨平台 C++图形用户界面应用程序开发框架。发展至今，它既可以开发 GUI 程序，也可以开发非 GUI 程序，比如控制台工具和服务器。Qt 与 Linux 上的 Motif、Openwin、GTK 等以及 Windows 平台上的 MFC、OWL、VCL、ATL 是同类型的图形界面库，但它比其他的图形界面库更容易使用和学习。

Qt 是一个跨平台的 C++应用程序框架，支持 Windows、Linux、Mac OS X、Android、iOS、Windows Phone、嵌入式系统等。也就是说，Qt 可以同时支持桌面应用程序开发、嵌入式开发和移动开发，覆盖了现有的所有主流平台。用户只需要编写一次代码，发布到不同平台前重新编译即可。

Qt 不仅仅是一个 GUI 库，它除了可以创建漂亮的界面外，还有很多其他组件，例如用户不再需要研究 STL，不再需要 C++的头文件，不再需要去找解析 XML、连接数据库、Socket 的各种第三方库，这些 Qt 都已经内置了。

Qt 是应用程序开发的一站式解决方案。Qt 虽然庞大，封装较深，但它的速度并不慢，虽不及 MFC，但比 Java、C#要快。Qt 程序最终会编译成本地代码，而不是依托虚拟机。Qt 家族工具丰富，目前还包括 Qt Creator、Qt Embedded、Qt Designer 快速开发工具，Qt Linguist 国际化工具等部分。

Qt 非常适合跨平台开发领域，是 Python 程序员必须掌握的主流开发工具。Qt 的最新版本可以从官网上下载。

1.2　Qt 的发展历程

Qt 的发展历程如下：

● 1991 年,Haavard Nord 和 Eirik Chambe-Eng 开始开发将会支持 X11 和 Windows 的 Qt。

- 1994 年，Qt Company 成立。
- 1996 年，KDE 项目由 Matthias Ettrich 创建（Matthias 现为诺基亚 Qt 发展框架工作）。
- 1998 年 4 月 5 日，Trolltech 的程序员在 5 天之内将 Netscape 5.0 从 Motif 移植到 Qt 上。
- 1998 年 4 月 8 日，KDE Free Qt 基金会成立。
- 1998 年 7 月 9 日，Qt 1.40 发布。
- 1998 年 7 月 12 日，KDE 1.0 发布。
- 1999 年 3 月 4 日，QPL 1.0 发布。
- 1999 年 3 月 12 日，Qt 1.44 发布。
- 1999 年 6 月 25 日，Qt 2.0 发布。
- 1999 年 9 月 13 日，KDE 1.1.2 发布。
- 2000 年 3 月 20 日，嵌入式 Qt 发布。
- 2000 年 9 月 4 日，Qt free edition 开始使用 GPL。
- 2000 年 9 月 6 日，Qt 2.2 发布。
- 2000 年 10 月 5 日，Qt 2.2.1 发布。
- 2000 年 10 月 30 日，Qt/Embedded 开始使用 GPL 协议（GNU 通用公共许可证）。
- 2008 年，Nokia 从 Trolltech 公司收购 Qt，并增加了 LGPL 的授权模式。
- 2011 年，Digia 从 Nokia 收购了 Qt 的商业版权，从此 Nokia 负责 Qt on Mobile，Qt Commercial 由 Digia 负责。
- 2012 年 8 月 9 日，作为非核心资产剥离计划的一部分，诺基亚宣布将 Qt 软件业务出售给芬兰 IT 服务公司 Digia。
- 2013 年 7 月 3 日，Digia 公司 Qt 开发团队在其官方博客上宣布 Qt 5.1 正式版发布。
- 2013 年 12 月 11 日，Digia 公司 Qt 开发团队宣布 Qt 5.2 正式版发布。
- 2014 年 4 月，Digia 公司 Qt 开发团队宣布 Qt Creator 3.1.0 正式版发布。
- 2014 年 5 月 20 日，Digia 公司 Qt 开发团队宣布 Qt 5.3 正式版发布。

1.3 Qt 的优点

Qt 是一个跨平台的 C++图形用户界面应用程序框架，提供给应用程序开发者建立艺术级的图形用户界面所需的功能。Qt 很容易扩展，并且允许真正地进行组件编程。Qt 与 GTK、KDE、MFC、OWL、VCL、ATL 是一样的图形界面库。

QT 的优点如下：

（1）优良的跨平台特性。Qt 支持的操作系统：Microsoft Windows、Linux、Solaris、SunOS、HP-UX，Digital UNIX（OSF/1，Tru64）、IRIX、FreeBSD、BSD/OS、SCO、AIX、OS390、QNX 等。

（2）面向对象。Qt 的良好封装机制使得 Qt 的模块化程度非常高，可重用性较好，对于用户开发来说非常方便。Qt 提供了一种称为 signals/slots 的安全类型来替代 callback，使得各个元件之间的协同工作变得十分简单。

（3）丰富的 API。Qt 包括 250 个以上的 C++类，还提供基于模板的 collections、serialization、file、I/O device、directory management、date/time 类。

（4）支持 2D/3D 图形渲染，支持 OpenGL。

（5）拥有大量的开发文档。

1.4　Qt 的主要应用领域

Qt 使用的语言是 C++，所以 C++适用的领域，Qt 都适用。Qt 还支持手机开发，所以 Qt 的应用场合非常广。Qt 常见的应用领域有军工软件（在国内这是第一大应用领域）、游戏（如极品飞车）、服务端开发、数字图像处理、虚拟现实仿真（如 Google 地球）、嵌入式系统的界面、跨平台开发等。

总而言之，学好 C++和 Qt，走遍天下都不怕。下面列举 Qt 成功开发的著名软件。

- 3DSlicer：用于可视化和医学图像计算的免费开源软件。
- AcetoneISO：镜像文件挂载软件。
- Adobe Photoshop Album：图像组织应用程序。
- Arora：跨平台的开源网页浏览器。
- Autodesk MotionBuilder：三维角色动画软件。
- Autodesk Maya：3D 建模和动画软件。
- Avidemux：为多用途视频编辑和处理而设计的自由软件程序。
- Avogadro：高级分子编辑器。
- Battle.net：暴雪公司开发的游戏对战平台。
- BOUML：免费的统一建模语言工具箱。
- Bitcoin：比特币。
- chmcreator：开源的 chm 开发工具。
- CineFX：跨平台、开源、免费的影片剪辑、特效与合成套装。
- CoCoA：交换代数计算软件。
- Dash Express：支持 Internet 的个人导航设备。
- DAZ Studio：三维图形插图/动画应用程序。
- Doxygen：API 文件产生器。
- EAGLE：印刷电路板（PCB）设计工具。
- EiskaltDC++：使用直接连接协议的程序。
- Emergent：神经网络模拟器。
- eva：Linux 版 QQ 聊天软件。
- FreeCAD：免费开源的三维实体和通用设计软件。
- FreeMat：自由开源的数值计算环境和编程语言。
- Gadu-Gadu：实时通信软件。
- GoldenDict：开源的字典软件。
- Google 地球（Google Earth）：三维虚拟地图软件。

- GNS：Cisco 网络模拟器。
- Guitar Pro 6：音谱编辑软件。
- 刺猬大作战：基于百战天虫的开源游戏。
- Ipe：自由的矢量图形编辑器。
- KDELibs：许多 KDE 程序都使用的共享库，如 Amarok、K3b、KDevelop、KOffice 等。
- Launchy：开放源代码的快捷启动器。
- LMMS：开放源代码的音乐编辑软件。
- LyX：使用 Qt 作为界面的 LaTeX 软件。
- Mathematica：Linux 和 Windows 版本使用 Qt 作为 GUI。
- Mixxx：跨平台的开放源代码 DJ 混音软件。
- MuseScore：WYSIWYG 的乐谱编辑器。
- MythTV：开源的数字视频录制软件。
- PDFedit：自由的 PDF 编辑器。
- Psi：XMPP 网络协定的实时通信软件。
- qBittorrent：自由的 BitTorrent P2P 客户端。
- QCad：用于二维设计及绘图的 CAD 软件。
- Opera：著名的网页浏览器。
- Qt Creator：诺基亚提供的免费的 Qt 跨平台集成开发环境。
- Qterm：跨平台的 BBS 软件。
- Quantum GIS：自由的桌面 GIS。
- Quassel IRC：跨平台的 IRC 客户端。
- RealFlow：3D 行业的流体和动力学模拟器。
- Recoll：桌面搜索工具。
- Scribus：桌面排版软件。
- Skype：使用人数众多的基于 P2P 的 VOIP 聊天软件。
- SMPlayer：跨平台多媒体播放器。
- Stellarium：天文学自由软件。
- TeamSpeak：跨平台的音效通信软件。
- Texmaker：跨平台的开放源代码 LaTeX 编辑器。
- VirtualBox：虚拟机软件。
- VisIt：开源型交互式并行可视化与图形分析工具，用于查看科学数据。
- VisTrails：科学的工作流管理与可视化系统。
- VLC 多媒体播放器：体积小巧、功能强大的开源媒体播放器。
- Xconfig：Linux 的内核配置工具。
- 咪咕音乐：咪咕音乐是中国移动倾力打造的正版音乐播放器。
- WPS Office：金山软件公司推出的办公软件。
- 极品飞车：韩国 Gameloft 游戏公司出品的著名赛车类游戏。

1.5 认识 PyQt

PyQt 是一个创建 GUI 应用程序的工具包。它是 Python 编程语言和 Qt 库的成功融合。Qt 库是最强大的库之一。PyQt 的开发者是英国的 Riverbank Computing 公司。

PyQt 实现了一个 Python 模块集。它有超过 300 个类,将近 6000 个函数和方法。它是一个多平台的工具包,可以运行在所有主流的操作系统上,包括 UNIX、Windows 和 Mac。PyQt 采用双许可证,开发人员可以选择 GPL 和商业许可。在此之前,GPL 的版本只能用在 UNIX 上,从 PyQt 的版本 4 开始,GPL 许可证可用于所有支持的平台。

PyQt 的不少类库和 API 函数与 Qt 类似,Qt 的很多文档对于 PyQt 程序员来说仍具有参考价值。因此,PyQt 的文档比 PyGTK、wxPython、Tkinter 等 GUI 编程库的文档丰富得多。如果程序员具备使用 Qt 的经验,一般很快就可以过渡到 PyQt 上。而使用 PyQt 的程序员,如果同时精通 C++的话,也可以很快地过渡到 Qt 平台上。另外,有不少工具支持 PyQt 的开发,比如可视化界面设计工具 Qt Designer,可以使用拖拉式操作的方法来设计界面,简单易用。还有可以单步调试的集成化开发环境 PyCharm。本书就是基于 Qt Designer 和 PyCharm 双强来开发实例的。

PyQt 提供的功能:窗口部件以及其他图形化用户接口控制;数据库管理和查询;XML 处理;图像和多媒体;Web 浏览器集成和网络等。

PyQt 是 Qt 最流行的 Python 绑定之一,简单理解,使用 Python 重新实现了一遍 Qt 的功能,在实现的时候,几乎保持了全部原有的 API,学习完 PyQt 之后,只要掌握了 C++语法,就可以快速接手 Qt 的使用。通过 PyQt 可以轻松实现桌面 UI、网络、多线程、数据库、定位、多媒体、Web 浏览器和 XML 等。

学好 PyQt 会得到一个重要的优势,就是可以充分利用 Python 语言本身带来的强大功能,Python 语言不仅是一种面向对象的高级动态编程语言,而且本身也是跨平台的,相比于其他语言(如 C/C++),具有上手快、代码少、开发效率高的特点,再加上 Qt 的 GUI 界面功能强大,因此对于软件开发者来讲,基于 Python 语言,配合 Qt 界面库编写软件界面程序,应该说是比较经典的一种程序架构,这种 Python+PyQt 的程序框架结构既考虑了程序的开发时间效率,又兼顾了复杂漂亮界面的完成能力,现在已经有越来越多的程序员使用这种架构开发程序了。

第 2 章

搭建 PyQt 开发环境

2.1 搭建 Windows 下的 PyQt 开发环境

既然是用 Python 开发 Qt 程序，那肯定首先需要一个 Python 环境，然后再部署 PyQt 环境。为了照顾一部分 Windows 7 系统的使用者，笔者这里采用 Windows 7 操作系统，通常而言，如果在 Windows 7 上把环境搭建起来了，那么在 Windows 10、Windows 11 上也是可以的，反之则不一定。

2.1.1 下载和安装 Python

首先下载 Python，这里下载下来的文件是 python-3.8.8-amd64.exe，如果不想下载，也可以到源码根目录下的 somesofts 子目录下找到该程序。Python 3.8 是最后一版能支持 Windows 7 的版本。双击它，出现安装向导对话框，在对话框底部勾选 Add Python 3.8 to PATH，如图 2-1 所示。

图 2-1

因为默认安装的路径比较长，所以我们换一个简单的路径，单击 Customize installation，然后开始下一步（Next），直到出现安装路径设置的对话框，这里设置安装路径为 d:\Python38，然后单击 Install 开始安装，直到完成。完成后，重新打开一个命令行窗口，输入 python，就可以看到最新的 Python 版本是 3.8 了，如图 2-2 所示。

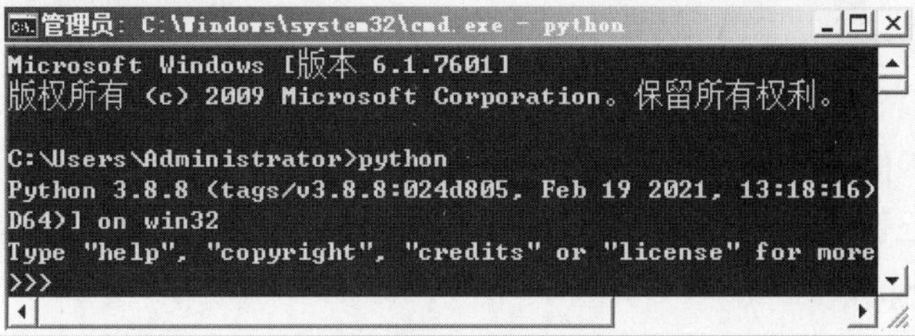

图 2-2

出现提示符"＞＞＞"表示现在 Python 处于交互模式下，我们可以在提示符后面输入 Python 语句，比如先输入一个打印字符串的语句 print("hello world")，再输入 1+1，如图 2-3 所示。

图 2-3

看来一切正常，最后用 exit() 退出 Python。交互模式下的缺点就是代码没法保存下来，下次运行时还要再输入一遍代码。

现在输入命令 pip --version，查看 pip 的版本号，如图 2-4 所示。

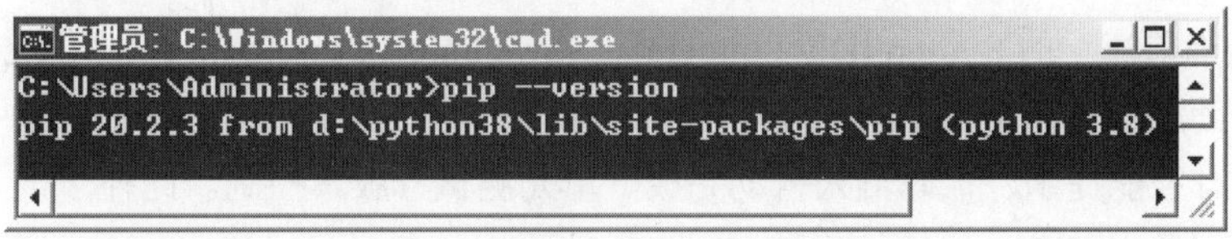

图 2-4

pip 是 Python 的软件包安装程序和管理工具，很多基于 Python 的软件包都由它来安装和管理。

刚才我们在交互模式下输入的 Python 语句没法保存，导致有所遗憾。现在我们把 Python 代码保存在文件中，然后运行。

【例 2.1】记事本开发的第一个 Python 程序

（1）打开记事本，输入代码如下：

```
print("Hello World!")  #输出英文
print("我们将要学习 Python 下的 Qt 开发了！")    #输出中文
print(1+1)  #输出运算结果
```

三行代码都是用 print 语句，第一行输出英文字符串，第二行输出含有中文的字符串，第三行输出 1+1 的运算结果 2。

打开记事本，依次单击菜单选项"文件"→"另存为"，输入文件名 2-1.py，保存类型为"所有文件（*.*）"，并在右下方选择编码为 UTF-8，如图 2-5 所示。

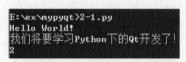

图 2-5

　　然后单击"保存"按钮，这样我们的第一个 Python 程序代码就保存到 2-1.py 文件中了。至于保存路径，读者可以自己决定，但路径中最好不要包含中文，因为我们要到命令行下执行程序。笔者的存放路径是 E:\ex\mypyqt\。

　　（2）准备运行 Python 程序。以管理员身份打开命令行窗口，在命令行下进入路径 E:\ex\mypyqt，然后直接输入文件名 2-1.py 即可，运行结果如图 2-6 所示。

```
E:\ex\mypyqt>2-1.py
Hello World!
我们将要学习Python下的Qt开发了！
2
```

图 2-6

　　看来一切正常，我们第一个 Python 程序运行成功了，也说明我们的 Python 开发环境基本建立起来了。为什么说基本？因为 Windows 的"记事本"太简陋了，下面我们拿出尖端武器来开发 Python 程序。

2.1.2　使用 PyCharm 开发 Python 程序

　　PyCharm 是当前流行的 Python IDE（Integrated Development Environment，集成开发环境），带有一整套可以帮助用户在使用 Python 语言开发时提高效率的工具，比如调试、语法高亮显示、项目管理、代码跳转、智能提示、代码输入自动完成、单元测试、版本控制。此外，该 IDE 还提供了一些高级功能，以用于支持 Django 框架下的专业 Web 开发。

　　PyCharm 由 JetBrains 公司开发，Java 开发者对该公司相信不会陌生，因为著名的 Java 开发工具 IntelliJ IDEA 就出自该公司。JetBrains 致力于为开发者打造高效智能的开发工具，它的总部以及主要研发中心位于欧洲的捷克。读者可以到官网去下载该软件。下载地址为：

```
https://www.jetbrains.com/zh-cn/pycharm/
```

　　版本分为专业版和社区版，社区版是免费的。本书下载社区版本并以此为例进行开发，下载下来的安装包文件是 pycharm-community-2022.3.2.exe，读者应该会看到更新的版本。如果不想下载，也可以在 somesofts 下找到。直接双击这个 exe 文件就可以开始安装，安装过程很简单，就不再赘述。

　　PyCharm 可以开发 Python 程序，当然也能开发 PyQt 程序。下载安装过程也非常简单，不再赘述。下面我们直接开启第一个 PyCharm 项目。

　　【例 2.2】第一个 PyCharm 项目

　　（1）启动 PyCharm，在向导对话框中单击 New Project 来新建一个工程，此时出现 New Project

对话框，我们在该对话框中输入工程路径，其他保持默认即可，如图 2-7 所示。

图 2-7

然后单击右下方的 Create 按钮，稍等一会，PyCharm 将会自动新建一个名为 main.py 的源文件，并自动打开编辑窗口，我们可以看到已经自动生成了一些代码：

```python
def print_hi(name):
    #Use a breakpoint in the code line below to debug your script.
    print(f'Hi, {name}')  #Press Ctrl+F8 to toggle the breakpoint.

#Press the green button in the gutter to run the script.
if __name__ == '__main__':
    print_hi('PyCharm')
```

其中 print_hi 是一个函数，里面就调用了一个打印语句 print。

一个 Python 文件通常有两种使用方法，第一种是作为脚本直接执行，第二种是 import（import 是 Python 语言的关键字，意思是导入）到其他的 Python 脚本中被调用（模块重用）执行。因此，"if__name__=='__main__':" 语句的作用就是控制在上述两种情况下执行代码的过程，在 "if__name__=='__main__':" 这行语句下的代码只有在第一种情况（文件作为脚本直接执行）下才会被执行，而被 import 导入其他脚本中是不会被执行的。

每个 Python 模块（Python 文件，也就是此处的 main.py）都包含内置的变量__name__，当该模块被直接执行的时候，__name__等于文件名（这里就是 main.py）。如果该模块导入到其他模块中，则该模块的__name__等于模块名称（不包含后缀.py）。而__main__始终是指当前执行模块的名称（包含后缀.py，这里是 main.py），进而当模块被直接执行时，条件判断表达式"__name__=='main'"的结果为真。也就是说，当我们运行 main.py 的时候，"if__name__=='__main__':"语句的判断结果为真，因此会执行它下面的"print_hi('PyCharm')"语句。

（2）在右上角单击箭头按钮，或按【Shift+F10】快捷键来运行程序，此时会自动在下方出现 Run 窗口，运行结果如图 2-8 所示。

图 2-8

至此，我们用 PyCharm 开发的第一个 Python 程序就完成了，由此说明我们安装的 PyCharm 工作正常。接下来关闭 PyCharm，准备安装 PyQt。

2.1.3 安装 PyQt

在 Python 的开发环境搭建之后，就可以安装 PyQt 的开发环境了。首先要安装 PyQt，我们以在线方式安装。本书采用当前业界使用的主流版本进行开发，因为 PyQt5 是目前最稳定的版本，也是很多项目采用的开发版本。不建议盲目采用最新版本：一则最新版本可能有 bug；二则文档资料不多，出现问题很难找到有价值的解决方案；三则企业开发追求稳定为主，不会轻易将项目开发更新到最新的开发软件，更何况企业还要维护很多过往的项目。

下面以管理员身份打开命令行窗口，输入如下命令：

```
pip install PyQt5
```

稍等片刻，安装完成，如图 2-9 所示。

图 2-9

PyQt5 的 5 是大版本号，如果还想指定小版本号，则可以指定详细版本号进行安装，比如：

```
pip install PyQt5==5.15.6
```

如果安装过程"漫长"，则可以指定镜像网站后再进行在线安装，安装命令如下：

```
pip install pyqt5 -i https://pypi.douban.com/simple
```

安装成功后的提示信息如图 2-10 所示。

图 2-10

此时，到 D:\Python38\Lib\site-packages\下查看，有一个 PyQt5 的文件夹，如图 2-11 所示。

另外，在 D:\Python38\Scripts\下可以看到一个程序 pyuic5.exe，该程序可以将 Qt 可视化界面设计工具（Qt Designer）生成的.ui 文件转换为.py 文件，这个程序比较重要，稍后我们会用到。

除此之外，还可以用 pip list 来查看已安装的软件包的列表里有没有 PyQt5，如图 2-12 所示。

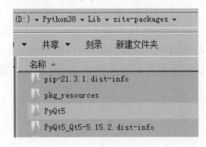

图 2-11

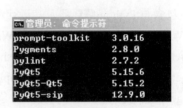

图 2-12

如果还不放心，可以通过 Python 的命令来引用 PyQt5，以探测 PyQt5 安装是否成功。先在命令行下输入 python，然后输入 from PyQt5 import QtWidgets，如果没有报错，则说明成功了，如图 2-13 所示。

图 2-13

其中，QtWidgets 是 Qt 中的一个模块，它提供了一组 UI 元素来创建经典的桌面风格的用户界面。现在看来模块都引用成功了，说明安装的确成功了，可以彻底放心了。

既然安装 PyQt 成功了，那么我们马上趁热打铁，写一个 PyQt 程序。老规矩，第一个 PyQt 程序依旧是用 Windows 的"记事本"程序来编写的。

桌面上的 Qt 图形界面程序通常也称为 Qt Widgets 程序，因为用户图形界面元素基本都是 Qt Widgets 模块提供的。Qt Widgets 程序就是带有图形窗口的 Qt 程序。Qt Widgets 相当于一个模块，该模块提供了一组 UI 元素来创建经典的桌面风格的用户界面，并实现了对话框（QDialog）、主窗口（QMainWindow）、窗口小部件（QWidget）以及各个控件类等。下面我们用 Windows 的"记事本"编写一个 Qt Widgets 程序。

【例 2.3】用 Windows 的"记事本"程序编写的 Qt Widgets 程序

（1）启动 Windows 的"记事本"，输入代码如下：

```
import sys
from PyQt5 import QtWidgets, QtCore

if __name__ == '__main__':
    app = QtWidgets.QApplication(sys.argv)
    widget = QtWidgets.QWidget()
    widget.resize(320, 240)
    widget.setWindowTitle("Hello PyQt5")
    widget.show()
    sys.exit(app.exec_())
```

首先，我们利用 import 语句导入 sys 模块。导入的意思就是告诉 Python，我们想要使用这个模块。sys 模块包含与 Python 解释器及其运行环境有关的函数。第二条语句告诉 Python，从 PyQt5 中导入模块 QtWidgets 和 QtCore。其中模块 QtWidgets 用于提供界面元素的函数，比如窗口缩放（resize）、设置标题（setWindowTitle）、窗口显示（show）等。

QtWidgets.QApplication 创建一个 QApplication 对象，这个对象管理应用程序范围的资源，任何使用 Qt Widgets 的 PyQt 程序都需要这个对象。QtWidgets.QWidget 用于构造一个窗口对象，随后的三行语句分别用于设置窗口大小、窗口标题和显示窗口。当用户要关闭窗口时，最后一行语句通过调用 exit()方法来结束应用程序。

依次单击 Windows "记事本"程序的菜单选项"文件"→"另存为"，输入文件名 myWidget.py，保存类型选为"所有文件（*.*）"，并在"记事本"程序界面的右下方选择编码为 UTF-8。

（2）准备运行 Python 程序。以管理员身份打开命令行窗口，在命令行下进入路径 E:\ex\mypyqt，然后直接输入"python myWidget.py"命令来运行这个.py 程序，运行结果如图 2-14 所示。

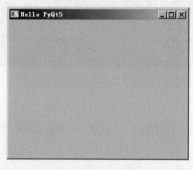

图 2-14

运行成功了！下面我们使用 PyCharm 来开发 Qt 程序。

【例 2.4】用 PyCharm 开发的第一个 PyQt 控制台程序

（1）启动 PyCharm，在向导对话框上单击 New Project 来新建一个工程，此时出现 New Project 对话框，我们在该对话框上输入工程名，比如 pythonProject，然后输入路径（Location），并勾选 Inherit global site-packages 复选框，如图 2-15 所示。

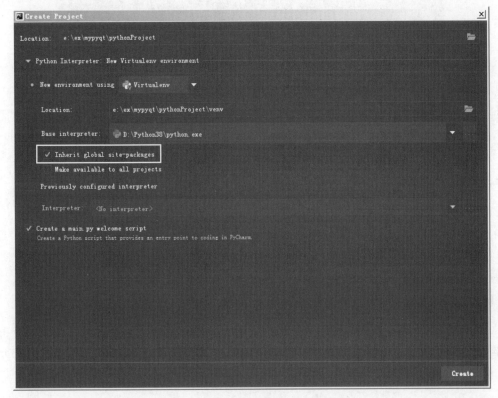

图 2-15

单击右下角的 Create 按钮，稍等一会，PyCharm 将会自动新建一个名为 main.py 的源文件，并自动打开编辑窗口，可以看到已经自动生成了一些代码，把这些代码都删除，然后输入以下代码：

```
from PyQt5.QtCore import *        #导入 QtCore 模块中的所有内容

if __name__ == '__main__':
    print("hello")                #打印 hello
    QCoreApplication.exec()       #调用类 QCoreApplication 中的函数 exec
    print("world")                #打印 world
```

其中，QtCore 是 Qt 中最核心的模块，所有其他 Qt 模块都依赖于此模块。QCoreApplication 管理了应用程序的各种资源，比如默认的字体和光标。QCoreApplication 继承于 QObject，而 QObject 就是 QT 中最基本的基类，也就是 QT 的根基。QCoreApplication 类为不带用户图形界面的 Qt 应用程序提供事件循环，非 GUI 应用程序使用此类来提供事件循环。对于使用 Qt 的非 GUI 应用程序，应该只有一个 QCoreApplication 对象。

（2）依次单击菜单选项"Run"→"Run 'main'"或按【Shift+F10】快捷键来运行工程，运行结果如图 2-16 所示。

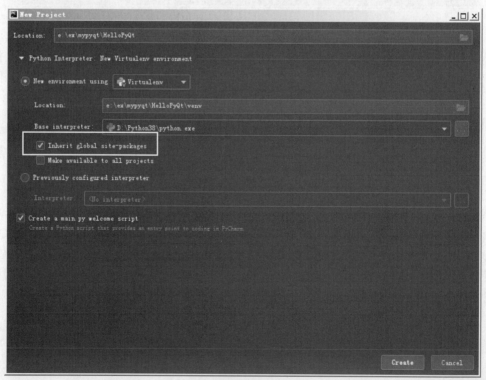

图 2-16

控制台上输出了"hello"和"world"，说明运行成功了。下面再来实现一个图形界面的程序。当然，如果控制台程序中不需要提供事件循环，那么也可以不去调用 QCoreApplication.exec()，比如下列代码用到了 Qt 中的类，但只在控制台上输出，是一个 Qt 控制台程序：

```python
from PyQt5.QtCore import QByteArray

if __name__ == '__main__':
    ba = QByteArray(3,'a')
    print(ba)   #输出 3 个 a
```

其中 QByteArray 类是 Qt 表示字节数组的类，下一章我们会详细介绍。

【例 2.5】用 PyCharm 开发的第一个 PyQt Widgets 程序

（1）启动 PyCharm，在向导对话框上单击 New Project 来新建一个工程，此时出现 New Project 对话框，我们在该对话框上输入工程名，比如 HelloPyQt，然后输入路径（Location），并勾选 Inherit global site-packages 复选框（后续实例默认都勾选，后文将不再赘述），如图 2-17 所示。

图 2-17

不要忘记勾选该复选框，因为现在新版的 PyCharm 默认用自己带的软件库，为了让它使用 D:\Python38\Lib\site-packages 下的软件库，就要勾选复选框。最后单击 Create 按钮。

稍等一会，PyCharm 将会自动新建一个名为 main.py 的源文件，并自动打开编辑窗口，可以看到已经自动生成了一些代码，我们把这些代码都删除，然后输入以下代码：

```python
import sys
from PyQt5 import QtWidgets, QtCore                     #导入相关模块

if __name__ == '__main__':
    app = QtWidgets.QApplication(sys.argv)              #实例化应用程序对象
    widget = QtWidgets.QWidget()                        #实例化类 QWidget
    widget.resize(320, 240)                             #调整窗口尺寸
    widget.setWindowTitle("Hello PyQt5 from PyCharm")   #设置窗口标题
    widget.show()    #显示窗口
    sys.exit(app.exec_())
```

这些代码和记事本实现 Qt Widgets 的程序基本一样，也就是创建并显示一个窗口。QtWidgets 类是所有窗口和控件（控件其实也是一个小窗口）的基类。

（2）依次单击菜单选项"Run"→"Run 'main'"或按【Shift+F10】快捷键来运行工程，运行结果如图 2-18 所示。

图 2-18

我们使用集成开发环境 PyCharm 开发并顺利运行成功了第一个 PyQt Widgets 程序，这也说明 PyQt 的开发环境也成功搭建好了。这个程序只有框架，对话框空空如也，接下来我们为对话框加点控件。所谓控件，在 Qt 中也被称为小部件（Widget），也就是供用户使用的图形界面元素，比如按钮、编辑框、进度条等。我们下面来手工开发一个带有按钮控件和编辑框控件的 Qt 程序。为什么叫手工开发呢？因为界面设计通常都是由可视化界面设计器来完成的，也就是只需要从控件工具箱中选择所需的控件，然后拖放到对话框上即可，在下面这个程序中我们不使用界面设计器来辅助，完全通过手工输入代码来实现控件。

【例 2.6】手工开发使用了布局且带有控件的 PyQt 程序

（1）启动 PyCharm，新建一个名为 pythonProject 的工程，然后在 main.py 中输入如下代码：

```python
from PyQt5.QtWidgets import *
```

```python
import sys

class CMyDlg(QDialog):
    def __init__(self):
        super(CMyDlg,self).__init__()          #调用父类构造函数
        self.resize(330, 100)                   #设置对话框的尺寸大小
        self.setWindowTitle('Hello Dialog')     #设置对话框标题
        self.initUI()    #调用类 CMyDlg 的成员方法

        #定义类 CMyDlg 的成员函数 initUI
    def initUI(self):
        #实例化一个垂直布局
        layout=QVBoxLayout()
        #实例化 3 个按钮
        button1 = QPushButton('Button 1')    #QPushButton 是 Qt 提供的按压按钮类，参数
是按钮标题
        button2 = QPushButton('Button 2')
        button3 = QPushButton('Close')
         #实例化一个文本编辑框，并且 textEdit1 作为类 CMyDlg 的成员变量，self 指向 CMyDlg
        self.textEdit1 = QTextEdit("hello")   #QTextEdit 是 Qt 提供的文本编辑框类
        #连接按钮的 clicked 信号和槽（事件处理函数）
        button1.clicked.connect(self.myclick)
        button2.clicked.connect(self.myclick)
        button3.clicked.connect(self.close)

        #在界面布局中添加各个控件
        layout.addWidget(button1)
        layout.addWidget(button2)
        layout.addWidget(button3)
        layout.addWidget(self.textEdit1)
        #把一个界面布局添加到一个界面布局上
        self.setLayout(layout)

    def myclick(self):    #定义按钮 clicked 信号的槽函数（事件的信号处理函数）
        button = self.sender()   #返回的就是信号来源的对象，这里也就是 QPushButton 对象
        print(button.text())    #在控制台上打印按钮标题
        #调用 setText 方法设置文本框中的内容
        self.textEdit1.setText("you click the "+button.text())

if __name__ == '__main__':
    app = QApplication(sys.argv)   #构造应用程序对象
    main = CMyDlg()   #实例化对话框
    main.show()       #显示对话框
    sys.exit(app.exec_())   #进入程序的主循环，直到 exit 被调用后结束程序
```

在上述代码中，我们定义了一个对话框类 CMyDlg，它的父类是 Qt 提供的对话框类 QDialog。在类 CMyDlg 中定义了 3 个函数（在面向对象程序设计中也称为方法——method）：第一个是构造函数__init__，这个函数名是固定的，所有 Python 定义的类的构造函数都是这样的函数名，我们在这个构造函数里设置了对话框的尺寸和标题，并调用了成员函数 initUI；第二个是成员函数 initUI。

在这个自定义函数中，我们实例化了一个垂直布局，然后实例化按钮和文本编辑框，最后连接（绑定或关联）到按钮信号的槽函数；第三个是槽函数 myclick，槽函数也就是事件的信号处理函数（有时也会简称为事件处理函数），槽函数 myclick 对应的事件是用户单击按钮事件，该事件会发送单击按钮信号，此时只需要把这个信号连接（通过 connect 函数）到按钮的槽函数（此例中是 myclick 函数），后者在接收到这个信号时，就会做出相应的处理操作。这里所说的布局可能有点不好理解，它对应的英文是 layout，有布局、布置、设计或安排的意思，本书如果没有特别的说明，就是指界面或页面上的布局安排或设计，我们简称为布局。布局管理系统是 Qt 中提供的一个简单而有效的方式来自动组织各种控件，以保证它们能够很好地利用可用空间（此例中是对话框），当可用空间发生变化时，布局将自动调整控件的位置和大小，以确保这些控件的布局变化保持一致且用户界面主体可用。布局分为水平布局和垂直布局，我们在此例中定义的是垂直布局（QVBoxLayout），就是可以自动让各个控件垂直排列，而不需要一个一个地手动安排每个控件的位置。当然，布局也可以不用，开发者可以自己通过坐标来逐一设置控件的位置。

（2）依次单击菜单选项 "Run" → "Run 'main'" 或按【Shift+F10】快捷键来运行工程，运行后可以单击第一个按钮，此时会发现编辑框中的内容发生变化了，运行结果如图 2-19 所示。

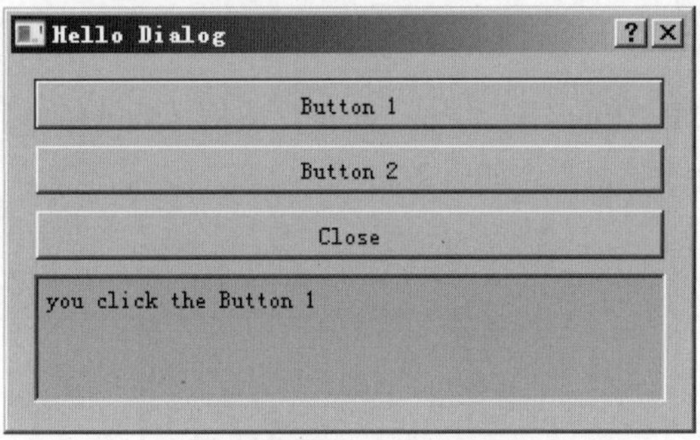

图 2-19

我们再来看一个没有布局的带控件的 Qt 程序，既然没有布局，那么控件的位置就要人为设定。

【例 2.7】手工开发未使用布局且带控件的 PyQt 程序

（1）启动 PyCharm，新建一个名为 pythonProject 的工程，然后在 main.py 中输入如下代码：

```
import sys
from PyQt5 import QtWidgets, QtCore    #导入相关模块
from PyQt5.QtWidgets import *

class Example(QWidget):
  def __init__(self):
    super().__init__()
    self.initUI()

  def initUI(self):
    self.resize(200, 100)
    self.setWindowTitle('hello')
    self.lb1 = QPushButton("button 1", self)        #实例化按钮
```

```
        self.lb1.setGeometry(10, 20, 80, 50)              #设置坐标
        self.lb2 = QPushButton("button 2", self)          #实例化按钮
        self.lb2.setGeometry(110, 20, 80, 50)             #设置坐标
        self.lb1.clicked.connect(self.myclick)  #把信号 clicked 连接到槽函数 myclick
        self.lb2.clicked.connect(self.myclick)  #把信号 clicked 连接到槽函数 myclick

    def myclick(self):   #clicked 信号的槽函数, 即单击按钮会调用该函数
        button = self.sender()
        QMessageBox.information(self, 'Notice', button.text()+' is cool!',
QMessageBox.Yes)

if __name__ == '__main__':
    app = QApplication(sys.argv)
    ex = Example()
    ex.show()
    sys.exit(app.exec_())
```

在上述代码中, 我们定义了两个按钮并且没有用到布局对象, 因此需要调用按钮类的成员函数 setGeometry 来设置按钮的位置。例如 self.lb1.setGeometry(10, 20, 80, 50), 其中, 10 和 20 是左上角的顶点坐标, 80 和 50 是按钮的长度和高度。其他内容和上例类似。

（2）依次单击菜单选项"Run"→"Run 'main'"或按【Shift+F10】快捷键来运行工程, 运行后单击任一按钮, 会出现一个信息框, 如图 2-20 所示。

图 2-20

至此, 手工开发未使用布局且带控件的 PyQt 程序就完成了。下面我们将告别手工开发方式, 进入高效的可视化界面设计方式, 毕竟在一线开发中需要使用的控件太多了, 无法都采用手工设置方式。

2.1.4　安装可视化界面设计器

在可视化界面设计器中通过拖拉控件方式即可完成界面设计, 非常轻松。Qt 提供了一个名为 Qt Designer 的软件, 中文翻译为 Qt 设计师。该软件既可以单独启动, 也可以集成到 PyCharm 中, 只需要安装好这个软件, 然后在 PyCharm 中进行配置即可。笔者已经把这个软件存放到源码根目录的 somesofts 子文件夹下, 文件名是 QtDesignerSetup.exe, 它是安装包, 直接双击即可开始安装, 安装过程非常简单, 笔者这里设置的安装路径是默认安装路径, 如图 2-21 所示。

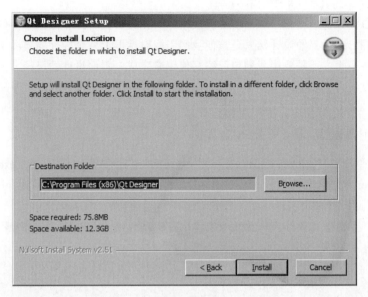

图 2-21

单击 Install 按钮开始安装。安装完毕后单击 Finish 按钮，就可以启动 Qt Designer，如图 2-22 所示。

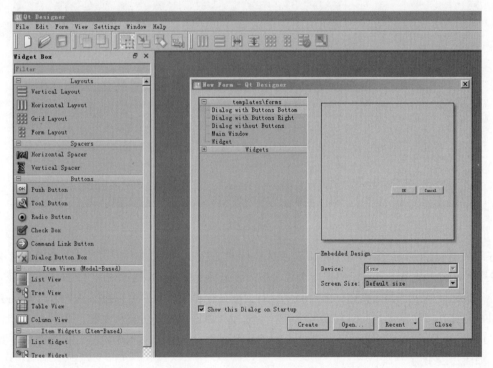

图 2-22

其中，左边的 Widget Box 是一个控件工具箱，用来存放各种小控件（或称小部件）。如果读者用的是 Mac 系统，笔者在 devSoft 下提供了一个名为 QtDesigner.dmg 的安装包，它可以在 Mac 系统下安装和使用。

　　下面趁热打铁，通过一个例子来看看如何实现一个由设计器辅助完成的带控件的对话框。为什么说是辅助完成呢？因为界面设计器只是方便我们完成对话框上各个控件的布局，至于控件的事件处理函数这些业务逻辑，还是要由我们自己编写代码来完成。界面设计器已经大大提高了开发者的效率，不需要开发者再去手工编写关于控件布局方面的代码了，可以让开发者专注于程序中逻辑业务的实现。

【例 2.8】通过界面设计器开发的 PyQt 程序

　　（1）打开文件夹 C:\Program Files (x86)\QtDesigner，该文件夹下有 designer.exe 程序，双击它即可启动 Qt Designer 并进入它的主界面，如图 2-23 所示。为了方便使用，我们也可以给 designer.exe 创建一个桌面快捷启动方式。

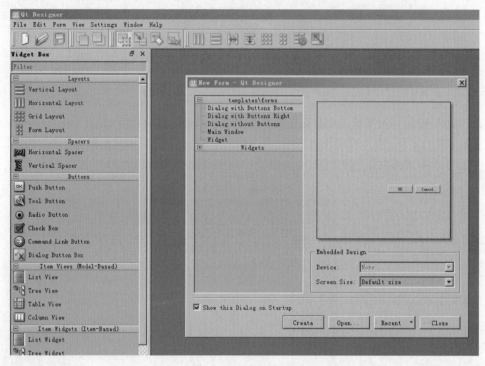

图 2-23

　　左边的 Widget Box（控件工具箱）是存放控件的工具箱，用过 VC 或 VB 的读者对此应该不陌生，使用时只需要从控件工具箱中把一个控件拖放到窗体上即可。New Form – Qt Designer 相当于一个向导对话框。单击 Create 按钮，随后会出现对话框设计界面，我们可以在工具箱中对 Push Button 单击鼠标左键并按住左键，同时移动鼠标到对话框设计界面后再释放鼠标左键，此时可以看到按压按钮（Push Button）控件出现在对话框上，这个过程就是从控件工具箱中选择一个控件拖放到对话框上，如图 2-24 所示。

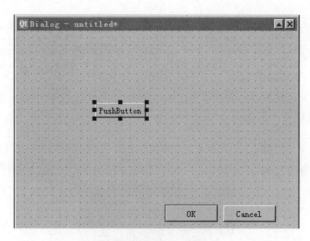

图 2-24

如果要改变这个按钮控件的尺寸大小，可以将鼠标放在包围按钮控件的蓝色方框上，等鼠标指针改变形状后再开始拖拉，此时该按钮控件的大小就会随着鼠标的移动而变化，最后释放鼠标按键，该按钮控件就调整到新的大小了。如果要移动该按钮控件，则可以用鼠标单击该按钮且不要释放鼠标按键，一直移动鼠标到新的位置（这个过程该按钮控件会跟着鼠标移动），然后再释放鼠标按键，此时该按钮控件就处于新位置了。如果觉得某次操作不满意，还可以用【Ctrl+Z】快捷键来恢复到上一次操作。其他控件也是类似这样的操作。现在我们把按钮控件拉大一点，并移动到对话框的左上角，如图 2-25 所示。

下面来修改按钮的标题，标题属于按钮的一个属性，可以读取，也可以修改，可以用代码调用函数的方式来修改，也可以在这里以可视化的方式修改。在 Qt Designer 右边的"属性编辑器"中找到 text，然后在其右边输入新的按钮名称"myButton1"，如图 2-26 所示。

此时按钮控件的标题会发生改变，如图 2-27 所示。

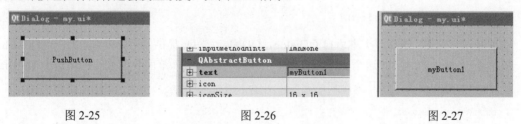

图 2-25   图 2-26   图 2-27

是不是很简单？这就是可视化方式设计界面的魅力：所见即所得。还有一个属性 ObjectName（对象名）要关注一下，现在这个属性值是 pushButton，以后代码中引用这个按钮控件的时候，就用 pushButton。如果这里修改了其他名字，则在代码中也要进行相应的修改，这里保持默认即可。有兴趣的读者可以尝试再把一个按钮控件拖放到对话框上，可以发现对象名自动在 pushButton 后加 2 了。另外，如果要删除对话框上的某个按钮控件，可以先单击选中该按钮控件，然后按键盘上的 Delete 键即可。

至此，可视化界面设计工作就完成了。单击 Qt Designer 工具栏上的"保存"按钮，把界面设计的结果保存到文件名 mydlg.ui 中，暂时先存放在 D 盘根目录下，然后我们把这个.ui 文件转换为.py 代码文件，打开命令行窗口，在命令行下进入 D 盘，然后输入命令开始转换：

```
pyuic5 -o mydlg.py mydlg.ui
```

其中 pyuic5 是 PyQt5 安装后自带的.ui 转.py 的程序，如果没有报错就成功了，此时会在 mydlg.ui 同一个目录下生成一个 mydlg.py 文件。至此，转换工作完成。下面我们把 mydlg.py 加入工程，也就是复制到工程路径下。当然，也可以把 mydlg.ui 直接存放到工程路径下，然后在工程路径下进行转换，但此时工程路径最好不要包含中文字符。

（2）启动 PyCharm，新建一个名为 pythonProject 的工程，并把 mydlg.py 复制到 main.py 同一个目录下，此时在 PyCharm 的工程视图下可以看到 mydlg.py 文件，如图 2-28 所示。

图 2-28

双击这个文件以打开它，在"from PyQt5 import QtCore, QtGui, QtWidgets"一行下添加如下的一行代码：

```
from PyQt5.QtWidgets import *
```

这行代码的意思是我们将导入模块 QtWidgets 下的所有类（比如对话框类 QDialog）。

然后，再把"class Ui_Dialog(object):"修改为：

```
class Ui_Dialog(QDialog):
```

也就是说，让 Ui_Dialog 类继承自 QDialog，QDialog 是 Qt 提供的对话框类，反正 Q 开头的类名一般都是 Qt 提供的。至此，这个文件编辑完毕了，我们保存一下。下面我们来实例化这个 Ui_Dialog 类，打开 main.py，在该文件开头添加：

```
from mydlg import *
```

也就是告诉 main.py 我们要使用文件 mydlg.py（或者说模块 mydlg）中的类和函数了。

注意：每个 Python 文件就是一个模块。然后，添加代码如下：

```
if __name__ == '__main__':
    app = QApplication(sys.argv)   #构造应用程序对象

    maindlg = Ui_Dialog()          #实例化类 Ui_Dialog
    maindlg.setupUi(main)          #调用 Ui_Dialog 的成员函数 setupUi
    maindlg.show()                 #显示对话框

    sys.exit(app.exec_())
```

此时按【Shift+F10】快捷键来运行程序，可以发现对话框出现了，如图 2-29 所示。

但单击按钮 myButton1 没有反应。因为我们还没给按钮添加事件处理函数。把这个对话框关闭。下面来添加该按钮的（单击）事件处理函数。

（3）要添加某个控件的事件处理函数，通常有两个步骤，首先用 connect 函数把事件发出的信号连接到信号处理函数上，然后定义并实现该信号处理函数。回到 PyCharm 上，双击 mydlg.py 文件以打开它，在函数 setupUi 的末尾添加一行代码：

```
self.pushButton.clicked.connect(self.myclick)
```

该行代码把对话框上的按钮 pushButton 发出的 clicked 信号连接到自定义的信号处理函数 myclick 上。其中，pushButton 是该按钮的对象名，这个对象名要和对话框上按钮的对象名一致。下面再在类 Ui_Dialog 中添加一个成员函数，这个成员函数作为按钮 clicked 信号的处理函数，代码如下：

```
    def myclick(self):
        reply = QMessageBox.information(self, 'Notice', 'It is cold!',
QMessageBox.Yes)
```

这个信号处理函数很简单，就是调用类 QMessageBox 的 information 函数来显示一个信息框。QMessageBox 是 Qt 提供的专门用于显示各种信息框的类。这个类在后面的章节中会详细描述，这里先用即可。

此时再按【Shift+F10】快捷键来运行程序，单击对话框上的 myButton1 按钮，会发现出来一个信息框，如图 2-30 所示。

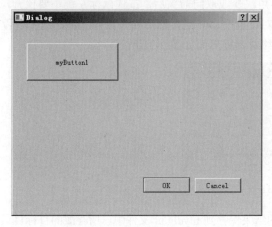

图 2-29

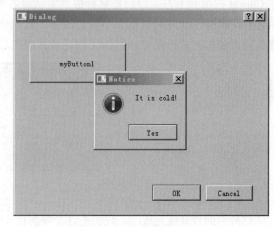

图 2-30

至此，我们通过界面设计器开发的 Qt 程序就完成了。是否还有什么遗憾？对，不通过 pyuic5 命令来转换.ui 文件就好了，能否在代码中通过函数来加载.ui 文件？答案是肯定的，方法是调用 uic 类的成员函数 loadUiType，该函数声明如下：

```
PyQt5.uic def loadUiType(uifile: Any, from_imports: bool = False,
resource_suffix: str = '_rc', import_from: str = '.') -> Tuple[Any, Optional[Any]]
```

该函数加载 Qt 设计器保存的.ui 文件，并返回实际生成的表单类（包括对话框类、主窗口类或 Widget 窗口类）及其父类（比如 QDialog）。其中参数 uifile 用于指定 Qt Designer 保存后生成的.ui

文件；from_imports 用于生成导入的语句，目前，这仅适用于资源模块的导入；resource_suffix 是项目中资源文件（xxx.qrc）在转换为 xxx.py 文件时，指定添加在 xxx 后的字符串，默认值为"_rc"，即转换后的.py 文件名应该是 xxx_rc.py。资源文件相当于一个配置文件，可以记录当前工程中的资源信息，比如图片文件存放的路径等，其文件名的形式如*.qrc，比如.ui 文件指定了一个名为 foo.qrc 的资源文件，那么相应的 Python 模块是 foo_rc，我们可以以用命令程序 pyrcc5 将 foo.qrc 文件转换为 foo_rc.py 文件，然后在程序中导入（import myres_rc）。这一点等下一章我们接触到资源文件（qrc 文件）后会理解，这里暂时不会接触资源文件；import_from 用于生成导入的语句，默认值为"."。一般使用第一个参数即可，其他保持默认，比如：

```
from PyQt5 import uic
CForm, CDlg = uic.loadUiType("mydlg.ui")  #加载mydlg.ui
```

这里顺便提一句 pyrcc5 命令的用法，如果项目中有一个 myres.qrc 资源文件，那么转换过程为：

```
pyrcc5 myres.qrc -o myres_rc.py
```

然后在代码中导入 myres_rc，即 import myres_rc。我们下一个例子并没有用到.qrc 文件，所以不需要用 pyrcc5 来转换。下一章会用到，可以回头到这里来看看。

【例 2.9】在程序中加载.ui 文件

（1）打开文件夹 C:\Program Files(x86)\QtDesigner，该文件夹下有 designer.exe 程序，双击它即可打开 Qt Designer 的主界面，然后新建一个对话框设计模板，并放置一个按钮，然后移动 OK 按钮和 Cancel 按钮到上方。最后把鼠标放到对话框右下角，变成双向箭头后，按住鼠标左键不要松开，然后移动鼠标，此时对话框大小随之改变，我们让对话框变小一点，然后松开鼠标左键，这个过程就是以可视化方式设置对话框的大小。设计后的最终对话框界面如图 2-31 所示。

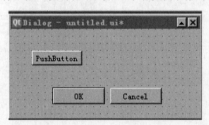

图 2-31

这样界面设计就完成了。我们把这个界面设计的结果保存到 mydlg.ui 文件中，所存放的目标目录随意，待会要把它复制到工程文件的同一个目录下。

（2）启动 PyCharm，新建一个名为 pythonProject 的工程，并把 mydlg.ui 文件复制到 main.py 文件的同一目录下，然后在 main.py 中输入如下代码：

```
from PyQt5 import uic
from PyQt5.QtWidgets import QApplication
from PyQt5.QtWidgets import *

def btn_click():
    print("You click the button.")
```

```
    QMessageBox.information(dlg, 'Notice', 'It is cold!', QMessageBox.Yes)  #
显示信息框


 if __name__ == '__main__':
    app = QApplication([])
    CMyDlg, CDlg = uic.loadUiType("mydlg.ui")  #加载mydlg.ui
    dlg = CDlg()       #相当于实例化类 QDialog
    myDlg = CMyDlg() #实例化类 Ui_Dialog
    print(type(myDlg))
    print(type(dlg))
    myDlg.setupUi(dlg)
    myDlg.pushButton.clicked.connect(btn_click)  #连接信号 clicked 和槽函数
    dlg.show() #显示对话框窗口
    app.exec()
```

在上述代码中，我们通过 uic.loadUiType 加载 mydlg.ui，并返回两个类，第一个返回值是
Ui_Dialog 类，第二个返回值是 Ui_Dialog 的基类 QDialog，然后实例化两个类，并打印两个对象的
类型。接着调用类 Ui_Dialog 的成员函数 setupUi 来初始化对话框和控件，这个函数是加载.ui 文件
后默认生成的。最后显示对话框窗口。

我们看到现在 connect 函数在 main 中调用，这是因为现在没有 mydlg.py 让我们在其内部添加
connect 和槽函数，因此只能在外部 main.py 中添加，槽函数 btn_click 也是在 main.py 中添加。其实，
更专业的方法是在 main.py 中再定义一个继承自 Ui_Dialog 的类，然后在该类中调用 connect 并实现
槽函数，这样可以把与按钮相关的内容都封装起来。当然，现在不想弄得很复杂，在后续更为完整
的例子中，我们肯定要把与空间相关的内容封装起来。

（3）保存工程并运行，运行结果如图 2-32 所示。

图 2-32

在 PyCharm 的控制台上输出：

```
<class 'Ui_Dialog'>
<class 'PyQt5.QtWidgets.QDialog'>
You click the button.
```

从本质上讲，函数 loadUiType 内部做的事情和用命令 pyuic5 来转换效果类似，内部肯定也有
一个名为 Ui_Dialog 的类。对照本例和上例，我们可以发现，本例实例化了 QDialog，并将其对象作
为参数传入 setupUi，而上例只实例化了一个类 Ui_Dialog，并且传给 setupUi 时传入的是 Ui_Dialog
对象。那为什么这次要实例化类 QDialog，然后把 QDialog 对象 dlg 传递给 setupUi 呢？这是因为加
载 mydlg.ui 后，对应的类 Ui_Dialog 的 setupUi 函数中是这样的：

```
    def setupUi(self, Dialog):
        Dialog.setObjectName("Dialog")
```

函数 setObjectName 用来设置控件的对象名，这个函数是 QObject 的成员函数，因此必须由 QObject 或其子类对象来引用，比如 QDialog。如果我们在 main.py 中用 myDlg 作为参数传入 setupUi，那么就会报错，这是因为 setObjectName 并不是类 Ui_Dialog 的成员函数，Ui_Dialog 在定义的时候是这样的：

```
class Ui_Dialog(object):
```

具体继承谁，在定义时是不知道的。而在上例中，由于我们把 "class Ui_Dialog(object):" 改为了 "class Ui_Dialog(QDialog):"，因此 Ui_Dialog 就是 QDialog 的子类，也就是 QObject 的子类。注意，QObject 是所有 Qt 类的根类。所以，上例在调用 setupUi 的时候，传入 Ui_Dialog 对象是可以的，是可以引用 setObjectName，因为 Ui_Dialog 是 QDialog 的子类。

至此，这个实例就结束了。是否还有什么遗憾？对，如果把 Qt Designer 集成到 PyCharm 中就完美了。

2.1.5 把 Qt Designer 集成到 PyCharm

启动 PyCharm，依次单击菜单选项 "File" → "Settings"，此时将出现 Settings 对话框，在该对话框的左边展开 Tools，并选中 External Tools，然后单击右边的 "+" 图标，如图 2-33 所示。

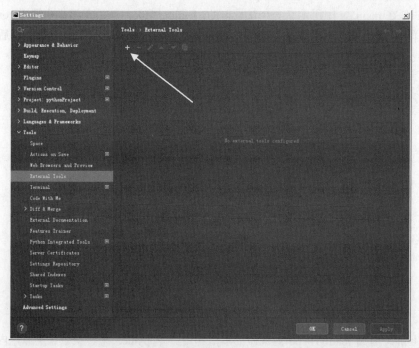

图 2-33

这个操作的意思就是我们要添加一个外部工具。单击 "+" 图标后，会出现 Create Tool 对话框，在该对话框的 Name 右边输入 Qt Designer，这里的 Name 就是外部工具在菜单中想呈现的名称；在

Program 右边输入要添加的这个外部工具带路径的程序名称 C:\Program Files (x86)\QtDesigner\designer .exe，并在 Working directory 输入$ProjectFileDir$，意思是和工程在同一个目录中，如图 2-34 所示。

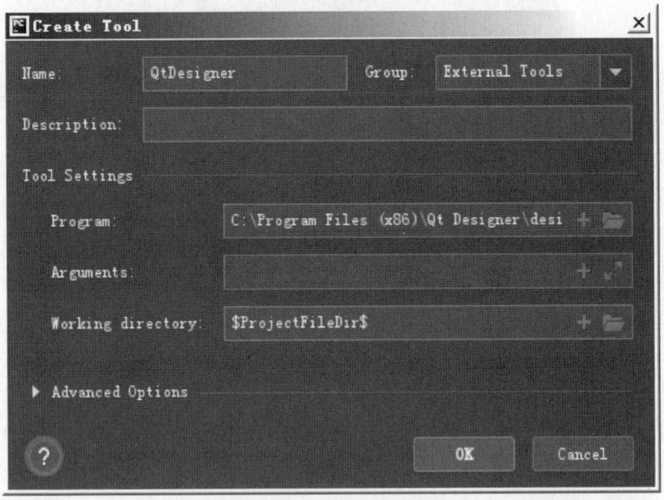

图 2-34

单击 OK 按钮关闭该对话框。这样外部工具（Qt Designer）就集成到 PyCharm 中了。以同样的方式，再把 ui 转换程序 PyUIC 也添加到 PyCharm 中。单击"+"图标，在 Create Tool 对话框上的 Name 右边输入 PyUIC；在 Program 右边输入要添加的这个外部工具带路径的程序名称 D:\Python38\Scripts\pyuic5.exe，在 Arguments 右边输入$FileName$ -o $FileNameWithoutExtension$ .py，在 Working directory 右边输入$ProjectFileDir$，如图 2-35 所示。

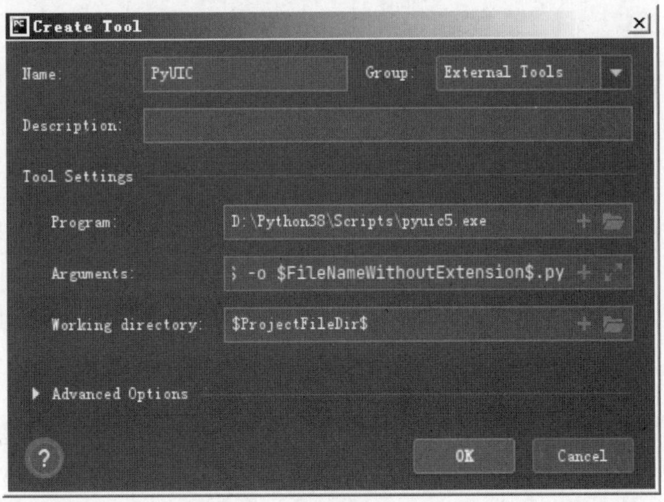

图 2-35

单击 OK 按钮关闭该对话框。随后再单击 OK 按钮关闭 Settings 对话框。这样两个外部工具就添加完成了。回到主界面依次单击菜单选项"Tools"→"External Tools"即可看到我们添加的 Qt Designer 和 PyUIC，如图 2-36 所示。

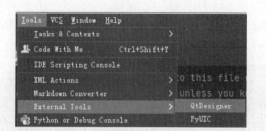

图 2-36

下面趁热打铁，在 PyCharm 中打开 Qt 界面设计器来实现一个 Qt 程序。

【例 2.10】在 PyCharm 中启动 Qt Designer 并实现 PyQt 程序

（1）启动 PyCharm，创建一个项目，工程名是 pythonProject（以后如果不特地注明工程名，默认就是 pythonProject）。然后依次单击菜单选项 "Tools" → "External Tools" → "Qt Designer" 启动 Qt Designer，在 Qt Designer 的 New Form 对话框中，在 templates\forms 下选中 Widget，如图 2-37 所示。

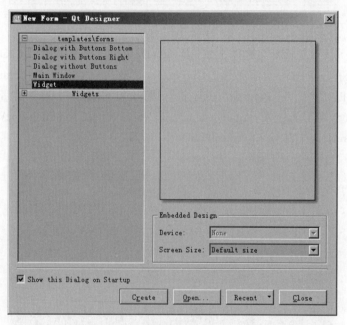

图 2-37

我们看到这个模板（templates）下有好几种类型的表单形式，比如 Dialog、Main Window 和 Widget。它们都可以作为表单形式，分别对应的类是 QDialog、QMainWindow 和 QWidget，而且 QDialog 和 QMainWindow 都继承自 QWidget。QWidget 类是所有用户界面对象的基类，包括所有控件也继承自 QWidget。因此，基于 Widget 的表单（Form）最简单，不预先生成一些界面元素，而 Main Window 和 Dialog 会预先生成一些界面元素，比如刚新建的 Dialog 会有两个按钮（OK 按钮和 Cancel 按钮）。Main Window 是一个包括菜单栏、锚接窗口（例如工具栏）和状态栏的主应用程序窗口，如果是大程序的主窗口，通常使用 Main Window。如果是主要用于短期任务以及和用户进行简要通信的顶级窗口，则用 Dialog（对话框）即可。这里我们选择 Widget 来创建一个基本的表单

（Form），然后单击下方的 Create 按钮。此时出现一个表单设计界面，在该表单上，我们从 Qt Designer 左边的 Widget Box 中选择 Push Button 和 Text Edit 两个控件到表单上，如图 2-38 所示。

Push Button 是一个普通的按压按钮，Text Edit 是文本编辑框。至此，界面设计工作就完成了。下面为按钮添加事件处理。

（2）单击 Qt Designer 工具栏上的 Edit Signals/Slots 按钮，如图 2-39 所示。

此时移动鼠标到按钮或编辑框上，会发现这两个控件变成红色，意思就是在询问我们准备为哪个控件添加信号/槽？我们这里准备为按钮编辑信号/槽，因此鼠标左键单击 PushButton 不要松开，然后移动鼠标到按钮外部的位置后再松开鼠标左键，在松开鼠标左键的位置还会出现一些红线，如图 2-40 所示。

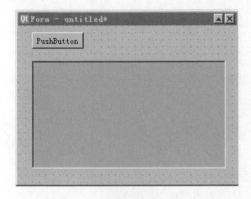

图 2-38

图 2-39

图 2-40

此时会出现一个 Configure Connection 对话框，在该对话框上，在左边选中 clicked()，在右边单击 Edit...按钮，如图 2-41 所示。

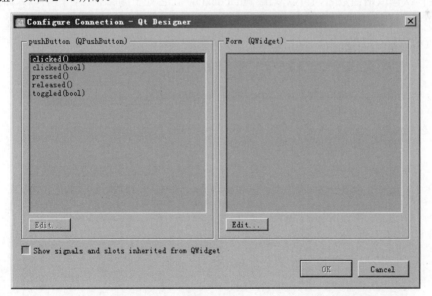

图 2-41

单击 Edit...按钮后会出现 Signal/Slots of Forms 对话框，在该对话框的 Signals 上方单击"+"按钮，此时会在 Slots 下方的列表框中最后新增一行，默认是 slot1()，我们可以在该新增行上编辑更好的槽函数名，比如 btn_click()，如图 2-42 所示。

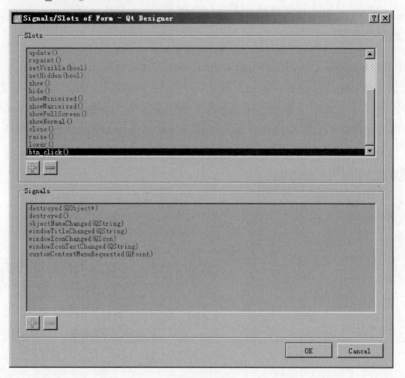

图 2-42

如果要再次修改槽函数名，可以双击 btn_click()，让它处于编辑状态，然后输入新的函数名即可。完成后单击 OK 按钮。这时我们可以看到在 Configure Connection 对话框的右边有一个 btn_click()，如图 2-43 所示。

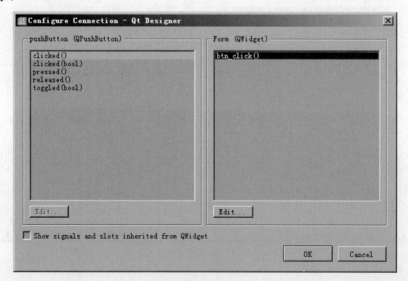

图 2-43

这样我们就成功把左边的信号 clicked 和右边的槽函数 btn_click()关联起来了,最后单击 OK 按钮。此时可以看到表单上的按钮也多了 btn_click(),如图 2-44 所示。

讲了半天,说到底用一行代码(通过调用 connect 函数,就像上例那样)就可以完成的事情,现在以可视化方式来完成似乎比较啰唆了。反正多个选择也是好事,尤其是对喜欢少敲代码的朋友来说。

下面我们单击 Qt Designer 工具栏上的 Save 按钮,将文件保存到工程的根目录下,文件名是 myForm.ui。

(3)关闭 Qt Designer 回到 PyCharm,查看工程,可以看到工程视图下多了 myForm.ui,如图 2-45 所示。

图 2-44

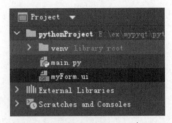

图 2-45

该文件在 PyCharm 中是打不开的,我们需要将这个文件转成.py 文件才能使用。选中 myForm.ui 并右击之,在快捷菜单中依次选择菜单选项"External Tools"→"PyUIC",如图 2-46 所示。

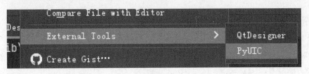

图 2-46

此时后台开始解析 myForm.ui 文件,并转换为 myForm.py 文件,如果没问题,则会在下方输出信息,如图 2-47 所示。

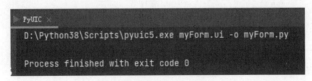

图 2-47

此时在工程视图下可以看到多了一个 myForm.py,如图 2-48 所示。

图 2-48

这说明转换成功了，双击 myForm.py 可以查看其代码，看到里面已经有 connect 函数帮我们连接好信号和槽函数了（这一点在上例是手动输入的，这次算是"进步"了）：

```
self.pushButton.clicked.connect(Form.btn_click) #type: ignore
```

现在是不是准备在 myForm.py 中将需要的包导入，该添加槽函数 btn_click 的实现代码了呢？先不要着急。由于 myForm.py 是 PyUIC 工具按照 myForm.ui 生成的，如果我们后续需要调整 myForm.ui（比如调整按钮位置、调整表单尺寸，后续调整界面在实际编程中基本是必然的需求），那么调整完后重新生成 myForm.py 时，PyUIC 工具不会管当前我们已经在 myForm.py 中编写了什么代码，旧的 myForm.py 会被新的 myForm.py 覆盖。也就是说，所有逻辑代码都不应该写入 myForm.py 文件（或者说不要去动 myForm.py 文件），因此我们在其他.py 文件里创建一个子类继承 myForm.py 中的类 Ui_Form。下面在 main.py 中添加代码如下：

```
import sys
from PyQt5 import QtWidgets
from PyQt5.QtWidgets import *
from myForm import Ui_Form

class mySubForm(QtWidgets.QWidget,Ui_Form):
      m_cn = 0   #定义一个成员变量
   def __init__(self):
       super(mySubForm,self).__init__()         #调用父类构造函数
       self.setupUi(self)                       #调用父类的 setupUi 函数

       #实现按钮的单击事件处理函数
   def btn_click(self):
       self.m_cn=self.m_cn+1                     #累加，统计单击了多少次按钮
       self.textEdit.setText("You click the button."+str(self.m_cn))   #向文本
框中写字符串
       QMessageBox.information(self, 'Notice', 'It is cold!', QMessageBox.Yes)
#显示信息框

   if __name__ == '__main__':
       app = QApplication(sys.argv)             #构造应用程序对象
       my_pyqt_form = mySubForm()               #实例化表单窗口
       my_pyqt_form.show()                      #显示表单窗口
       sys.exit(app.exec_())
```

在上述代码中，我们定义了子类 mySubForm，它继承自两个类：QtWidgets.QWidget 和 Ui_Form，然后在构造函数中调用了父类的构造函数和父类的成员函数 setupUi，并最终实现了按钮的单击事件处理函数 btn_click，该函数的效果就是向文本框写字符串并显示一个信息框。随后，我们在 main 中实例化了这个子类 mySubForm，并调用 show 函数显示表单窗口。

（4）保存工程并运行，运行后单击按钮就会出现信息框，结果如图 2-49 所示。

图 2-49

2.1.6　PyCharm 的一些小技巧

1. 修改 PyCharm 的背景色

打开 Settings 对话框，然后在左边选中"Appearance"，然后在右边的 Theme 旁选择自己喜欢的背景色，如图 2-50 所示。

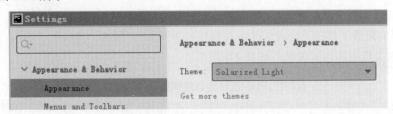

图 2-50

2. 双击错误并定位到错误行

在底部选择 Problems，如图 2-51 所示。

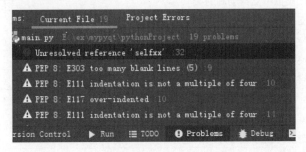

图 2-51

有红色标记的就是错误信息，双击错误信息，就可以在编辑窗口中自动定位错误行，如图 2-52 所示。

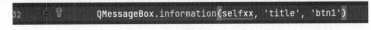

图 2-52

然后我们就可以对该行进行修改了。

2.1.7 卸载 PyQt

卸载 PyQt 就简单快捷多了，直接在命令行下输入：

```
pip uninstall pyqt5
```

卸载后的提示如图 2-53 所示。

图 2-53

2.2 PyQt 的功能模块

PyQt 给我们提供了具有不同功能的各种模块，包涵 UI、网络、多媒体、线程、硬件操作等模块。下面罗列相关模块和功能说明，如表 2-1 所示。

表2-1 PyQt提供的功能模块及其功能说明

模 块 名	功 能 说 明
Enginio	访问 Qt Cloud Services 的类（不建议使用）
QAxContainer	用于访问 ActiveX 控件和 COM 对象的类
Qt	其他模块的合并
Qt3DAnimation	在模拟中支持动画的类
Qt3DCore	支持近实时仿真系统的核心类
Qt3DExtras	与 Qt3D 一起使用的预构建元素
Qt3DInput	使用 Qt3D 时处理用户输入的类
Qt3DLogic	启用帧同步的类
Qt3DRender	启用 2D 和 3D 渲染的类
QtAndroidExtras	特定于 Android 的其他类
QtBluetooth	类支持蓝牙设备之间的连接
QtChart	支持 2D 图表创建的类
QtCore	Qt 核心类，包含 QObject 等类，有关信号、槽、事件循环等底层操作
QtDBus	使用 D-Bus 协议支持 IPC 的类
QtDataVisualization	支持 3D 数据可视化的类
QtDesigner	允许使用 Python 扩展 Qt Designer 的类
QtGui	小部件和 OpenGL GUI 共有的核心类
QtHelp	用于创建和查看可搜索文档的类
QtLocation	用于创建映射应用程序的类

（续表）

模　块　名	功　能　说　明
QtMacExtras	特定于 macOS 和 iOS 的其他类
QtMultimedia	多媒体内容，照相机和音频等类
QtMultimediaWidgets	提供其他与多媒体相关的小部件和控件
QtNetwork	核心网类
QtNetworkAuth	网络授权类
QtNfc	支持 NFC 的设备之间的连接性的类
QtOpenGL	在传统小部件中渲染 OpenGL 的类（不建议使用）
QtPositioning	用于从卫星、Wi-Fi 等获取定位信息的类
QtPrintSupport	打印支持的类
QtPurchasing	支持从应用商店中进行应用内购买的类
QtQml	与 QML 语言集成的类
QtQuick	使用 Python 代码扩展 QML 应用程序的类
QtQuickWidgets	用于在传统小部件中渲染 QML 场景的类
QtRemoteObjects	用于在进程或系统之间共享 QObject 的 API 的类
QtSensors	用于访问系统的硬件传感器的类
QtSerialPort	用于访问系统串行端口的类
QtSql	与 SQL 数据库集成的类
QtSvg	提供 SVG 支持的类
QtTest	支持 GUI 应用程序的单元测试
QtWebChannel	在 Python 和 HTML / JavaScript 之间进行点对点通信的类
QtWebEngine	用于将 QML Web Engine 对象与 Python 集成的类
QtWebEngineCore	核心 Web 引擎类
QtWebEngineWidgets	基于 Chromium 的 Web 浏览器
QtWebKit	基于 WebKit2 的 Web 浏览器（不建议使用）
QtWebKitWidgets	基于 WebKit1 的 Web 浏览器（不建议使用）
QtWebSockets	实现 WebSocket 协议的类
QtWidgets	用于创建经典桌面式 UI 的类
QtWinExtras	Windows 特有的其他类
QtX11Extras	X11 特有的其他类
QtXml	支持 XML 的 SAX 和 DOM 接口的类
QtXmlPatterns	支持其他 XML 技术的类
sip	绑定开发人员和用户的实用程序
uic	用于处理 Qt Designer 创建的文件的类

　　使用的时候需要什么模块到 PyQt/Qt.py 中查看并导入就可以了。因为 PyQt 的帮助资料相对较少，所以我们把常用的类列举出来，方便读者以后查询。

```
from PyQt5.QtBluetooth import (QBluetooth, QBluetoothAddress,
    QBluetoothDeviceDiscoveryAgent, QBluetoothDeviceInfo, QBluetoothHostInfo,
    QBluetoothLocalDevice, QBluetoothServer, QBluetoothServiceDiscoveryAgent,
```

```
        QBluetoothServiceInfo, QBluetoothSocket, QBluetoothTransferManager,
        QBluetoothTransferReply, QBluetoothTransferRequest, QBluetoothUuid,
        QLowEnergyAdvertisingData, QLowEnergyAdvertisingParameters,
        QLowEnergyCharacteristic, QLowEnergyCharacteristicData,
        QLowEnergyConnectionParameters, QLowEnergyController,
        QLowEnergyDescriptor, QLowEnergyDescriptorData, QLowEnergyService,
        QLowEnergyServiceData)

from PyQt5.QtCore import (QAbstractAnimation, QAbstractEventDispatcher,
    QAbstractItemModel, QAbstractListModel, QAbstractNativeEventFilter,
    QAbstractProxyModel, QAbstractState, QAbstractTableModel,
    QAbstractTransition, QAnimationGroup, QBasicTimer, QBitArray, QBuffer,
    QByteArray, QByteArrayMatcher, QCborError, QCborKnownTags,
    QCborSimpleType, QCborStreamReader, QCborStreamWriter, QChildEvent,
    QCollator, QCollatorSortKey, QCommandLineOption, QCommandLineParser,
    QConcatenateTablesProxyModel, QCoreApplication, QCryptographicHash,
    QDataStream, QDate, QDateTime, QDeadlineTimer, QDir, QDirIterator,
    QDynamicPropertyChangeEvent, QEasingCurve, QElapsedTimer, QEvent,
    QEventLoop, QEventLoopLocker, QEventTransition, QFile, QFileDevice,
    QFileInfo, QFileSelector, QFileSystemWatcher, QFinalState,
    QGenericArgument, QGenericReturnArgument, QHistoryState, QIODevice,
    QIdentityProxyModel, QItemSelection, QItemSelectionModel,
    QItemSelectionRange, QJsonDocument, QJsonParseError, QJsonValue, QLibrary,
    QLibraryInfo, QLine, QLineF, QLocale, QLockFile, QLoggingCategory,
    QMargins, QMarginsF, QMessageAuthenticationCode, QMessageLogContext,
    QMessageLogger, QMetaClassInfo, QMetaEnum, QMetaMethod, QMetaObject,
    QMetaProperty, QMetaType, QMimeData, QMimeDatabase, QMimeType,
    QModelIndex, QMutex, QMutexLocker, QObject, QObjectCleanupHandler,
    QOperatingSystemVersion, QParallelAnimationGroup, QPauseAnimation,
    QPersistentModelIndex, QPluginLoader, QPoint, QPointF, QProcess,
    QProcessEnvironment, QPropertyAnimation, QRandomGenerator, QReadLocker,
    QReadWriteLock, QRect, QRectF, QRegExp, QRegularExpression,
    QRegularExpressionMatch, QRegularExpressionMatchIterator, QResource,
    QRunnable, QSaveFile, QSemaphore, QSemaphoreReleaser,
    QSequentialAnimationGroup, QSettings, QSharedMemory, QSignalBlocker,
    QSignalMapper, QSignalTransition, QSize, QSizeF, QSocketNotifier,
    QSortFilterProxyModel, QStandardPaths, QState, QStateMachine,
    QStorageInfo, QStringListModel, QSysInfo, QSystemSemaphore,
    QT_TRANSLATE_NOOP, QT_TR_NOOP, QT_TR_NOOP_UTF8, QTemporaryDir,
    QTemporaryFile, QTextBoundaryFinder, QTextCodec, QTextDecoder,
    QTextEncoder, QTextStream, QTextStreamManipulator, QThread, QThreadPool,
    QTime, QTimeLine, QTimeZone, QTimer, QTimerEvent, QTranslator,
    QTransposeProxyModel, QUrl, QUrlQuery, QUuid, QVariant, QVariantAnimation,
    QVersionNumber, QWaitCondition, QWinEventNotifier, QWriteLocker,
    QXmlStreamAttribute, QXmlStreamAttributes, QXmlStreamEntityDeclaration,
    QXmlStreamEntityResolver, QXmlStreamNamespaceDeclaration,
    QXmlStreamNotationDeclaration, QXmlStreamReader, QXmlStreamWriter, Q_ARG,
    Q_CLASSINFO, Q_ENUM, Q_ENUMS, Q_FLAG, Q_FLAGS, Q_RETURN_ARG, Qt,
    QtCriticalMsg, QtDebugMsg, QtFatalMsg, QtInfoMsg, QtMsgType, QtSystemMsg,
    QtWarningMsg, bin_, bom, center, dec, endl, fixed, flush, forcepoint,
```

```
        forcesign, hex_, left, lowercasebase, lowercasedigits, noforcepoint,
        noforcesign, noshowbase, oct_, pyqt5_enable_new_onexit_scheme,
        pyqtBoundSignal, pyqtPickleProtocol, pyqtProperty, pyqtRemoveInputHook,
        pyqtRestoreInputHook, pyqtSetPickleProtocol, pyqtSignal, pyqtSlot, qAbs,
        qAddPostRoutine, qAddPreRoutine, qChecksum, qCompress, qCritical, qDebug,
        qEnvironmentVariable, qErrnoWarning, qFatal, qFloatDistance,
        qFormatLogMessage, qFuzzyCompare, qInf, qInfo, qInstallMessageHandler,
        qIsFinite, qIsInf, qIsNaN, qIsNull, qQNaN, qRegisterResourceData,
        qRemovePostRoutine, qRound, qRound64, qSNaN, qSetFieldWidth,
        qSetMessagePattern, qSetPadChar, qSetRealNumberPrecision, qSharedBuild,
        qUncompress, qUnregisterResourceData, qVersion, qWarning, qrand, qsrand,
        reset, right, scientific, showbase, uppercasebase, uppercasedigits, ws)

from PyQt5.QtDBus import (QDBus, QDBusAbstractAdaptor, QDBusAbstractInterface,
        QDBusArgument, QDBusConnection, QDBusConnectionInterface, QDBusError,
        QDBusInterface, QDBusMessage, QDBusObjectPath, QDBusPendingCall,
        QDBusPendingCallWatcher, QDBusPendingReply, QDBusReply,
        QDBusServiceWatcher, QDBusSignature, QDBusUnixFileDescriptor,
        QDBusVariant)

from PyQt5.QtDesigner import (QAbstractExtensionFactory,
        QAbstractExtensionManager, QAbstractFormBuilder,
        QDesignerActionEditorInterface, QDesignerContainerExtension,
        QDesignerCustomWidgetCollectionInterface, QDesignerCustomWidgetInterface,
        QDesignerFormEditorInterface, QDesignerFormWindowCursorInterface,
        QDesignerFormWindowInterface, QDesignerFormWindowManagerInterface,
        QDesignerMemberSheetExtension, QDesignerObjectInspectorInterface,
        QDesignerPropertyEditorInterface, QDesignerPropertySheetExtension,
        QDesignerTaskMenuExtension, QDesignerWidgetBoxInterface,
        QExtensionFactory, QExtensionManager, QFormBuilder,
        QPyDesignerContainerExtension, QPyDesignerCustomWidgetCollectionPlugin,
        QPyDesignerCustomWidgetPlugin, QPyDesignerMemberSheetExtension,
        QPyDesignerPropertySheetExtension, QPyDesignerTaskMenuExtension)

from PyQt5.QtGui import (QAbstractOpenGLFunctions,
        QAbstractTextDocumentLayout, QActionEvent, QBackingStore, QBitmap, QBrush,
        QClipboard, QCloseEvent, QColor, QConicalGradient, QContextMenuEvent,
        QCursor, QDesktopServices, QDoubleValidator, QDrag, QDragEnterEvent,
        QDragLeaveEvent, QDragMoveEvent, QDropEvent, QEnterEvent, QExposeEvent,
        QFileOpenEvent, QFocusEvent, QFont, QFontDatabase, QFontInfo,
        QFontMetrics, QFontMetricsF, QGlyphRun, QGradient, QGuiApplication,
        QHelpEvent, QHideEvent, QHoverEvent, QIcon, QIconDragEvent, QIconEngine,
        QImage, QImageIOHandler, QImageReader, QImageWriter, QInputEvent,
        QInputMethod, QInputMethodEvent, QInputMethodQueryEvent, QIntValidator,
        QKeyEvent, QKeySequence, QLinearGradient, QMatrix2x2, QMatrix2x3,
        QMatrix2x4, QMatrix3x2, QMatrix3x3, QMatrix3x4, QMatrix4x2, QMatrix4x3,
        QMatrix4x4, QMouseEvent, QMoveEvent, QMovie, QNativeGestureEvent,
        QOffscreenSurface, QOpenGLBuffer, QOpenGLContext, QOpenGLContextGroup,
        QOpenGLDebugLogger, QOpenGLDebugMessage, QOpenGLFramebufferObject,
        QOpenGLFramebufferObjectFormat, QOpenGLPaintDevice,
```

```
        QOpenGLPixelTransferOptions, QOpenGLShader, QOpenGLShaderProgram,
        QOpenGLTexture, QOpenGLTextureBlitter, QOpenGLTimeMonitor,
        QOpenGLTimerQuery, QOpenGLVersionProfile, QOpenGLVertexArrayObject,
        QOpenGLWindow, QPageLayout, QPageSize, QPagedPaintDevice, QPaintDevice,
        QPaintDeviceWindow, QPaintEngine, QPaintEngineState, QPaintEvent,
        QPainter, QPainterPath, QPainterPathStroker, QPalette, QPdfWriter, QPen,
        QPicture, QPictureIO, QPixelFormat, QPixmap, QPixmapCache,
        QPlatformSurfaceEvent, QPointingDeviceUniqueId, QPolygon, QPolygonF,
        QQuaternion, QRadialGradient, QRasterWindow, QRawFont, QRegExpValidator,
        QRegion, QRegularExpressionValidator, QResizeEvent, QRgba64, QScreen,
        QScrollEvent, QScrollPrepareEvent, QSessionManager, QShortcutEvent,
        QShowEvent, QStandardItem, QStandardItemModel, QStaticText,
        QStatusTipEvent, QStyleHints, QSurface, QSurfaceFormat,
        QSyntaxHighlighter, QTabletEvent, QTextBlock, QTextBlockFormat,
        QTextBlockGroup, QTextBlockUserData, QTextCharFormat, QTextCursor,
        QTextDocument, QTextDocumentFragment, QTextDocumentWriter, QTextFormat,
        QTextFragment, QTextFrame, QTextFrameFormat, QTextImageFormat,
        QTextInlineObject, QTextItem, QTextLayout, QTextLength, QTextLine,
        QTextList, QTextListFormat, QTextObject, QTextObjectInterface,
        QTextOption, QTextTable, QTextTableCell, QTextTableCellFormat,
        QTextTableFormat, QTouchDevice, QTouchEvent, QTransform, QValidator,
        QVector2D, QVector3D, QVector4D, QWhatsThisClickedEvent, QWheelEvent,
        QWindow, QWindowStateChangeEvent, qAlpha, qBlue, qGray, qGreen, qIsGray,
        qPixelFormatAlpha, qPixelFormatCmyk, qPixelFormatGrayscale,
        qPixelFormatHsl, qPixelFormatHsv, qPixelFormatRgba, qPixelFormatYuv,
        qPremultiply, qRed, qRgb, qRgba, qRgba64, qUnpremultiply,
        qt_set_sequence_auto_mnemonic)

from PyQt5.QtHelp import (QCompressedHelpInfo, QHelpContentItem,
        QHelpContentModel, QHelpContentWidget, QHelpEngine, QHelpEngineCore,
        QHelpFilterData, QHelpFilterEngine, QHelpIndexModel, QHelpIndexWidget,
        QHelpSearchEngine, QHelpSearchQuery, QHelpSearchQueryWidget,
        QHelpSearchResult, QHelpSearchResultWidget)

from PyQt5.QtLocation import (QGeoCodeReply, QGeoCodingManager,
        QGeoCodingManagerEngine, QGeoManeuver, QGeoRoute, QGeoRouteLeg,
        QGeoRouteReply, QGeoRouteRequest, QGeoRouteSegment, QGeoRoutingManager,
        QGeoRoutingManagerEngine, QGeoServiceProvider, QLocation,
        QNavigationManager, QPlace, QPlaceAttribute, QPlaceCategory,
        QPlaceContactDetail, QPlaceContent, QPlaceContentReply,
        QPlaceContentRequest, QPlaceDetailsReply, QPlaceEditorial, QPlaceIcon,
        QPlaceIdReply, QPlaceImage, QPlaceManager, QPlaceManagerEngine,
        QPlaceMatchReply, QPlaceMatchRequest, QPlaceProposedSearchResult,
        QPlaceRatings, QPlaceReply, QPlaceResult, QPlaceReview, QPlaceSearchReply,
        QPlaceSearchRequest, QPlaceSearchResult, QPlaceSearchSuggestionReply,
        QPlaceSupplier, QPlaceUser)

from PyQt5.QtMultimedia import (QAbstractVideoBuffer, QAbstractVideoFilter,
        QAbstractVideoSurface, QAudio, QAudioBuffer, QAudioDecoder,
        QAudioDeviceInfo, QAudioEncoderSettings, QAudioFormat, QAudioInput,
```

```
    QAudioOutput, QAudioProbe, QAudioRecorder, QCamera, QCameraExposure,
    QCameraFocus, QCameraFocusZone, QCameraImageCapture,
    QCameraImageProcessing, QCameraInfo, QCameraViewfinderSettings,
    QImageEncoderSettings, QMediaBindableInterface, QMediaContent,
    QMediaControl, QMediaMetaData, QMediaObject, QMediaPlayer, QMediaPlaylist,
    QMediaRecorder, QMediaResource, QMediaService, QMediaTimeInterval,
    QMediaTimeRange, QMultimedia, QRadioData, QRadioTuner, QSound,
    QSoundEffect, QVideoEncoderSettings, QVideoFilterRunnable, QVideoFrame,
    QVideoProbe, QVideoSurfaceFormat)

from PyQt5.QtMultimediaWidgets import (QCameraViewfinder, QGraphicsVideoItem,
    QVideoWidget)

from PyQt5.QtNetwork import (QAbstractNetworkCache, QAbstractSocket,
    QAuthenticator, QDnsDomainNameRecord, QDnsHostAddressRecord, QDnsLookup,
    QDnsMailExchangeRecord, QDnsServiceRecord, QDnsTextRecord, QHostAddress,
    QHostInfo, QHstsPolicy, QHttpMultiPart, QHttpPart, QLocalServer,
    QLocalSocket, QNetworkAccessManager, QNetworkAddressEntry,
    QNetworkCacheMetaData, QNetworkConfiguration,
    QNetworkConfigurationManager, QNetworkCookie, QNetworkCookieJar,
    QNetworkDatagram, QNetworkDiskCache, QNetworkInterface, QNetworkProxy,
    QNetworkProxyFactory, QNetworkProxyQuery, QNetworkReply, QNetworkRequest,
    QNetworkSession, QOcspCertificateStatus, QOcspResponse,
    QOcspRevocationReason, QPasswordDigestor, QSsl, QSslCertificate,
    QSslCertificateExtension, QSslCipher, QSslConfiguration,
    QSslDiffieHellmanParameters, QSslEllipticCurve, QSslError, QSslKey,
    QSslPreSharedKeyAuthenticator, QSslSocket, QTcpServer, QTcpSocket,
    QUdpSocket)

from PyQt5.QtNetworkAuth import (QAbstractOAuth, QAbstractOAuth2,
    QAbstractOAuthReplyHandler, QOAuth1, QOAuth1Signature,
    QOAuth2AuthorizationCodeFlow, QOAuthHttpServerReplyHandler,
    QOAuthOobReplyHandler)

from PyQt5.QtNfc import (QNdefFilter, QNdefMessage, QNdefNfcIconRecord,
    QNdefNfcSmartPosterRecord, QNdefNfcTextRecord, QNdefNfcUriRecord,
    QNdefRecord, QNearFieldManager, QNearFieldShareManager,
    QNearFieldShareTarget, QNearFieldTarget, QQmlNdefRecord)

from PyQt5.QtOpenGL import QGL, QGLContext, QGLFormat, QGLWidget

from PyQt5.QtPositioning import (QGeoAddress, QGeoAreaMonitorInfo,
    QGeoAreaMonitorSource, QGeoCircle, QGeoCoordinate, QGeoLocation, QGeoPath,
    QGeoPolygon, QGeoPositionInfo, QGeoPositionInfoSource, QGeoRectangle,
    QGeoSatelliteInfo, QGeoSatelliteInfoSource, QGeoShape,
    QNmeaPositionInfoSource)

from PyQt5.QtPrintSupport import (QAbstractPrintDialog, QPageSetupDialog,
    QPrintDialog, QPrintEngine, QPrintPreviewDialog, QPrintPreviewWidget,
    QPrinter, QPrinterInfo)
```

```
from PyQt5.QtQml import (QJSEngine, QJSValue, QJSValueIterator,
    QQmlAbstractUrlInterceptor, QQmlApplicationEngine, QQmlComponent,
    QQmlContext, QQmlEngine, QQmlError, QQmlExpression, QQmlExtensionPlugin,
    QQmlFileSelector, QQmlImageProviderBase, QQmlIncubationController,
    QQmlIncubator, QQmlListProperty, QQmlListReference,
    QQmlNetworkAccessManagerFactory, QQmlParserStatus, QQmlProperty,
    QQmlPropertyMap, QQmlPropertyValueSource, QQmlScriptString, qjsEngine,
    qmlAttachedPropertiesObject, qmlClearTypeRegistrations,
    qmlRegisterRevision, qmlRegisterSingletonType, qmlRegisterType,
    qmlRegisterUncreatableType, qmlTypeId)

from PyQt5.QtQuick import (QQuickAsyncImageProvider, QQuickCloseEvent,
    QQuickFramebufferObject, QQuickImageProvider, QQuickImageResponse,
    QQuickItem, QQuickItemGrabResult, QQuickPaintedItem, QQuickRenderControl,
    QQuickTextDocument, QQuickTextureFactory, QQuickView, QQuickWindow,
    QSGAbstractRenderer, QSGBasicGeometryNode, QSGClipNode, QSGDynamicTexture,
    QSGEngine, QSGFlatColorMaterial, QSGGeometry, QSGGeometryNode,
    QSGImageNode, QSGMaterial, QSGMaterialShader, QSGMaterialType, QSGNode,
    QSGOpacityNode, QSGOpaqueTextureMaterial, QSGRectangleNode, QSGRenderNode,
    QSGRendererInterface, QSGSimpleRectNode, QSGSimpleTextureNode, QSGTexture,
    QSGTextureMaterial, QSGTextureProvider, QSGTransformNode,
    QSGVertexColorMaterial)

from PyQt5.QtQuickWidgets import QQuickWidget

from PyQt5.QtRemoteObjects import (QAbstractItemModelReplica,
    QRemoteObjectAbstractPersistedStore, QRemoteObjectDynamicReplica,
    QRemoteObjectHost, QRemoteObjectHostBase, QRemoteObjectNode,
    QRemoteObjectRegistry, QRemoteObjectRegistryHost, QRemoteObjectReplica,
    QRemoteObjectSourceLocationInfo, QtRemoteObjects)

from PyQt5.QtSensors import (QAccelerometer, QAccelerometerFilter,
    QAccelerometerReading, QAltimeter, QAltimeterFilter, QAltimeterReading,
    QAmbientLightFilter, QAmbientLightReading, QAmbientLightSensor,
    QAmbientTemperatureFilter, QAmbientTemperatureReading,
    QAmbientTemperatureSensor, QCompass, QCompassFilter, QCompassReading,
    QDistanceFilter, QDistanceReading, QDistanceSensor, QGyroscope,
    QGyroscopeFilter, QGyroscopeReading, QHolsterFilter, QHolsterReading,
    QHolsterSensor, QHumidityFilter, QHumidityReading, QHumiditySensor,
    QIRProximityFilter, QIRProximityReading, QIRProximitySensor, QLidFilter,
    QLidReading, QLidSensor, QLightFilter, QLightReading, QLightSensor,
    QMagnetometer, QMagnetometerFilter, QMagnetometerReading,
    QOrientationFilter, QOrientationReading, QOrientationSensor,
    QPressureFilter, QPressureReading, QPressureSensor, QProximityFilter,
    QProximityReading, QProximitySensor, QRotationFilter, QRotationReading,
    QRotationSensor, QSensor, QSensorFilter, QSensorReading, QTapFilter,
    QTapReading, QTapSensor, QTiltFilter, QTiltReading, QTiltSensor,
    qoutputrange)
```

```python
from PyQt5.QtSerialPort import QSerialPort, QSerialPortInfo

from PyQt5.QtSql import (QSql, QSqlDatabase, QSqlDriver,
    QSqlDriverCreatorBase, QSqlError, QSqlField, QSqlIndex, QSqlQuery,
    QSqlQueryModel, QSqlRecord, QSqlRelation, QSqlRelationalDelegate,
    QSqlRelationalTableModel, QSqlResult, QSqlTableModel)

from PyQt5.QtSvg import (QGraphicsSvgItem, QSvgGenerator, QSvgRenderer,
    QSvgWidget)

from PyQt5.QtTest import QAbstractItemModelTester, QSignalSpy, QTest

from PyQt5.QtWebChannel import QWebChannel, QWebChannelAbstractTransport

from PyQt5.QtWebSockets import (QMaskGenerator, QWebSocket,
    QWebSocketCorsAuthenticator, QWebSocketProtocol, QWebSocketServer)

from PyQt5.QtWidgets import (QAbstractButton, QAbstractGraphicsShapeItem,
    QAbstractItemDelegate, QAbstractItemView, QAbstractScrollArea,
    QAbstractSlider, QAbstractSpinBox, QAction, QActionGroup, QApplication,
    QBoxLayout, QButtonGroup, QCalendarWidget, QCheckBox, QColorDialog,
    QColumnView, QComboBox, QCommandLinkButton, QCommonStyle, QCompleter,
    QDataWidgetMapper, QDateEdit, QDateTimeEdit, QDesktopWidget, QDial,
    QDialog, QDialogButtonBox, QDirModel, QDockWidget, QDoubleSpinBox,
    QErrorMessage, QFileDialog, QFileIconProvider, QFileSystemModel,
    QFocusFrame, QFontComboBox, QFontDialog, QFormLayout, QFrame, QGesture,
    QGestureEvent, QGestureRecognizer, QGraphicsAnchor, QGraphicsAnchorLayout,
    QGraphicsBlurEffect, QGraphicsColorizeEffect, QGraphicsDropShadowEffect,
    QGraphicsEffect, QGraphicsEllipseItem, QGraphicsGridLayout, QGraphicsItem,
    QGraphicsItemGroup, QGraphicsLayout, QGraphicsLayoutItem,
    QGraphicsLineItem, QGraphicsLinearLayout, QGraphicsObject,
    QGraphicsOpacityEffect, QGraphicsPathItem, QGraphicsPixmapItem,
    QGraphicsPolygonItem, QGraphicsProxyWidget, QGraphicsRectItem,
    QGraphicsRotation, QGraphicsScale, QGraphicsScene,
    QGraphicsSceneContextMenuEvent, QGraphicsSceneDragDropEvent,
    QGraphicsSceneEvent, QGraphicsSceneHelpEvent, QGraphicsSceneHoverEvent,
    QGraphicsSceneMouseEvent, QGraphicsSceneMoveEvent,
    QGraphicsSceneResizeEvent, QGraphicsSceneWheelEvent,
    QGraphicsSimpleTextItem, QGraphicsTextItem, QGraphicsTransform,
    QGraphicsView, QGraphicsWidget, QGridLayout, QGroupBox, QHBoxLayout,
    QHeaderView, QInputDialog, QItemDelegate, QItemEditorCreatorBase,
    QItemEditorFactory, QKeyEventTransition, QKeySequenceEdit, QLCDNumber,
    QLabel, QLayout, QLayoutItem, QLineEdit, QListView, QListWidget,
    QListWidgetItem, QMainWindow, QMdiArea, QMdiSubWindow, QMenu, QMenuBar,
    QMessageBox, QMouseEventTransition, QOpenGLWidget, QPanGesture,
    QPinchGesture, QPlainTextDocumentLayout, QPlainTextEdit, QProgressBar,
    QProgressDialog, QProxyStyle, QPushButton, QRadioButton, QRubberBand,
    QScrollArea, QScrollBar, QScroller, QScrollerProperties, QShortcut,
    QSizeGrip, QSizePolicy, QSlider, QSpacerItem, QSpinBox, QSplashScreen,
    QSplitter, QSplitterHandle, QStackedLayout, QStackedWidget, QStatusBar,
```

```
    QStyle, QStyleFactory, QStyleHintReturn, QStyleHintReturnMask,
    QStyleHintReturnVariant, QStyleOption, QStyleOptionButton,
    QStyleOptionComboBox, QStyleOptionComplex, QStyleOptionDockWidget,
    QStyleOptionFocusRect, QStyleOptionFrame, QStyleOptionGraphicsItem,
    QStyleOptionGroupBox, QStyleOptionHeader, QStyleOptionMenuItem,
    QStyleOptionProgressBar, QStyleOptionRubberBand, QStyleOptionSizeGrip,
    QStyleOptionSlider, QStyleOptionSpinBox, QStyleOptionTab,
    QStyleOptionTabBarBase, QStyleOptionTabWidgetFrame, QStyleOptionTitleBar,
    QStyleOptionToolBar, QStyleOptionToolBox, QStyleOptionToolButton,
    QStyleOptionViewItem, QStylePainter, QStyledItemDelegate, QSwipeGesture,
    QSystemTrayIcon, QTabBar, QTabWidget, QTableView, QTableWidget,
    QTableWidgetItem, QTableWidgetSelectionRange, QTapAndHoldGesture,
    QTapGesture, QTextBrowser, QTextEdit, QTimeEdit, QToolBar, QToolBox,
    QToolButton, QToolTip, QTreeView, QTreeWidget, QTreeWidgetItem,
    QTreeWidgetItemIterator, QUndoCommand, QUndoGroup, QUndoStack, QUndoView,
    QVBoxLayout, QWhatsThis, QWidget, QWidgetAction, QWidgetItem, QWizard,
    QWizardPage, qApp, qDrawBorderPixmap, qDrawPlainRect, qDrawShadeLine,
    qDrawShadePanel, qDrawShadeRect, qDrawWinButton, qDrawWinPanel)

from PyQt5.QtWinExtras import (QWinJumpList, QWinJumpListCategory,
    QWinJumpListItem, QWinTaskbarButton, QWinTaskbarProgress,
    QWinThumbnailToolBar, QWinThumbnailToolButton, QtWin)

from PyQt5.QtXml import (QDomAttr, QDomCDATASection, QDomCharacterData,
    QDomComment, QDomDocument, QDomDocumentFragment, QDomDocumentType,
    QDomElement, QDomEntity, QDomEntityReference, QDomImplementation,
    QDomNamedNodeMap, QDomNode, QDomNodeList, QDomNotation,
    QDomProcessingInstruction, QDomText, QXmlAttributes, QXmlContentHandler,
    QXmlDTDHandler, QXmlDeclHandler, QXmlDefaultHandler, QXmlEntityResolver,
    QXmlErrorHandler, QXmlInputSource, QXmlLexicalHandler, QXmlLocator,
    QXmlNamespaceSupport, QXmlParseException, QXmlReader, QXmlSimpleReader)

from PyQt5.QtXmlPatterns import (QAbstractMessageHandler,
    QAbstractUriResolver, QAbstractXmlNodeModel, QAbstractXmlReceiver,
    QSimpleXmlNodeModel, QSourceLocation, QXmlFormatter, QXmlItem, QXmlName,
    QXmlNamePool, QXmlNodeModelIndex, QXmlQuery, QXmlResultItems, QXmlSchema,
    QXmlSchemaValidator, QXmlSerializer)
```

　　以上列举了 PyQt 的类以及类所在的模块。在调试代码的时候，为了方便使用，可以全部导入，但是这样会导致占用很多内存，影响程序运行的速度。我们在发布代码时改成按需导入即可。有读者可能会问，在开发中使用到某个类，不清楚要导入某个模块怎么办？放心，如果使用 PyCharm 开发工具，可以把光标放在某个类上，比如 QPushButton，然后按【Alt+Enter】快捷键，就可以自动导入。

第 3 章

PyQt 编程基础

PyQt 是一个跨平台框架，通常用作图形工具包，不过它在创建命令行（CLI）应用程序方面也非常出色。它可以运行在三个主要的桌面操作系统（Windows、Linux 和 MacOS）上，以及移动设备操作系统上，如 Symbian、Android 和 iOS 等。

PyQt 5 与 PyQt 4 最大的区别是底层架构有了修改。PyQt 5 引入了模块化的概念，将众多功能细分到几个模块之中。PyQt 4 也有模块的概念，但这是一种很粗的划分，而 PyQt 5 则更加细化。这里对 PyQt 5 的模块进行简单的介绍，以便以后读者需要使用哪些功能的时候知道到哪个模块去寻找。

PyQt 5 模块分为 Essentials Modules 和 Add-on Modules 两部分。前者是基础模块，在所有平台上都可用；后者是扩展模块，建立在基础模块的基础之上，在能够运行 Qt 的平台上可以酌情导入。

PyQt 的基础模块有以下几个：

（1）PyQt Core：提供核心的非 GUI 功能，所有模块都需要这个模块。这个模块的类包括动画框架、定时器、各个容器类、时间日期类、事件、IO、JSON、插件机制、智能指针、图形（矩形、路径等）、线程、XML 等。所有这些类都可以通过头文件导入。

（2）PyQt GUI：提供 GUI 程序的基本功能，包括与窗口系统的集成、事件处理、OpenGL 和 OpenGL ES 集成、2D 图像、字体、拖放等。这些类一般由 PyQt 用户界面类内部使用，当然也可以用于访问底层的 OpenGL ES 图像 API。PyQt GUI 模块提供的是所有图形用户界面程序都需要的通用功能。

（3）PyQt Multimedia：提供视频、音频、收音机以及摄像头等功能。

（4）PyQt Network：提供跨平台的网络功能。

（5）PyQt QML：QML 是一种描述性的脚本语言，文件格式以.qml 结尾。语法格式非常像 CSS（参考后文具体例子），但又支持 JavaScript 形式的编程控制。QML 可以在脚本里创建图形对象，并且支持各种图形特效，以及状态机等，同时又能与用 Qt 编写的 C++代码进行交互，使用起来非常方便。

（6）PyQt Quick：允许在 PyQt/C++程序中嵌入 Qt Quick（一种基于 Qt 的高度动画的用户界面，

适合进行移动平台开发）。

（7）PyQt SQL：允许使用 SQL 访问数据库。

（8）PyQt Test：提供 Qt 程序的单元测试功能。

（9）PyQt WebKit：基于 WebKit2 的实现以及一套全新的 QML API。

PyQt 的扩展模块有以下几个：

（1）PyQt 3D：提供声明式语法，在 PyQt 程序中可以简单地嵌入 3D 图像。PyQt 3D 为 PyQt Quick 添加了 3D 内容渲染。PyQt 3D 提供了 QML 和 C++两套 API，用于开发 3D 程序。

（2）PyQt Bluetooth：提供用于访问蓝牙无线设备的 C++和 QML API。

（3）PyQt Contacts：用于访问地址簿或者联系人数据库的 C++和 QML API。

（4）PyQt Concurrent：封装了底层线程技术的类库，方便开发多线程程序。

（5）PyQt D-Bus：这是一个仅供 UNIX 平台使用的类库，用于利用 D-Bus 协议进行进程间交互。

（6）PyQt Graphical Effects：提供一系列用于实现图像特效的类，比如模糊、锐化等。

（7）PyQt Image Formats：支持图片格式的一系列插件，包括 TIFF、MNG、TGA 和 WBMP。

（8）PyQt JS Backend：该模块没有公开的 API，是从 V8 JavaScript 引擎移植过来的。这个模块仅供 PyQt QML 模块内部使用。

（9）PyQt Location：提供定位机制、地图和导航技术、位置搜索等功能的 QML 和 C++API。

（10）PyQt OpenGL：方便在 PyQt 应用程序中使用 OpenGL。该模块仅仅为了程序从 PyQt4 移植到 PyQt 5 的便利才保留下来，如果需要在新的 PyQt5 程序中使用 OpenGL 相关技术，则需要使用 PyQt GUI 模块中的 QOpenGL。

（11）PyQt Organizer：使用 QML 和 C++API 访问组织事件（Organizer Event）。Organizer API 是 Personal Information Management API 的一部分，用于访问 Calendar 信息。通过 Organizer API 可以实现：从日历数据库访问日历时间、导入 iCalendar 事件或者将自己的事件导出到 iCalendar。

（12）PyQt Print Support：提供对打印功能的支持。

（13）PyQt Publish and Subscribe：为应用程序提供对项目值的读取、导航、订阅等功能。

（14）PyQt Quick：从 PyQt 4 移植过来的 PyQt QtDeclarative 模块，用于提供与 PyQt4 的兼容。如果需要开发新的程序，则需要使用 PyQt QtQuick 模块。

（15）PyQt Script：提供脚本化机制。这也是为提供与 PyQt4 的兼容性，如果要使用脚本化支持，则可以使用 PyQt QML 模块的 QJS*类。

（16）PyQt Script Tools：为使用 PyQt Script 模块的应用程序提供的额外组件。

（17）PyQt Sensors：提供访问各类传感器的 QML 和 C++接口。

（18）PyQt Service Framework：为客户端发现其他设备提供的服务。PyQt Service Framework 为在不同平台上发现、实现和访问服务定义了一套统一的机制。

（19）PyQt SVG：提供渲染和创建 SVG 文件的功能。

（20）PyQt System Info：提供一套 API，用于发现系统相关的信息，比如电池使用量、锁屏、硬件特性等。

（21）PyQt Tools：提供了方便 PyQt 开发的工具，包括 PyQt Lucene、PyQt Designer、PyQt Help 以及 PyQt UI Tools。

（22）PyQt Versit：提供了对 Versit API 的支持。Versit API 是 Personal Information Management API 的一部分，用于 QContacts 和 vCard 以及 QOrganizerItems 和 iCalendar 之间的相互转换。

（23）PyQt Wayland：仅用于 Linux 平台，用于替代 QWS，包括 PyQt Compositor API（server）和 Wayland 平台插件（client）。

这里需要强调一点，由于 PyQt 的扩展模块并不是 PyQt 必须安装的部分，因此 PyQt 在未来的版本中可能会提供更多的扩展模块。

PyQt 俨然使得 Python 具有抗衡 Java 的能力。本章并不涉及 Qt 界面设计的具体内容，而是注重介绍 Qt 编程的通用基础知识，这些知识在以后使用 Qt 的时候会经常碰到。

3.1　字节数组类 QByteArray

字节数组是值得多花时间学一下的，因为字节数组的应用比较重要，无论是网络传输领域，还是嵌入式编程领域，字节数组及其操作都有着举足轻重的作用，经常要和它打交道。所以无论是 Python 自带的字节类 bytes，还是 PyQt 中的字节数组类 QByteArray，都要很好地掌握，为以后的开发工作打下坚实的基础。

字节数组类 QByteArray 提供一个字节数组，用于存储原始字节。该类在串口通信中经常被使用，因为串口通信数据都是 8 位的字节流。

QByteArray 可用于存储原始字节（包括"\0"）和传统的以"\0"结尾的 8 位字符串。使用 QByteArray 比使用 const char*方便得多。在幕后，它始终确保数据后面有一个 "\0" 终止符，并使用隐式共享（写时复制）来减少内存使用，避免不必要的数据复制。

除了 QByteArray 之外，PyQt 还提供 QString 类来存储字符串数据。在大多数情况下，QString 是用户想要使用的类。它存储 16 位 Unicode 字符，使用户可以轻松地在应用程序中存储非 ASCII 字符。此外，QString 在 PyQt API 中始终使用。QByteArray 适用的两种主要情况是，当需要存储原始二进制数据时，以及当内存节约非常关键时（例如，对于嵌入式 Linux，使用 PyQt）。另外，值得注意的是，QByteArray 存储的第一个元素的索引是 0。既然说到字节了，必将涉及一些编码和转换，我们从基础的 Unicode 讲起。

3.1.1　Unicode 编码及其 UTF-8 实现

Unicode 编码是纯理论的东西，和具体计算机没关系。为了把全世界所有的文字符号都统一进行编码，标准化组织 ISO 提出了 Unicode 编码方案，它可以容纳世界上所有文字和符号的字符编码方案，这个方案规定任何语言中的任一字符都只对应一个唯一的数字，这个数字被称为代码点（Code Point），或称码点、码位，它用十六进制书写，并加上 U+前缀，比如，'田'的代码点是 U+7530,'A' 的代码点是 U+0041。再强调一下，代码点是一个理论的概念，和具体的计算机无关。

所有字符及其 Unicode 编码构成的集合就叫 Unicode 字符集（Unicode Character Set，UCS）。早期的版本有 UCS-2，它用 2 字节编码，最多能表示 65535 个字符。在这个版本中，每个码点的长度有 16 位，这样可以用 0~65535（$2^{16}-1$）的数字来表示世界上的字符（当初以为够用了），其中

0~127 这 128 个数字表示的字符跟 ASCII 完全一样，比如 Unicode 和 ASCII 中的数字 65 都表示字母 'A'，数字 97 都表示字母'a'。但反过来却是不同的，字符'A'在 Unicode 中的编码是 0x0041，在 ASCII 中的编码是 0x41，虽然它们的值都是 97，但编码的长度是不一样的，Unicode 码是 16 位长度，ASCII 码是 8 位长度。

但 UCS-2 后来不够用了，因此有了 UCS-4 这个版本，UCS-4 用 4 字节编码（实际上只用了 31 位，最高位必须为 0），它根据最高字节分成 2^7=128 个组（最高字节的最高位恒为 0，所以有 128 个）。每个组再根据次高字节分为 256 个平面（plane）。每个平面根据第 3 字节分为 256 行（row），每行有 256 个码位（cell）。组 0 的平面 0 被称作基本多语言平面（Basic Multilingual Plane，BMP），即范围在 U+00000000~U+0000FFFF 的码点，若将 UCS-4 的 BMP 去掉前面的两个零字节就得到了 UCS-2（U+0000 ~ U+FFFF）。每个平面有 2^{16}=65536 个码位。Unicode 计划使用 17 个平面，一共有 17×65536=1114112 个码位。在 Unicode 5.0.0 版本中，已定义的码位只有 238605 个，分布在平面 0、平面 1、平面 2、平面 14、平面 15、平面 16。其中平面 15 和平面 16 上只定义了两个各占 65534 个码位的专用区（Private Use Area），分别是 0xF0000~0xFFFFD 和 0x100000~0x10FFFD。所谓专用区，就是保留给用户放自定义字符的区域，可以简写为 PUA。平面 0 也有一个专用区：0xE000~0xF8FF，有 6400 个码位。平面 0 的 0xD800~0xDFFF 共 2048 个码位，是一个被称作代理区（Surrogate）的特殊区域。代理区的目的是用两个 UTF-16 字符表示 BMP 以外的字符。在介绍 UTF-16 编码时会介绍。

在 Unicode 5.0.0 版本中，238605-65534×2-6400-2408=98729，余下的 98729 个已定义码位分布在平面 0、平面 1、平面 2 和平面 14 上，它们对应着 Unicode 目前定义的 98729 个字符，其中包括 71226 个汉字。平面 0、平面 1、平面 2 和平面 14 上分别定义了 52080、3419、43253 和 337 个字符。平面 2 的 43253 个字符都是汉字。平面 0 上定义了 27973 个汉字。

再归纳总结一下：

（1）在 Unicode 字符集中的某个字符对应的代码值，称作代码点（Code Point），简称码点，用十六进制书写，并加上 U+前缀。比如 '田' 的代码点是 U+7530，'A' 的代码点是 U+0041。

（2）后来字符越来越多，最初定义的 16 位（UC2 版本）已经不够用了，后来用 32 位（UC4 版本）表示某个字符的代码点，并且把所有 CodePoint 分成 17 个代码平面（Code Plane）：其中，U+0000~U+FFFF 划入基本多语言平面（Basic Multilingual Plane，BMP）；其余划入 16 个辅助平面（Supplementary Plane），代码点范围为 U+10000~U+10FFFF。

（3）并不是每个平面中的代码点都对应有字符，有些是保留的，还有些是有特殊用途的。

到目前为止，关于 Unicode，我们都是在讲理论层面的东西，没有涉及 Unicode 码在计算机中的实现方式。Unicode 的实现方式和编码方式不一定等价，一个字符的 Unicode 编码是确定的，但是在实际存储和传输过程中，由于不同系统平台的设计可能不一致，以及出于节省空间的目的，对 Unicode 编码的实现方式有所不同。Unicode 编码的实现方式称为 Unicode 转换格式（Unicode Transformation Format，UTF）。Unicode 编码的实现方式主要有 UTF-8、UTF-16、UTF-32 等，分别以字节（BYTE）、字（WORD，2 字节）、双字（DWORD，4 字节，实际上只用了 31 位，最高位恒为 0）作为编码单位。根据字节序的不同，UTF-16 可以被实现为 UTF-16LE 或 UTF-16BE，UTF-32 可以被实现为 UTF-32LE 或 UTF-32BE。再次强调，这些实现方式是对 Unicode 码点进行编码，以适合计算机的存储和传输。

限于篇幅，这里我们只讲 UTF-8。UTF-8 以字节为单位对 Unicode 进行编码，这里的单位是程序在解析二进制流时的最小单元，在 UTF-8 中，程序是一字节一字节地解析文本。从 Unicode 到 UTF-8 的编码方式（即对 Unicode 码点进行 UTF-8 编码）如表 3-1 所示。

表3-1　从Unicode到UTF-8的编码方式

Unicode 编码（十六进制）的范围	UTF-8 字节流（二进制）
000000 ~ 00007F	0xxxxxxx
000080 ~ 0007FF	110xxxxx 10xxxxxx
000800 ~ 00FFFF	1110xxxx 10xxxxxx 10xxxxxx
010000 ~ 10FFFF	11110xxx 10xxxxxx 10xxxxxx 10xxxxxx

从表 3-1 可以看出，UTF-8 的特点是对不同范围的字符（也就是 Unicode 码点，一个码点对应一个字符）使用不同长度的编码。对于 0x00~0x7F 的字符，UTF-8 编码与 ASCII 编码完全相同。UTF-8 编码的最大长度是 4 字节。4 字节模板有 21 个 x，即可以容纳 21 位二进制数字。Unicode 的最大码点 0x10FFFF 也只有 21 位。

举个例子，'汉' 这个中文字符的 Unicode 编码是 0x6C49。0x6C49 在 0x0800 和 0xFFFF 之间，使用 3 字节模板：1110xxxx 10xxxxxx 10xxxxxx。将 0x6C49 写成二进制是：0110 1100 0100 1001，用这个比特流从左到右依次代替模板中的 x，得到 11100110 10110001 10001001，即 E6 B1 89。这样，'汉' 的 UTF-8 编码就是 E6B189。

再看个例子，假设某字符的 Unicode 编码为 0x20C30，0x20C30 在 0x010000 和 0x10FFFF 之间，使用 4 字节模板：11110xxx 10xxxxxx 10xxxxxx 10xxxxxx。将 0x20C30 写成 21 位二进制数字（不足 21 位就在前面补 0）：0 0010 0000 1100 0011 0000，用这个比特流依次代替模板中的 x，得到 11110000 10100000 10110000 10110000，即 F0 A0 B0 B0。

3.1.2　Python 中的 bytes 类型

Python 中的 bytes 类型用来表示一个字节串。字节串不是编程术语，是笔者自己"捏造"的一个词，用来和字符串相呼应。bytes 是 Python 3.x 新增的类型，在 Python 2.x 中是不存在的。我们可以将字节串（bytes）和字符串（string）进行对比：

（1）字符串由若干个字符组成，以字符为单位进行操作；字节串由若干字节组成，以字节为单位进行操作。

（2）字节串和字符串除了操作的数据单元不同之外，它们支持的所有方法都基本相同。

（3）字节串和字符串都是不可变序列，不能随意增加和删除数据。

bytes 只负责以字节序列的形式（二进制形式）来存储数据，至于这些数据到底表示什么内容（字符串、数字、图片、音频等），完全由程序的解析方式决定。如果采用合适的字符编码方式（字符集），则字节串可以恢复成字符串；反之，字符串也可以转换成字节串。说白了，bytes 只是简单地记录内存中的原始数据，至于如何使用这些数据，bytes 并不在意，用户想怎么使用就怎么使用，bytes 并不约束用户的行为。bytes 类型的数据非常适合在互联网上传输，可以用于网络通信编程；bytes 也可以用来存储图片、音频、视频等二进制格式的文件。字符串和 bytes 存在着千丝万缕的联系，我们可以通过字符串来创建 bytes 对象，或者说将字符串转换成 bytes 对象。有以下 3 种方法可以达到这个目的：

（1）如果字符串的内容都是 ASCII 字符，那么直接在字符串前面添加 b 前缀就可以转换成 bytes。

（2）bytes 是一个类，调用它的构造方法，也就是 bytes()，可以将字符串按照指定的字符集转换成 bytes；如果不指定字符集，那么默认采用 UTF-8。

（3）字符串本身有一个 encode()方法，该方法专门用来将字符串按照指定的字符集转换成对应的字节串；如果不指定字符集，那么默认采用 UTF-8。

【例 3.1】使用不同方式创建 bytes 对象

（1）启动 PyCharm，新建一个工程，工程名称是 examplePrj，然后在 main.py 中输入如下代码：

```
#通过构造函数创建空 bytes
b1 = bytes()
#通过空字符串创建空 bytes
b2 = b''

#通过 b 前缀将字符串转换成 bytes
b3 = b'abcde'
print("b3: ", b3)
print(b3[3])
print(b3[3:5])

#为 bytes() 方法指定字符集
b4 = bytes('和和和和 abc', encoding='UTF-8')
print("b4: ", b4)
print("len(b4):", len(b4))

#可以省略 encoding=
b5 = bytes('和和和和 abc', 'UTF-8')
print("b5: ", b5)
print("len(b5):", len(b5))

#通过 encode() 方法将字符串转换成 bytes
b6 = "和和和和 abc".encode('UTF-8')
print("b6: ", b6)
print("len(b6):", len(b6))
```

对于非 ASCII 字符，print 输出的是它的字符编码值（十六进制形式），而不是字符本身。非 ASCII 字符一般占用 2 字节以上的内存。

（2）保存工程并运行，运行结果如下：

```
b3:  b'abcde'
100
b'de'
b4:  b'\xe5\x92\x8c\xe5\x92\x8c\xe5\x92\x8c\xe5\x92\x8cabc'
len(b4): 15
b5:  b'\xe5\x92\x8c\xe5\x92\x8c\xe5\x92\x8c\xe5\x92\x8cabc'
len(b5): 15
b6:  b'\xe5\x92\x8c\xe5\x92\x8c\xe5\x92\x8c\xe5\x92\x8cabc'
```

```
len(b6): 15
```

我们可以看到，汉字 '和' 的 UTF-8 编码是 e5928c。

3.1.3　构造函数

通常有 3 种方法用来构造 QByteArray 对象。

1. def__init__(self)->None:...

该构造函数构造一个空的字节数组。比如：

```
ba = QByteArray()
```

2. def__init__(self,size:int,c:str)->None:...

该构造函数构造大小为 size 的字节数组，每字节都设置为字符串 c 中的第一个字符，而这里 c 是长度为 1 的字符串，这样讲述总感觉怪怪的，其实就是使用 size 个相同的字符来构造 QByteArray 对象。比如：

```
ba = QByteArray(5,'a')    #或者: ba = QByteArray(5,"t")
```

3. def__init__(self,a:QByteArray|bytes|bytearray)->None

该构造函数利用字节数组 a 或字节串 a 来构造一个和 a 一样长的字节数组，即内容和 a 一样。比如：

```
str = 'abc' #定义一个字符串
b = bytes(str, 'UTF-8')      #转为字节串
ba = QByteArray(b)           #构造 QByteArray 字节数组
```

另外，值得注意的是，要在程序中使用 QByteArray，需要从 PyQt5.QtCore 中引入 QByteArray：

```
from PyQt5.QtCore import QByteArray
```

【例 3.2】构造 QByteArray 字节数组

（1）启动 PyCharm，新建一个工程，工程名称是 pythonProject，然后在 main.py 中输入如下代码：

```
from PyQt5.QtCore import QByteArray

if __name__ == '__main__':
    ba = QByteArray()
    print(ba)    #应该输出一个空的字节数组

    ba = QByteArray(3,'a')
    print(ba)

    str = 'abc'
    b = bytes(str, 'UTF-8')
    ba = QByteArray(b)
    print(ba)
```

我们用 3 种构造函数分别构造了 3 个 QByteArray 对象，并分别输出其中的内容。

（2）保存工程并运行，运行结果如下：

```
b''
b'aaa'
b'abc'
```

3.1.4　数组信息

和字节数组的信息相关的函数如表 3-2 所示。

表3-2　和字节数组的信息相关的函数

含　　义	函　　数
是否空	def isEmpty(self) -> bool: ... def isNull(self) -> bool: ...
获取容量	内存大小：def capacity(self) -> int: ... 字符大小： def count(self) -> int: ... def size(self) -> int: ... def length(self) -> int: ... 这 3 个函数通常相等
设置容量	不填充：def reserve(self, size: int) -> None: ... 填充：def resize(self, size: int) -> None: ...
释放不需要的空间	def squeeze(self) -> None: ...
指向数据的指针	def data(self) -> bytes: ... def constData(self) -> PyQt5.sip.voidptr: ... def fromRawData(a0: bytes) -> 'QByteArray': ...

我们可以通过成员函数 resize 来设置字节数组的容量，函数声明如下：

```
def resize(self, size: int) -> None: ...
```

其中 size 表示要设置的大小，如果 size 大于当前大小，则扩展字节数组，即在末尾添加额外的字节，且新增字节未初始化，即具有未定义的值。如果 size 小于当前大小，则从末尾删除相应的字节。比如一个空的字节数组，扩展为 6 字节：

```
ba = QByteArray()
print(ba.length())    #输出是 0
ba.resize(6)
print(ba.length())    #输出是 6
```

如果要将 QByteArray 转为 bytes，则可以调用 data 函数，比如：

```
ba = QByteArray(b"123abc")
r=ba.data()
print(ba)    #b'123abc'
```

3.1.5　增加数据

增加内容也就是插入内容，这是常用的操作。通常可以分为从前面增加、从中间增加和后面增加 3 种情况。

1. 从前面增加

从前面增加内容有以下 3 个成员函数：

```
def prepend(self, a: QByteArray | bytes | bytearray) -> QByteArray
```

在前面增加这 3 种类型（**QByteArray** | bytes | bytearray）之一的字节内容：

```
def prepend(self, count: int, c: bytes) -> 'QByteArray': ...
```

在前面增加 count 个 c 中的字符，c 是长度为 1 的字节串：

```
def push_front(self, a: QByteArray | bytes | bytearray) -> None
```

在前面插入这 3 种类型（**QByteArray** | bytes | bytearray）之一的字节内容。

比如在前面增加 3 个 'd':

```
ba.prepend(3,b'd')
```

参数为 b 的意思是把 'd' 转为 bytes 类型。

2. 从中间插入

从中间插入有以下 3 个成员函数：

```
def insert(self, i: int, count: int, c: bytes) -> 'QByteArray': ...
```

在索引为 i 处插入 count 个 c 中的字符，c 是长度为 1 的字节串：

```
def insert(self, i: int, s: str) -> 'QByteArray': ...
```

在索引为 i 处插入字符串 str:

```
def insert(self,i: int,a: QByteArray | bytes | bytearray) -> QByteArray
```

在索引为 i 处插入 a，a 的类型是三者（**QByteArray** | bytes | bytearray）之一。

比如向索引 1 处插入字节串：

```
ba=QByteArray(b"Meal")
ba.insert(1, QByteArray(b"ontr"));
print(ba)   #// ba == "Montreal"
```

3. 从后面增加

从后面增加内容有以下 4 个成员函数：

```
def append(self, a: QByteArray | bytes | bytearray) -> QByteArray
```

从后面增加这 3 种类型（**QByteArray** | bytes | bytearray）之一的字节内容：

```
def append(self, s: str) -> 'QByteArray': ...
```

从后面增加字符串 s：

```
def append(self, count: int, c: bytes) -> 'QByteArray': ...
```

从后面增加 count 个 c 中的内容，c 是长度为 1 的字节串：

```
def push_back(self, a: QByteArray | bytes | bytearray) -> None
```

从后面增加这 3 种类型（QByteArray | bytes | bytearray）之一的字节内容。

比如从后面增加字符串：

```
x = QByteArray(b"free")
x.append("dom")
print(x)    #b'freedom'
```

或者从后面增加字节串：

```
x = QByteArray(b"free")
x.append(b"dom")
print(x)    #b'freedom'
```

或者从后面增加字节数组：

```
x = QByteArray(b"free")
y = QByteArray(b"dom")
x.append(y)
print(x)    #b'freedom'
```

3.1.6 删除数据

从字节数组中删除内容也是常见的操作，可以分为删除尾部、从中间删除、删除所有内容和去除空白。

1. 删除尾部

删除尾部有以下两种成员函数：

```
def chop(self, n: int) -> None: ...
```

该函数从字节数组的末尾删除 n 字节，其中 n 是要删除的尾部内容的字节数。

```
def truncate(self, pos: int) -> None: ...
```

该函数截断索引位置 pos 处的字节数组，即把 pos 后面的内容删除，只保留索引 0~pos-1 的内容。如果 pos 超出数组的末尾，则不会发生任何事情。

比如截取前面 pos 字节的内容：

```
ba = QByteArray(b"Stockholm")
ba.truncate(5);
print(ba)    #b'Stock'
```

2. 从中间删除

```
def remove(self, index: int, len: int) -> 'QByteArray': ...
```

从字节数组的索引位置 pos 开始删除 len 字节，并返回对数组的引用。如果 pos 超出范围，则不会发生任何情况。如果 pos 有效，但 pos+len 大于数组的大小，则数组将在 pos 位置截断。比如从索引 1 处删除 4 字节数据：

```
ba = QByteArray(b"Montreal");
ba.remove(1, 4);
print(ba)    #b'Meal'
```

3. 删除所有内容

```
def clear(self) -> None: ...
```

该函数清除字节数组的内容并使其为空。

4. 去除空白

这里的空白指标准 C/C++的函数 isSpace 返回值为 true 的字符，比如'\t'、'\n'、'\v'、'\f'、'\r'和' '。去除空白函数有以下两种成员函数：

```
def simplified(self) -> 'QByteArray': ...
```

该函数把一个字节数组首尾的空白全部清除，字符串中间的空白（包括单个空格、多个空格、\t、\n）都统一转换成一个空格。比如：

```
ba = QByteArray(b"  lots\t of\nwhitespace\r\n  ");
ba = ba.simplified();
print(ba)  #b'lots of whitespace'
```

第二个函数是 trimmed，声明如下：

```
def trimmed(self) -> 'QByteArray': ...
```

该函数仅删除首部和尾部的空白数据，中间的空白数据不会改变。比如：

```
ba = QByteArray(b"  lots\t of\nwhitespace\r\n ");
ba = ba.trimmed()
print(ba)  #b'lots\t of\nwhitespace'
```

3.1.7　修改数据

修改数据内容是常见操作，分为填充、多次复制数组和替换 3 种情况。注意，修改数据内容并不意味着原来的字节数组存储的内容变了，也有可能形成新的内容并返回新的字节数组。

1. 填充

填充数据有 3 个函数：

```
def leftJustified(self, width: int, fill: str = ..., truncate: bool = ...) ->
'QByteArray': ...
```

该函数返回一个新字节数组，这个新字节数组的左边部分是原字节数组，右边则是填充的数据 str，新字节数组总长度为 width，注意原字节数组内容不变。注意，填充数据在当前字节数组的右边，当前字节数组数据保留在左边。如果参数 truncate 为 false 且当前字节数组的 size 大于 width，则返回的字节数组是该字节数组的副本，如果参数 truncate 为 true 且字节数组的 size 大于 width，则副本中位于位置 width 后面的所有字节数据都将被删除，并返回副本，默认情况下 truncate 为 false。有读者可能觉得向右边填充，但函数名里有个 left 有点不习惯，其实 left Justified 的含义是向左对齐，那只能向右边填充了。比如：

```
x = QByteArray(b"apple")
y = x.leftJustified(8, '.')
print(x)  #b'apple'
print(y)  #b'apple...'
```

可见，原有的字节数组 x 依旧没有改变，这说明 leftJustified 返回了新的字节数组。

第二个填充函数是 rightJustified，它向右对齐，向左填充并返回新字节数组，且新数组的长度为 width，函数声明如下：

```
def rightJustified(self, width: int, fill: str = ..., truncate: bool = ...) -> 'QByteArray': ...
```

其中 width 是新数组的长度，str 是要填充的数据，truncate 的含义同 leftJustified。比如：

```
x = QByteArray(b"apple")
y = x.rightJustified(8, '.')
print(x)  #b'apple'
print(y)  #b'...apple'
```

第三个成员函数是 fill，它将字节数组中的每字节设置为字节 str，函数声明如下：

```
def fill(self, ch: str, size: int = ...) -> 'QByteArray': ...
```

其中 ch 是长度为 1 的字符串，里面的唯一字符就是用来填充的数据。size 的默认值是-1，为-1 时表示不改变字节数组的长度，若不为-1，则修改字节数组的长度为 size。比如：

```
ba = QByteArray(b"Istambul")
ba.fill('o')
print(ba)  #b'oooooooo'
```

又比如：

```
ba = QByteArray(b"Istambul")
ba.fill('X', 2);
print(ba)  #b'XX'
```

可见，fill 会修改字节数组本身。

2. 多次复制数组

多次复制函数是 repeated，该函数复制多次当前数组形成新的字节数组并返回，声明如下：

```
def repeated(self, times: int) -> 'QByteArray': ...
```

其中 times 是复制的次数，如果 times 小于 1，则返回空字节数组。注意该函数并不修改原来的字节数组。比如复制两次：

```
ba = QByteArray(b"abc")
```

```
y=ba.repeated(2);
print(ba)   #b'abc'
print(y)    #b'abcabc'
```

可见原来的数组 ba 并没有发生改变。

3. 替换

替换也是常见的操作，它有 3 种函数形式：

```
def replace(self, index: int, len: int, s: QByteArray | bytes | bytearray) ->
QByteArray
```

将索引位置 index 后的 len 字节数据替换为 s，并返回此字节数组的引用，也就是说，替换后，原来的字节数组是发生变化的。比如从索引 4 开始替换掉 3 字节的数据：

```
ba = QByteArray(b"Say yes!")
y = QByteArray(b"no")
ba.replace(4, 3, y)
print(ba)   #b'Say no!'
```

另外两种函数的形式如下：

```
def replace(self, before: QByteArray | bytes | bytearray, after: QByteArray |
bytes | bytearray) -> QByteArray
def replace(self, before: str, after: QByteArray | bytes | bytearray) ->
QByteArray
```

将出现的每字节数组（或字节串、字符串）before 替换为参数 after，after 是这 3 种类型（QByteArray | bytes | bytearray）之一。比如：

```
ba = QByteArray(b"colour behaviour flavour neighbour")
ba.replace("ou",b"o")
print(ba)   #b'color behavior flavor neighbor'
```

3.1.8　查找

在字节数组中查找需要的数据是一种常用操作，通过查找可以知道字节数组中是否存在特定数据、特定数据所在的位置等，具体可以分为查找数组中是否包含所需的内容、查找特定数据所在的位置、查找特定数据在字节数组中出现的次数 3 种情况。

1. 查找数组中是否包含所需的内容

具体可以分为开头部分是不是特定内容、中间任意位置是否包含特定内容以及结尾是不是特定内容 3 种情况。

判断开头部分是不是特定内容的函数是 startsWith，声明如下：

```
def startsWith(self, a: QByteArray | bytes | bytearray) -> bool
```

其中参数 a 是要匹配的数据，其类型是这 3 种类型（QByteArray | bytes | bytearray）之一。如果开头部分包含数据 a，则返回 True，否则返回 False。

```
url = QByteArray(b"ftp://ftp.qt-project.org/")
b = url.startsWith(b"ftp:")
print(b)  #True
```

查找中间任意位置是否包含特定内容的函数是 contains，该函数声明如下：

```
def contains(self, a: QByteArray | bytes | bytearray) -> bool
```

其中参数 a 是要查找匹配的特定数据，其类型是这 3 种类型（QByteArray | bytes | bytearray）之一。一旦找到，则返回 True，否则返回 False。

判断结尾部分是不是特定内容的函数是 endsWith，声明如下：

```
def endsWith(self, a: QByteArray | bytes | bytearray) -> bool
```

其中参数 a 是要匹配的数据，如果结尾部分匹配 a，则返回 True，否则返回 False。比如：

```
url = QByteArray(b"ftp://ftp.qt-project.org/")
b = url.endsWith(b"org/")
print(b)  #True
```

2. 查找特定数据所在的位置

查找字符所在位置的函数有两种：一种是 indexOf，另一种是 lastIndexOf。

函数 indexOf 返回字节数组中第一次出现的特定数据的索引位置，indexOf 从前向后查找。如果找不到，则返回-1。该函数声明如下：

```
def indexOf(self,  ba: QByteArray | bytes | bytearray, from_: int = ...) -> int
def indexOf(self, str: str, from_: int = ...) -> int: ...
```

其中 ba 和 str 是要查找的数据，from 是开始查找的索引位置，默认值是 0，即从开头开始查找。比如：

```
ba = QByteArray(b"ABCBA")
print(ba.indexOf("B"))  #returns 1
print(ba.indexOf("BC", 1))  #returns 1
print(ba.indexOf("B", 2))  #returns 3
print(ba.indexOf("X"))  #returns -1
```

函数 lastIndexOf 是从尾部向前查找，声明如下：

```
def lastIndexOf(self, ba: QByteArray | bytes | bytearray, from_: int = ...) ->
int
def indexOf(self, str: str, from_: int = ...) -> int: ...
```

参数含义同 indexOf。比如：

```
ba = QByteArray(b"ABCBA")
print(ba.lastIndexOf("B"))  #returns 3
print(ba.lastIndexOf("BC", 1))  #returns 1
print(ba.lastIndexOf("B", 2))  #returns 1
print(ba.lastIndexOf("X"))  #returns -1
```

3. 查找特定数据在字节数组中出现的次数

函数 count 返回此字节数组中字节数组 ba 出现的次数（可能重叠），声明如下：

```
def count(self, a: QByteArray | bytes | bytearray) -> int
```

其中 a 为要查找的数据。

3.1.9　提取内容

我们经常需要提取字节数组中的某个或某段内容。其中提取某字节数据的函数是 at，声明如下：

```
def at(self, i: int) -> bytes: ...
```

其中 i 是要提取数据的索引号，i 必须是字节数组中的有效索引位置（0≤i<size()）。除此之外，也可以用[i]的方式来引用某个元素，两者效果相同。比如：

```
ba = QByteArray(b"hello")
print(ba.at(0)) #prints h
print(ba[0]) #prints h
```

除了提取单个数据外，还可以提取多个数据，具体分为从左边开始提取、从中间某个位置提取和从右边开始提取 3 种情况。

从左边开始提取的函数是 left，声明如下：

```
def left(self, len: int) -> 'QByteArray': ...
```

其中 len 是要提取数据的字节数，如果 len 大于字节数组长度，则返回整个字节数组。比如从左边开始提取 4 个元素：

```
ba = QByteArray(b"Pineapple");
y = ba.left(4)
print(y) #Pine
```

从中间某个位置提取的函数是 mid，声明如下：

```
def mid(self, pos: int, length: int = ...) -> 'QByteArray': ...
```

其中 pos 是起始索引位置；length 是提取数据的字节数，默认值是-1，如果 length 为-1（默认值），或 pos+len≥size()，则返回从位置 pos 开始到字节数组末尾的所有字节。比如：

```
x = QByteArray(b"Five pineapples");
y = x.mid(5, 4)
z = x.mid(5)
print(y) #b'pine'
print(z) #b'pineapples'
```

从右边开始提取的函数是 right，声明如下：

```
def right(self, len: int) -> 'QByteArray': ...
```

其中 len 是要提取数据的字节数，如果 len 大于 size()，则返回整个字节数组。比如：

```
x = QByteArray(b"Pineapple");
y = x.right(5);
print(y) #b'apple'
```

除此之外，Qt 还提供了删除右边 len 个元素后再提取剩下字节数组的函数 chopped，该函数声明如下：

```
def chopped(self, len: int) -> 'QByteArray': ...
```

其中 len 是要从右边删除的数据的字节数，如果 len 为负值或大于字节数组的长度，则函数异常。比如：

```
x = QByteArray(b"Pineapple");
y = x.chopped(5);
print(y)   #b'Pine'
```

3.1.10 切分

在字节数组中进行切分的函数是 split，该函数在匹配到数据 sep 的位置处将字节数组拆分为多个子数组，并返回这些数组的列表（QByteArrayList）。如果 sep 与字节数组中的任何位置不匹配，则返回包含此字节数组的单个元素列表。split 函数声明如下：

```
def split(self, sep: str) -> typing.List['QByteArray']: ...
```

其中 sep 是要匹配的字符串。比如：

```
x = QByteArray(b"Pine,apple");
y = x.split(',');
print(y[0])   #b'Pine'
print(y[1])   #b'apple '
```

3.1.11 转换

字节数据转换为不同的形式，比如十六进制，是网络编程和嵌入式编程中必须掌握的内容。Qt 提供了完善的字节数组转换函数，具体可以分为大小写转换、转换为不同类型数字、转换为不同进制、转换为 Base64 等。

1. 大小写判断及其转换

函数 isLower 用于判断字节数组是否仅包含小写字母，声明如下：

```
def isLower(self) -> bool: ...
```

如果此字节数组仅包含小写字母，则返回 True，否则返回 False。字节数组被解释为 Latin-1 编码字符串。

函数 isUpper 用于判断字节数组是否仅包含大写字母，声明如下：

```
def isUpper(self) -> bool: ...
```

如果此字节数组仅包含大写字母，则返回 true，否则返回 false。该字节数组被解释为 Latin-1 编码字符串。

函数 toUpper 返回字节数组的大写副本，该字节数组被解释为 Latin-1 编码字符串，函数声明如下：

```
def toUpper(self) -> 'QByteArray': ...
```

返回的副本是大写字节数组，原来的字节数组本身不会发生改变。比如：

```
x = QByteArray(b"Qt by THE Qt company");
y = x.toUpper()
print(x)  #b'Qt by THE Qt company'
print(y)  #b'QT BY THE QT COMPANY'
```

类似的，函数 toLower 返回字节数组的小写副本，原来的字节数组本身不会发生改变，函数声明如下：

```
def toLower(self) -> 'QByteArray': ...
```

2. 转换不同类型的数字

Qt 提供了下列函数来实现不同类型数字的转换：

```
def setNum(self, n: float, format: str = ..., precision: int = ...) ->
'QByteArray': ...
    def toDouble(self) -> typing.Tuple[float, bool]: ...
    def toFloat(self) -> typing.Tuple[float, bool]: ...
    def toULongLong(self, base: int = ...) -> typing.Tuple[int, bool]: ...
    def toLongLong(self, base: int = ...) -> typing.Tuple[int, bool]: ...
    def toULong(self, base: int = ...) -> typing.Tuple[int, bool]: ...
    def toLong(self, base: int = ...) -> typing.Tuple[int, bool]: ...
    def toUInt(self, base: int = ...) -> typing.Tuple[int, bool]: ...
    def toInt(self, base: int = ...) -> typing.Tuple[int, bool]: ...
    def toUShort(self, base: int = ...) -> typing.Tuple[int, bool]: ...
    def toShort(self, base: int = ...) -> typing.Tuple[int, bool]: ...
```

这些函数根据函数名就知道基本含义，比如我们把一个字节数组转为浮点数：

```
    x=QByteArray(b"1234.56")
    a,ok = x.toFloat()
    print(a)  #1234.56005859375
    print(ok) #True
```

字节串 b'1234.56'里的内容是正确的浮点数形式，所以转换后的结果是正确的，即 ok 的值为 True。如果我们把字节串里的内容设置为不正确的浮点数形式，比如 b'1234.56 Volt'，那么 ok 的结果是 False，并且 a 的结果是 0，如下所示：

```
    x=QByteArray(b"1234.56 Volt")
    a,ok = x.toFloat()
    print(a)     #0.0
    print(ok)    #False
```

果然如此，所以说，要想成功转换，就要确保原来的字节串中的内容形式正确。

3. 转换为不同进制

不同进制之间的转换在网络编程中经常会碰到。函数 setNum 可以根据参数 base 将一个整数转换为不同的进制，函数声明如下：

```
def setNum(self, n: int, base: int = ...) -> 'QByteArray': ...
```

该函数根据基数 base（默认为 10，即十进制）将整数 n 转换为不同的进制，并返回对字节数组的引用。基数 base 可以是 2~36 的任何值。对于除 10 以外的基数，n 被视为无符号整数。比如我们将一个整数 63 转为十进制和十六进制：

```
ba = QByteArray();
n = 63
ba.setNum(n)
print(ba)  #b'63'
ba.setNum(n, 16)
print(ba)  #b'3f'
```

如果想把一个字符串中的每字节转为十六进制，这个转换过程也就是十六进制编码过程，此时可以使用函数 toHex，声明如下：

```
def toHex(self) -> 'QByteArray': ...
def toHex(self, separator: str) -> 'QByteArray': ...
```

该函数返回字节数组的十六进制编码副本，原来的字节数组本身不会改变。十六进制编码使用数字 0~9 和字母 a~f。参数 separator 是分隔符，可以在每字节之间进行分隔，这对有些场合来讲非常方便，比如 MAC 地址，如果分隔符不是 "\0"，则在十六进制字节之间插入分隔符字符。比如：

```
x=QByteArray(b"123456abcdef")
y=x.toHex()
print(x) #b'123456abcdef'
print(y) #b'313233343536616263646566'
```

其中 31 是字符 '1' 的 ASCII 码值（49）的十六进制形式。再比如：

```
x = QByteArray(b"123456abcdef")
y = x.toHex(':')
print(y)  #b'31:32:33:34:35:36:61:62:63:64:65:66'
z = x.toHex('\0')
print(z)  #b'313233343536616263646566'
```

可以看到，toHex(':')在编码的同时，用分号分隔了每字节。而 toHex('\0') 和 toHex()效果相同。

如果反过来，把一个十六进制形式的字节串转为字符串，则可以使用函数 fromHex，声明如下：

```
def fromHex(hexEncoded: QByteArray | bytes | bytearray) -> QByteArray
```

该函数返回十六进制编码数组 hexEncoded 的解码副本。该函数未检查输入的有效性，跳过输入中的无效字符，使解码过程可以继续处理后续字符。比如：

```
x=QByteArray()
y=b"51742069732067772265617421"
z=x.fromHex(y)
print(z) #b'Qt is great!'
```

另外，我们也可以把一段字符串不经过编码直接用分隔符分隔，比如：

```
x = QByteArray()
y = x.fromHex(b"123456abcdef")
```

```
macAddress=y.toHex(':')
print(macAddress) #b'12:34:56:ab:cd:ef'
```

其实主要利用了 toHex 的插入分隔符的功能。而且，先解码再编码可以实现所见即所得的效果。

4. 转换为 Base64

Base64 编码在密码学领域应用十分广泛，如果有读者以后要使用 PyQt 开发密码学相关软件，那么了解 Base64 是很有必要的。

Base64 的主要用途是把一些二进制数转换成普通字符，以便在网络上传输。由于历史原因，Email 只被允许传送 ASCII 字符，即一个 8 位字节的低 7 位。因此，如果用户发送了一封带有非 ASCII 字符（字节的最高位是 1）的 Email，通过有"历史问题"的网关时就可能会出现问题。所以 Base64 位编码才存在。Base64 被定义为：Base64 内容传送编码被设计用来把任意序列的 8 位字节描述为一种不易被人直接识别的形式。Base64 编解码就是将二进制数据和 64 个可打印字符相互转换。

为什么会有 Base64 编码呢？因为有些网络传送渠道并不支持所有的字节，例如传统的邮件只支持可见字符的传送，像 ASCII 码的控制字符就不能通过邮件传送。这样用途就受到了很大的限制，比如图片二进制流的每字节不可能全部是可见字符，所以就传送不了。最好的方法就是在不改变传统协议的情况下，做一种扩展方案来支持二进制文件的传送。把不可打印的字符也用可打印字符来表示，问题就解决了。Base64 编码应运而生，Base64 就是一种基于 64 个可打印字符来表示二进制数据的方法。

前面讲到 Base64 就是一种基于 64 个可打印字符来表示二进制数据的方法。我们来看一下这 64 个可打印字符，Base64 的索引表（也称码表）如图 3-1 所示。

数值	字符	数值	字符	数值	字符	数值	字符
0	A	16	Q	32	g	48	w
1	B	17	R	33	h	49	x
2	C	18	S	34	i	50	y
3	D	19	T	35	j	51	z
4	E	20	U	36	k	52	0
5	F	21	V	37	l	53	1
6	G	22	W	38	m	54	2
7	H	23	X	39	n	55	3
8	I	24	Y	40	o	56	4
9	J	25	Z	41	p	57	5
10	K	26	a	42	q	58	6
11	L	27	b	43	r	59	7
12	M	28	c	44	s	60	8
13	N	29	d	45	t	61	9
14	O	30	e	46	u	62	+
15	P	31	f	47	v	63	/

图 3-1

可以看出，字符选用了 A~Z、a~z、0~9、+、/这 64 个可打印字符。数值代表字符的索引，这是标准 Base64 协议规定的，不能更改。

Base64 的码表只有 64 个字符，如果要表达 64 个字符的话，使用 6 位二进制数即可完全表示（2^6 为 64）。因为 Base64 编码使用 6 个 bit 即可表示，而正常的字符是使用 8 个 bit 表示的，8 和 6 的最小公倍数是 24，所以 4 个 Base64 字符（4×6=24）可以表示 3 个标准的 ASCII 字符（3×8=24）。

如果是字符串转换为 Base64 编码，会先把对应的字符串转换为 ASCII 码表对应的数字，然后把数字转换为二进制，比如 a 的 ASCII 码是 97，97 的二进制是 01100001，把 8 个二进制提取成 6 个，剩下的 2 个二进制和后面的二进制继续拼接，最后把前面 6 个二进制码转换为 Base64 对应的编码。实际转换过程如下：

（1）将二进制数据每 3 字节分为一组，每字节占 8 个二进制位，那么共有 24 个二进制位。

（2）将上面的 24 个二进制位每 6 个一组，共分为 4 组。

（3）在每组前添加 2 个 0，每组由 6 个二进制位变为 8 个二进制位，总共 32 个二进制位，也就是 4 字节。

（4）根据 Base64 编码对照表将每字节转换成对应的可打印字符。

为什么每 6 位分为一组？因为 6 个二进制位就是 2^6，也就是 64 种变化，正好对应 64 个可打印字符。举一反三，如果是 5 位一组，那就对应 32 种可打印字符，就可以设计 Base32 了。

另外，分成 4 组后为什么每组添加 2 个 0 变成 4 字节？这是因为计算机存储的最小单位就是字节，也就是 8 位。所以每组 6 位前添加 2 个 0 凑成 8 位的 1 字节才能存储。转换实例如图 3-2 所示。

文本	M							a								n						
ASCII 编码	77							97							110							
二进制位	0	1	0	0	1	1	0	1	0	1	1	0	0	0	1	0	1	1	0	1	1	0
索引	19						22						5						46			
Base64 编码	T						W						F						U			

图 3-2

下面再看几个例子，把 abc 这 3 个字符转换为 Base64 编码的过程如图 3-3 所示。

字符串	a			b		C
ASCII 编码	97			98		99
二进制位（8 位）	01100001			01100010		01100011
二进制位（6 位）	011000	010110	001001	100011		
十进制	24	22	9	35		
对应编码	Y	W	J	j		

图 3-3

把 man 这 3 个字符转换为 Base64 编码的过程如图 3-4 所示。

字符串	m			a		n
ASCII 编码	109			97		110
二进制位（8 位）	01101101			01100001		01101110
二进制位（6 位）	011011	010110	000101	101110		
十进制	27	22	5	46		
对应编码	b	W	F	u		

图 3-4

　　Base64 编码是将二进制每 3 字节转为 4 字节，再根据 Base64 编码对照表进行转换。那如果不足 3 字节该怎么办？

　　如果转换到最后，最后的字符不足 3 字节，就要看最后剩下 2 字节还是 1 字节。

　　如果最后剩下 2 字节，2 字节共 16 个二进制位，依旧按照规则进行分组。此时总共 16 个二进制位，每 6 个一组，则第 3 组缺少 2 位（每组一个 6 位），用 0 补齐，得到 3 个 Base64 编码，第 4 组完全没有数据，则用 "=" 补上。因此，图 3-5 中的 "BC" 转换之后为 "QkM="。

文本（1 Byte）	A				
二进制位	0 1 0 0 0 0 0 1				
二进制位（补0）	0 1 0 0 0 0 0 1 0 0 0 0				
Base64编码	Q	Q	=	=	
文本（2 Byte）	B	C			
二进制位	0 1 0 0 0 0 1 0 0 1 0 0 0 0 1 1				
二进制位（补0）	0 1 0 0 0 0 1 0 0 1 0 0 0 0 1 1 0 0				
Base64编码	Q	k	M	=	

图 3-5

　　如果剩下 1 字节，1 字节共 8 个二进制位，依旧按照规则进行分组。此时共 8 个二进制位，每 6 个一组，则第二组缺少 4 位，用 0 补齐，得到两个 Base64 编码，而后面两组没有对应数据，都用 "=" 补上。因此，图 3-5 中的 "A" 转换之后为 "QQ=="。

　　至此，我们基本了解了 Base64 编码的过程。虽然有点烦琐，但是贴心的是 Qt 提供了函数来实现 Base64 编码，函数声明如下：

```
def toBase64(self) -> 'QByteArray': ...
def toBase64(self, options: Base64Options | Base64Option) -> QByteArray
```

　　第一个函数返回字节数组的副本，编码为 Base64。第二个函数返回使用选项编码的字节数组的副本，功能更强大一些。比如：

```
text=QByteArray(b"Qt is great!");
r = text.toBase64();
print(r)    #b'UXQgaXMgZ3JlYXQh'
```

又比如带选项编码转换：

```
text=QByteArray(b"<p>Hello?</p>");
r = text.toBase64(QByteArray.Base64Encoding | QByteArray.OmitTrailingEquals);
print(r)   #b'PHA+SGVsbG8/PC9wPg'
r = text.toBase64(QByteArray.Base64Encoding )
print(r)   #b'PHA+SGVsbG8/PC9wPg=='
r = text.toBase64(QByteArray.Base64UrlEncoding )
print(r)   #b'PHA-SGVsbG8_PC9wPg=='
r = text.toBase64(QByteArray.Base64UrlEncoding
|QByteArray.OmitTrailingEquals)
print(r)   #b'PHA-SGVsbG8_PC9wPg'
```

这些选项的具体含义可以参考 RFC 4648。

同样，既然有 Base64 编码，那么也有 Base64 解码，解码函数声明如下：

```
def fromBase64(base64: QByteArray | bytes | bytearray) -> QByteArray
def fromBase64(base64: QByteArray | bytes | bytearray,
               options: Base64Options | Base64Option) -> QByteArray
```

第一个是不带选项的函数，第二个是带选项的函数。其中参数 base64 是要解码的数据，它是这 3 种类型（QByteArray | bytes | bytearray）之一；参数 options 是解码选项。比如：

```
ba = QByteArray()
r=b"PHA+SGVsbG8/PC9wPg=="
z=ba.fromBase64(r,QByteArray.Base64Encoding)
print(z)  #b'<p>Hello?</p>'
```

或者：

```
ba = QByteArray()
r=b"PHA-SGVsbG8_PC9wPg=="
z=ba.fromBase64(r,QByteArray.Base64UrlEncoding)
print(z) #b'<p>Hello?</p>'
```

3.1.12 比较

比较两个字节数组是否相等是常见的操作。Qt 提供了 compare 函数，声明如下：

```
compare(self, s: QByteArray | bytes | bytearray], cs: Qt.CaseSensitivity =
Qt.CaseSensitive) -> int
```

和 C 语言类似，如果当前字节数组小于参数 s，则函数返回-1，如果当前字节数组大于参数 s，则函数返回 1，如果当前字节数组等于参数 s，则函数返回 0；参数 cs 用于表示字母大小写是否敏感，默认是敏感的（即区分字母大小）。比如：

```
ba = QByteArray(b"19A-S")
r=ba.compare(b'21c')
print(r)   #-1
```

比较就是看两个串第一个不同的字节数据谁大。

3.2 认识 PyQt 界面 Widgets

应该使用代码编写界面还是使用拖曳控件来绘制界面呢？这个问题可以说是仁者见仁，智者见智。这个问题可以引起代码派和拖曳派的争论甚至刀剑相向，就与使用 Tab 键还是空格键来缩进代码一样。笔者觉得如果开发的是简单的 Demo 或者小工具，可以使用拖曳的方法，或者刚入门，对 Qt 界面不是很熟悉，但是公司又需要马上做出东西来，这时拖曳可以解决大部分问题。但是，随着项目越来越大，界面越来越复杂，这时会发现维护拖曳界面（.ui 文件）是一件不简单的事情，甚至是牵一发而动全身，而如果是用代码编写的界面，可以很好地将界面封装成小的组件和控件，以达到复用的目的，并且在后期能够很好地修改和维护，结构清晰，最重要的是使用代码方便编写自定义控件。其实纵观安卓上的 Java、前端 JS 框架这些都是使用代码编写界面居多；还有就是当用户熟悉界面或者入门之后，建议还是使用代码编写界面，这样可以更好地了解 Qt 的机制、设计哲学以及 C++在 Qt 中的使用，能够锻炼自己的 C++编程能力，因为 Qt 本身就是一个庞大的 C++项目，其中的实现和设计哲学对我们加深自己的 C++编程能力非常有帮助，如果更有追求一点，可以适当地去阅读 Qt 的源码。

Qt 的功能强大，类库众多，初学者首先要规划好攀登路线。以过来人的经验，先从界面入手是一个不错的选择。因此，我们从它的传统桌面程序的 UI 模块 QtWidgets 入手。

QtWidgets 提供了一组 UI 元素（图形界面元素）来创建经典的桌面风格的用户界面。这些 UI 元素在 Qt 中称为小部件，它们的基类是 QWidgets。常见的小部件有主窗口、对话框、各种控件等。

Qt 小部件是传统的用户界面元素，通常在桌面环境中使用。这些小部件很好地集成到底层平台上，在 Windows、Linux 和 macOS 上提供本机外观。这些小部件是成熟的、功能丰富的用户界面元素，适用于大多数静态用户界面。但与 Qt Quick（Qt 的另一种界面技术）相比，这些小部件在触摸屏和流畅、高度动画化的现代用户界面上的缩放效果并不理想。对于具有传统的以桌面为中心的用户界面的应用程序（如 Office 类型的应用程序），小部件是一个很好的选择。

3.3　PyQt 中界面相关的类库

PyQt 中的类有很多，它们的合集就是一个大大的类库，也是一个应用程序编程框架。有了框架，我们就可以往框架内添加自己的代码来实现所需要的 PyQt 应用程序，这个过程好比开发商造好了整幢大楼，把毛坯房卖给了你，而你要做的就是装修，使其可以居住。

要成为 PyQt 编程高手，熟悉 PyQt 类库是必需的。但 PyQt 类库非常庞大，不能眉毛胡子一把抓，对于初学者来说，应该由浅入深地学习，实际工作中常用的类如图 3-6 和图 3-7 所示。

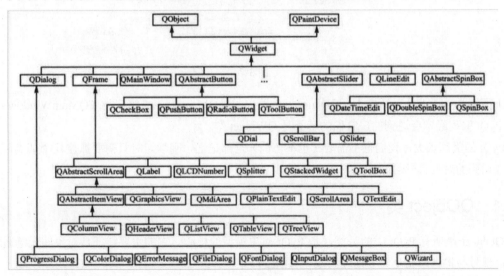

图 3-6

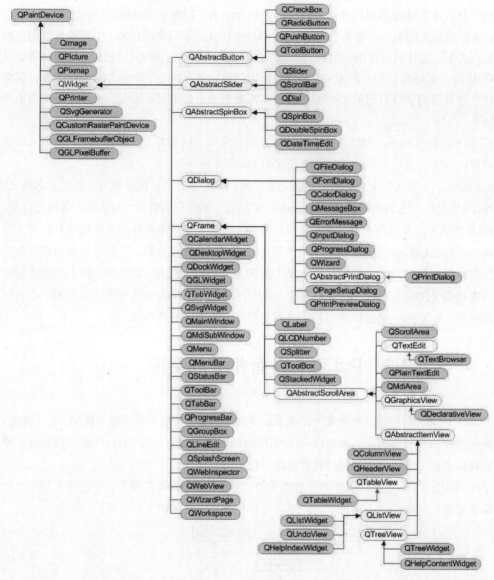

图 3-7

上面的类主要涉及对话框类（QDialog）、菜单类（QMenu）、主窗口类（QMainWindow）等，这是 PyQt 编程经常会遇到的，它们的基类是 QWidget。

PyQt 的类库很大，我们也不需要（也不可能）全部记忆，刚学习时只需要抓住几个基类，其他子类在用到的时候再学习即可。下面先来学习几个基类。

3.3.1 QObject 类

QObject 是所有 PyQt 类的基类，是 PyQt 对象模型的核心。它的主要特征是对象间无缝通信的机制：信号与槽（槽就是信号处理函数，后面会讲到）。

任何对象要实现信号与槽机制，Q_OBJECT 宏都是强制的。无论是否真正用到信号与槽机制，最好在所有 QObject 子类使用 Q_OBJECT 宏，以避免出现一些不必要的错误。

所有的 QtWidgets 都是基础 QObject。如果一个对象是 Widget，那么 isWidgetType() 函数就能判断出。

QObject 既没有复制构造函数也没有赋值运算符。实际上，使用宏 Q_DISABLE_COPY() 声明在私有部分。所有派生自 QObject 的对象都使用这个宏声明复制构造函数和赋值运算符为私有。

3.3.2　QWidget 类

QWidget 类是所有用户界面对象的基类，称为基础窗口部件。像主窗口、对话框、标签、按钮、文本输入框等都是窗口部件。这些部件可以接收用户输入，显示数据和状态信息，并且在屏幕上绘制自己。PyQt 把没有嵌入其他部件的部件称为窗口，一般窗口都有边框和标题栏，就像程序中的 Widget 和 Label 一样，QMainWindow 和大量的 QDialog 子类是一般的窗口类型，窗口就是没有父部件的部件，所以又称为顶级部件。

3.3.3　和主窗口有关的类

主窗口就是一种顶层窗口，可以用来显示数据、图形等。程序的主窗口是经常和用户打交道的用户界面元素，它上面通常可以存放菜单栏、工具栏、停靠小部件、状态栏等，每个小部件都对应这类。

（1）QMainWindow 类：该类表示主窗口本身。

（2）QDockWidget 类：该类表示停靠小部件。

（3）QMenu 类：该类用于菜单栏、上下文菜单和其他弹出菜单的菜单小部件。菜单栏通常位于主窗口上方。

（4）QToolBar 类：该类提供了一个通用的工具栏小部件，它可以容纳许多不同的与操作相关的小部件，如按钮、下拉菜单、组合框和数字显示框。通常，工具栏与菜单、键盘快捷键可以很好地协作。工具栏通常位于菜单栏下方。

（5）QStatusBar 类：该类表示状态栏，状态栏通常位于主窗口的底部，用于显示当前程序的状态信息或解释某个命令的含义。

以上是常见的主窗口上的界面元素。另外，和这些小部件相关的操作也封装成了几个类，比如 QAction 类等。

（1）QAction 类：QAction 类表示和小部件有关的用户界面操作。

（2）QActionGroup 类：QActionGroup 类用于对小部件的操作进行组合。

（3）QWidgetAction 类：通过接口扩展 QAction 类，用于将自定义小部件插入基于操作的容器（如工具栏）中。

3.3.4　对话框和控件类

对话框是另一种常见的顶层窗口，上面可以存放不同的控件，用户通过控件（小部件）来操作所需的功能。

（1）QDialog 类：QDialog 类是对话框窗口的基类，它可以衍生出不少子类，比如文件对话框类、颜色对话框类、打印对话框类等。对话窗口是一种顶层窗口，主要用于短期任务和与用户的简短通信。对话框有两种：模态和非模态（后面我们会详细介绍其区别）。QDialog 类可以提供返回值，并且可以有默认按钮。

（2）各个控件类：在 Qt 中，控件又称为小部件。控件各种各样，有按钮控件（QAbstractButton）、编辑框控件（QTextEdit）等。后面我们会详细介绍常见控件的用法。

3.3.5　QtWidgets 应用程序类型

如果程序的主要界面基于 QtWidgets 模块，则通常把该程序称为 QtWidgets 应用程序，以此进行区分。PyQt 还可以开发没有界面的控制台应用程序或基于 ECMAScript 脚本的 QtQuick 程序等。

根据在 Qt Designer 新建窗体中选择的基类的不同，QtWidgets 程序通常可以分为 3 大类：基于主窗口（Main Window）的 QtWidgets 程序、基于 Widgets 的 QtWidgets 程序和基于对话框的 QtWidgets 程序。我们可以在 Qt Designer 的新建窗体对话框上进行选择，如图 3-8 所示。

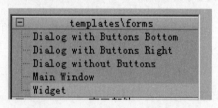

图 3-8

在第 2 章中，我们已经详细演示了基于 Widgets 的窗口程序，这里不再赘述。

3.4　获取当前时间

获取时间因为用途比较广泛，所以需要早些了解。在 PyQt 下，要想获取当前日期，可以调用 QDate 类的成员函数 currentDate；要得到当前日期和时间，可以调用 QDateTime 类的成员函数 currentDateTime；若只要得到当前时间，则可以调用 QTime 类的成员函数 currentTime。而且，这 3 个函数都不需要参数即可得到结果。

【例 3.3】获取当前日期或时间

（1）启动 PyCharm，新建一个工程，工程名保持默认为 pythonProject。

（2）打开 main.cpp，输入如下代码：

```
from PyQt5.QtCore import QDate, QTime, QDateTime, Qt

if __name__ == '__main__':
    """返回当前日期"""
    now = QDate.currentDate()
    print(now)
```

```
print(now.toString())
print(now.toString(Qt.ISODate))
print(now.toString(Qt.DefaultLocaleLongDate))

print("------------------------------------")
"""返回当前日期和时间"""
datetime = QDateTime.currentDateTime()
print(datetime)
print(datetime.toString())
print(datetime.toString(Qt.ISODate))
print(datetime.toString(Qt.DefaultLocaleLongDate))
print(datetime.toString("yyyy/MM/dd HH:mm:ss"))
print("------------------------------------")
"""返回当前时间"""
time = QTime.currentTime()
print(time)
print(time.toString())
print(time.toString(Qt.ISODate))
print(time.toString(Qt.DefaultLocaleLongDate))
```

（3）保存并运行工程，运行结果如下：

```
PyQt5.QtCore.QDate(2022, 1, 13)
周四 一月 13 2022
2022-01-13
2022 年 1 月 13 日
------------------------------------
PyQt5.QtCore.QDateTime(2022, 1, 13, 17, 6, 19, 909)
周四 一月 13 17:06:19 2022
2022-01-13T17:06:19
2022 年 1 月 13 日 17:06:19
2022/01/13 17:06:19
------------------------------------
PyQt5.QtCore.QTime(17, 6, 19, 909)
17:06:19
17:06:19
17:06:19
```

3.5　事　件　机　制

3.5.1　基本概念

当今所有的 GUI 操作系统的应用程序都是事件驱动的。事件主要由应用的用户操作产生。但是事件也可能由其他条件触发，比如一个网络连接、一个窗口管理器、一个定时器，这些动作都可能触发事件的产生。

事件是程序内部或外部产生的事情或某种动作的统称。比如定时器的"定时时间到"事件、外部用户按下键盘或鼠标，就会产生定时时间到事件、一个键盘事件或鼠标事件；再比如，当窗口第一次显示时，会产生一个绘制事件，以通知窗口需要重新绘制自身，从而使该窗口可见（这是程序内部产生的事件）。

在事件模型中，有 3 个参与者：事件源、事件对象和事件目标。事件源是状态发生改变的对象，比如对话框上的一个按钮，当用户在按钮上按下鼠标后，由弹起状态变为按下状态，用户释放鼠标后，按钮又从按下状态变为弹起状态，发生几次状态变化，它就产生了事件。

事件对象封装了事件源中的状态变化，比如按钮从弹起状态变为按下状态又变为弹起状态，这一系列的变化可以用事件对象来标记和封装（一些和事件有关的参数）。事件对象其实就是一个 Python 对象，它包含一些用来描述事件的属性，事件对象就是产生的事件类型的具体化。在 PyQt 中，事件对象用 QEvent 类来表示和封装，它位于 QtCore 模块中，然后具体的事件类都继承自 QtCore.QEvent，比如鼠标事件类 QMouseEvent、键盘事件类 QKeyEvent、绘图事件类 QPaintEvent 等。这些事件类定义的对象就是这里所说的事件对象。事件类封装了与事件相关的信息，通过事件类的成员函数，我们可以得到这些信息，比如键盘按键事件，我们想知道具体按下了哪个键，那么可以调用 QKeyEvent 类的成员函数 key 来得到，稍后会看到这样的实例。又比如判断具体哪个事件：

```
if event.type() == QKeyEvent.KeyPress :
    ...
```

事件目标是事件的接收者，它是被通知的对象，事件目标负责具体处理事件。在 PyQt 中，也把事件目标定义为某个类，比如窗口类（QWindow），而把事件处理作为该类的函数，也称为事件处理函数，比如 QWindow 类下有个鼠标移动事件处理函数：

```
def mouseMoveEvent(self, a0: QMouseEvent) -> None: ...
```

这样，当鼠标在某个窗口上移动的时候，这个窗口类对象就调用成员函数 mouseMoveEvent 进行处理。

又比如，绘制事件通常会发送给 QPaintDeviceWindow 类的对象，并调用该类的成员函数 paintEvent 进行处理。

3.5.2　事件的来源

事件有两个来源：程序外部和程序内部。

对于程序外部产生的事件，比如用户的动作（单击鼠标、按下键盘），首先被操作系统内核空间中的设备驱动程序所感知，然后操作系统将这些消息（不要理解得太复杂，消息这里就是指发生动作的相关信息数据）放入 GUI 应用程序（这里就是 PyQt 应用程序）消息队列，PyQt 程序依次读取这些消息并进行分发，转换为事件类 QEvent（将动作数据代码化），再进入事件处理函数进行处理，在事件处理函数中，我们通过参数（事件类 QEvent 或其子类的指针对象）能够解析出动作的详细信息，比如鼠标按下的是左键还是右键，键盘按下的是哪个键，等等，有了用户动作的详细数据信息，我们就可以做出相应的处理了。

对于 PyQt 程序内部产生的事件（比如定时器超时）也一样，只不过 Qt 直接将事件转为事件类，然后进行分发和处理。

前面两段话有点抽象，我们将其细化一下。首先事件要被 Qt 程序获取，那么具体谁来做这个事情呢？

在图形界面程序中，PyQt 中的事件循环通常是从 QApplication 类的 exec 函数开始的。当该语句执行后，应用程序便建立起了一个事件循环机制，该机制不断地从系统的消息队列中获取与该应用程序有关的消息，并根据事件本身携带的信息将事件匹配给目的窗口或控件，由于 PyQt 中的窗口和控件都继承自 QObject 类，所以有了事件处理能力。QObject 类是所有 PyQt 类的基类，是 PyQt 对象模型的核心，QObject 类的 3 大核心功能之一就是事件处理。QObject 类通过调用 event 函数获取事件。所有需要处理事件的类都必须继承自 QObject 类，可以通过重定义 event 函数实现自定义事件处理或者将事件交给父类。

3.5.3　事件的描述

在 PyQt 中，使用抽象类 QEvent 及其子类来描述事件，所有事件都是 QEvent 类的派生类的对象，它们表示在应用程序中发生的事情，或者应用程序需要知道的外部活动的结果。

QEvent 类是所有事件类的基类，事件对象包含事件参数。基本的 QEvent 只包含一个事件类型参数。QEvent 的子类包含额外的描述特定事件的参数。

比如其子类 QMouseEvent 用于描述与鼠标相关的事件，QKeyEvent 描述与键盘相关的事件等。PyQt 中常见的事件有鼠标事件（QMouseEvent）、键盘事件（QKeyEvent）、绘制事件（QPaintEvent）、窗口尺寸改变事件（QResizeEvent）、滚动事件（QScrollEvent）、控件显示事件（QShowEvent）、控件隐藏事件（QHideEvent）、定时器事件（PYQTimerEvent）等。

3.5.4　事件的类型

事件的类型用 QEvent 的 type 函数来获得，从而可以判断具体是哪种事件，比如：

```
if event.type() == QKeyEvent.KeyPress :   #判断是不是键盘按键事件
    ...
```

3.5.5　GUI 应用程序的事件处理流程

PyQt 程序需要在 main()函数中创建一个 QApplication 对象，然后调用它的 exec()函数。这个函数就是开始 PyQt 的事件循环。在执行 exec()函数之后，程序将进入事件循环来监听应用程序的事件。当事件发生时，PyQt 将创建一个事件对象。PyQt 中所有事件类都继承自 QEvent。在事件对象创建完毕后，PyQt 将这个事件对象传递给 QObject 的 event()函数。event()函数并不直接处理事件，而是将这些事件对象按照它们不同的类型分发给不同的事件处理器（Event Handler）。流程如下：

（1）PyQt 事件产生后会立即分发到部件窗口类 QWidget 对象（QWidget 类是 QObject 类的子类，如按键 QPushButton 对象等）。

（2）QWidget 对象内部会有一个 event(QEvent*)函数被调用，以进行事件处理。

（3）event()根据事件类型调用不同的事件处理函数（默认的子函数）。

3.5.6 事件的传递

事件的传递也称事件的分发。其基本规则是若事件未被目标对象处理，则把事件传递给父对象处理，若父对象仍未处理，则再传递给父对象的父对象处理，重复这个过程，直至这个事件被处理或到达顶级对象为止。注意：事件是在对象间传递的，这里是指对象的父子关系，而不是指类的父子关系。

在 PyQt 中有一个事件循环，该循环负责从可能产生事件的地方捕获各种事件，并把这些事件转换为带有事件信息的对象，然后由 PyQt 的事件处理流程分发给需要处理事件的对象来处理事件。

通过调用 QApplication.exec()函数启动事件主循环，主循环从事件队列中获取事件，然后创建一个合适的 QEvent 对象或 QEvent 子类的对象来表示该事件，在此步骤中，事件循环首先处理所有发布的事件，直到队列为空，然后处理自发的事件，最后处理在自发事件期间产生的已发布事件。注意：发送的事件不由事件循环处理，该类事件会被直接传递给对象。

3.5.7 事件处理和过滤的方式

PyQt 的主事件循环（QCoreApplication.exec()）从事件队列中获取本地窗口系统事件，将它们转换为 QEvents，然后将转换后的事件发送给 QObjects。event 函数不处理事件本身，根据传递的事件类型，它调用该特定类型事件的事件处理程序。

一般来说，事件来自底层窗口系统，但也可以调用 QCoreApplication.sendEvent() 和 QCoreApplication.postEvent()来手动发送事件。

QObjects 通过调用它们的 QObject.event()函数接收事件。该函数可以在子类中重新实现，来处理自定义的事件以及添加额外的事件类型。默认情况下，像 QObject.timerEvent() 和 QWidget.mouseMoveEvent()这样的事件可以被发送给事件处理函数。QObject.installEventFilter()允许一个对象拦截发往另一个对象的事件。

我们不需要知道 PyQt 是怎样把事件转换为 QEvent 或其子类类型的对象的，程序员只需要处理这些事件或事件函数中发出的信号。比如对于按下鼠标事件，不需要知道 PyQt 是怎样把该事件转换为 QMouseEvent 对象的（QMouseEvent 类是用于描述鼠标事件的类），只需要知道从 QMouseEvent 变量中获取具体的事件，比如处理鼠标按下事件的函数，其参数就是一个 QMouseEvent 类型的指针变量，我们通过该变量可以判断按下的是鼠标左键还是鼠标右键，代码如下：

```
def mousePressEvent(self, event):
    if event.button()==Qt.LeftButton:
        #do sth.
```

在内部会有这样一个过程：

（1）接收到鼠标事件。

（2）QApplication 调用 QObject::event(QEvent*)成员函数来处理，进行事件的分派。

（3）调用 QPushButton 的 mousePressEvent(QMouseEvent*)成员函数。

具体来讲，PyQt 提供了 5 种事件处理方式，分别说明如下。

1. 重新实现事件处理函数

这是处理事件的常用方式。常用的事件处理函数有 paintEvent（绘图事件）、mouseMoveEvent（鼠标移动事件）、mousePressEvent（鼠标按下事件）、mouseReleaseEvent（鼠标释放事件）、keyPressEvent（键盘按下事件）、keyReleaseEvent（键盘释放事件）等。它们声明如下：

```
def paintEvent(self, event: QPaintEvent) -> None: ...
def mouseMoveEvent(self, a0: QMouseEvent) -> None: ...
def mouseDoubleClickEvent(self, a0: QMouseEvent) -> None: ...
def mouseReleaseEvent(self, a0: QMouseEvent) -> None: ...
def mousePressEvent(self, a0: QMouseEvent) -> None: ...
def keyReleaseEvent(self, a0: QKeyEvent) -> None: ...
def keyPressEvent(self, a0: QKeyEvent) -> None: ...
```

这些函数都是类的成员函数，参数 event 和 a0 都是事件对象。如果我们要改变这些事件的默认处理动作，则可以继承这些类并重新实现（重载）这些事件处理函数。

下面我们看一个小例子，改变对话框的 Esc 键的行为，默认（处理）情况下，在对话框上按 Esc 键会退出对话框，现在我们重载按键事件处理函数，在该函数里拦截 Esc 键，使得不退出对话框。

【例 3.4】拦截 Esc 键不退出对话框

（1）启动 PyCharm，新建一个工程，工程名称是 pythonProject，然后在 main.py 中输入如下代码：

```
import sys
from PyQt5.QtWidgets import QDialog, QApplication
from PyQt5.QtCore import Qt
from PyQt5.QtWidgets import *

class myDialog(QDialog):
    def __init__(self, parent=None):
        super().__init__(parent)

        #重新实现按键处理函数 keyPressEvent
    def keyPressEvent(self, event):
        if event.key() != Qt.Key_Escape:   #判断按下的键是不是 Esc 键
            QDialog.keyPressEvent(self, event)
        else:  #否则显示一个信息框
            QMessageBox.information(self, 'Notice', 'No close!',
QMessageBox.Yes)

    if __name__ == "__main__":
    app = QApplication(sys.argv)
    dialog = myDialog()
    dialog.exec_()

    sys.exit(app.exec_())
```

在上述代码中，我们定义了一个类 myDialog，它继承自 Qt 的对话框类 QDialog，而 QDialog 又继承自 QWindow，所以可以重载键盘按键处理函数 keyPressEvent，我们在该函数中调用了事件对象 event 的成员函数 key，该函数返回按键的具体值，然后和 Qt.Key_Escape 进行判断，如果不相等，则说明按下的不是 Esc 键，从而进行默认处理，否则跳出一个信息框。默认处理只需调用父类函数 QDialog.keyPressEvent(self, event)即可。

（2）保存工程并运行，按 Esc 键后，会出现一个信息框，如图 3-9 所示。

图 3-9

2. 重新实现 QObject.event 事件分发函数

如果想在更高层次定制某个事件，则需要重新实现 QObject.event 方法，并增加新事件的分发路由。该函数声明如下：

```
def event(self, a0: 'QEvent') -> bool: ...
```

该函数主要用于事件的分发，此函数接收对象的事件，如果识别并处理了事件 a0，则返回 True。该函数可以重新实现（定制）某个对象的行为。重载 QObject.event 函数的时候，可以获得事件目标的更多事件。就像事件函数 keyPressEvent，我们只能在该函数中得到键盘按键事件，如果想拦截更多事件，就必须到 QObject.event 函数中拦截，从而进行定制，或决定如何分发，比如在对话框中重载 event 函数的时候，可以拦截键盘按键事件，不调用 QDialog.event(self, event)，那么对话框的键盘按键消息（QKeyEvent.KeyPress）就得不到分发，那么对应的处理函数 keyPressEvent 就得不到执行。一句话，事件来的时候，先到 event 函数中，然后分发具体的事件，再到具体的事件处理函数中。因此，我们在 event 中可以做的事情更多，可以决定是否分发事件。所以，如果你希望在事件分发之前进行一些操作，就可以重写这个 event()函数。例如，我们希望在一个 QWidget 组件中监听 Tab 键是否按下，那么就可以继承 QWidget，并重写它的 event()函数来达到这个目的。

如果传入的事件已被识别并处理，则需要返回 True，否则返回 False。如果返回值是 True，那么 PyQt 会认为这个事件已经处理完毕，不会再将这个事件发送给其他对象，而是会继续处理事件队列中的下一个事件。另外，在 event()函数中，调用事件对象的 accept()和 ignore()函数是没有作用的，不会影响事件的传播。

我们可以调用 QEvent.type()函数来检查事件的实际类型。我们处理过自己感兴趣的事件之后，可以直接返回 True，表示已经对此事件进行了处理；对于其他不关心的事件，则需要调用父类的 event()函数继续转发，否则这个组件就只能处理我们定义的事件。

下面这个例子，我们让 keyPressEvent 得不到执行。

【例 3.5】让 keyPressEvent 得不到执行

（1）启动 PyCharm，新建一个工程，工程名称是 pythonProject，然后在 main.py 中输入如下代码：

```
import sys
```

```python
from PyQt5.QtWidgets import QDialog, QApplication
from PyQt5.QtCore import Qt
from PyQt5.QtGui import QKeyEvent
from PyQt5.QtWidgets import *

class Dialog(QDialog):
    def __init__(self, parent=None):
        super().__init__(parent)

        #重新实现按键处理函数 keyPressEvent
    def keyPressEvent(self, event):
        QMessageBox.information(self, 'Notice', 'in keyPressEvent',
QMessageBox.Yes)
        QDialog.keyPressEvent(self, event)

        #重新实现 event
    def event(self, event):
        if event.type() == QKeyEvent.KeyPress :
            QMessageBox.information(self, 'Notice', 'in event', QMessageBox.Yes)
            #QDialog.event(self, event)
            return True

        return  QDialog.event(self, event) #Make sure the rest of events are
handled

if __name__ == "__main__":
    app = QApplication(sys.argv)
    dialog = Dialog()
    dialog.exec_()

    sys.exit(app.exec_())
```

我们拦截键盘按键事件 QKeyEvent.KeyPress，并注释掉 QDialog.event(self, event)，运行后，如果按 Esc 键，会发现 keyPressEvent 函数得不到执行。

（2）保存工程并运行，按 Esc 键后，会出现一个信息框，如图 3-10 所示。

图 3-10

如果单击 Yes 按钮，那么后面就没有信息框出来了，如果没有注释掉 QDialog.event(self, event)，则还会跳出来一个信息框，这是因为 keyPressEvent 会执行，并且在该函数中调用了

QMessageBox.information 函数。

3. 对 QObject 对象安装事件过滤器

如果对 QObject 对象调用 installEventFilter 方法，则会为 QObject 对象安装事件过滤器。QObject 对象的所有事件都会先传递到事件过滤器 eventFilter 函数，在事件过滤器 eventFilter 函数中可以丢弃或修改某些事件，对感兴趣的事件使用自定义的事件处理机制，对其他事件使用默认事件处理机制。事件过滤机制会对 QObject 的所有事件进行过滤，因此如果要过滤的事件比较多，则会影响程序性能。installEventFilter 函数声明如下：

```
def installEventFilter(self, a0: QObject) -> None
```

该函数为 QObject 对象安装事件过滤器。

eventFilter 函数声明如下：

```
def eventFilter(self, a0: QObject, a1: QEvent) -> bool
```

如果此对象已作为监视对象的事件筛选器安装，则筛选事件。在重新实现此函数时，如果要过滤事件，即停止进一步处理，则返回 True；否则返回 False。

【例 3.6】安装事件过滤器过滤 Esc 键

（1）启动 PyCharm，新建一个工程，工程名称是 pythonProject，然后在 main.py 中输入代码如下：

```
import sys
from PyQt5.QtWidgets import QDialog, QApplication
from PyQt5.QtCore import Qt
from PyQt5.QtGui import QKeyEvent

class Dialog(QDialog):
    def __init__(self, parent=None):
        super().__init__(parent)
        self.resize(200,150)                #调整对话框的大小
        self.installEventFilter(self)       #安装事件过滤器

    def eventFilter(self, watched, event):  #重新实现 eventFilter，过滤 Esc 键
        if event.type() == QKeyEvent.KeyPress and event.key() == Qt.Key_Escape:
            return True   #直接返回 True 表示停止进一步处理
        else:
            return QDialog.eventFilter(self, watched, event)

if __name__ == "__main__":
    app = QApplication(sys.argv)
    dialog = Dialog()
    dialog.exec_()

    sys.exit(app.exec_())
```

在构造函数 __init__ 中，我们调用 installEventFilter 函数来安装事件过滤器，然后重新实现 eventFilter 函数，在该函数中，拦截键盘按下事件，并判断是不是 Esc 键（Key_Escape），如果是，

则直接返回 True，表示停止进一步处理。

（2）保存工程并运行，按下 Esc 键后，会出现一个信息框，如图 3-11 所示。

图 3-11

再次按 Esc 键，可以发现对话框不会退出了。

4. 对 QApplication 对象安装事件过滤器

对 QApplication 对象安装事件过滤器将会对所有 QObject 对象的所有事件进行过滤，并且会首先获得事件，即在事件发送给其他任何一个事件过滤器之前，都会先发送给 QApplication 的事件过滤器。

【例 3.7】QApplication 安装事件过滤器过滤 Esc 键

（1）启动 PyCharm，新建一个工程，工程名称是 pythonProject，然后在 main.py 中输入如下代码：

```python
import sys
from PyQt5.QtWidgets import QDialog, QApplication
from PyQt5.QtCore import Qt
from PyQt5.QtGui import QKeyEvent

class Dialog(QDialog):
    def __init__(self, parent=None):
        super().__init__(parent)
        self.resize(200, 150)      #重新设置对话框大小

    def eventFilter(self, watched, event):
        if event.type() == QKeyEvent.KeyPress and event.key() == Qt.Key_Escape:
            return True
        else:
            return QDialog.eventFilter(self, watched, event)

if __name__ == "__main__":
    app = QApplication(sys.argv)
    dialog = Dialog()
    app.installEventFilter(dialog)
    dialog.exec_()

    sys.exit(app.exec_())
```

这次我们通过为 QApplication 对象安装事件过滤器来拦截 Esc 按键。

（2）保存工程并运行，按下 Esc 键后，会出现一个信息框，如图 3-12 所示。

图 3-12

再次按 Esc 键，可以发现对话框不会退出了。

5. 重新实现 QApplication 的 notify 方法

PyQt 使用 QApplication 对象的 notify 方法分发事件，要想在任何事件过滤器前捕获事件方法，就要重新实现 QApplication 的 notify 方法。

在 PyQt 中提供了一个独一无二的信号和槽机制来处理事件。信号和槽用于对象之间的通信。当指定事件发生时，一个信号会被事件发射给事件目标，事件目标收到信号后就调用预先绑定好的消息处理函数（也称槽），即当和槽连接的信号被发射时，槽会被调用。PyQt 提供的 connect 函数把事件的信号和槽进行绑定（或称连接），比如：

```
blueButton.clicked[bool].connect(self.setColor)
```

其中，blueButton 是事件源对象；clicked[bool]是事件对象；self 表示事件目标；setColor 表示事件目标的方法或函数，也称槽或槽函数。如图 3-13 所示。

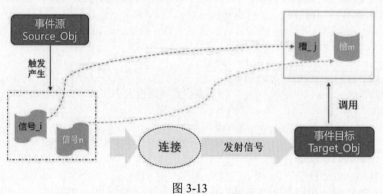

图 3-13

3.6　信号和槽

3.6.1　基本概念

PyQt 为了方便一些事件的处理，引入了信号的概念，封装了一些事件动作的标准预处理，使得用户不必去处理底层事件，而只需要处理信号即可。PyQt 还定义了一些预定义信号，所以我们在 PyQt 源码中可以看到在某些事件处理函数中，有些地方会发送预定义信号，此时信号将被发送出去，如果用户添加了与该信号相连的信号处理函数（也叫槽函数），则调用该槽函数。当然，也不是所有事件处理函数中都有信号发送。除了预定义信号外，用户也可以自己发送自定义信号。

首先不要被新概念吓到，信号与槽其实都是函数。当特定事件被触发（如在编辑框输入了字符）时，将发送一个信号，而与该信号连接的槽可以接收到该信号并做出反应。

信号类似于 Windows 编程中的消息，槽类似于消息处理函数。比如，按钮被单击，按钮就会发出名为 clicked 的信号，如果该信号连接了（通过 connect 函数）槽（函数），那么就会调用这个槽函数进行处理。也就是说，将想要处理的信号和自己的一个函数（称为槽）绑定来处理这个信号。也就是说，当信号发出时，被连接的槽函数会自动回调。

信号和槽是 PyQt 特有的信息传输机制，是 PyQt 设计程序的重要基础，它可以让互不干扰的对象建立一种联系。

槽的本质是类的成员函数，其参数可以是任意类型的，和普通 Python 成员函数几乎没有区别，它可以是虚函数，也可以被重载；可以是公有的、受保护的、私有的，也可以被其他 C++成员函数调用。唯一区别的是：槽可以与信号连接在一起，每当和槽连接的信号被发射的时候，就会调用这个槽。信号和槽是多对多的关系。一个信号可以连接多个槽，而一个槽也可以监听多个信号。

信号可以有附加信息。例如，窗口关闭的时候可能发出 windowClosing 信号，而这个信号可以包含窗口的句柄，用来表明究竟是哪个窗口发出的这个信号；一个滑块在滑动时可能发出一个信号，而这个信号包含滑块的具体位置，或者新的值，等等。我们可以把信号槽理解成函数签名。信号只能同具有相同签名的槽连接起来。读者可以把信号看成是底层事件的一个形象的名字。比如 windowClosing 信号，我们就知道这是窗口关闭事件发生时发出的。

信号槽实际是与语言无关的，有很多方法都可以实现信号槽，不同的实现机制会导致信号槽差别很大。信号槽这一术语最初来自 Trolltech（奇趣）公司的 PyQt 库（后来被诺基亚收购）。1994 年，PyQt 的第一个版本发布，为我们带来了信号槽的概念。这一概念立刻引起计算机科学界的注意，提出了多种不同的实现。如今，信号槽依然是 PyQt 库的核心之一，其他许多库也提供了类似的实现，甚至出现了一些专门提供这一机制的工具库。

在 PyQt 中，每一个 QObject 对象和 PyQt 中所有继承自 QWidget 的控件（这些都是 QObject 的子对象）都支持信号与槽机制。当信号发射时，连接的槽函数将会自动执行。在 PyQt 5 中，信号与槽通过 object.signal.connect()方法连接。这里的 object 指代发送信号的对象，比如按钮类 QPushButton 的对象；signal 指代不同的具体信号，比如按键信号 clicked：

```
button = QPushButton("close", self)
button.clicked.connect(self.onClose)  #连接内置信号与自定义槽
```

PyQt 的窗口控件类中有很多内置信号，开发者也可以添加自定义信号。信号与槽具有如下特点：

（1）一个信号可以连接多个槽。

（2）一个信号可以连接另一个信号。

（3）信号参数可以是任何 Python 类型。

（4）一个槽可以监听多个信号。

（5）信号与槽的连接方式可以是同步连接，也可以是异步连接。

（6）信号与槽的连接可能会跨线程。

（7）信号可能会断开。

在 GUI 编程中，当改变一个控件的状态（如单击了按钮）时，通常需要通知另一个控件，也就是实现对象之间的通信。在早期的 GUI 编程中使用的是回调机制，在 Qt 中则使用一种新机制——信号与槽。在编写一个类时，可以先定义该类的信号与槽，在类中将信号与槽进行连接，实现对象之间的数据传输。

信号和槽是 Qt 中的核心机制，也是 PyQt 编程中对象之间进行通信的机制。在 PyQt 中，每一个 QObject 对象和 PyQt 中所有继承自 QWidget 的控件都支持信号和槽。当信号发射时，连接槽函数将会自动执行，PyQt 中的信号与槽是通过 connect() 函数连接起来的。

在 PyQt5 中，信号主要分为两类：

（1）内置信号，PyQt 为各个控件预先定义了各种信号，以方便控件的操作。

（2）自定义信号，主要用于控件之间数据的传递与窗口交互。

3.6.2 事件机制与信号槽机制的区别

PyQt 为事件处理提供了高级别的信号槽机制和低级别的事件处理机制，信号槽机制是事件处理机制的高级封装。使用控件时，不用考虑事件处理机制，只需要关心信号槽即可；对于自定义派生控件，必须考虑事件处理机制，根据控件的行为需求重新实现相应的事件处理函数。

首先要明确，先有事件，再有信号。Qt 的事件很容易和信号槽混淆。信号由具体的对象发出，然后会马上交给由 connect 函数连接的槽进行处理；而对于事件，Qt 使用一个事件队列对所有发出的事件进行维护，当新的事件产生时，会被追加到事件队列的尾部，前一个事件完成后，取出后面的事件接着再进行处理。但是，必要的时候，Qt 的事件也可以不进入事件队列，而是直接处理。并且，事件还可以使用事件过滤器进行过滤。比如一个按钮对象，我们使用这个按钮对象的时候，只关心它被按下的信号，至于这个按钮如何接收处理鼠标事件，再发射这个信号，我们不用关心。但是如果要重载一个按钮，就要面对事件了。比如我们可以改变它的行为，在鼠标按键按下的时候就触发 clicked 信号而不是在释放的时候。

总而言之，Qt 的事件和 Qt 中的信号不一样。后者通常用来使用 Widget，而前者用来实现 Widget。如果使用系统预定义的控件，那么我们关心的是信号，如果自定义控件，那么我们关心的是事件。

3.6.3 内置信号与内置槽函数

内置信号是 QObject 对象预先定义的信号，内置槽函数是 QObject 对象自动定义的槽函数，可以通过 connect 函数将 QObject 对象的内置信号连接到 QObject 对象的槽函数。connect 函数声明如下：

```
def connect(self, slot: 'PYQT_SLOT') -> 'QMetaObject.Connection': ...
PYQT_SLOT = typing.Union[typing.Callable[..., None], pyqtBoundSignal]
```

connec 函数的参数只需一个槽函数即可。connect 函数具体使用时的格式如下：

```
对象.信号.connect(槽函数)
```

槽函数分为内置槽函数和自定义槽函数。内置槽函数不需要我们定义，系统已经预先定义好了。我们只需要将某个控件对象连接到某个内置槽函数上即可。内置信号通常在控件类中定义，比如按钮的 clicked 信号，它在 QtWidgets.QAbstractButton 中定义，声明如下：

```
def clicked(self, checked: bool = ...) -> None
```

内置槽也由系统类定义，比如窗口关闭槽函数 close 在 QtWidgets.QWidget 中定义，声明如下：

```
def close(self) -> bool
```

现在如果想把某个按钮对象的 clicked 信号关联到窗口槽函数 close，可以这样：

```
button = QPushButton("close", self)
button.clicked.connect(self.close)     #连接内置信号与内置槽
```

其中 self 可以代表一个主窗口。

【例 3.8】连接内置信号到内置槽

（1）启动 PyCharm，新建一个工程，工程名称是 pythonProject，然后在 main.py 中输入代码如下：

```
import sys
from PyQt5.QtWidgets import QWidget, QApplication, QPushButton

class MainWindow(QWidget):
    def __init__(self, parent=None):
        super().__init__(parent)
        self.resize(200, 100)
        button = QPushButton("close", self)        #实例化一个按钮
        button.clicked.connect(self.close)         #连接内置信号与内置槽

if __name__ == "__main__":
    app = QApplication(sys.argv)
    window = MainWindow()
    window.show()
    sys.exit(app.exec_())
```

我们在窗口上实例化了一个按钮对象 button，然后调用 connect 函数将内置信号 clicked 连接到内置槽 self.close 上。这样单击该按钮后，就会调用窗口的 close 函数，即关闭窗口。

（2）保存工程并运行，如图 3-14 所示。

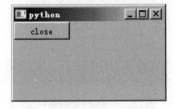

图 3-14

单击按钮后，窗口就会关闭了，说明连接内置信号（clicked）到内置槽（close）成功了。

3.6.4　内置信号与自定义槽函数

如果内置槽是预先定义的，那么它所实现的行为也是内部定义的，如果我们要做一些自定义的行为，那么可以让内置信号连接到自定义槽上，但这个自定义槽必须自己实现。

【例 3.9】连接内置信号到自定义槽

（1）启动 PyCharm，新建一个工程，工程名称是 pythonProject，然后在 main.py 中输入如下代码：

```python
import sys
from PyQt5.QtWidgets import QWidget, QApplication, QPushButton
from PyQt5.QtWidgets import QMessageBox

class MainWindow(QWidget):
    def __init__(self, parent=None):
        super().__init__(parent)
        self.resize(200, 100)
        button = QPushButton("do close", self)   #实例化按钮
        button.clicked.connect(self.myClose)        #连接内置信号与自定义槽

    def myClose(self):   #自定义槽函数
        reply = QMessageBox.question(self, 'Notice', 'Are you sure to close?',
QMessageBox.Yes | QMessageBox.No, QMessageBox.No)
        if reply == QMessageBox.Yes:
            self.close()

if __name__ == "__main__":
    app = QApplication(sys.argv)
    window = MainWindow()
    window.show()

    sys.exit(app.exec_())
```

我们在窗口上实例化了一个按钮，然后把按钮的内置信号 clicked 连接到自定义槽函数 myClose 上，在该函数中，我们调用 QMessageBox.question 来询问用户是否关闭，如果是，则调用内置槽函数 self.close()来关闭窗口。

（2）保存工程并运行，如图 3-15 所示。

图 3-15

3.6.5 自定义信号与内置槽函数

内置信号毕竟有限，PyQt 支持我们自定义信号来实现更多的功能，比如可以将自定义信号连接到内置槽函数上。自定义信号可以通过信号类 pyqtSignal 来实例化，该类声明如下：

```
class pyqtSignal:
    signatures = ...    #type: typing.Tuple[str, ...]
    def __init__(self, *types: typing.Any, name: str = ...) -> None: ...    #
构造函数
    @typing.overload
    def __get__(self, instance: None, owner: typing.Type['QObject']) ->
'pyqtSignal': ...
    @typing.overload
    def __get__(self, instance: 'QObject', owner: typing.Type['QObject']) ->
'pyqtBoundSignal': ...
```

我们看到类 pyqtSignal 的构造函数 __init__ 的参数是不定的，注意 types 前面的星号。在 Python 中，参数带星号表示支持可变不定数量的参数。name 表示信号的名称，我们可以为信号起一个名字，然后通过这个名字来引用信号，这样可以不通过信号对象来引用信号，当然通过信号对象来引用信号更方便，反正两种方式都可以。比如我们可以这样定义信号：

```
mySig1=pyqtSignal(name="mySigAnotherName1")    #实例化信号
```

引用的时候，下面两种方式都可以：

```
mySig1.connect(...)
mySigAnotherName1.connect(...)
```

当然也可以不用 name：

```
Signal_NoParameters = pyqtSignal()
```

或者带一些参数，比如：

```
mySig=pyqtSignal(str,str,name=" mySigAnotherName")
Signal_OneParameter = pyqtSignal(int)
Signal_OneParameter_Overload = pyqtSignal([int], [str])
Signal_TwoParameters = pyqtSignal(int, str)
Signal_TwoParameters_Overload = pyqtSignal([int, int], [int, str])
```

另外，自定义信号通常需要显式地调用 emit()函数来发射信号，信号发射函数 emit 声明如下：

```
def emit(self, *args: typing.Any) -> None: ...
```

参数是任意类型的不定参数，通过该参数可以向槽函数传送所需的内容，当然也可以不传送。具体使用的时候，先实例化信号对象，再通过信号对象来调用即可发射，比如：

```
closeSignal = pyqtSignal()          #实例化信号对象
closeSignal.emit()                  #发射信号
```

【例 3.10】连接自定义信号到内置槽

（1）启动 PyCharm，新建一个工程，工程名称是 pythonProject，然后在 main.py 中输入如下代码：

```
import sys
from PyQt5.QtCore import pyqtSignal
from PyQt5.QtWidgets import QWidget, QApplication, QPushButton

class MainWindow(QWidget):
    closeSignal = pyqtSignal()

    def __init__(self, parent=None):
        super().__init__(parent)
        self.resize(200, 100)

        button = QPushButton("close", self)
        button.clicked.connect(self.myClose)          #连接内置信号与自定义槽
        self.closeSignal.connect(self.close)          #连接自定义信号与内置槽函数close

    #自定义槽函数
    def myClose(self):
        self.closeSignal.emit()   #发送自定义信号

if __name__ == "__main__":
    app = QApplication(sys.argv)
    window = MainWindow()
    window.show()

    sys.exit(app.exec_())
```

在上述代码中，我们实例化了一个信号 closeSignal，该信号连接的槽是内置槽函数 self.close，即当该信号发射的时候，该内置槽函数将被调用，从而关闭窗口。为了显式地发射信号 closeSignal，我们实例化了一个按钮，并将按钮的 clicked 信号连接到自定义槽函数 myClose 上。在 myClose 中，我们调用 emit 函数发射信号，一旦该信号发射，那么该信号关联的内置槽函数 self.close 即被调用，窗口也就关闭了。

（2）保存工程并运行，如图 3-16 所示。

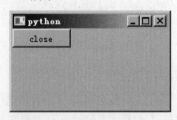

图 3-16

单击 close 按钮，窗口就会关闭，说明自定义信号 closeSignal 关联到内置槽函数 self.close 成功。

3.6.6　自定义信号与自定义槽函数

为了支持更大的灵活性，PyQt 支持自定义信号连接到自定义槽。自定义信号依然要显式发射，关联方法依旧是用 connect 函数，只不过是连接到自定义的槽函数上，自定义槽函数要自己实现。

【例 3.11】连接自定义信号到自定义槽

（1）启动 PyCharm，新建一个工程，工程名称是 pythonProject，然后在 main.py 中输入代码如下：

```python
import sys
from PyQt5.QtCore import pyqtSignal
from PyQt5.QtWidgets import QWidget, QApplication, QPushButton
from PyQt5.QtWidgets import QMessageBox

class MainWindow(QWidget):
    closeSignal = pyqtSignal()     #实例化信号

    def __init__(self, parent=None):
        super().__init__(parent)
        self.resize(200, 100)
        button = QPushButton("close", self)
        button.clicked.connect(self.onClicked)     #连接内置信号与自定义槽
        self.closeSignal.connect(self.onClose)     #连接自定义信号与内置槽函数 close
    #和按钮的 clicked 信号关联的自定义槽函数
    def onClicked(self):
        #发送自定义信号
        self.closeSignal.emit()

    #和自定义信号 closeSignal 关联的自定义槽函数
    def onClose(self):
        QMessageBox.information(self, 'Notice', 'Bye!', QMessageBox.Yes)
        self.close()   #关闭主窗口

if __name__ == "__main__":
    app = QApplication(sys.argv)
    window = MainWindow()
    window.show()

    sys.exit(app.exec_())
```

在上述代码中，我们把自定义信号 closeSignal 连接到自定义槽函数 onClose 上，在该函数中先跳出一个信息框，再关闭主窗口。而发射信号的操作是在单击按钮的时候完成的。

（2）保存工程并运行，如图 3-17 所示。

图 3-17

除了在图形界面程序的按钮中发射信号外，我们也可以在控制台程序中发射信号。

【例 3.12】在控制台程序中发射自定义信号

（1）启动 PyCharm，新建一个工程，工程名称是 pythonProject，然后在 main.py 中输入代码如下：

```python
import sys
from PyQt5.QtCore import pyqtSignal, QObject, QCoreApplication

class MyTask(QObject):
    mySig = pyqtSignal()    #实例化信号类对象

    def send_mySig(self):
        print("now,send signal")
        self.mySig.emit()    #发射信号

    def do_mySig(self):    #定义信号的槽函数
        print("ok,task is over.")

if __name__ == "__main__":
    app = QCoreApplication(sys.argv)
    item = MyTask()
    item.mySig.connect(item.do_mySig)    #连接信号和槽函数
    item.send_mySig()                    #准备发射信号
    sys.exit(app.exec_())
```

这是一个控制台程序，没有用到任何窗口部件类。在上述代码中，我们首先实例化了信号类对象 mySig。然后定义了函数 send_mySig，该函数用于发射信号。又定义了函数 do_mySig，该函数是信号的槽函数，发射信号后，就会执行该函数。

（2）保存工程并运行，运行结果如下：

```
now,send signal
ok,task is over.
```

前面我们实例化自定义信号时，pyqtSignal()都没带参数，下面我们扩展一下知识面，来看一下带参数的情况。

【例 3.13】带参数发射自定义信号

（1）启动 PyCharm，新建一个工程，工程名称是 pythonProject，然后在 main.py 中输入如下代码：

```python
import sys
from PyQt5.QtCore import pyqtSignal, QObject, QCoreApplication

class MyTask(QObject):
    mySig=pyqtSignal(str,str,name="mySigAnotherName")   #实例化信号

    def send_mySig(self):
        print("now,send signal")
        self.mySigAnotherName.emit("boy","girl")    #发射信号

    def do_mySig(self,str1,str2):
        print(str1+" and "+ str2)
        print("ok,task is over.")
```

```
if __name__ == "__main__":
    app = QCoreApplication(sys.argv)
    item = MyTask()
    item.mySig.connect(item.do_mySig)
    item.send_mySig()
    sys.exit(app.exec_())
```

在上述代码中，我们实例化信号时，让 pyqtSignal 带了两个字符串类型的参数，这样发射信号时就带了 "boy" 和 "girl" 两个字符串，并且在槽函数中打印了收到的两个字符串。另外，在实例化信号对象的时候，为信号起了一个名称 "mySigAnotherName"，这样不但可以通过信号对象来引用，比如 item.mySig.connect，也可以通过信号名称来引用，比如 self.mySigAnotherName.emit。

（2）保存工程并运行，运行结果如下：

```
now,send signal
boy and girl
ok,task is over.
```

这个例子的信号带了两个字符串类型的参数，我们还可以让它带其他类型的参数，比如 int 型。下面的例子将实现带有不同类型、不同数量参数的信号，并且是事件处理和信号发射联合作战。

【例 3.14】事件处理和信号发射联合作战

（1）启动 PyCharm，新建一个工程，工程名称是 pythonProject，然后在 main.py 中输入如下代码：

```
import sys
from PyQt5.QtCore import pyqtSignal, pyqtSlot, Qt
from PyQt5.QtWidgets import QWidget, QApplication
from PyQt5.QtWidgets import QMessageBox

class MyWidget(QWidget):
    def __init__(self, parent=None):
        super().__init__(parent)
        self.resize(200, 150)

    Signal_NoParameters = pyqtSignal()
    Signal_OneParameter = pyqtSignal(int)
    Signal_OneParameter_Overload = pyqtSignal([int], [str])
    Signal_TwoParameters = pyqtSignal(int, str)
    Signal_TwoParameters_Overload = pyqtSignal([int, int], [int, str])

    def keyPressEvent(self, event):
        if event.key() == Qt.Key_0:
            self.Signal_NoParameters.emit()
        elif event.key() == Qt.Key_1:
            self.Signal_OneParameter.emit(1)
        elif event.key() == Qt.Key_F1:
            self.Signal_OneParameter_Overload.emit(2)
        elif event.key() == Qt.Key_Control:
            self.Signal_OneParameter_Overload[str].emit("abc")
        elif event.key() == Qt.Key_F2:
            self.Signal_TwoParameters.emit(1, "abc")
        elif event.key() == Qt.Key_Space:
```

```python
                self.Signal_TwoParameters_Overload.emit(1, 2)
            elif event.key() == Qt.Key_Shift:
                self.Signal_TwoParameters_Overload[int, str].emit(2, "def")

    @pyqtSlot()
    def setValue_NoParameters(self):
        QMessageBox.information(self, 'Notice', 'no param', QMessageBox.Yes)
        pass

    @pyqtSlot(int)
    def setValue_OneParameter(self, nIndex):
        QMessageBox.information(self, 'Notice', '1 param:'+str(nIndex),
QMessageBox.Yes)
        pass

    @pyqtSlot(str)
    def setValue_OneParameter_String(self, szIndex):
        QMessageBox.information(self, 'Notice', '1 param:' + szIndex,
QMessageBox.Yes)
        pass

    ##@pyqtSlot(int,int)
    def setValue_TwoParameters(self, x, y):
        QMessageBox.information(self, 'Notice', '2 param:' + str(x)+","+str(y),
QMessageBox.Yes)
        pass

    ##@pyqtSlot(int,str)
    def setValue_TwoParameters_String(self, x, yx):
        QMessageBox.information(self, 'Notice', '2 param:' + str(x) + "," + yx,
QMessageBox.Yes)
        pass


app = QApplication(sys.argv)
widget = MyWidget()
widget.show()
widget.Signal_NoParameters.connect(widget.setValue_NoParameters,
Qt.QueuedConnection)
widget.Signal_OneParameter.connect(widget.setValue_OneParameter,
Qt.QueuedConnection)
widget.Signal_OneParameter_Overload[int].connect(widget.setValue_OneParamet
er, Qt.QueuedConnection)
widget.Signal_OneParameter_Overload[str].connect(widget.setValue_OneParamet
er_String, Qt.QueuedConnection)
widget.Signal_TwoParameters.connect(widget.setValue_TwoParameters,
Qt.QueuedConnection)
widget.Signal_TwoParameters_Overload[int,
int].connect(widget.setValue_TwoParameters, Qt.QueuedConnection)
widget.Signal_TwoParameters_Overload[int,
str].connect(widget.setValue_TwoParameters_String, Qt.QueuedConnection)

sys.exit(app.exec_())
```

在上述代码中，我们在键盘按键的事件处理函数中根据不同的按键发射不同的信号，然后分别调用对应的槽函数，在各个槽函数中显示一个信息框，用来显示传递进来的参数值。

（2）保存工程并运行，然后按 Shift 键可以弹出一个信息框，如图 3-18 所示。

图 3-18

3.6.7　Qt 中的坐标系统

了解 Qt 中的坐标系统，对于 Qt 绘图非常重要。Qt 使用统一的坐标系统来定位窗口部件的位置和大小。首先看图 3-19。

以显示器屏幕的左上角为原点，即(0,0)点，从左向右为横轴正向（见图中的 Xp 轴），从上向下为纵轴正向（见图中的 Yp 轴），整个屏幕的坐标系统用来定位顶层窗口。

图 3-19 中的窗口就是一个顶层窗口，这个窗口外围的一圈深灰色的框表示该窗口的边框，它也是有宽度的，而且上下左右宽度都是相同的，上方深色横条表示标题栏，通常里面可以显示窗口的标题，中间浅灰色区域表示客户区（也叫用户区，Client Area），顾名思义，该区域用于显示用户的数据，或者和用户打交道的控件。在客户区的周围则是标题栏（显示 Test 标题的那一行，右边有 3 个按钮：最小化、最大化和关闭）和边框（鼠标放边框上可以放大或缩小），图 3-19 的示意图只显示出窗口的主体部分，标题栏右边的按钮并没有展示出来。

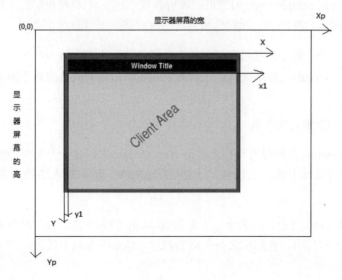

图 3-19

顶层窗口有一个坐标系，见图 3-19 中的（X,Y）坐标，它们的原点就是窗口的左上角，该原点在屏幕中的位置是相对于屏幕原点（0,0）而言的。从左向右为 X 轴正向，从上向下为 Y 轴正向。

客户区也有一个坐标，见图 3-19 中的（x1,y1），该坐标通常用于定位客户区中的数据和控件，客户区中的数据或控件的位置通常相对于（x1,y1）的坐标原点（0,0）而言的。

了解了 Qt 坐标系统的一些基础概念，那么具体该如何来进行窗口部件的定位呢？QWidget 类，也就是所有窗口组件的父类提供了成员函数在坐标系统中进行定位，如图 3-20 所示。

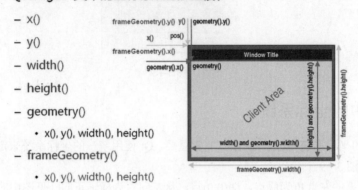

- **QWidget 类中的坐标系统成员函数**
  - x()
  - y()
  - width()
  - height()
  - geometry()
    - x(), y(), width(), height()
  - frameGeometry()
    - x(), y(), width(), height()

图 3-20

从图 3-20 可以看出这些成员函数有 3 类：

（1）QWidget 直接提供的成员函数：x()、y()获得窗口左上角在屏幕中的坐标，width()、height()获得客户区的宽和高。

（2）QWidget 的 geometry()提供的成员函数：x()、y()获得客户区左上角在屏幕中的坐标，width()、height()获得客户区的宽和高。

（3）QWidget 的 frameGeometry()提供的成员函数：x()、y()获得窗口左上角在屏幕中的坐标，width()、height()获得包含客户区、标题栏和边框在内的整个窗口的宽和高。

下面我们来看一个小程序，熟悉一下这几个坐标系的原点在屏幕中的坐标。值得注意的是，单讲原点的坐标，总是为(0,0)，如果讲原点在屏幕中的坐标，则其值是相对于屏幕原点而言的位置坐标。

【例 3.15】测试 Qt 的三大坐标

（1）启动 PyCharm，在向导对话框上单击 New Project 来新建一个工程，此时出现 New Project 对话框，我们在该对话框上输入工程名，比如 HelloPyQt，然后输入路径，并勾选 Inherit global site-packages 复选框。

稍等一会，PyCharm 将会自动新建一个名为 main.py 的源文件，并自动打开编辑窗口，可以看到已经自动生成了一些代码，我们把这些代码都删除，然后输入以下代码：

```
#coding:utf-8

from PyQt5.QtWidgets import QApplication, QWidget, QPushButton
import sys
```

```
app = QApplication(sys.argv)
widget = QWidget()
btn = QPushButton(widget)
btn.setText('PushButton')
btn.move(0, 0) #移动按钮，以 QWidget 窗口客户区左上角为(0, 0)点
#不同操作系统可能对窗口的最小宽度有限定，若设置宽度小于规定值，则会以规定值进行显示
widget.resize(300, 200)
widget.move(250, 20) #以屏幕左上角为(0,0)点
widget.setWindowTitle('PyQt 坐标系统例子')
widget.show()
print('QWidget:')
print('w.x()={}'.format(widget.x())) #输出窗口在屏幕中的 x 坐标
print('w.y()={}'.format(widget.y())) #输出窗口在屏幕中的 y 坐标
print('w.width()={}'.format(widget.width())) #输出窗口的客户区宽度
print('w.height()={}'.format(widget.height())) #输出窗口的客户区高度

print('QWidget frameGeometry:')
print('QWidget.frameGeometry().x()={}'.format(widget.frameGeometry().x()))
#输出窗口在屏幕中的 x 坐标
print('QWidget.frameGeometry().y()={}'.format(widget.frameGeometry().y()))
#输出窗口在屏幕中的 y 坐标
print('QWidget.frameGeometry().width()={}'.format(widget.frameGeometry().wi
dth())) #输出窗口的宽度
print('QWidget.frameGeometry().height()={}'.format(widget.frameGeometry().h
eight()))#输出窗口的高度，包括标题栏

print('QWidget.geometry(Client Area):')
print('widget.geometry().x()={}'.format(widget.geometry().x())) #输出客户区原
点在屏幕中的横坐标
print('widget.geometry().y()={}'.format(widget.geometry().y())) #输出客户区原
点在屏幕中的纵坐标
print('widget.geometry().width()={}'.format(widget.geometry().width())) #输出
客户区的宽度
print('widget.geometry().height()={}'.format(widget.geometry().height()))
#输出客户区的高度

print('-------------PushButton:----------------')
print('PushButton.x()={}'.format(btn.x())) #输出按钮在窗口中的 x 坐标
print('PushButton.y()={}'.format(btn.y())) #输出按钮在窗口中的 y 坐标
print('PushButton.width()={}'.format(btn.width())) #输出按钮在窗口中的宽度
print('PushButton.height()={}'.format(btn.height())) #输出按钮在窗口中的高度

print('PushButton.geometry().x()={}'.format(btn.geometry().x()))
print('PushButton.geometry().y()={}'.format(btn.geometry().y()))
print('PushButton.geometry().width()={}'.format(btn.geometry().width()))
print('PushButton.geometry().height()={}'.format(btn.geometry().height()))

print('PushButton.frameGeometry().x()={}'.format(btn.frameGeometry().x()))
print('PushButton.frameGeometry().y()={}'.format(btn.frameGeometry().y()))
print('PushButton.frameGeometry().width()={}'.format(btn.frameGeometry().wi
```

```
dth()))
    print('PushButton.frameGeometry().height()={}'.format(btn.frameGeometry().h
eight()))

    sys.exit(app.exec_())
```

（2）保存工程并运行，可以在输出窗口看到如下结果：

```
QWidget:
w.x()=250
w.y()=20
w.width()=300
w.height()=200
QWidget frameGeometry:
QWidget.frameGeometry().x()=250
QWidget.frameGeometry().y()=20
QWidget.frameGeometry().width()=308
QWidget.frameGeometry().height()=227
QWidget.geometry(Client Area):
widget.geometry().x()=254
widget.geometry().y()=43
widget.geometry().width()=300
widget.geometry().height()=200
-------------PushButton:----------------
PushButton.x()=0
PushButton.y()=0
PushButton.width()=75
PushButton.height()=23
PushButton.geometry().x()=0
PushButton.geometry().y()=0
PushButton.geometry().width()=75
PushButton.geometry().height()=23
PushButton.frameGeometry().x()=0
PushButton.frameGeometry().y()=0
PushButton.frameGeometry().width()=75
PushButton.frameGeometry().height()=23
```

我们可以看到客户区的大小是 300 和 200。而 frameGeometry 的宽度要算上两边的边框宽度，高度要算上下方的边框宽度和上方的边框和标题栏高度。而按钮都是以窗口客户区左上角顶点为原点的。

第4章

PyQt 对话框程序设计

4.1　对话框程序设计概述

  PyQt 开发的应用程序通常有 3 种界面类型，即主窗口应用程序、小部件窗口应用程序和对话框应用程序。鉴于对话框使用场合多，本章将重点阐述对话框应用程序的设计。对话框应用程序肯定有对话框，上面用来存放控件，对话框上通常有标题栏、客户区、边框等。标题栏上又有控制菜单、最小化/最大化按钮、关闭按钮等。通过鼠标拖动标题栏，可以改变对话框在屏幕上的位置、通过最小化/最大化按钮，可以对对话框进行尺寸最大化、恢复正常尺寸或隐藏对话框等操作。标题栏上还能显示对话框的文本标题。

  PyQt 类库中提供的对话框类是 QDialog，它继承自小部件窗口类 QWidget。我们建立对话框的时候，都是从 QDialog 派生出自己的类。

4.2　QDialog 类及其函数

  QDialog 类是对话框窗口的基类。对话框窗口是用于短期任务以及和用户进行简要通信的顶级窗口。QDialog 类的成员函数如下：

```
class QDialog(QWidget):
    class DialogCode(int):
        Rejected = ... #type: QDialog.DialogCode
        Accepted = ... #type: QDialog.DialogCode
    #构造函数，其中参数 parent 指向父对象，参数 flags 用于指定对话框的风格
    def __init__(self, parent: typing.Optional[QWidget] = ..., flags:
typing.Union[QtCore.Qt.WindowFlags, QtCore.Qt.WindowType] = ...) -> None: ...
    #如果此对象已作为监视对象的事件筛选器安装，则筛选事件
    def eventFilter(self, a0: QtCore.QObject, a1: QtCore.QEvent) -> bool: ...
```

```
#上下文菜单事件的处理函数
def contextMenuEvent(self, a0: QtGui.QContextMenuEvent) -> None: ...
#窗口大小调整事件的处理函数
def resizeEvent(self, a0: QtGui.QResizeEvent) -> None: ...
#窗口显示事件的处理函数
def showEvent(self, a0: QtGui.QShowEvent) -> None: ...
#窗口关闭事件的处理函数
def closeEvent(self, a0: QtGui.QCloseEvent) -> None: ...
#在窗口上发生键盘按键事件的处理函数
def keyPressEvent(self, a0: QtGui.QKeyEvent) -> None: ...
#当对话框被用户拒绝或调用 reject 或 done 被拒绝时，将发出此信号
def rejected(self) -> None: ...
#当用户调用 done、accept 或 reject 设置对话框的结果代码时，将发出此信号
def finished(self, result: int) -> None: ...
#当用户调用函数 accept 或 done 接受对话框时，将发出此信号
def accepted(self) -> None: ...
#将对话框以模态方式显示（模态和非模态稍后会讲）时，立即返回
def open(self) -> None: ...
#隐藏"模式"对话框并将结果代码设置为"已拒绝"
def reject(self) -> None: ...
#隐藏"模式"对话框并将结果代码设置为"已接受"
def accept(self) -> None: ...
#关闭对话框并将其结果代码设置为 a0
def done(self, a0: int) -> None: ...
#将对话框显示为模式对话框，直到用户关闭为止。函数返回一个 DialogCode 结果
def exec(self) -> int: ...
#同 exec
def exec_(self) -> int: ...
#将模态对话框的结果代码设置为 i
def setResult(self, r: int) -> None: ...
#设置对话框为模态对话框或非模态对话框，True 为模态，False 为非模态
def setModal(self, modal: bool) -> None: ...
#如果大小控制生效，则返回 True，否则返回 False
def isSizeGripEnabled(self) -> bool: ...
#该函数设置大小控制是否生效
def setSizeGripEnabled(self, a0: bool) -> None: ...
#得到对话框建议的最小尺寸
def minimumSizeHint(self) -> QtCore.QSize: ...
#得到对话框的建议尺寸
def sizeHint(self) -> QtCore.QSize: ...
#设置对话框是否可见
def setVisible(self, visible: bool) -> None: ...
#返回模式对话框的结果代码（接受或拒绝）
def result(self) -> int: ...
```

我们使用对话框相关函数的时候，也不会局限于这些，QDialog 的父类 QWidgets 的成员函数都可以用，比如 setWindowTitle 等。

4.3　创建对话框程序

我们分别通过手写代码（手工方式）和 Qt Designer 两种方式来创建对话框程序。

【例 4.1】手工方式创建对话框

（1）启动 PyCharm，新建一个名为 pythonProject 的工程，然后在 main.py 中输入代码如下：

```python
from PyQt5.QtWidgets import *
import sys

#自定义一个继承自 QDialog 的类
class CMyDlg(QDialog):
    def __init__(self):
        super(CMyDlg, self).__init__()  #调用父类构造函数
        self.resize(200, 150)  #设置对话框的尺寸大小
        self.setWindowTitle('Hello Dialog')  #设置对话框标题
        self.initUI()  #调用类 CMyDlg 的成员方法

    #自定义类 CMyDlg 的成员函数 initUI
    def initUI(self):
        #实例化一个垂直布局
        layout = QVBoxLayout()
        #实例化一个按钮，标题是'Button 1'
        button1 = QPushButton('Button 1')
        #实例化一个文本编辑框，并且 textEdit1 作为类 CMyDlg 的成员变量
        self.textEdit1 = QTextEdit("hello")  #QTextEdit 是 Qt 提供的文本编辑框类
        #连接按钮的 clicked 信号和槽（事件处理函数）
        button1.clicked.connect(self.myclick)
        #在布局中添加各个控件
        layout.addWidget(button1)
        layout.addWidget(self.textEdit1)
        #添加布局到布局上
        self.setLayout(layout)

    def myclick(self):  #定义按钮 clicked 信号的槽函数（事件的信号处理函数）
        button = self.sender()  #返回的就是信号来源的对象，也就是 QPushButton 对象
        print(button.text())  #在控制台上打印按钮标题
        #调用 setText 方法设置文本框中的内容
        self.textEdit1.setText("you click the " + button.text())

if __name__ == '__main__':
    app = QApplication(sys.argv)  #构造应用程序对象
    main = CMyDlg()  #实例化对话框
    main.show()  #显示对话框
    sys.exit(app.exec_())  #进入程序的主循环直到 exit 被调用后结束程序
```

在上述代码中，我们定义了一个对话框类 CMyDlg，它的父类是 Qt 提供的对话框类 QDialog。在类 CMyDlg 中定义了三个方法（函数），第一个是构造函数__init__，这个函数名是固定的，所有

Python 定义的类的构造函数都是这样的函数名,我们在这个构造函数中设置了对话框的尺寸和标题,并调用了成员函数 initUI;第二个成员函数是 initUI,在这个自定义函数中,我们实例化了一个垂直布局,然后实例化按钮和文本编辑框,最后连接(也可以说是绑定或关联)按钮信号的槽函数;第三个方法是槽函数 myclick,槽函数也就是事件的信号处理函数(有时也会简称为事件处理函数),这里的事件是用户单击按钮,然后该事件里面会发送按钮单击信号,此时只需要绑定(通过 connect 函数)这个信号和按钮的槽函数(这里是 myclick 函数)即可接收到这个信号,然后在槽函数中进行对应动作即可。这里可能对布局有点不好理解,布局管理系统是 Qt 中提供的一个简单且有效的方式,用来自动组织控件,以保证它们能够很好地利用可用空间(这里就是对话框),当可用空间发生变化时,布局将自动调整控件的位置和大小,以确保它们布局的一致性和用户界面主体可用。布局分为水平布局和垂直布局,我们这里定义的是垂直布局(QVBoxLayout),因此可以自动让各个控件垂直排列,而不需要一个一个去安排每个控件的位置。

(2)依次单击菜单选项"Run"→"Run 'main'"或按【Shift+F10】快捷键来运行工程,运行后可以单击按钮,此时会发现编辑框中的内容发生变化了,运行结果如图 4-1 所示。

【例 4.2】利用 Qt Designer 创建对话框

(1)启动 PyCharm,创建一个项目,工程名是 pythonProject(以后如果不特地注明工程名,默认就是 pythonProject)。然后依次单击菜单选项"Tools"→"External Tools"→"Qt Designer",启动 Qt Designer,而后在 Qt 设计器的"新建窗体"对话框上,在 templates\forms 下选择 Dialog with Buttons Bottom,如图 4-2 所示。

图 4-1

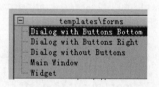

图 4-2

然后单击"创建"按钮,此时对话框设计界面右下方有两个按钮,一个是 OK 按钮,另一个是 Cancel 按钮。单击它们,按下鼠标左键不松开,然后移动鼠标,按钮就会跟着移动,我们把它们移动到上方中央,再松开鼠标。这个过程就是移动控件的过程。然后,我们也可以把鼠标移动到对话框右下角的直角处,此时鼠标箭头会变为一个双向箭头,我们按下鼠标左键不松开,然后移动鼠标,可以发现对话框大小随着鼠标的移动而改变,当我们松开鼠标左键,会发现对话框大小固定了,这就是设置对话框大小的过程。这些过程都很简单,相信摸索几下就能掌握。现在我们把对话框缩小一点。最后完成后的设计如图 4-3 所示。

下面单击 Qt Designer 工具栏上的"保存"按钮,将文件保存到项目的根目录下,文件名是 myForm.ui。

（2）关闭 Qt Designer 回到 PyCharm，查看项目，可以看到工程视图下多了 myForm.ui 文件，如图 4-4 所示。

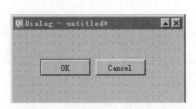

图 4-3　　　　　　　　　　　　　　　　　图 4-4

该文件在 PyCharm 中是打不开的，我们需要将这个文件转成 .py 代码才能使用。选中 myForm.ui，在其上右击，在快捷菜单中依次选择菜单选项"External Tools"→"PyUIC"，如图 4-5 所示。

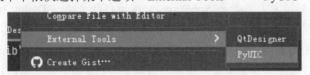

图 4-5

此时后台开始解析 myForm.ui 文件，并转换为 myForm.py 文件，如果没问题，则会在下方输出信息，如图 4-6 所示。

图 4-6

此时我们在工程视图下可以看到多了一个 myForm.py，如图 4-7 所示。

图 4-7

这说明转换成功了，双击 myForm.py 可以查看其代码。由于 myForm.py 是 PyUIC 工具按照 myForm.ui 生成的，如果我们后续需要去调整 myForm.ui（比如重新调整下按钮位置，后续调整界面在实际编程中基本是必然需求），那么调整完后重新生成 myForm.py 时，PyUIC 工具可不会管当前已经在 myForm.py 中写了什么代码，旧的 myForm.py 会直接被新的 myForm.py 覆盖。也就是说，所有逻辑代码都不应当写入 myForm.py 文件（或者说不要去动 myForm.py 文件），因此我们需要在其他 .py 文件中创建一个子类继承 myForm.py 中的类 Ui_Dialog。下面在 main.py 中添加如下代码：

```
import sys
```

```
from PyQt5 import QtWidgets
from PyQt5.QtWidgets import *
from myForm import Ui_Dialog

class mySubForm(QDialog, Ui_Dialog):
    def __init__(self):
        super(mySubForm, self).__init__()    #调用父类构造函数
        self.setupUi(self)    #调用父类的 setupUi 函数

if __name__ == '__main__':
    app = QApplication(sys.argv)    #构造应用程序对象
    mydlg = mySubForm()             #实例化
    mydlg.show()                    #显示窗口
    sys.exit(app.exec_())
```

在上述代码中，我们定义了子类 mySubForm，它继承自两个类：QDialog 和 Ui_Dialog。Ui_Dialog 是 myForm.py 中的对话框类，Ui_Dialog 名字中的 Dialog 是对话框的对象名（objectName），如果我们在 Qt Designer 中把对话框的 objectName 设置为其他，比如 xxx，那么 myForm.ui 转换后，生成的类名也变了，变为 Ui_xxx 了。如果工程中需要用到多个对话框，那么最好把每个对话框的对象名都设置得不同，比如 Dialog1、Dialog2、Dialog3 等，这样转换后，对应的类就是 Ui_Dialog1、Ui_Dialog2、Ui_Dialog3 等，这样程序中引用这些对话框类就不会冲突了。在这个例子中，只有一个对话框，所以对话框的对象名保持默认即可。

接着，在构造函数中调用父类的构造函数和父类的成员函数 setupUi，在这个函数中将实现对话框的标题设置、大小设置以及按钮设置等，这个函数是自动帮我们转换得来的，非常方便。最后，在 main 中实例化这个子类 mySubForm，并显式调用 show 函数显示窗口。值得注意的是，mySubForm 的构造函数要注意缩进，即比 class 要右缩进一个制表符的空间，这样才能表明__init__是类 mySubForm 的构造函数，实例化时才会自动调用，如图 4-8 所示。

当然，__init__里面的代码也要注意和__init__保持缩进。Python 编程中尤其要注意缩进关系。

（3）保存工程并运行，运行结果如图 4-9 所示。

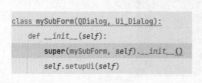

图 4-8

图 4-9

有开发经验的朋友可能会觉得这个例子有点啰唆，但为了照顾初学者，讲得稍微细致一些还是有必要的。

对话框的大小设置是编程中经常会遇到的，合适的对话框大小会让用户感到舒服。使用可视化方式设置对话框大小很简单，用鼠标拖动即可；使用代码方式也是调用函数即可。

对话框的图标位于对话框的左上方，默认有一个图标，我们可以对其进行修改，更换所需的图标。为对话框设置图标有两种方式：一种是可视化方式，通过向工程导入图标文件和图片文件作为工程的资源，然后在对话框的属性中直接选择相应的资源；另一种是代码法，通过函数直接添加磁

盘上的图标图片文件。我们两种方式都会涉及，先实现以可视化方式设置对话框图标，这种方式首先要为对话框添加图标资源。当然，如果以代码方式设置图标，则不必把资源导入工程。

作为类似的操作过程，在这一节中会同时介绍如何为对话框设置背景图片。

【例 4.3】以可视化方式设置对话框尺寸、图标和背景图片

（1）启动 PyCharm，新建一个工程，工程名是 pythonProject，工程路径设置为 E:\ex\mypyqt\pythonProject\。在 PyCharm 中打开 Qt Designer，并新建一个不带按钮的对话框模板，即 Dialog without Buttons，如图 4-10 所示。

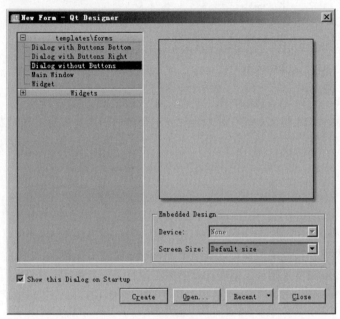

图 4-10

然后单击 Create 按钮，此时将出现一个不带按钮的对话框设计界面，如图 4-11 所示。

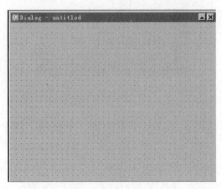

图 4-11

（2）在 Qt Designer 的对话框设计界面上，首先设置对话框的尺寸大小，非常简单，打开对话框的 Qt 设计师界面，然后把鼠标移动到对话框的右下角处，此时鼠标会变成一个双箭头图标，不要松开鼠标左键，然后就可以拖动对话框了，直到拖动到合适的大小，再放开鼠标左键。这个过程就是设置对话框大小的可视化方式,所见即所得。但这种方式有一个缺点,就是对话框的大小尺寸不精确。要想精确设置,我们可以在 Qt Designer 右边的 Property 视图下找到 geometry,然后单击它左边的加号,就可以看到 Width 和 Height 了,可以在 Width 右边的编辑框中输入宽度,比如 315,在 Height 右边的编辑框中输入高度,比如 220,如图 4-12 所示。

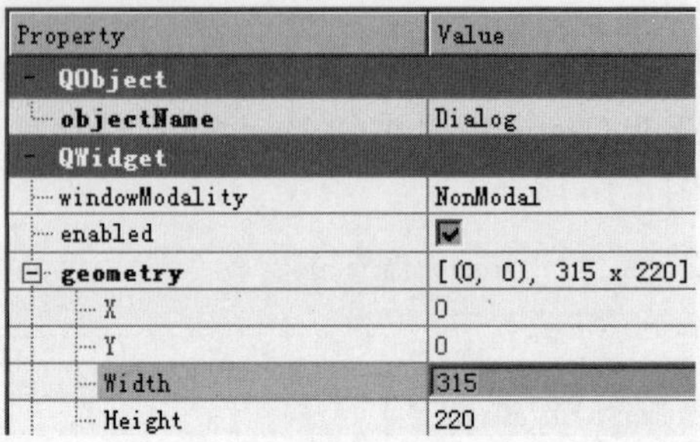

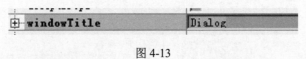

图 4-12

为什么这里要输入 315 和 220 呢?因为随后显示在对话框上的背景图片的大小就是 315×220。这样,图片正好充满对话框。在 Property 视图中可以设置好多属性,比如对话框的标题(windowTitle),如图 4-13 所示。

| windowTitle | Dialog |

图 4-13

现在保持默认设置。其他属性都可以在这个 Property 视图中找到。

下面开始设置图标和背景图片。笔者在本例的工程目录下新建了一个名为 res 的子文件夹,并在该文件夹下放置了一个图标文件 tool.ico 以及一个图片文件 gza.jpg,稍后把这两个文件添加到 Qt Designer 中。

(3)单击 Property 视图右下角 Resource browser 下的小铅笔图标,如图 4-14 所示。

图 4-14

此时出现 Edit Resource 对话框,单击左下方的第一个按钮,这个按钮用来新建一个资源文件,如图 4-15 所示。

资源文件是一个信息配置文件,比如记录图片文件存放的路径等,它的后缀名是.qrc,本质上是一个.xml 文件。单击后,出现一个文件保存对话框,我们在该对话框的"文件名"旁输入 myres,路径就选择在工程目录下,然后单击保存按钮,此时还不会在工程路径下新建文件。依旧回到 Edit Resource 对话框中,单击下方的第 4 个按钮,如图 4-16 所示。

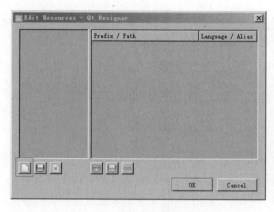

图 4-15

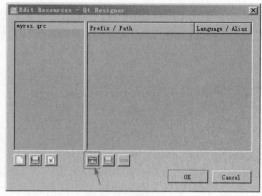

图 4-16

这个按钮用来添加一个前缀，起到对资源进行分类的作用，比如把图片文件作为一类，把音频文件作为一类，把视频文件作为一类，等等。单击后，右边列表框新增一个 newPrefix，保持默认名字即可，如图 4-17 所示。

然后单击下方第 5 个按钮，如图 4-18 所示。

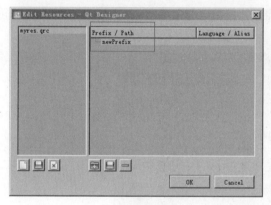

图 4-17

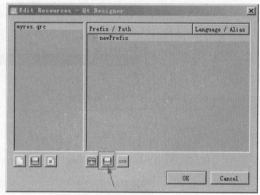

图 4-18

该按钮用于添加图片或图标等文件，此时会出现 Add Files 对话框，选择 res 文件夹下的 gza.jpg 和 tool.ico 两个文件，这样 newPrefix 下就新增两项了，如图 4-19 所示。

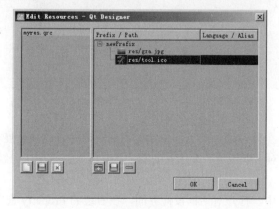

图 4-19

最后，单击 OK 按钮。此时会在工程目录下新建一个 myres.qrc 文件，这个文件记录了当前添加的资源信息，比如某图片存储的相对路径等，我们可以打开它看看，如下所示：

```
<RCC>
  <qresource prefix="newPrefix">
    <file>res/gza.jpg</file>
    <file>res/tool.ico</file>
  </qresource>
</RCC>
```

没什么深奥的内容。myres.qrc 文件位于工程目录，该文件是一个.xml 格式的资源配置文件，与应用程序关联的图片、图标等资源文件由.qrc 文件来指定，它用.xml 文件记录硬盘上的文件和资源名称的对应关系，应用程序通过资源名称来访问资源文件。值得注意的是，资源文件必须位于.qrc 文件所在目录或者其子目录下，.qrc 文件通常位于工程目录下，那么资源文件也应放在工程目录或者子目录下。至此，一个图标文件和一个图片文件就添加到我们的工程中，变成工程的资源了。下面使用图标资源。

（4）在 Qt Designer 右边的 Property 视图中，找到 WindowIcon 属性，该属性用来设置对话框的图标。单击其右边的下拉箭头单击，出现下拉菜单，然后选择菜单项 Choose Resources...，如图 4-20 所示。

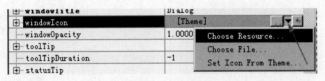

图 4-20

此时出现 Select Resource 对话框，在对话框左边选中 res，右边选中 tool.ico，如图 4-21 所示。

图 4-21

然后单击 OK 按钮。至此，通过向工程中添加图标资源的方式来设置对话框图标的可视化方式介绍完了。下面我们为其对话框设置一个图片背景，显然可以直接使用已经添加到工程中的 gzw.jpg 图片。

（5）在 Qt Designer 中，打开对话框设计界面，在右边的 Property 视图中找到 styleSheet 属性，然后单击右边有 3 个点的按钮，如图 4-22 所示。

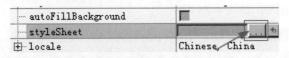

图 4-22

此时出现 Edit Style Sheet 对话框，如图 4-23 所示。

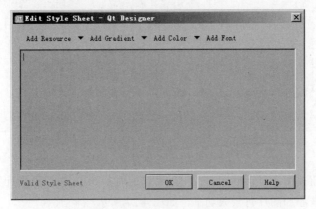

图 4-23

单击该对话框左上角的 Add Resource 旁的下拉箭头，然后单击下拉菜单中的 background-image，如图 4-24 所示。

图 4-24

此时，出现 Select Resource 对话框，单击该对话框左边的 res 节点，然后在右边选择 gza.jpg，如图 4-25 所示。

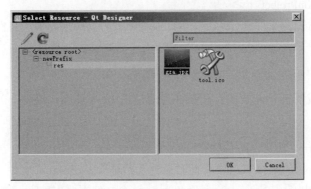

图 4-25

然后单击 OK 按钮。此时，Edit Style Sheet 对话框的编辑框内多了一行文字"background-image: url(:/newPrefix/res/gza.jpg);"，如图 4-26 所示。

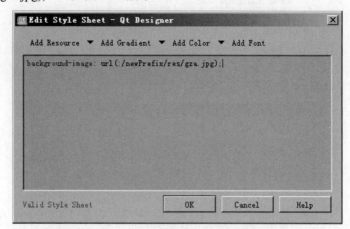

图 4-26

直接单击 OK 按钮关闭该对话框。此时，出现奇迹的时刻到了，对话框设计界面上出现了 gza.jpg，这就说明我们为对话框添加图片背景成功了，如图 4-27 所示。

图 4-27

单击 Qt Designer 工具栏上的 Save 按钮，保存的文件名是 myForm.ui，路径是项目根目录下，比如 E:\ex\mypyqt\pythonProject\下。

由于这个项目包含资源文件 myres.qrc，因此我们需要将其转换为模块文件 myres_rc.py。打开命令行窗口，定位到路径 E:\ex\mypyqt\pythonProject 下，然后输入命令如下：

```
pyrcc5 myres.qrc -o myres_rc.py
```

随后同路径下生成了 myres_rc.py。值得注意的是，_rc 不能少，这是一个默认值。至此，对话框界面设计工作完毕。

（6）启动 PyCharm，在 Project 视图下选中 myForm.ui，在其上右击，在快捷菜单中依次选择菜单选项"External Tools"→"PyUIC"，此时后台开始解析 myForm.ui 文件，并转换为 myForm.py 文件，在工程视图下可以看到多了一个 myForm.py，这个文件不要去动它。我们需要在其他.py 文件中创建一个子类继承 myForm.py 中的类 Ui_Form。下面在 main.py 中添加代码如下：

```
import sys
from PyQt5 import QtWidgets
from PyQt5.QtWidgets import *
from myForm import Ui_Dialog

class mySubForm(QDialog, Ui_Dialog):
    def __init__(self):
        super(mySubForm, self).__init__()  #调用父类构造函数
        self.setupUi(self)  #调用父类的 setupUi 的函数

if __name__ == '__main__':
    app = QApplication(sys.argv)  #构造应用程序对象
    mydlg = mySubForm()  #实例化
    mydlg.show()  #显示窗口
    sys.exit(app.exec_())
```

在上述代码中，我们定义了子类 mySubForm，它继承自两个类：QDialog 和 Ui_Form。然后，在构造函数中调用了父类的构造函数和父类的成员函数 setupUi，在 setupUi 函数中将实现对话框的标题设置、大小设置以及按钮设置等，这个函数是自动帮我们转换得来的，非常方便。最后，我们在 main 中实例化了子类 mySubForm，并显式调用 show 函数显示了窗口。值得注意的是，mySubForm 的构造函数要注意缩进，即比 class 要右缩进一个制表符的空间，这样才能表明__init__是类 mySubForm 的构造函数，实例化时才会自动调用。当然，__init__中的代码也要注意和__init__保持缩进。Python 编程中尤其要注意缩进关系。

（7）保存工程并按【Shift+F10】快捷键运行，运行结果如图 4-28 所示。

图 4-28

非常完美，对话框的背景被一幅图片充满了，而且左上角的图标也是 tool.ico 图标了。

至此，以可视化方式设置对话框图标和背景图片讲完了。下面讲解以代码方式设置对话框尺寸、图标和背景图片，这是"大牛"喜欢的方式。

【例 4.4】以代码方式设置对话框尺寸、图标和背景图片

（1）启动 PyCharm，新建一个工程，工程名为 pythonProject，在工程根目录下放置一个子文件夹 res，res 里面有一幅图片（gzw.jpg）和一个图标文件（tool.ico）。启动 Qt Designer，新建一个不带按钮的对话框模板，然后保存为 myForm.ui，关闭 Qt Designer。

（2）将 myForm.ui 转换为 myForm.py。然后在 main.py 中输入如下代码：

```python
import sys
from PyQt5 import QtWidgets
from PyQt5.QtWidgets import *
from PyQt5.QtGui import QIcon   #引入图标类
from myForm import Ui_Dialog

class mySubForm(QDialog, Ui_Dialog):
    def __init__(self):
        super(mySubForm, self).__init__()     #调用父类构造函数
        self.setupUi(self)                    #调用父类的 setupUi 函数
        self.resize(315, 220)                 #设置对话框大小
        self.setWindowIcon(QIcon('res/tool.ico'))  #设置对话框图标
        #设置对话框的背景图片
        self.setStyleSheet("background-image:url(res/gza.jpg);border:1px
solid black;");

if __name__ == '__main__':
    app = QApplication(sys.argv)   #构造应用程序对象
    mydlg = mySubForm()   #实例化
    mydlg.show()   #显示窗口
    sys.exit(app.exec_())
```

其中，函数 setWindowIcon 用来设置窗口的图标，我们对话框也是窗口，所以也可以用该函数来设置对话框的图标。类 QIcon 可以从图像文件构造图标，既可以绝对路径，也可以使用相对路径，这里是相对路径，res 目录下的 tool.ico 文件。函数 resize 就是用来设置窗口大小的函数，该函数的第一个参数是要设置的对话框长度，第二个参数是宽度，这里的 315 和 220 是我们即将要设置的对话框的背景图片的大小，把对话框大小和背景图片大小设置成一样是为了让图片正好充满整个对话框。函数 setStyleSheet 的功能很多，具体功能根据参数而定，现在参数里有"background-image"，表示用来设置背景，然后 url 用来指定图片的路径，这里是 res 目录下的 gza.jpg。

（3）保存工程并运行，运行结果如图 4-29 所示。

图 4-29

4.4　在对话框上使用按钮控件

对话框是控件的载体,相当于一艘航空母舰,控件就像甲板上的飞机。用户真正操作软件的途径其实是通过一个个控件,比如按钮、编辑框、下拉列表框、图像控件等。本节将介绍如何在对话框上使用按钮控件。

本节讲述的知识都是可视化的鼠标操作,不涉及代码编程,因此我们不准备用例子来讲解。本节讲述的内容是一个动态过程,希望读者边看边演练。首先打开 Qt Designer,新建一个对话框模板,此时将自动显示对话框的编辑界面。这个过程读者应该非常熟悉。

4.4.1　显示控件工具箱

在 Qt Designer 中,有一个 Widget Box(控件工具箱)视图,在 Widget Box 视图中提供了各种各样的控件,如图 4-30 所示。

图 4-30

控件工具箱通常会在对话框设计界面显示的时候自动显示。如果不小心关闭了,可以依次单击

Qt Designer 的主菜单选项"View"→"Widget Box"重新显示。

4.4.2 拖动一个按钮到对话框

在 Qt 设计师的 Widget Box 找到 Push Button，如图 4-31 所示。

把鼠标移到 Push Button 上，然后按下鼠标左键，不要松开，移动鼠标到对话框上想要放开该按钮的地方后再松开，此时 Push Button 会出现在对话框上，如图 4-32 所示。

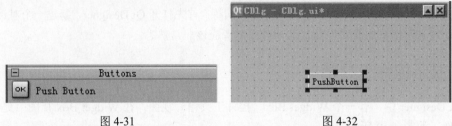

图 4-31   图 4-32

这个过程就是拖动控件的过程，使用这个方法也可以把控件工具箱中的其他控件拖动到对话框上。

4.4.3 选中按钮控件

用鼠标单击对话框上的按钮控件，按钮控件周围会被黑点框包围，此时这个按钮控件就是选中状态了。如果要同时选中多个按钮，则可以先按住键盘上的 Ctrl 键，再同时用鼠标单击多个按钮，这样单击过的按钮都会被选中。如果要一下子选中所有控件，可以直接按【Ctrl+A】快捷键。

如果要撤销选中，则两次单击已经选中的按钮，按钮周围的黑点框就会消失。

4.4.4 移动对话框上的按钮控件

在对话框上单击要移动位置的按钮，并且不要释放鼠标左键，此时鼠标形状会变成十字形。然后移动鼠标到新的位置，再释放鼠标左键，这个过程就是移动控件位置。

4.4.5 对齐对话框上的按钮控件

要对齐多个按钮控件，如果使用一个一个移动的办法进行对齐，不仅对齐的精度不准，而且还烦琐。高效的方法是先选中几个要对齐的按钮控件，然后依次选择主菜单"窗体"→"水平布局"或者"垂直布局"。选择"水平布局"后，选中的几个按钮将水平排成一条线，并且控件左右的间隔相等，如图 4-33 所示。

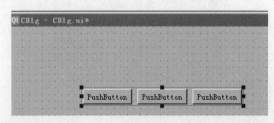

图 4-33

此时依次单击主菜单"窗体"→"打破布局"，选中的几个按钮外围的一圈红线就没有了，如图 4-34 所示。

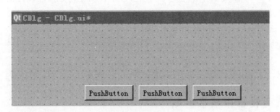

图 4-34

这样就水平对齐了。垂直对齐的过程与之类似，此处不再赘述。

4.4.6　调整按钮控件的大小

首先单击对话框上的按钮控件，此时会看到该按钮四周被 8 个黑点框包围，然后把鼠标放到某个黑点上，按下鼠标左键进行拖动，会发现按钮的大小跟随鼠标的移动而变化，最后释放鼠标左键，会发现按钮大小发生改变并且固定不变了。

4.4.7　删除对话框上的按钮控件

单击对话框上的按钮控件，比如"确定""删除"按钮，然后按键盘上的 Delete 键，或者右击，在快捷菜单中选择"删除"。如果要删除多个按钮，可以先选中要删除的多个按钮，然后按 Delete 键，这样一下子都删除了。

4.4.8　为按钮添加信号处理函数

本来这一节应该放在第 5 章来讲述，但因为我们要演示一些系统标准对话框的弹出，需要按钮来辅助，因此本节简单讲述一下如何为按钮添加信号处理程序。信号处理程序就是控件上某个事件发生后，事件发出的信号，从而控件要执行的程序。比如单击按钮是个事件，这个事件会发出 clicked 信号，我们要为这个信号关联（或称连接）一个函数，这样单击按钮后，就会执行这个函数。在 Qt 中，信号处理函数也叫槽，或称槽函数。

为按钮控件添加信号处理函数的方式分为手工（添加代码）方式和可视化向导方式，作为一名专业开发者，这两种方式都要会。

1. 以手工方式添加事件处理函数

虽然是手工添加代码，但也不是非常复杂，而且都是有套路的，基本步骤如下：

（1）在实例化按钮之后，在对话框类中用 connect 函数把事件信号和槽连接起来。比如：

```
self.mybtn.clicked.connect(self.myclick)    #把信号 clicked 连接到槽函数 myclick
```

其中，mybtn 是按钮的对象名（ObjectName），每个控件都有一个 ObjectName；clicked 为信号名；myclick 表示单击按钮的信号处理函数，即槽（函数）。现在 connect 把信号 clicked 和槽 myclick 联系起来了。

（2）在对话框类中实现信号处理函数。比如添加槽函数如下：

```
def myclick(self):  #clicked 信号的槽函数，即单击按钮会调用该函数
    button = self.sender()
    QMessageBox.information(self, 'Notice', button.text()+' is cool!',
QMessageBox.Yes)
```

在这个槽函数中可以添加我们希望单击按钮而产生的响应。下面来看一个具体的例子。

【例 4.5】以手工方式为按钮添加槽函数

（1）启动 PyCharm，新建一个工程，工程名是 pythonProject。

（2）在 PyCharm 中打开 Qt Designer，新建一个 Dialog without Buttons 对话框模板，此时将打开对话框的设计界面。接着，从 Widget Box 中拖动一个按钮（Push Button）到对话框上，并在 Property 视图中设置按钮的 objectName（对象名）为 mybtn，如图 4-35 所示。

图 4-35

保存 ui 为 myForm.ui，保存路径为工程所在的根目录。关闭 Qt Designer，然后在 PyCharm 中选中 myForm.ui，将 myForm.ui 转换为 myForm.py。

（3）在 PyCharm 中，在 main.py 中输入代码如下：

```
import sys
from PyQt5.QtWidgets import *
from myForm import Ui_Dialog

class mySubForm(QDialog, Ui_Dialog):
    def __init__(self):
        super(mySubForm, self).__init__()  #调用父类构造函数
        self.setupUi(self)  #调用父类的 setupUi 函数
        self.mybtn.clicked.connect(self.myclick)#把信号 clicked 连接到槽 myclick

    def myclick(self):  #clicked 信号的槽函数，即单击按钮会调用该函数
        button = self.sender()
        QMessageBox.information(self, 'Notice', button.text() + ' is cool!',
QMessageBox.Yes)

if __name__ == '__main__':
    app = QApplication(sys.argv)  #构造应用程序对象
    mydlg = mySubForm()  #实例化
    mydlg.show()  #显示窗口
    sys.exit(app.exec_())
```

（4）保存工程并运行，单击按钮就会弹出一个信息框，如图 4-36 所示。

图 4-36

2. 以可视化向导方式为按钮添加槽函数

可视化向导方式不需要为了"架桥梁"而手工添加代码，只需要为实现槽函数添加代码即可。像 connect 的工作，完全可以在界面上以可视化的方式来完成。下面通过一个小例子来体会下。

【例 4.6】以可视化向导方式为按钮添加槽函数

（1）启动 PyCharm，创建一个工程，工程名是 pythonProject（以后如果不特地注明工程名，默认就是 pythonProject）。然后依次单击菜单选项"Tools"→"External Tools"→"Qt Designer"，启动 Qt Designer，在 Qt Designer 的 New Form 对话框上，在 templates\forms 下选中 Dialog without Buttons，单击下方的 Create 按钮。此时出现一个对话框设计界面，在该对话框上，我们从 Qt Designer 左边的 Widget Box 中选择 Push Button 和 Text Edit 两个控件到表单上，如图 4-37 所示。

Push Button 是一个普通的按压按钮，Text Edit 是文本编辑框。单击 Qt Designer 工具栏上的 Edit Signals/Slots 按钮，如图 4-38 所示。

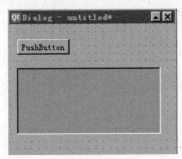

图 4-37

图 4-38

此时移动鼠标到按钮或编辑框上，会发现这两个控件变成红色，意思是询问我们准备为哪个控件添加信号/槽？这里准备为按钮编辑信号/槽，因此鼠标左键单击 PushButton 不要松开，然后移动鼠标到按钮外部的位置后再松开鼠标左键，在松开鼠标左键的位置还会出现一些红线，如图 4-39 所示。

图 4-39

此时会出现一个 Configure Connection 对话框，在该对话框左边选中 clicked()，单击右边的 Edit... 按钮，如图 4-40 所示。

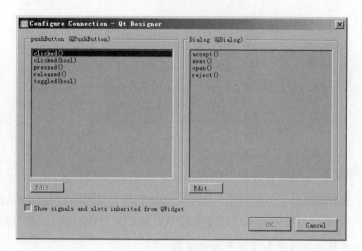

图 4-40

单击 Edit...按钮后会出现 Signals/Slots of Dialog 对话框，在该对话框的 Signals 上方单击"+"按钮，此时在 Slots 下方的列表框最后会新增一行，默认是 slot1()，我们可以在该新增行上编辑更好的槽函数名，比如 btn_click()，如图 4-41 所示。

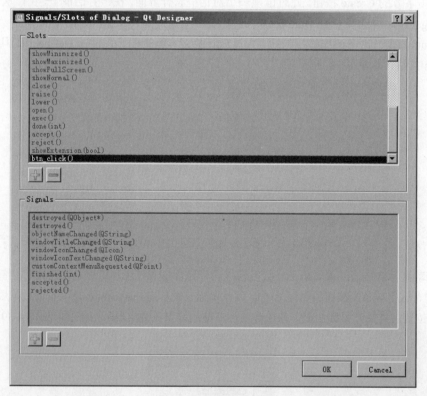

图 4-41

如果要再次修改槽函数名，可以双击 btn_click()，这样就处于编辑状态了，然后输入新的函数名。完成后单击 OK 按钮。这样可以看到，在 Configure Connection 对话框右边有一个 btn_click()，如图 4-42 所示。

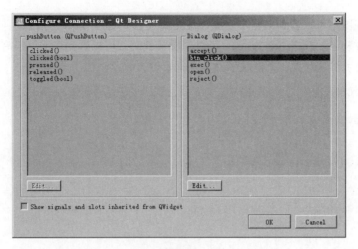

图 4-42

这样就成功把左边的信号 clicked 和右边的槽函数 btn_click()关联起来了，最后单击 OK 按钮。
此时可以看到表单上的按钮也多了 btn_click()，如图 4-43 所示。

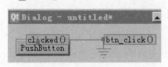

图 4-43

讲了这么多，用一行代码（通过调用 connect 函数，就像上例那样）就可以完成的事情，以可
视化向导方式似乎有些啰唆。反正多个选择也是好事，尤其对喜欢少敲代码的朋友来说。

下面单击 Qt Designer 工具栏上的 Save 按钮，将文件保存到项目的根目录下，文件名是
myForm.ui。

（2）关闭 Qt Designer 回到 PyCharm，查看项目，可以看到工程视图下多了 myForm.ui 文件。

该文件在 PyCharm 中是打不开的，我们需要将这个文件转成.py 文件才能使用。选中 myForm.ui，
在其上右击，在快捷菜单中依次选择菜单选项"External Tools"→"PyUIC"，如图 4-44 所示。

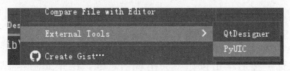

图 4-44

此时后台开始解析 myForm.ui 文件，并转换为 myForm.py 文件，如果没问题，则会在下方输出
信息，如图 4-45 所示。

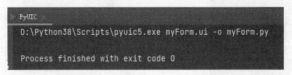

图 4-45

此时在工程视图下可以看到多了一个 **myForm.py** 文件，如图 4-46 所示。

这说明转换成功了，双击 **myForm.py** 可以查看其代码，可以看到里面已经有 connect 函数帮我们连接好信号和槽了（这一点在上例是手动输入的，这次算是进步了）：

```
self.pushButton.clicked.connect(Form.btn_click) #type: ignore
```

下面在 **main.py** 中添加如下代码：

```python
import sys
from PyQt5.QtWidgets import *
from myForm import Ui_Dialog

class mySubForm(QDialog, Ui_Dialog):
    m_cn = 0   #定义一个成员变量

    def __init__(self):
        super(mySubForm, self).__init__()   #调用父类构造函数
        self.setupUi(self)   #调用父类的 setupUi 函数

    #实现按钮的单击事件处理函数
    def btn_click(self):
        self.m_cn = self.m_cn + 1   #累加，统计单击了多少次按钮
        self.textEdit.setText("You click the button." + str(self.m_cn))   #向文本
框中写文本
        QMessageBox.information(self, 'Notice', self.textEdit.toPlainText(),
QMessageBox.Yes)

    if __name__ == '__main__':
        app = QApplication(sys.argv)   #构造应用程序对象
        my_pyqt_form = mySubForm()   #实例化窗口
        my_pyqt_form.show()   #显示窗口
        sys.exit(app.exec_())
```

在上述代码中，我们定义了子类 mySubForm，它继承于两个类：QDialog 和 Ui_Dialog，然后在构造函数中调用了父类的构造函数和父类 Ui_Dialog 的成员函数 setupUi，并最终实现了按钮的单击事件处理函数 btn_click，该函数的效果就是向文本框写字符串并显示一个信息框。随后，我们在 main 中实例化了这个子类 mySubForm，并显示调用 show 函数显示窗口。

（3）保存工程并运行，然后单击按钮就会出现信息框，结果如图 4-47 所示。

图 4-46

图 4-47

4.5　模态对话框和非模态对话框

在 Qt 中，对话框可以分为模态（也叫模式）对话框和非模态（也叫非模式）对话框。模态对话框就是在弹出模态对话框时，除了该对话框外，整个应用程序窗口都无法接受用户响应，处于等待状态，直到模态对话框被关闭。这时一般需要单击对话框中的确定或者取消等按钮关闭该对话框，程序得到对话框的返回值（单击了确定还是取消），并根据返回值进行相应的操作，之后将操作权返回给用户。这个时候用户可以单击或者拖动程序其他窗口。相当于阻塞同一应用程序中其他可视窗口的输入对话框，用户必须完成这个对话框中的交互操作并且关闭它之后才能访问应用程序中的其他窗口。其实模态对话框的作用就是得到用户选择的结果，根据结果进行接下来的操作。

模态对话框需要有它自己的事件循环。要想使一个对话框成为模态对话框，只需要调用它的 exec 函数，而要使其成为非模态对话框，则使用 new 操作来创建，然后调用 show 函数来显示。函数 exec 和 show 的区别在于：exec 显示的是模式对话框，并且锁住程序直到用户关闭该对话框为止，也就是只能操作这个对话框，除非关闭，否则无法操作其他对话框；而 show 就是简单显示，其他对话框也可以用，经常用于非模态对话框的创建。

值得注意的是，使用 new（创建）和 show（显示）也可以建立模态对话框，只需要在其前面使用 setModal 函数即可。

下面的代码演示模态对话框的创建和显示：

```
self.newDialog = CModDlg()
self.newDialog.exec()
```

或者

```
self.newDialog = CModDlg()
self.newDialog.setModal(True)    #设置对话框为模态对话框
self.newDialog.show()
```

模态对话框通常用在需要返回值的地方，例如需要分清用户单击 OK 按钮还是 Cancel 按钮。对话框可以通过调用 accept() 或 reject() 槽函数来关闭，并且 exec() 将返回对应的 Accepted 或 Rejected，这样我们就可以进行相应的处理。如果窗口还没有被销毁，这个结果也可以通过 result() 得到。如果 WDestructiveClose 标记被设置，那么当 exec() 返回时，对话框被删除。

非模态对话框又叫作无模式对话框，即弹出非模态对话框时，用户仍然可以对其他窗口进行操作，不会因为这个对话框未关闭就不能操作其他窗口。非模态对话框是和同一个程序中其他窗口操作无关的对话框。比如，在字处理软件中，查找和替换对话框通常是非模态的，这样可以允许同时与应用程序主窗口和对话框进行交互。在 PyQt 中，调用 show() 来显示非模态对话框。show() 立即返回，这样调用代码中的控制流将会继续。在实践中，用户将会经常调用 show()，并且在调用 show() 的最后控制返回主事件循环，比如下面的代码演示非模态对话框的创建和显示过程：

```
self.newDialog = CModDlg()
self.newDialog.show()
```

在调用 show() 之后，控制返回主事件循环中。Show() 函数是 QWidget 的成员函数，且是没有返回值的，它声明如下：

```
def show(self) -> None
```

此外，还有一种不常用的对话框叫半模态对话框，半模态对话框是立即把控制返回给调用者的模态对话框。半模态对话框没有自己的事件循环，所以需要周期性地调用 QApplication.processEvents() 来让该对话框有处理它的事件的机会。进度对话框（例如 QProgressDialog）可用在一个耗时操作正在进行时显示进度，例如撤销一个长期运行的操作，但是需要实际上执行这个操作。半模态对话框的模态标记被设置为真并且调用 show()函数来显示，因为使用较少，所以了解即可。

【例 4.7】创建模态对话框

（1）启动 PyCharm，新建一个工程，工程名是 pythonProject。

（2）启动 Qt Designer，新建一个 Dialog without Buttons 对话框，在该对话框上放置一个按钮，并添加 clicked 信号和槽 btn_click()的连接，如图 4-48 所示。

图 4-48

然后保存这个对话框为 myMainDlg.ui。这个对话框将作为主对话框，运行时，单击按钮将出现另一个对话框。下面添加另一个对话框。

在 Qt Designer 中，单击工具栏上左边第一个 New 按钮，以此新建一个 Dialog with Buttons Bottom 对话框。为什么要带两个按钮？这是为了演示单击 OK 或 Cancel 按钮后，我们能得到返回值。

此时 Qt Designer 中有两个对话框，如图 4-49 所示。

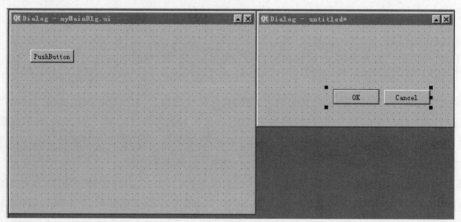

图 4-49

右边的是现在添加的，我们把右边的对话框拖放小一点，这样显示的时候层次更分明，然后选中它，并在 Property 视图中设置其 objectName 属性为 Dialog2，如图 4-50 所示。

图 4-50

然后把这个对话框保存为 **myModDlg.ui** 文件。关闭 **Qt Designer**。

（3）在 **PyCharm** 中，转换这个.ui 文件为.py 文件。然后在 **main.py** 中输入如下代码：

```python
import sys
from PyQt5.QtWidgets import *
from myMainDlg import Ui_Dialog
from myModDlg import Ui_Dialog2

class CModDlg(QDialog, Ui_Dialog2):
    def __init__(self):
        super(CModDlg, self).__init__() #调用父类构造函数
        self.setupUi(self) #调用父类的 setupUi 函数

class CMainDlg(QDialog, Ui_Dialog):
    def __init__(self):
        super(CMainDlg, self).__init__() #调用父类构造函数
        self.setupUi(self) #调用父类的 setupUi 函数

    #实现按钮的单击事件处理函数
    def btn_click(self):
        self.newDialog = CModDlg()
        res = self.newDialog.exec()
        if res == self.newDialog.Accepted:
            QMessageBox.information(self, 'Notice', 'you click ok',
QMessageBox.Yes)
        elif res == self.newDialog.Rejected:
            QMessageBox.information(self, 'Notice', 'you click cancel',
QMessageBox.Yes)

if __name__ == '__main__':
    app = QApplication(sys.argv) #构造应用程序对象
    my_pyqt_form = CMainDlg() #实例化窗口
    my_pyqt_form.show() #显示窗口
    sys.exit(app.exec_())
```

在上述代码中，我们分别定义了对话框类 CModDlg 和 CMainDlg，并且在 CMainDlg 中实现了按钮的 clicked 信号处理函数，当我们单击按钮时，将出现另一个对话框，而且由于调用的是 exec()，因此显示出来的对话框是一个模态对话框。最后，根据 exec 函数的返回值来判断用户单击了 OK 还是 Cancel 按钮。除此之外，也可以用 show 来显示模态对话框，只要预先调用 setModal 函数设置好模态即可，比如：

```python
self.newDialog = CModDlg()
self.newDialog.setModal(True) #设置对话框为模态对话框
self.newDialog.show()
```

（4）保存工程并运行，然后单击按钮，就会弹出一个模态对话框，而且在这个对话框关闭之前，我们无法对主对话框进行操作，如图 4-51 所示。

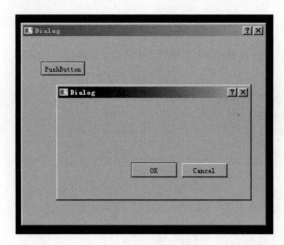

图 4-51

【例 4.8】创建非模态对话框

（1）启动 PyCharm，新建一个工程，工程名是 pythonProject。

（2）启动 Qt Designer，新建一个 Dialog without Buttons 对话框，在该对话框上放置一个按钮，并添加 clicked 信号和槽 btn_click() 的连接，如图 4-52 所示。

然后把这个对话框保存为 myMainDlg.ui 文件。这个对话框将作为主对话框，运行时，我们单击按钮，将出现另一个对话框。下面添加另一个对话框。

在 Qt Designer 中，单击工具栏左边第一个 New 按钮，以此新建一个 Dialog with Buttons Bottom 对话框。为什么要带两个按钮？这是为了演示单击 OK 或 Cancel 按钮后，我们能得到返回值。

此时 Qt Designer 中有两个对话框，右边的是现在添加的，我们把右边的对话框拖放小一点，这样显示的时候层次更分明，然后选中它，并在 Property 视图中设置其 objectName 属性为 Dialog2，如图 4-53 所示。

图 4-52

图 4-53

然后把这个对话框保存为 myModDlg.ui 文件，并关闭 Qt Designer。

（3）在 PyCharm 中，转换这个.ui 文件为.py 文件。然后在 main.py 中输入如下代码：

```python
import sys
from PyQt5.QtWidgets import *
from myMainDlg import Ui_Dialog
from myModDlg import Ui_Dialog2

class CModDlg(QDialog, Ui_Dialog2):
    def __init__(self):
        super(CModDlg, self).__init__()  #调用父类构造函数
        self.setupUi(self)  #调用父类的 setupUi 函数
```

```
class CMainDlg(QDialog, Ui_Dialog):
    def __init__(self):
        super(CMainDlg, self).__init__()    #调用父类构造函数
        self.setupUi(self)    #调用父类的 setupUi 函数

    #实现按钮的单击事件处理函数
    def btn_click(self):
        self.newDialog = CModDlg()
        self.newDialog.show()    #显示非模态对话框

if __name__ == '__main__':
    app = QApplication(sys.argv)    #构造应用程序对象
    my_pyqt_form = CMainDlg()    #实例化窗口
    my_pyqt_form.show()    #显示窗口
    sys.exit(app.exec_())
```

在上述代码中，我们分别定义了对话框类 CModDlg 和 CMainDlg，并且在 CMainDlg 中，实现了按钮的 clicked 信号处理函数，当我们单击按钮时，将出现另一个对话框，而且由于我们调用的是 show 函数，且没有调用 setModal(True)，因此显示出来的对话框是一个非模态对话框。注意，show 函数是没有返回值的。

（4）保存工程并运行，然后单击按钮，就会弹出一个非模态对话框，而且在这个对话框关闭之前，我们可以对主对话框进行操作，如图 4-54 所示。

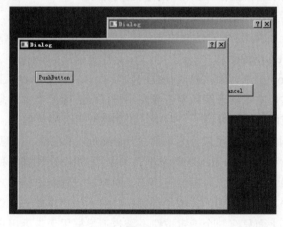

图 4-54

4.6　通用对话框

通用对话框是 Qt 预定义的对话框，封装了一些常用功能，比如消息对话框实现消息提示功能、文件对话框实现文件打开和保存功能、字体对话框实现字体选择功能、颜色对话框实现颜色选择功能、打印对话框实现打印设置功能等。

这些通用对话框其实也是一种模态对话框，我们能用模态对话框的调用方法来显示这些对话

框。也就是使用预定义对话框的三板斧原则：定义对象后设置父组件和属性、模态调用函数 exec()、根据结果判断执行流程。比如字体对话框的调用：

```
QFontDialog dia(this); //定义对象
dia.setWindowTitle("Font Dialog Test"); //设置属性，也可以不调用

if(dia.exec() == QFontDialog.Accepted) //根据用户选择结果，判断执行流程
    …
```

这种方法通常称为定义对象法，还有一些对话框，可以不用定义对象，直接调用类的静态函数来显示对话框，比如文件对话框提供了 getOpenFileName 函数，可以直接显示文件打开对话框，比如：

```
QString path = QFileDialog.getOpenFileName(this, "Open Image", ".", "Image
Files(*.jpg *.png)");
if(path!="") QMessageBox.information(this,"caption",path);
```

4.6.1　消息对话框 QMessageBox

为了方便使用，Qt 封装了一些包含常见功能的对话框，比如颜色对话框、字体对话框、消息对话框等，这样避免了重复造轮子，这里对话框通常称为标准对话框。如果需要自己实现特定功能的对话框，就要进行对话框设计，在设计对话框之前，我们先来认识一下标准对话框中的消息对话框，因为它用处最多，需要提示用户的地方经常会看到它的影子。

本节介绍一种消息对话框，通常用于向用户显示一段文本字符串信息，上面只有简单的几个按钮，比如"确定""取消"等。这种对话框的显示非常简单，只需要调用 QMessageBox 类的成员函数。我们先来看一下 QMessageBox。

Qt 通过 QMessageBox 类来封装消息对话框的各项功能。消息对话框上显示一段文本信息以提醒用户注意某些情况，这段文本信息解释警告或向用户提问。除了文本信息外，消息框还包含一个或几个用于接受用户响应的按钮，以及一个图标，比如感叹号、问号等。

根据提示的目的不同，消息框可以分为询问（Question）消息框、信息（Information）消息框、警告（Warning）消息框、紧急（Critical）消息框、关于（About）消息框和自定义（Custom）消息框。其中，询问消息框通常提出一个问题给用户，让用户对问题做出回答，因此消息框上面通常有两个或 3 个按钮，比如"是"和"否"，或"继续""终止""重新开始"；信息消息框最简单，通常就是显示一段文本，上面只有一个确定按钮；警告消息框用于告诉用户发生了一个错误；紧急消息框通常用于告诉用户发生了一个严重错误；关于消息框通常用于显示一段关于本软件的版权和版本的内容。

要使用 QMessageBox 类来显示消息框，需要在文件开头导入 PyQt5.QtWidgets 中的内容，这是因为 QMessageBox 类属于模块 PyQt5.QtWidgets，因此需要导入，比如：

```
from PyQt5.QtWidgets import *
```

最简单、最常见的就是显示一个信息框，比如：

```
QMessageBox.information(self, 'Title', 'content')
```

其中，'Title' 是标题，显示在信息框的标题栏上，content 是信息框要显示的内容，此外，这个

信息框的内容旁边还会有一个倒着的感叹号，而且下方会有一个默认的 OK 按钮。运行后就会显示
如图 4-55 所示的对话框。

图 4-55

1. 静态函数法显示消息框

静态函数法就是不需要定义对话框对象，直接调用 QMessageBox 类的静态函数即可显示消息
框。

根据提示目的不同，消息框可以分为信息消息框、询问消息框、警告消息框、紧急消息框、关
于消息框和自定义消息框。不同消息框由 QMessageBox 类的不同成员函数实现，这些函数的参数和
返回值都类似，区别主要在于图标不同，比如信息消息框的图标是感叹号、询问消息框的图标是问
号、紧急消息框是一个打叉的圆形图标。

显示信息消息框的函数是 information，显示询问消息框的函数是 question，显示警告消息框的函数
是 warning，显示紧急框的函数是 critical，显示关于消息框的函数是 about，这些函数都是 QMessageBox
类的静态成员函数，既可以直接通过类名.方法名()调用，也可以用实例方法调用。这些函数声明
如下：

```
@staticmethod
def information(parent: QWidget, title: str, text: str, buttons:
typing.Union['QMessageBox.StandardButtons', 'QMessageBox.StandardButton'] = ...,
defaultButton: 'QMessageBox.StandardButton' = ...) ->
'QMessageBox.StandardButton': ...

@staticmethod
def question(parent: QWidget, title: str, text: str, buttons:
typing.Union['QMessageBox.StandardButtons', 'QMessageBox.StandardButton'] = ...,
defaultButton: 'QMessageBox.StandardButton' = ...) ->
'QMessageBox.StandardButton': ...

@staticmethod
def warning(parent: QWidget, title: str, text: str, buttons:
typing.Union['QMessageBox.StandardButtons', 'QMessageBox.StandardButton'] = ...,
defaultButton: 'QMessageBox.StandardButton' = ...) ->
'QMessageBox.StandardButton': ...

@staticmethod
def critical(parent: QWidget, title: str, text: str, buttons:
typing.Union['QMessageBox.StandardButtons', 'QMessageBox.StandardButton'] = ...,
defaultButton: 'QMessageBox.StandardButton' = ...) ->
'QMessageBox.StandardButton': ...
```

```
@staticmethod
def about(parent: QWidget, caption: str, text: str) -> None: ...
```

其中参数 parent 表示父窗口；字符串 title 表示信息消息框的标题，它显示在标题栏左边；字符串 text 表示信息消息框的内容，显示在该消息框的中间；buttons 取值为一个或多个按钮值的组合，比如 QMessageBox.Yes | QMessageBox.No，该参数表示要在信息消息框上显示的按钮，默认显示一个 OK 按钮，即默认值是 QMessageBox.Ok，如果只想显示一个 OK 按钮，则不需要对该参数赋值；defaultButton 表示当多个按钮显示时，获得焦点的那个按钮，这样用户直接按回车键时，就会自动按下那个按钮，该参数有默认值 QMessageBox.NoButton，通常不需要特意去赋值。该函数的返回值是按下的那个按钮的整数值，这个返回值的类型是 QMessageBox.StandardButton，StandardButton 是 QMessageBox 的子类，定义如下：

```
class QMessageBox(QDialog):
    class StandardButton(int):
        NoButton = ... #type: QMessageBox.StandardButton
        Ok = ... #type: QMessageBox.StandardButton
        Save = ... #type: QMessageBox.StandardButton
        SaveAll = ... #type: QMessageBox.StandardButton
        Open = ... #type: QMessageBox.StandardButton
        Yes = ... #type: QMessageBox.StandardButton
        ...
```

比如，用户单击了 Yes 按钮，则返回值就是 QMessageBox.Yes。常用的按钮值的含义如下：

- QMessageBox.Ok：消息框显示 OK 按钮，表示确定的意思。
- QMessageBox.Cancel：消息框显示 Cancel 按钮，表示取消的意思。
- QMessageBox.Yes：消息框显示 Yes 按钮，表示是的意思。
- QMessageBox.No：消息框显示 No 按钮，表示否的意思。
- QMessageBox.Abort：消息框显示 Abort 按钮，表示中断的意思。
- QMessageBox.Retry：消息框显示 Retry 按钮，表示重试的意思。
- QMessageBox.Ignore：消息框显示 Ignore 按钮，表示取消的意思。

另外，如果要显示多个按钮，则可以用或符号"|"进行组合，比如 QMessageBox.Yes|QMessageBox.No 将同时显示 Yes 和 No 两个按钮，注意组合也要根据习惯来，不能乱组合，比如通常 OK 和 Cancel 按钮一起，Yes 和 No 按钮在一起，Abort、Retry 和 Ignore 按钮在一起，而且信息消息框通常只显示一个 OK 按钮，两个按钮通常用在询问消息框上，比如 Yes 和 No 按钮，这样的组合就是为了询问用户是 Yes 还是 No，显然询问消息框上不应该只有一个按钮。参数 defaultButton 表示默认处于选中状态的按钮，有了默认选择按钮，用户直接按回车键就可以产生单击该默认按钮的效果，省的用户再去按鼠标了。函数返回被单击的按钮的枚举标识（QMessageBox.Ok、QMessageBox.No 等），函数的返回值将是用户单击的按钮的枚举值（QMessageBox.StandardButton 是一个枚举值），比如用户单击了 Yes 按钮，则返回值就是 QMessageBox.Yes，我们可以以此来判断用户的选择，从而做出后续的处理。

注意：最后一个关于消息框的函数 about，它没有返回值，也没有用于设置按钮的参数，默认就带一个按钮，其实用 about 来显示信息也是很方便的，因为可以少打些字。

我们从这些函数的函数名就能知道它能显示哪种类型的消息框，比如 information 函数用来显示信息消息框，critical 函数用来显示紧急消息框，question 函数用来显示询问消息框，warning 函数用来显示警告消息框。

下面来看例子。

【例 4.9】以静态函数法显示消息框

（1）启动 PyCharm，新建一个工程，工程名是 pythonProject。

（2）启动 Qt Designer，新建一个 Dialog without Buttons 对话框，保存该对话框为 myDlg.ui。在该对话框上放置 4 个按钮。双击第 1 个按钮使得按钮标题处于可编辑状态，并输入文本 information，要修改按钮的 text 属性，直接双击按钮，就能在按钮上输入所需的文本，这个按钮用来显示信息消息框。再双击第 2 个按钮，并输入文本 question，该按钮用来显示询问消息框。再双击第 3 个按钮，并输入文本 critical，该按钮用来显示紧急消息框。最后双击第 4 个按钮，并输入文本 about，该按钮用来显示关于消息框。然后，分别为每个按钮关联槽函数，最终设置完毕后的对话框界面如图 4-56 所示。

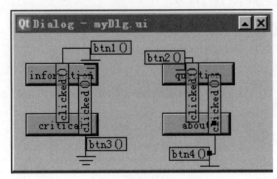

图 4-56

保存并关闭 Qt Designer。

（3）在 PyCharm 中，转换这个.ui 文件为.py 文件。然后在 main.py 中输入如下代码：

```python
import sys
from PyQt5.QtWidgets import *
from myDlg import Ui_Dialog

class CMainDlg(QDialog, Ui_Dialog):
    def __init__(self):
        super(CMainDlg, self).__init__()
        self.setupUi(self)

    def btn1(self):
        QMessageBox.information(self, 'information title', 'information')

    def btn2(self):
        rt = QMessageBox.question(self, "question title",
"Retry?",QMessageBox.Abort | QMessageBox.Retry | QMessageBox.Ignore)
        if QMessageBox.Abort == rt:
```

```
        QMessageBox.information(self, "note", "you selected Abort")
      elif QMessageBox.Retry == rt:
        QMessageBox.information(self, "note", "you selected Retry")

    def btn3(self):
      QMessageBox.critical(self, 'critical title', 'critical')

    def btn4(self):
      QMessageBox.about(self, 'about', 'about btn4')

if __name__ == '__main__':
  app = QApplication(sys.argv)   #构造应用程序对象
  my_pyqt_form = CMainDlg()   #实例化窗口
  my_pyqt_form.show()   #显示窗口
  sys.exit(app.exec_())
```

在上述代码中，我们实现了 4 个按钮的单击信号槽，里面都是调用 QMessageBox 类的静态函数来显示一个消息框，比如信息框、询问框等。

（4）保存工程并按【Shift+F10】快捷键来运行，运行结果如图 4-57 所示。

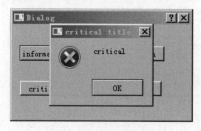

图 4-57

2. 对象法显示消息框

这种方法使用预定义对话框的三板斧原则：实例化对象后设置父组件和属性、模态调用函数 exec()、根据结果判断执行流程。

因为消息对话框有不同的类型，所以也可以不调用 exec，而直接调用所需类型的函数。比如要显示一个询问消息框，就可以通过对象调用 question 函数，比如：

```
dlg=QMessageBox(self)
dlg.question(self, "question title", "are you ok?");
```

是不是非常简单？首先实例化一个 QMessageBox 对象 dlg，传入的参数是父窗口指针，这种方法也就是直接调用前面讲过的静态函数，但对象调用静态函数有点不正规，建议调用这些静态函数时直接用类调用。静态成员函数既可以通过类来调用，也可以通过实例来调用，但是不能使用 self 来引用。不过还是建议使用类来调用静态函数，这样代码更加清晰明确。

对象法还是规规矩矩按照三板斧原则，用 exec 函数。首先实例化，然后调用 setWindowTitle 设置对话框的标题，调用 setText 设置对话框的内容，调用 setIcon 设置对话框图标。其实，不同类型的消息框，最大的区别就是图标不同，比如询问对话框有问号图标、紧急对话框有红色的大叉图标等。我们只要为对话框设置不同的图标，不就相应地变成不同类型的消息框了吗？设置图标的函数是 setIcon。

除了图标外，某些类型的消息框上的按钮也是有讲究的，比如询问消息框，通常会有两个或三个按钮，如是和否的组合（Yes 和 No），重试、忽视和放弃的组合（Retry、Ignore 和 Discard），等等，这些常见的按钮被称为标准按钮，如果要添加这些按钮组合，可以用或（|）符号来连接。为了在对话框上添加这些标准按钮，QMessageBox 提供了成员函数 setStandardButtons，该函数声明如下：

```
setStandardButtons(self, Union[QMessageBox.StandardButtons,
QMessageBox.StandardButton])
```

比如，为消息对话框设置 Yes、No 和 Retry 按钮：

```
dlg.setStandardButtons(QMessageBox.Yes | QMessageBox.No|QMessageBox.Retry)
```

至此，标题、内容、图标和标准按钮设置完毕。下面调用 exec 函数来显示消息框，而且可以通过 exec 函数的返回值来判断用户单击了哪个按钮，比如判断用户是否单击了 Yes 按钮，我们可以这样写代码：

```
rt = dlg.exec()
if QMessageBox.Yes == rt:
    QMessageBox.information(self, "note", "you selected Yes")
elif QMessageBox.Retry == rt:
    QMessageBox.information(self, "note", "you selected Retry")
```

【例 4.10】以对象法显示消息框

（1）启动 PyCharm，新建一个工程，工程名是 pythonProject。

（2）启动 Qt Designer，新建一个 Dialog without Buttons 对话框，保存该对话框为 myDlg.ui。在该对话框上放置 4 个按钮。双击第 1 个按钮使得按钮标题处于可编辑状态，并输入文本 information，要修改按钮的 text 属性，直接双击按钮，就能在按钮上输入所需的文本，这个按钮用来显示信息消息框。再双击第 2 个按钮，并输入文本 question，该按钮用来显示询问消息框。再双击第 3 个按钮，并输入文本 critical，该按钮用来显示紧急消息框。最后双击第 4 个按钮，并输入文本 about，该按钮用来显示关于消息框。然后，分别为每个按钮关联槽函数，最终设置完毕后的对话框界面如图 4-58 所示。

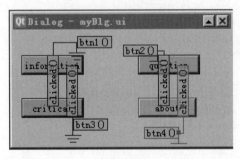

图 4-58

保存并关闭 Qt Designer。

（3）在 PyCharm 中，转换这个.ui 文件为.py 文件。然后在 main.py 中输入如下代码：

```python
import sys
from PyQt5.QtGui import *   #for QPixmap
from PyQt5.QtWidgets import *
from myDlg import Ui_Dialog

class CMainDlg(QDialog, Ui_Dialog):
    def __init__(self):
        super(CMainDlg, self).__init__()
        self.setupUi(self)

    def btn1(self):
        dlg=QMessageBox(self)
        dlg.setWindowTitle("我的标题")
        dlg.setText("内容。。。")
        dlg.setIcon(QMessageBox.Information)
        rt = dlg.exec()


    def btn2(self):
        dlg = QMessageBox(self)
        dlg.setWindowTitle("question title")
        dlg.setText("你妈贵姓？")
        dlg.setIcon(QMessageBox.Question)
        rt = dlg.exec()
        if QMessageBox.Yes == rt:
            QMessageBox.information(self, "note", "you selected Yes")
        elif QMessageBox.Retry == rt:
            QMessageBox.information(self, "note", "you selected Retry")

    def btn3(self):
        dlg = QMessageBox(self)
        dlg.setWindowTitle("question title")
        dlg.setText("No Smoking!!")
        dlg.setIcon(QMessageBox.Critical)
        rt = dlg.exec()

    def btn4(self):
        dlg = QMessageBox(self)
        dlg.setWindowTitle("title")
        dlg.setText("About...")
        dlg.setIconPixmap(QPixmap('d:\\gza.jpg'))
        rt = dlg.exec()

if __name__ == '__main__':
    app = QApplication(sys.argv)   #构造应用程序对象
    my_pyqt_form = CMainDlg()   #实例化窗口
    my_pyqt_form.show()   #显示窗口
    sys.exit(app.exec_())
```

在上述代码中，实现了 4 种不同类型的消息框。其实也就图标和显示的内容不同。最后一个按钮还在对话框上放置了一幅图片。总的来讲，使用对象法来显示对话框，代码比静态法反而多了，但可以更多地了解不同的成员函数。在一线开发中，还是用静态法来显示消息框比较方便。

（4）保存工程并按【Shift+F10】快捷键来运行，运行结果如图 4-59 所示。

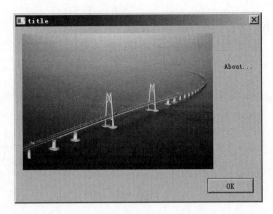

图 4-59

4.6.2　文件对话框 QFileDialog

文件对话框就是打开文件或保存文件的对话框，在文件对话框上用户可以设置路径名和文件名等，比如在记事本程序中，选择"打开"或"保存"菜单出现的对话框就是文件对话框。文件对话框在实际软件开发中经常会碰到。

Qt 提供了 QFileDialog 类来实现文件对话框的各种功能。显示文件对话框通常有两种方式：一种是静态函数法，另一种是定义对象法。

要使用 QFileDialog 类来显示文件对话框，需要在文件开头导入模块 QtWidgets：

```
from PyQt5.QtWidgets import *
```

1. 打开文件对话框函数 getOpenFileName

当用户想打开磁盘上某个文件的时候，可以调用静态函数 getOpenFileName，该函数创建一个模态的文件打开对话框，而且可以返回一个被用户选中的文件的路径，前提是这个文件是存在的。所谓文件打开对话框，就是该对话框右下角有一个"打开"按钮，如图 4-60 所示。

图 4-60

静态函数 getOpenFileName 声明如下：

```
@staticmethod
def getOpenFileName(parent: QWidget | None = ...,
                    caption: str = ...,
                    directory: str = ...,
                    filter: str = ...,
                    initialFilter: str = ...,
                    options: Options | Option = ...) -> Tuple[str, str]
```

● 参数 parent 用于指定父组件，注意，很多 Qt 组件的构造函数都会有这么一个 parent 参数，并提供一个默认值 0，一般写成 self，但是要记住如果是在 main 函数中，则要写为 None。

● 参数 caption 是对话框的标题，如果赋值为 None，则对话框左上角显示"打开"。

● 参数 directory 是对话框显示时默认打开的目录，"."代表程序运行目录，"/"代表当前盘符的根目录（在 Windows、Linux 下"/"就是根目录），也可以是平台相关的，比如"C:\\"等。例如想打开程序运行目录下的 Data 文件夹作为默认打开路径，这里应该写成"./Data/"，若想有一个默认选中的文件，则在目录后添加文件名即可，如"./Data/teaser.graph"。

● 参数 filter 是对话框的后缀名过滤器，比如我们使用 Image Files(*.jpg *.png)，这是一个过滤器，一个过滤器的括号内存放一个或多个想要显示的文件扩展名，比如*.jpg，多个想显示的文件扩展名之间用空格隔开，比如(*.jpg *.png)，这样它只能显示后缀名是.jpg 或者.png 的文件。如果需要使用多个过滤器，则使用";;"，比如 image Files(*.jpg *.png *.bmp);;video Files(*.mp4 *.avi *.rmvb)，如果显示该目录下的全部文件，则可以使用"*.*"，比如 image files(*.jpeg , *.jpg);;all files(*.*)，如图 4-61 所示。

图 4-61

● 参数 initialFilter 是默认选择的过滤器。

● 参数 options 是对话框的一些参数设定，比如只显示文件夹等，它的取值是 enum QFileDialog.Option，每个选项可以使用|运算组合起来。

getOpenFileName 函数返回两个字符串，第一个是路径，第二个是过滤字符串。当用户选择某个文件并单击"打开"按钮的时候，函数返回被选文件的完整路径（包括文件名），如果单击"取消"按钮，则返回空字符串，比如""。

下列代码演示 getOpenFileName 函数的使用，既然是静态函数，直接通过类名来调用即可，比如：

```
path,str = QFileDialog.getOpenFileName(self, None, '', 'image files(*.jpeg ,
*.jpg);;all files(*.*)')
if path != "":    #如果不为空，说明用户选择了文件，否则单击了"取消"按钮
```

```
QMessageBox.information(self, str, path)
```

2. 打开多个文件对话框函数 getOpenFileNames

getOpenFileName 函数只能选择打开一个文件，如果要在文件打开对话框上选择多个文件，那么可以调用静态函数 getOpenFileNames，该函数声明如下：

```
@staticmethod
def getOpenFileNames(parent: typing.Optional[QWidget] = ..., caption: str = ...,
directory: str = ..., filter: str = ..., initialFilter: str = ..., options:
typing.Union['QFileDialog.Options', 'QFileDialog.Option'] = ...) ->
typing.Tuple[typing.List[str], str]: ...
```

该函数的参数等同于 getOpenFileName，但返回值是 QStringList 类型，QStringList 类是 QList 的派生类，表示字符串的列表类，里面可以存放多个字符串，在这里可以保存多个用户选择的文件的路径。该函数第一个返回值是文件路径的列表，第二个返回值是过滤字符串。

下列代码演示 getOpenFileName 函数的使用：

```
files,str = QFileDialog.getOpenFileNames(self, None, '', 'image files(*.jpeg ,
*.jpg);;all files(*.*)')
len1 = len(files)
if len1 == 0:
    return
print(files, str)    #输出所有选择的文件的路径和过滤字符串
```

3. 保存文件对话框函数 getSaveFileName

前面讲述了打开文件对话框函数，下面来看保存文件对话框函数。保存文件对话框的一个显著特征是对话框的右下角有一个"保存"按钮，如图 4-62 所示。

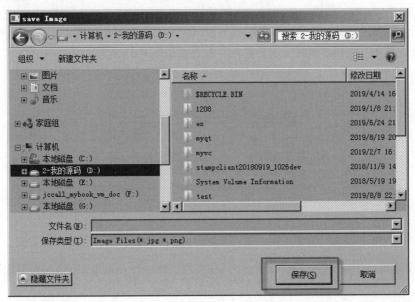

图 4-62

要显示保存文件对话框，可以调用静态函数 getSaveFileName，该函数返回一个被用户输入文件

名后的文件路径，这个文件可以是不存在的。该函数声明如下：

```
@staticmethod
def getSaveFileName(parent: typing.Optional[QWidget] = ..., caption: str = ...,
directory: str = ..., filter: str = ..., initialFilter: str = ..., options:
typing.Union['QFileDialog.Options', 'QFileDialog.Option'] = ...) ->
typing.Tuple[str, str]: ...
```

参数和返回值都等价于 getOpenFileName，注意第 2 个参数 caption 表示对话框的标题，如果赋值为 NULL，则对话框左上角显示"另存为"。返回值也是两个字符串，第一个是保存路径，第二个是过滤字符串，这里不再赘述。下列代码演示 getSaveFileName 函数的调用：

```
QString path = QFileDialog.getSaveFileName(this, "save Image", ".", "Image
Files(*.jpg *.png)");
```

上面几个函数都是静态函数，下面使用这几个静态函数来显示文件对话框。

4. 选择文件夹对话框

通过 QFileDialog 类的成员函数不仅能显示文件打开和保存对话框，还能通过静态成员函数 getExistingDirectory 显示"选择文件夹"对话框。getExistingDirectory 函数声明如下：

```
def getExistingDirectory(parent: QWidget | None = ...,caption: str = ...,
directory: str = ..., options: Options | Option = ...) -> str
```

其中参数 parent 表示父类窗口，一般用 self；caption 表示文件夹对话框的标题，可以用 None；directory 表示初始显示的路径。options 为可选选项，一般不用。

【例 4.11】静态函数法显示文件对话框

（1）启动 PyCharm，新建一个工程，工程名是 pythonProject。

（2）启动 Qt Designer，新建一个 Dialog without Buttons 对话框，保存该对话框为 myDlg.ui。在该对话框上放置 4 个按钮，设置完毕后的对话框界面如图 4-63 所示。

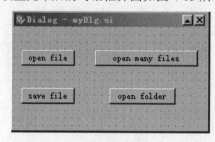

图 4-63

然后，分别为每个按钮关联槽函数。保存并关闭 Qt Designer。

（3）在 PyCharm 中，转换这个.ui 文件为.py 文件。然后在 main.py 中输入如下代码：

```
import sys
from PyQt5.QtWidgets import *
from myDlg import Ui_Dialog
```

```
class CMainDlg(QDialog, Ui_Dialog):
    def __init__(self):
        super(CMainDlg, self).__init__()
        self.setupUi(self)

    def btn1(self):
        path,str = QFileDialog.getOpenFileName(self, None, '', 'image
files(*.jpeg , *.jpg);;all files(*.*)')
        if path != "":  #判断是否单击了"取消"按钮
            QMessageBox.information(self, str, path)

    def btn2(self):
        files,str = QFileDialog.getOpenFileNames(self, None, '', 'image
files(*.jpeg , *.jpg);;all files(*.*)')
        len1 = len(files)
        if len1 == 0:  #判断是否单击了"取消"按钮
            return
        i=0
        while i < len1:
            print(files[i], str)
            i+=1

    def btn3(self):
        path, str = QFileDialog.getSaveFileName(self, None, '', 'image
files(*.jpeg , *.jpg);;all files(*.*)')
        if path != "":  #判断是否单击了"取消"按钮
            QMessageBox.information(self, str, path)

    def btn4(self):
        directory1 = QFileDialog.getExistingDirectory(self, "select folder",
"C:/")
        if directory1=="":
            return
        QMessageBox.information(self,None,directory1)

if __name__ == '__main__':
    app = QApplication(sys.argv)  #构造应用程序对象
    my_pyqt_form = CMainDlg()  #实例化窗口
    my_pyqt_form.show()  #显示窗口
    sys.exit(app.exec_())
```

在上述代码中，getOpenFileName 用于单选文件，getOpenFileNames 用于多选文件。

（4）保存工程并运行，运行结果如图 4-64 所示。

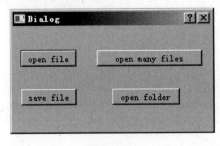

图 4-64

5. 定义对象法显示文件对话框

其实，上述静态函数已经能实现常用的文件对话框功能。而文件对话框是一种模态对话框，我们还能用模态对话框的调用方法来显示文件对话框。也就是使用预定义对话框的三板斧原则：定义对象后设置父组件和属性、模态调用函数 exec_()、根据结果判断执行流程。对于文件打开对话框，基本使用流程如下：

```
dlg = QFileDialog()
dlg.setFileMode(QFileDialog.AnyFile)
dlg.setFilter(QDir.Files)
if dlg.exec_():
    ...
```

如果不想调用 exec_ 来显示对话框，那么可以用对象调用 getOpenFileNames，比如：

```
files,str=dlg.getOpenFileNames(self, None, '', 'image files(*.jpeg ,
*.jpg);;all files(*.*)')
len1 = len(files)
if len1 == 0:   #判断是否单击了"取消"按钮
    return
    len1 = len(files)
    i = 0
    while i < len1:
      print(files[i])
      i += 1
```

默认情况下，显示的是文件打开对话框，而且只能选择一个文件。如果想要选择多个文件，可以在 exec_ 调用前添加如下一行代码：

```
dlg.setFileMode(QFileDialog.ExistingFiles);
```

如果要显示文件保存对话框，则只需添加一个 setAcceptMode 函数，比如：

```
QFileDialog dlg(this,NULL,"d:\\","文本文件(*.txt);;所有文件(*.*)");
dlg.setAcceptMode(QFileDialog.AcceptSave);   //设置对话框为文件保存对话框
if dlg.exec_():
    print("ok")
    filesname = dlg.selectedFiles()[0]
    print(filesname)   #显示保存的文件路径名
else:
    print("cancel")
```

【例 4.12】定义对象法显示文件对话框

（1）启动 PyCharm，新建一个工程，工程名是 pythonProject。

（2）启动 Qt Designer，新建一个 Dialog without Buttons 对话框，保存该对话框为 myDlg.ui。在该对话框上放置 3 个按钮，设置完毕后的对话框界面如图 4-65 所示。

图 4-65

然后，分别为每个按钮关联槽函数。保存并关闭 Qt Designer。

（3）在 PyCharm 中，转换这个.ui 文件为.py 文件。然后在 main.py 中输入如下代码：

```python
import sys
from PyQt5.QtWidgets import *
from myDlg import Ui_Dialog

class CMainDlg(QDialog, Ui_Dialog):
    def __init__(self):
        super(CMainDlg, self).__init__()
        self.setupUi(self)

    def btn1_click(self):
        dlg = QFileDialog()
        dlg.setFileMode(QFileDialog.AnyFile)  #意味着用户可以选择任何文件
        dlg.setNameFilter('文本文件(*.txt);;word文件(*.doc);;all files(*.*)')
        if dlg.exec_():
            print("ok")   #单击确定执行
            filenames = dlg.selectedFiles()
            print(filenames)
        else:
            print("cancel")

    def btn2_click(self):
        dlg = QFileDialog()
        #用户可以选择任何文件
        dlg.setFileMode(QFileDialog.AnyFile|QFileDialog.ExistingFiles)
            dlg.setNameFilter('文本文件(*.txt);;word文件(*.doc);;all
files(*.*)')
        if dlg.exec_():              print("ok")
            files = dlg.selectedFiles()
            len1 = len(files)
            i = 0
            while i < len1:
                print(files[i])
                i += 1
        else:
```

```
            print("cancel")

    def btn3_click(self):
        dlg = QFileDialog()
        dlg.setAcceptMode(QFileDialog.AcceptSave)  #设置对话框为文件保存对话框
        if dlg.exec_():  #如果单击打开，则返回 True
            print("ok")
            filesname = dlg.selectedFiles()[0]
            print(filesname)
        else:
            print("cancel")

if __name__ == '__main__':
    app = QApplication(sys.argv)  #构造应用程序对象
    my_pyqt_form = CMainDlg()  #实例化窗口
    my_pyqt_form.show()  #显示窗口
    sys.exit(app.exec_())
```

（4）保存工程并运行，运行结果如图 4-66 所示。

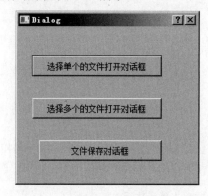

图 4-66

4.6.3 字体对话框 QFontDialog

字体对话框可以让用户选择字体的字符集、字体大小，以及是否斜体、粗体等属性。Qt 提供了 QFontDialog 类来实现字体对话框。显示字体对话框有两种方法：一种是使用静态函数；另一种是定义对话框对象，然后调用 exec。

1. 静态函数法显示字体对话框

QFontDialog 类提供了公有静态函数 getFont 来显示一个模式字体对话框并且返回一个字体。该函数声明如下：

```
    def getFont(initial: QtGui.QFont, parent: typing.Optional[QWidget] = ...,
caption: str = ..., options: typing.Union['QFontDialog.FontDialogOptions',
'QFontDialog.FontDialogOption'] = ...) -> typing.Tuple[QtGui.QFont, bool]: ...
    def getFont(parent: typing.Optional[QWidget] = ...) -> typing.Tuple[QtGui.QFont,
bool]: ...
```

可见有两种声明形式，通常用第二种即可，不过第一种可以设置一些选项。initial 表示初始选中的字体；parent 表示对话框的父对象；caption 表示对话框的标题；options 表示对话框的选项。返回值为一个元组（Tuple），元组中包括两个元素：font 和 confirm，font 是选择的字体，confirm 是选择确认，当为 True 时表示单击对话框的 OK 按钮返回，为 False 时表示单击 Cancel 按钮返回，是否需要判断 confirm 值是否为 True 时才使用 font 的值去设置字体需要看应用的要求。

这两个静态函数没有完整的 QFontDialog 对象灵活，但是比较容易使用。比如：

```
initfont = QFont("微软雅黑", 9)
font, ok = QFontDialog.getFont(initfont, self, 'choose font,please!!',
QFontDialog.FontDialogOptions())
if ok == True:
    ...
```

2. 定义对象法显示字体对话框

字体对话框属于 Qt 预定义的对话框类型，它的作用是通过用户得到字体类型并返回。使用预定义对话框的三板斧原则：定义对象、模态调用 exec()、根据结果判断执行流程。

然后就可以定义对象并开始使用了，基本流程如下：

```
dlg = QFontDialog()
if dlg.exec_():
    font=dlg.selectedFont()    #得到用户选中的字体
```

【例 4.13】显示字体对话框

（1）启动 PyCharm，新建一个工程，工程名是 pythonProject。

（2）启动 Qt Designer，新建一个 Dialog without Buttons 对话框，保存该对话框为 myDlg.ui。在该对话框上放置两个按钮，拖放两个按钮，设置上面按钮的标题为"静态函数法显示字体对话框"，设置下面按钮的标题为"定义对象法显示字体对话框"，然后分别为每个按钮关联槽函数。接着在两个按钮之间放置一个 label 空间，label 标题为"Happy New Year!"。最后保存并关闭 Qt Designer。

（3）在 PyCharm 中，转换这个.ui 文件为.py 文件。然后在 main.py 中输入如下代码：

```
import sys
from PyQt5.QtGui import QFont
from PyQt5.QtWidgets import *
from myDlg import Ui_Dialog

class CMainDlg(QDialog, Ui_Dialog):
    def __init__(self):
        super(CMainDlg, self).__init__()
        self.setupUi(self)

    def btn1_click(self):
        initfont = QFont("微软雅黑", 9)
        font, ok = QFontDialog.getFont(initfont, self, 'choose font,please!!',
QFontDialog.FontDialogOptions())
        if ok == True:
            print("ok")    #单击确定执行
            self.label.setFont(font)
```

```
    def btn2_click(self):
        dlg = QFontDialog()
        if dlg.exec_():
            font=dlg.selectedFont()
            print("ok")  #单击确定执行
            self.label.setFont(font)

if __name__ == '__main__':
    app = QApplication(sys.argv)  #构造应用程序对象
    my_pyqt_form = CMainDlg()  #实例化窗口
    my_pyqt_form.show()  #显示窗口
    sys.exit(app.exec_())
```

其中，initfont 是初始设置的字体，这样字体对话框显示的时候，就可以显示该字体及其大小。

（4）保存工程并运行，运行结果如图 4-67 所示。

图 4-67

4.6.4 颜色对话框 QColorDialog

颜色对话框可以让用户在对话框上选择颜色。Qt 提供了 QColorDialog 类来实现颜色对话框。显示颜色对话框有两种方法：一种是调用静态函数 getColor；另一种是定义对话框对象，然后调用 exec_。

【例 4.14】显示颜色对话框

（1）启动 PyCharm，新建一个工程，工程名是 pythonProject。

（2）启动 Qt Designer，新建一个 Dialog without Buttons 对话框，保存该对话框为 myDlg.ui。在该对话框上放置两个按钮，拖放两个按钮，设置上面按钮的标题为"静态函数法显示颜色对话框"，设置下面按钮的标题为"定义对象法显示颜色对话框"，然后分别为每个按钮关联槽函数。最后保存并关闭 Qt Designer。

（3）在 PyCharm 中，转换这个.ui 文件为.py 文件。然后在 main.py 中输入如下代码：

```
import sys
from PyQt5.QtWidgets import *
from myDlg import Ui_Dialog
```

```
class CMainDlg(QDialog, Ui_Dialog):
    def __init__(self):
        super(CMainDlg, self).__init__()
        self.setupUi(self)

    def btn1_click(self):    #静态函数法
        col = QColorDialog.getColor()
        if col.isValid():
            self.setStyleSheet('QWidget {background-color:%s}' % col.name())

    def btn2_click(self):      #定义对象法
            dlg = QColorDialog()
            if dlg.exec_():
                col=dlg.selectedColor();
                print("ok")
                self.setStyleSheet('QWidget {background-color:%s}' % col.name())

if __name__ == '__main__':
    app = QApplication(sys.argv)   #构造应用程序对象
    my_pyqt_form = CMainDlg()  #实例化窗口
    my_pyqt_form.show()  #显示窗口
    sys.exit(app.exec_())
```

（4）保存工程并运行，运行结果如图 4-68 所示。

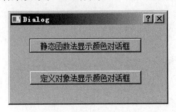

图 4-68

前面的内容是入门级别的知识，下面我们列举一些对话框高级使用的话题，这是精通级别需要
掌握的知识。这部分内容会涉及其他章节的知识，也可以先放一放，等学完后续内容再回头来看这
部分精通级别的知识。

4.7　移动对话框到指定位置

通常移动对话框到某个位置，只要用鼠标移到标题栏上，然后按下左键不放，开始移动鼠标，
对话框就会跟着鼠标指针移动位置。这个方法虽然简单，但是无法精确移动到屏幕某个位置，比如
坐标（10,10）处，要精确移动到某个坐标位置，就要使用函数来移动，Qt 提供了 move 函数来移动
窗口，对话框属于窗口，当然也可以用该函数来移动。move 函数声明如下：

```
def move(self, x: int, y: int) -> None: ...
def move(self, a0: QtCore.QPoint) -> None: ...
```

第一个函数将使窗口移动到(x,y)坐标处，该坐标相对于屏幕左上角为原点。第二个函数移动到类型为 QPoint 的 a0 处，QPoint 是 Qt 中表示坐标的类。

我们把对话框通过 move 函数移动到某个坐标，确切地讲，是把对话框左上角的顶点移动到这个坐标位置。为了获取移动后的对话框左上角的顶点坐标，我们调用基础窗口部件类 QWidget 的成员函数 Pos，该函数可以用来获取窗口左上角顶点的屏幕坐标（屏幕坐标就是以屏幕左上角为原点的坐标系，x 为正方向向右，y 为正方向向下），因为对话框类 QDialog 继承自 QWidget，因此可以用该函数来获取对话框左上角的屏幕坐标。这样我们可以验证移动后的对话框左上角的坐标到底是不是 move 参数中的值。

【例 4.15】移动窗口到坐标(10,10)并获取对话框左上角的坐标

（1）启动 PyCharm，新建一个工程，工程名是 pythonProject。

（2）启动 Qt Designer，新建一个 Dialog without Buttons 对话框，保存该对话框为 myDlg.ui。在该对话框上放置两个按钮，拖放两个按钮，设置上面按钮的标题为"获取窗口左上角坐标"，设置下面按钮的标题为"移动窗口到(10,10)"，然后分别为每个按钮关联槽函数。最后保存并关闭 Qt Designer。

（3）在 PyCharm 中，转换这个.ui 文件为.py 文件。然后在 main.py 中输入如下代码：

```python
import sys
from PyQt5.QtWidgets import *
from myDlg import Ui_Dialog

class CMainDlg(QDialog, Ui_Dialog):
    def __init__(self):
        super(CMainDlg, self).__init__()
        self.setupUi(self)

    def btn1_click(self):
        pt = self.pos()    #获取窗口位置
        s = "x={},y={}".format(pt.x(), pt.y())   #格式化字符串
        QMessageBox.information(self, 'Notice',s,QMessageBox.Yes)//显示消息框

    def btn2_click(self):
        self.move(10,10)   #移动窗口到坐标(10,10)

if __name__ == '__main__':
    app = QApplication(sys.argv)   #构造应用程序对象
    my_pyqt_form = CMainDlg()   #实例化窗口
    my_pyqt_form.show()    #显示窗口
    pt=my_pyqt_form.pos()   #获取窗口位置
    s = "x={},y={}".format(pt.x(),pt.y())
    QMessageBox.information(my_pyqt_form, 'Notice', s, QMessageBox.Yes)
    sys.exit(app.exec_())
```

（4）保存工程并运行，运行结果如图 4-69 所示。

图 4-69

我们可以看到，单击下面的按钮，窗口将移动到坐标(10,10)位置处，然后单击上面的按钮，将显示坐标(10,10)。

4.8　在对话框非标题栏区域实现拖动

通常，鼠标拖动对话框的区域是标题栏，本例中可以在对话框的任何区域进行拖动。现在很多商业软件都是这样的，整个界面就是一幅图片，然后拖动图片任何部分都可以拖动这个对话框。

要在客户区拖动，只需处理鼠标按下和移动事件。在鼠标按下事件处理函数中，计算鼠标在对话框中的相对位置（相对于对话框左上角顶点）；在鼠标移动事件处理函数中，调用 move 函数，让对话框（左上角顶点）移动到新位置，这个新位置可以通过鼠标当前的屏幕坐标和它在对话框中的相对坐标相减所得。

【例 4.16】在对话框非标题栏区域实现拖动

（1）启动 PyCharm，新建一个工程，工程名是 pythonProject。

（2）启动 Qt Designer，新建一个 Dialog without Buttons 对话框，保存该对话框为 myDlg.ui。最后保存并关闭 Qt Designer。

（3）在 PyCharm 中，转换这个.ui 文件为.py 文件。然后在 main.py 中输入如下代码：

```python
import sys
from PyQt5.QtWidgets import *
from PyQt5.QtCore import *
from PyQt5.QtGui import *
from myDlg import Ui_Dialog

class CMainDlg(QDialog, Ui_Dialog):
    _startPos = None
    _endPos = None
    _isTracking = False
    def __init__(self):
        super(CMainDlg, self).__init__()
        self.setFixedSize(QSize(150, 100))  #固定窗口尺寸为(150,100)
        self.setupUi(self)

    def mouseMoveEvent(self, e: QMouseEvent):       #重写鼠标移动事件
        self._endPos = e.pos() - self._startPos     #计算鼠标移动的位置偏移量
        self.move(self.pos() + self._endPos)        #移动窗口
```

```
        def mousePressEvent(self, e: QMouseEvent):          #重写鼠标按下事件
            if e.button() == Qt.LeftButton:
                self._startPos = QPoint(e.x(), e.y())        #记录鼠标按下时的鼠标位置

        def mouseReleaseEvent(self, e: QMouseEvent):         #重写鼠标释放事件
            if e.button() == Qt.LeftButton:
                self._startPos = None        #鼠标起始位置清零
                self._endPos = None          #鼠标位置偏移量清零

    if __name__ == '__main__':
        app = QApplication(sys.argv)         #构造应用程序对象
        my_pyqt_form = CMainDlg()            #实例化窗口
        my_pyqt_form.show()                  #显示窗口
        sys.exit(app.exec_())
```

值得注意的是，mouseMoveEvent 需要在鼠标按下的同时移动鼠标才会触发 mouseMoveEvent 事件函数，在 mouseMoveEvent 函数中，e.pos()是鼠标的实时位置，且这个位置是以窗口左上角为原点的，它减去鼠标的起始位置 self._startPos 后得到的是鼠标的位置偏移量_endPos，然后用 self.move 来移动窗口，其参数就是窗口当前的位置 self.pos()加上鼠标的位置偏移量 self._endPos。

（4）保存工程并运行，运行结果如图 4-70 所示。

图 4-70

在窗口非标题栏区域按住鼠标左键，然后移动鼠标，会发现窗口也跟着移动了。

第5章

PyQt 控件设计

5.1 控件概述

在 PyQt 中，控件、组件和部件是一个意思。控件是用户操作程序的重要途径，在图形化程序中，用户很多操作都是通过控件来完成的，比如单击按钮、在编辑框中输入字符串等。控件就是把一些特定功能封装后提供给用户使用的小窗口。PyQt 提供了丰富多样的控件，在开发中只需要从工具箱中拖动所需的控件到对话框，然后进行属性设置或调用控件对应类的方法就能为程序和用户之间提供强大的交互功能。本章介绍的控件都可以在 PyQt 界面设计师的工具箱中找到。

在 PyQt 中，每一种控件都有对应的类来实现，比如按钮控件由 QButton 类实现、编辑框控件由 QEdit 类实现、日期控件由 QCalendarWidget 类实现。前面提到的每种控件都是一个小窗口，所有控件类都继承自 QWidget 类，即基础窗口类，因此所有控件都可以调用窗口类 CWidget 中的方法，比如让控件不可用，就可以调用 QWidget 中的 setDisable 方法、修改控件风格可以调用 QWidget 的 setStyle 方法、显示或隐藏控件可以调用 QWidget 的 Show 或 Hide 方法等。

所有的控件都有两种创建方式：静态创建和动态创建。前者在设计的时候把控件从工具箱中拖动到对话框资源模板上即完成了创建工作，因为是在程序运行前创建的，因此称为静态创建；后者是指在程序运行的时候调用函数来完成控件的创建工作，因为是在运行的时候创建的，因此称为动态创建。静态创建其实就是可视化程序开发的方法，一般开发中用静态创建的方法即可满足多数要求，本章绝大多数实例也都是静态创建。下面我们将对 Qt Designer 的工具箱中的常用控件进行介绍，并演示其基本使用方法。

5.2 对话框程序设计概述

PyQt 开发的应用程序通常有 3 种界面类型，即主窗口应用程序、小部件窗口应用程序和对话框应用程序。鉴于对话框使用场合多，本章将介绍对话框应用程序的设计。对话框应用程序肯定有对话框，上面用来存放控件，对话框通常由标题栏、客户区、边框组成。标题栏上又有控制菜单、最小化/最大化按钮、关闭按钮等。通过鼠标拖动标题栏，可以改变对话框在屏幕上的位置，通过最大化/最小化按钮，可以对对话框进行尺寸最大化、恢复正常尺寸或隐藏对话框等操作。标题栏上还能显示对话框的文本标题。

PyQt 类库中提供的对话框类是 QDialog，它继承自小部件窗口类 QWidget。我们建立对话框的时候，都是从 QDialog 派生出自己的类。

5.3 按钮类控件

5.3.1 概述

按钮类控件可以用来控制程序的很多动作，所以经常被使用。QtCreater 提供了 6 种按钮类控件，如图 5-1 所示。

图 5-1

其中，每种按钮都由相应的类实现。比如 Push Button 由 QPushButton 类实现。不同的按钮类控件与其类名的对应关系如表 5-1 所示。

表5-1 不同的按钮控件与其类名的对应关系

按 钮 类 名	控 件 名	中 文 名
QPushButton	Push Button	按压按钮
QToolButton	Tool Button	工具按钮
QRadioButton	Radio Button	单选按钮
QCheckBox	Check Box	复选按钮
QCommandLinkButton	Command Link Button	命令链接按钮
QButtonBox	Dialog Button Box	对话框组合按钮（OK 按钮和 Cancel 按钮的组合）

常用的按钮类控件是前 4 种。按钮类控件的用法很简单，当用户单击按钮时都将触发 clicked 信号，我们通常要做的就是为这个信号添加槽函数。

5.3.2 按钮类的父类 QAbstractButton

QAbstractButton 类为抽象类，不能实例化，必须由其他的按钮类继承 QAbstractButton 类来实现不同的功能和表现形式，如常见的 QPushButton、QToolButton、QRadioButton 和 QCheckBox 类均继

承自 QAbstractButton 类，根据各自的使用场景通过图形显示出来。所有按钮类都继承自
QAbstractButton 类，所以 QAbstractButton 类的公有成员函数也可以被这些子类使用，比如获取和设
置按钮标题的函数：

```
text(self) -> str
setText(self, p_str)
```

text 函数返回按钮标题。setText 函数用于设置按钮标题，其中参数 text 是要设置的标题的文本
字符串。

又比如，获取和设置图标的函数：

```
icon(self) -> QIcon
setIcon(self, QIcon)
```

QAbstractButton 提供的状态如表 5-2 所示。

表5-2　QAbstractButton提供的状态

状　　态	说　　明
isDown()	提示按钮是否已按下
isChecked()	提示按钮是否已被勾选
isEnable()	提示按钮是否可以被用户单击
isCheckAble()	提示按钮是否为可勾选的
setAutoRepeat()	设置按钮是否在用户长按时可以自动重复执行

QAbstractButton 提供的信号如表 5-3 所示。

表5-3　QAbstractButton提供的信号

信　　号	说　　明
Pressed	当鼠标指针在按钮上并按下鼠标左键时触发该信号
Released	当鼠标左键被释放时触发该信号
Clicked	当鼠标左键被按下然后释放时，或者快捷键被释放时触发该信号
Toggled	当按钮的标记状态发生改变时触发该信号

5.3.3　按压按钮 QPushButton

该按钮控件是基本的按钮，通常用于执行命令或触发事件。单击该按钮通常会通知程序进行一
个操作，比如弹窗、下一步、保存、退出等，操作系统的对话框中几乎全部都有这种按压按钮。常
用的属性有：

（1）name：该控件对应源代码中的名字。

（2）text：该控件对应图形界面中显示的名字。

（3）font：设置 text 的字体。

（4）enabled：该控件是否可用。

QPushButton 类中的常用方法如表 5-4 所示。

表5-4　QPushButton类中的常用方法

方　　法	说　　明
setCheckable()	设置按钮是否已经被勾选，如果设置为 True，则表示按钮将保持已单击和释放状态
toggle()	在按钮状态之间进行切换
setIcon()	设置按钮上的图标
setEnabled()	设置按钮是否可用，当设置为 False 时，按钮变成不可用状态，单击它不会发射信号
sChecked()	返回按钮的状态，返回值为 True 或者 False
setDefault()	设置按钮的默认状态
setText()	设置按钮的显示文本
text()	返回按钮的显示文本

通过按钮名字能为 QPushButton 设置快捷键，比如名字为&Download 的按键，它的快捷键是
【Alt+D】。其规则是：想要实现【Alt+D】快捷键，那么按钮的名字里有 D 这个字母，并且在 D 的
前面加上&，这个字母 D 一般是按钮名称的首字母，而且在按钮显示时，&不会显示出来，比如：

```
self.btn4=QPushButton('&Download')
self.btn4.setDefault(True)
```

下面我们来看一个实例，不用 Qt Designer，完全手工输入代码实现一个按钮应用程序。

【例 5.1】手工打造按钮程序

（1）启动 PyCharm，新建一个工程，工程名是 pythonProject，然后输入代码如下：

```
import sys
from PyQt5.QtGui import *
from PyQt5.QtWidgets import *

class Form(QDialog):
    def __init__(self,parent=None):
        super(Form, self).__init__(parent)
        #垂直布局
        layout=QVBoxLayout()
        #创建按钮1
        self.btn1=QPushButton('Button1')
        #设置按钮是否已经被勾选，如果为 True，则表示按钮将保持已单击和释放状态
        self.btn1.setCheckable(True)
        #toggle()：在按钮状态之间进行切换
        self.btn1.toggle()
        #单击信号与槽函数进行连接，这一步实现：在控制台输出被单击的按钮
        self.btn1.clicked.connect(lambda :self.whichbtn(self.btn1))
        #单击信号与槽函数进行连接，实现的目的：输入按钮的当前状态，即按下还是释放
        self.btn1.clicked.connect(self.btnstate)
        #添加控件到布局中
        layout.addWidget(self.btn1)
        #创建按钮2
        self.btn2=QPushButton('image')
        #为按钮2添加图标
        self.btn2.setIcon(QIcon(QPixmap('E:\python.png')))  #E 盘已经有
python.png
        ##单击信号与槽函数进行连接，这一步实现：在控制台输出被单击的按钮
        self.btn2.clicked.connect(lambda :self.whichbtn(self.btn2))
```

```
        layout.addWidget(self.btn2)
        self.btn3=QPushButton('Disabled')
        #setEnabled()设置按钮是否可用
        self.btn3.setEnabled(False)
        layout.addWidget(self.btn3)
        #创建按钮并添加快捷键
        self.btn4=QPushButton('&Download')
        #setDefault()：设置按钮的默认状态
        self.btn4.setDefault(True)
        ##单击信号与槽函数进行连接，这一步实现：在控制台输出被单击的按钮
        self.btn4.clicked.connect(lambda :self.whichbtn(self.btn4))
        layout.addWidget(self.btn4)
        self.setWindowTitle("Button demo")
        self.setLayout(layout)

    def btnstate(self):
        #isChecked()：判断按钮的状态，返回值为 True 或 False
        if self.btn1.isChecked():
            print('button pressed')
        else:
            print('button released')

    def whichbtn(self,btn):
        #输出被单击的按钮
        print('clicked button is '+btn.text())
if __name__ == '__main__':
    app=QApplication(sys.argv)
    btnDemo=Form()
    btnDemo.show()
    sys.exit(app.exec_())
```

其中，setCheckable 设置按钮是否已经被勾选，如果为 True，则表示按钮将保持已单击和释放状态。setEnabled 设置按钮是否可用，当设置为 False 的时候，按钮变成不可用状态，单击它不会发射信号。

（2）按【Shift+F10】快捷键运行程序，运行结果如图 5-2 所示。

当我们单击其中某个按钮时，可以发现在 PyCharm 的 Run 窗口中显示相应的字符串，比如单击 image 按钮，会显示字符串 clicked button is image。

下面我们再来看一个由 Qt Designer 拖放按钮的实例，并响应按压按钮的信号。

图 5-2

【例 5.2】响应按压按钮 pressed、clicked 和 released 信号

（1）启动 PyCharm，新建一个工程，工程名是 pythonProject。

（2）切换到 Qt Designer，新建一个 Dialog without Buttons 对话框。从控件工具箱中拖 3 个按压按钮到对话框上。设置第 1 个按钮的 text 属性为"响应 pressed 信号"，第 2 个按钮的 text 属性为"响应 released 信号"，第 3 个按钮的 text 属性为"响应 clicked 信号"。然后单击工具栏上的 Edit Signals/Slots 按钮，此时单击第一个按钮，然后按住不放，移动鼠标到对话框空白处，此时出现 Configure Connection 对话框，我们在左边的列表框中选中 pressed()，如图 5-3 所示。

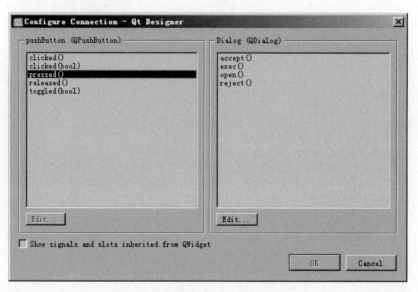

图 5-3

然后单击右边下方的 Edit...按钮，此时出现 Signals/Slots of Dialog 对话框，现在我们可以为信号 pressed 添加一个槽函数，单击上方的"+"按钮，输入槽函数名称 onPress()后按回车键，如图 5-4 所示。

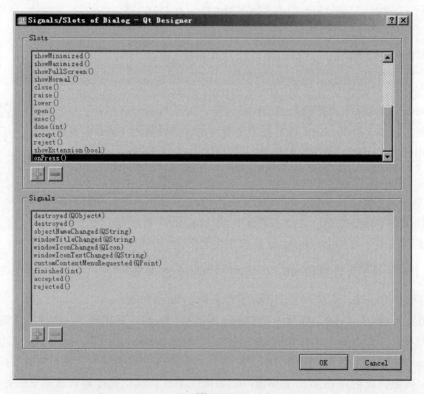

图 5-4

单击 OK 按钮，现在回到 Configure Connection 对话框，可以看到右边的列表框中有一个 onPress()

函数，如图 5-5 所示。

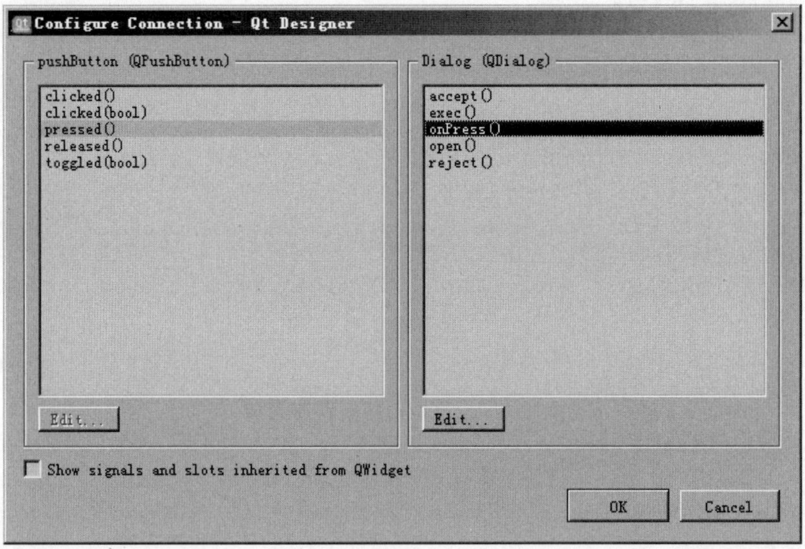

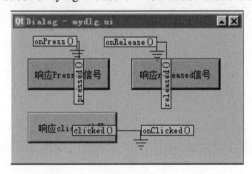

图 5-5

现在信号 pressed 和 onPress 联系起来了，单击 OK 按钮关闭对话框。以同样的方法为第二个按钮的 released()信号添加槽函数 onRelease()，为第三个按钮的 clicked()信号添加槽函数 onClicked()。最后把这个设计好的对话框保持到 mydlg.ui 文件中，最终的设计效果图如图 5-6 所示。

图 5-6

最后关闭 Qt Designer，回到 PyCharm。

（3）在 PyCharm 中，把这个 mydlg.ui 文件转换为 mydlg.py 文件。然后在 main.py 中输入如下代码：

```python
import sys
from PyQt5.QtWidgets import *
from mydlg import Ui_Dialog

class CMainDlg(QDialog, Ui_Dialog):
    def __init__(self):
        super(CMainDlg, self).__init__()
        self.setupUi(self)
```

```
    def onPress(self):
        QMessageBox.information(self, 'Notice', "you press button.",
QMessageBox.Yes)

    def onRelease(self):
        QMessageBox.information(self, 'Notice',"you release button.",
QMessageBox.Yes)

    def onClicked(self):
        QMessageBox.information(self, 'Notice',"you clicked button.",
QMessageBox.Yes)

if __name__ == '__main__':
    app = QApplication(sys.argv)   #构造应用程序对象
    my_pyqt_form = CMainDlg()   #实例化窗口
    my_pyqt_form.show()    #显示窗口
    sys.exit(app.exec_())
```

上述代码很简单，分别实现了 3 个槽函数，每个槽函数中只显示一个消息框。

（4）保存工程并运行，运行结果如图 5-7 所示。

图 5-7

我们可以体会到，当在第一个按钮上刚按下左键时候，就会出现信息框，而后面两个按钮要松开左键才会有反应。

在使用 Qt 编写软件窗口时，有时会遇到一种需求，就是当发出一个动作的时候，会动态生成若干个按钮，而且要使用这些按钮进行下一步的操控。而动态生成按钮并不难，只要 new QPushButton就可以了，如果需要为这些动态按钮做一些其他动作，则要调用 connect 函数来关联槽。下面再来手工动态创建一个按钮，同时设置一下按钮标题的字体。

【例 5.3】动态创建 Push Button 并设置标题字体

（1）启动 PyCharm，新建一个工程，工程名是 pythonProject。

（2）打开 main.py，输入如下代码：

```
import sys
from PyQt5.QtGui import *
from PyQt5.QtWidgets import *
```

```
class Form(QDialog):
    def __init__(self,parent=None):
        super(Form, self).__init__(parent)
        layout=QVBoxLayout()#垂直布局
        self.btn1=QPushButton('hello')#创建按钮 1
        #定义字体
        font = QFont()
        font.setFamily("宋体")
        font.setPointSize(14)
        font.setBold(True)
        self.btn1.setFont(font)
        self.btn1.clicked.connect(self.btnstate) #将 clicked 信号关联到槽函数
        #添加控件到布局中
        layout.addWidget(self.btn1)
        self.setWindowTitle("Button demo")
        self.setLayout(layout)

    def btnstate(self):    #槽函数实现一个信息框的显示
        QMessageBox.information(self, "note", "hello world");

if __name__ == '__main__':
    app=QApplication(sys.argv)
    btnDemo=Form()
    btnDemo.show()
    sys.exit(app.exec_())
```

在上述代码中，我们通过 QFont 实例化一个字体，然后设置字体为宋体，通过 setPointSize 函数设置字体大小为 14，并通过 setBold 函数设置粗体。字体初始化完毕后，就可以调用按钮类的 setFont 来设置字体。

（3）保存工程并运行，运行结果如图 5-8 所示。

图 5-8

5.3.4 工具按钮 QToolButton

工具按钮（Tool Button）控件提供了用于命令或选项可以快速访问的按钮，工具按钮和普通的命令按钮不同，通常不显示文本，而是显示图标，并且通常可以用在 QToolBar（工具栏）中。工具按钮通常都不是一个，而是一排放置在工具栏里面，作为快捷按钮来使用，比如 Qt 设计师（Qt Designer）的工具栏，如图 5-9 所示。

图 5-9

工具按钮由 QToolButton 类实现。当使用 QToolBar::addAction()添加一个新的（或已存在的）QAction 至工具栏时，工具按钮通常被创建。也可以用同样的方式构建工具按钮和其他部件，并设置它们的布局。QToolButton 支持自动浮起，在自动浮起模式中，只有在鼠标指向它的时候才绘制三维框架。当按钮被用在 QToolBar 中时，这个特征会被自动启用，可以调用 setAutoRaise()来改变。

工具按钮的外观和尺寸可通过 setToolButtonStyle()和 setIconSize()来调节。当在 QMainWindow 的 QToolBar 中使用时，按钮会自动调节来适合 QMainWindow 的设置（见 QMainWindow::setToolButtonStyle()和 QMainWindow::setIconSize()）。

工具按钮可以提供一个弹出菜单，使用 setMenu()来设置。通过 setPopupMode()设置菜单的弹出模式，默认模式是 DelayedPopupMode，这个特征有时对于网页浏览器中的"后退"按钮有用，在按下按钮一段时间后，会弹出一个显示所有可以后退浏览的可能页面的菜单列表，默认延迟 600 毫秒，可以用 setPopupDelay()进行调整。

QToolButton 类常用的成员函数如下：

```
setMenu(self, QMenu)
```

该函数用于设置按钮的弹出菜单，用法和 QPushButton 类似，其中参数 menu 是要弹出的菜单。

```
setPopupMode(self, QToolButton.ToolButtonPopupMode)
```

该函数用来设置弹出菜单的方式，其中参数 ToolButtonPopupMode 用来确定菜单弹出的具体方式，默认值为 DelayedPopup，表示菜单延迟弹出。ToolButtonPopupMode 是一个枚举类型，取值如表 5-5 所示。

表5-5　ToolButtonPopupMode的取值

常　　量	值	说　　明
QToolButton.DelayedPopup	0	按下按钮一定时间后，显示菜单，比如浏览器中工具栏的"后退"按钮
QToolButton.MenuButtonPopup	1	在这种模式下，工具按钮显示一个特殊的箭头以指示菜单是否存在，按下按钮的箭头部分时显示菜单
QToolButton.InstantPopup	2	按下工具按钮时显示菜单，无延迟。在这种模式下，按钮自身的动作不触发

```
setToolButtonStyle(self, Qt.ToolButtonStyle)
```

该函数用于设置按钮风格，比如只显示一个图标、只显示文本、文本位于图标旁边或下方。其中参数 ToolButtonStyle 是要设置的风格，默认值是 Qt::ToolButtonIconOnly。Qt::ToolButtonStyle 是枚举类型，取值如表 5-6 所示。

表5-6　Qt::ToolButtonStyle的取值

常　　量	值	说　　明
Qt.ToolButtonIconOnly	0	只显示图标
Qt.ToolButtonTextOnly	1	只显示文本
Qt.ToolButtonTextBesideIcon	2	文本显示在图标旁边
Qt.ToolButtonTextUnderIcon	3	文本显示在图标下边
Qt.ToolButtonFollowStyle	4	遵循 QStyle::StyleHint

```
setArrowType(self, Qt.ArrowType)
```

该函数用来设置按钮是否显示一个箭头，而不是一个正常的图标。也就是是否显示一个箭头作为 QToolButton 的图标。其中参数 ArrowType 表示箭头的类型，或者不设置箭头，默认情况下，该参数取值为 Qt.oArrow。Qt::ArrowType 是一个枚举类型，取值如表 5-7 所示。

表5-7　Qt::ArrowType的取值

常　　量	值
Qt.oArrow	0
Qt.pArrow	1
Qt.ownArrow	2
Qt.eftArrow	3

暂时不讲工具按钮在工具栏上的例子，等到后面讲带有菜单和工具栏的程序时一起讲，毕竟工具栏才是工具按钮的真正用武之地。

【例 5.4】静态和动态方式使用工具按钮

（1）启动 PyCharm，新建一个工程，工程名是 pythonProject。

（2）启动 Qt Designer，新建一个 Dialog without Buttons 对话框。首先以静态方式（也就是可视化方式）从工具箱中拖放一个工具按钮到对话框上，并在属性视图中设置 text 属性为 Hello，再选择 toolButtonStyle 属性为 ToolButtonTextUnderIcon，这样文本就可以在图标下面了。我们准备再让按钮出现一个向右的箭头图标，因此选择属性 arrowType 为 RightArrow。至此，属性设置完毕。然后为该按钮添加一个 clicked 信号的槽函数 on_click()，具体添加过程前面的例子已经阐述过了，这里不再赘述，最后保存到 pythonProject 下，文件名是 mydlg.ui，关闭 Qt Designer。至此，以静态方式添加工具按钮就完成了。下面我们开始动态添加工具按钮。

（3）回到 PyCharm，把 mydlg.ui 文件转换为 mydlg.py 文件。下面使用动态方式添加按钮，也就是全程使用代码，创建按钮、设置属性、关联信号都使用代码来完成。在工程中打开 main.py，然后在构造函数 Dialog 的末尾（也就是 setupUi 的后面）添加如下代码：

```python
import sys
from PyQt5.QtCore import * #for Qt
from PyQt5.QtWidgets import *
from mydlg import Ui_Dialog

class CMainDlg(QDialog, Ui_Dialog):
    def __init__(self):
        super(CMainDlg, self).__init__()
        self.setupUi(self)
        self.tb = QToolButton(self)
        self.tb.setArrowType(Qt.LeftArrow);
        self.tb.setText("唐山女侠")
        self.tb.setToolButtonStyle(Qt.ToolButtonTextUnderIcon) #文本位于图标之下
        self.tb.move(80,80)
        self.tb.clicked.connect(self.onDyClick)

    def on_click(self):
```

```
        QMessageBox.information(self, 'Notice', "the first button.",
QMessageBox.Yes)

    def onDyClick(self):
        QMessageBox.information(self, 'Notice', "the second button.",
QMessageBox.Yes)

if __name__ == '__main__':
    app = QApplication(sys.argv)   #构造应用程序对象
    my_pyqt_form = CMainDlg()   #实例化窗口
    my_pyqt_form.show()    #显示窗口
    sys.exit(app.exec_());
```

在 CMainDlg 构造函数中，setupUi 后面的代码就是动态创建按钮的过程，我们创建了一个工具按钮，这一句执行完毕，按钮就会出现在对话框上。第二行用函数 setArrowType 设置按钮的箭头类型为左箭头。第三行设置按钮标题为"好好学习"。第四行用 setToolButtonStyle 函数设置按钮的标题文本位于图标之下，也就是"好好学习"会出现在左箭头图标的下方。第五行用 connect 函数把按钮的 clicked 信号关联到我们自定义的槽 onDyClick 上，这个槽函数很简单，就是显示一个消息框。

（4）保存工程并运行，运行结果如图 5-10 所示。

图 5-10

5.3.5 单选按钮 QRadioButton

单选按钮（Radio Button）提供了一个带有文本标签的圆形单选框。单选按钮是一个可以切换选中（checked）或未选中（unchecked）状态的选项按钮。单选按钮通常呈现给用户一个"多选一"的选择。也就是说，在一组单选按钮中，一次只能选中一个。

在一线开发中，单选按钮也是经常会用到的按钮，顾名思义，就是用于在多个选项中选择某一个选项，因此单选按钮之间是互斥的，即选择了 A，就不能选择 B，也就是不能同时选中多个单选按钮。图 5-11 是 Windows 系统中典型的单选按钮显示效果。

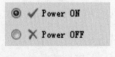

图 5-11

√和×前面的小圆圈就是单选按钮，一旦鼠标左键单击了该小圈圈，就表示选中，此时圆圈中间就会出现一个点，就像图 5-11 第一个单选按钮。在 Qt 中，单选按钮由 QRadioButton 类实现，该按钮有选中和不选中两种状态，分别用 checked 和 unchecked 来表示。一组 QRadioButton 通常用于表示程序中"多选一"的选择，例如单项选择题。在一组单选按钮中，同一时刻只能有一个按钮处于 checked 状态，如果用户选择了其他按钮，则原先被选中的按钮将变为 unchecked。和 QPushButton 一样，QRadioButton 类提供了一个 text label 和一个 small icon，其中 text 可以在构造函数中设置，也可以通过 setText()方法设置，但是 icon 只能通过 setIcon()方法设置，还可以通过在 text 中某个字母前加&来指定快捷键，例如：

```
self.pRdbutton = QRadioButton("Search from the &cursor", self);
```

此时，按键盘上的【Alt+C】快捷键就相当于鼠标单击了 pRdbutton 这个按钮。如果要显示一个 &，则使用&&。

1. 分组

为了让单选按钮之间互斥，必须对单选按钮进行分组。把单选按钮放在同一个父窗体或一个按钮组中，这就是分组。如果没有进行分组，则默认拥有相同父窗体的单选按钮都具有相互排他性，所以如果想在一个窗体中表达多组单选按钮的效果，需要显式地对它们进行分组，可以使用 QGroupBox 或者 QButtonGroup。建议使用 QButtonGroup，因为它仅仅是一个容器，不会有任何视觉表现，也就是说，不会在界面上看到 QButtonGroup，并且对于包含在它里面的子按钮，QButtonGroup 提供比 QGroupBox 更方便的信号槽操作。

QRadioButton 的分组有多种方法，比如采用 QButtonGroup、QWidget 等，建议采用 QButtonGroup 方法来实现分组，好处是不影响 QRadioButton 在界面上的显示（组合框分组方式会在界面上出现组合框，需要根据自己的需要选择），以及方便 ID 的设置。

2. 信号

QRadioButton 继承自 QAbstractButton，因此 QRadioButton 的信号也继承自 QAbstractButton，一般我们比较关注的是 toggled()和 clicked()。在 QRadioButton 中，toggled()信号是在单选按钮状态（开、关）切换时发出的，而 clicked()信号每次单击单选按钮都会发出。在实际使用时，一般状态改变时才有必要去响应，因此 toggled()信号更适合进行状态监控。

需要注意的是，单选按钮无论是被打开还是关闭，它都会发送一个 toggled(bool)信号，其中包含一个 bool 型参数用于记录此次发生的是 switch on 还是 switch off，所以如果想根据单选按钮的状态变化来处理一些事的话，就需要连接它们。当然，如果组内有很多个单选按钮，并且想跟踪 toggled 或 clicked 的状态，则不需要一个一个来连接，因为一旦使用 QButtonGroup 来管理，完全可以用 buttonToggled()和 buttonClicked()来处理组内所有按钮的 toggled()和 clicked()信号。

3. QButtonGroup

QButtonGroup 类提供了一个抽象容器，可以在其中放置按钮控件，以便管理组中每个按钮的状态。

在 QButtonGroup 中添加一个按钮可以调用 QButtonGroup 的成员函数 addButton()，删除一个按钮可以调用成员函数 removeButton()。addButton 函数声明如下：

```
def addButton(self, a0: QAbstractButton, id: int = ...) -> None: ...
void addButton(QAbstractButton *button, int id = -1);
```

其中参数 a0 指向按钮对象；id 为要设置给按钮 button 的 id 号，如果 id 是-1，则会将一个 id（自动）赋给该按钮。自动分配的 id 保证为负数，从-2 开始，如果你正在分配自己的 id，则可使用正数以避免冲突。

为按钮分配 id 之后，可以通过 QButtonGroup 成员函数 checkedId 来获取 id，该函数声明如下：

```
def checkedId(self) -> int: ...
```

【例 5.5】不使用 QButtonGroup 并响应 clicked 信号

（1）启动 PyCharm，新建一个工程，工程名是 pythonProject。

（2）启动 Qt Designer，新建一个 Dialog without Buttons 对话框。从工具箱中拖放 3 个单选按钮到对话框上，分别设置其 text 属性为 apple、banana 和 pear，objectName 属性为 apple_radioButton、banan_radioButton 和 pear_radioButton，并分别为 3 个单选按钮添加 clicked 信号的同一个槽函数 slots_fruits，如图 5-12 所示。

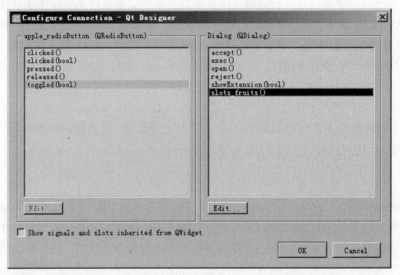

图 5-12

关闭对话框，把这个界面设计结果保存到 mydlg.ui 文件中，并关闭 Qt Designer。

（3）回到 PyCharm，把 mydlg.ui 文件转换为 mydlg.py 文件。打开 main.py，输入如下代码：

```python
import sys
from PyQt5.QtCore import * #for Qt
from PyQt5.QtWidgets import *
from mydlg import Ui_Dialog

class CMainDlg(QDialog, Ui_Dialog):
    def __init__(self):
        super(CMainDlg, self).__init__()
        self.setupUi(self)

    def slots_fruits(self):
        b = self.apple_radioButton.isChecked();
```

```
        if b == True :
            QMessageBox.information(self, 'Notice', "you choosed apple.",
QMessageBox.Yes)
        b = self.anan_radioButton.isChecked();
        if b == True:
            QMessageBox.information(self, 'Notice', "you choosed banana.",
QMessageBox.Yes)
        b = self.pear_radioButton.isChecked();
        if b == True:
            QMessageBox.information(self, 'Notice', "you choosed pear.",
QMessageBox.Yes)

    if __name__ == '__main__':
        app = QApplication(sys.argv)  #构造应用程序对象
        my_pyqt_form = CMainDlg()  #实例化窗口
        my_pyqt_form.show()  #显示窗口
        sys.exit(app.exec_());
```

在上述代码中，isChecked 返回单选按钮是否选中。

（4）保存工程并运行，运行结果如图 5-13 所示。

图 5-13

我们看到这些单选按钮在一个窗体上，它们之间是互斥的。但也看得出来，只要单击某个单选按钮，即使这个按钮处于选中状态，也会弹出信息框，因为关联的信号是 clicked。这就有点不完美了，通常人们希望处于选中状态就不要再执行槽函数。这就要关联 toggled 信号，toggled 信号的槽函数会有一个 bool 类型的参数，如果该参数是 True，则说明当前单击的单选按钮由未选中变为选中，这样的话，如果原先已经处于选中状态，则该参数不会是 True。在下面的例子中，我们将使用 QButtonGroup 将两个单选按钮合为一组，它们两个将互斥，而和 QButtonGroup 外面的单选没关系。

【例 5.6】使用 QButtonGroup 并响应 toggled 信号

（1）启动 PyCharm，新建一个工程，工程名是 pythonProject。

（2）启动 Qt Designer，新建一个 Dialog without Buttons 对话框。从工具箱中拖放 3 个单选按钮到对话框上，分别设置其 text 属性为 apple、banana 和 pear，objectName 属性为 apple_radioButton、banan_radioButton 和 pear_radioButton，并分别为 3 个单选按钮添加 clicked 信号的同一个槽函数 slots_fruits。然后添加两个单选按钮，text 属性为 football 和 basketball，相应的 objectName 为 rtfootball 和 rtbasketball，并分别为这两个单选按钮添加 toggled 信号的同一个槽函数 sport。最后把这个界面设计保存到 mydlg.ui 文件中，并关闭 Qt Designer。

（3）回到 PyCharm，把 mydlg.ui 文件转换为 mydlg.py 文件。打开 main.py，输入如下代码：

```python
import sys
from PyQt5.QtCore import * #for Qt
from PyQt5.QtWidgets import *
from mydlg import Ui_Dialog

class CMainDlg(QDialog, Ui_Dialog):
    def __init__(self):
        super(CMainDlg, self).__init__()
        self.setupUi(self)
        self.gro = QButtonGroup(self)
        self.gro.addButton(self.rdfootball,0)
        self.gro.addButton(self.rdbasketball,1)

    def sport(self,st):
        if st == True:
            if self.gro.checkedId()==0:
                QMessageBox.information(self, 'Notice', "you choosed football.",
QMessageBox.Yes)
            else:
                QMessageBox.information(self, 'Notice', "you choosed
basketball.", QMessageBox.Yes)

    def slots_fruits(self):
        b = self.apple_radioButton.isChecked();
        if b == True :
            QMessageBox.information(self, 'Notice', "you choosed apple.",
QMessageBox.Yes)
        b = self.anan_radioButton.isChecked();
        if b == True:
            QMessageBox.information(self, 'Notice', "you choosed banana.",
QMessageBox.Yes)
        b = self.pear_radioButton.isChecked();
        if b == True:
            QMessageBox.information(self, 'Notice', "you choosed pear.",
QMessageBox.Yes)

if __name__ == '__main__':
    app = QApplication(sys.argv)  #构造应用程序对象
    my_pyqt_form = CMainDlg()  #实例化窗口
    my_pyqt_form.show()    #显示窗口
    sys.exit(app.exec_());
```

我们实例化了一个 QButtonGroup 类型的对象 self.gro，然后调用成员函数 addButton 添加了两个单选按钮。注意，通过 self 可以直接引用这两个单选按钮的对象名，因为本类继承自 Ui_Dialog 类，而 Ui_Dialog 类中包含两个单选按钮的对象。

（4）保存工程并运行，运行结果如图 5-14 所示。

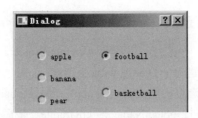

图 5-14

5.3.6　复选框按钮 QCheckBox

QCheckBox 继承自 QAbstractButton，它提供了一个带文本标签的复选框。

QCheckBox（复选框）和 QRadioButton（单选按钮）都是选项按钮。这是因为它们都可以在开（选中）或者关（未选中）之间切换。它们的区别是对用户选择的限制：单选按钮定义了"多选一"的选择；而复选框提供的是"多选多"的选择，也就是可以选中一个，也可以选中多个，打勾就是选中，不打勾就是未选中。尽管在技术上可以通过复选框来实现单选按钮的行为，反之亦然，但还是强烈建议使用众所周知的约定。

要使用 QCheckBox，需要在程序中包含头文件：#include<QCheckBox>，静态方式（直接从工具箱中拖拉复选框控件）不需要我们手工添加，qtcreator 会自动添加；动态方式（通过 new 创建复选框）需要我们手工添加。像 QPushButton 一样，复选框可以显示文本，也可以显示一个小图标，该图标调用 setIcon 函数进行设置。文本可以在 QCheckBox 的构造函数中设置或者调用 setText 函数来设置。快捷键可以通过在首字符前加一个＆来指定。例如：

```
checkbox = QCheckBox("C&ase sensitive", self);
```

在这个例子中，快捷键是【Alt+A】。要显示＆，请使用 '&&'。

QCheckBox 类中的常用方法如表 5-8 所示。

表5-8　QCheckBox类中的常用方法

方　　法	说　　明
setChecked()	设置复选框的状态，设置为 True 表示被勾选，False 表示取消勾选
setText()	设置复选框的标题文本
text()	返回复选框的显示文本
isChecked()	检查复选框是否被勾选
setTriState()	设置复选框为一个三态复选框
setCheckState()	三态复选框的状态设置

注意：所谓三态，就是除了不打勾和打勾分别表示没勾选和已勾选状态外，还有一个半勾选状态，就是复选框虽然没打勾，但复选框的方框内填充了颜色，这个状态不常用，不必深入了解。

通常，几个复选框在一起都是可以多选的，这种情况称为非独占方式。但如果想选中多个复选框中的一个后，其他自动不选中，这种情况叫独占方式，此时的效果其实和单选按钮类似，要实现独占效果，可以通过 QButtonGroup 来实现。

【例 5.7】以静态方式使用复选框

（1）启动 PyCharm，新建一个工程，工程名是 pythonProject。

（2）启动 Qt Designer，新建一个 Dialog without Buttons 对话框。从控件工具箱中拖拉两个复选框到对话框上，设置第一个复选框的属性 text 为 apple，属性 objectName 为 cbApple。设置第二个复选框的属性 text 为 orange，属性 objectName 为 cbOrange。最后把这个界面设计保存到 mydlg.ui 文件中，并关闭 Qt Designer。关闭对话框。最后保存文件为 mydlg.ui，并关闭 Qt Designer。然后，为 apple 复选框添加复选框选中状态改变时触发的信号 stateChanged 的槽函数 onStateChanged_apple(int)，再为 orange 复选框添加复选框选中状态改变时触发的信号 stateChanged 的槽函数 onStateChanged_orange(int)，如图 5-15 所示。

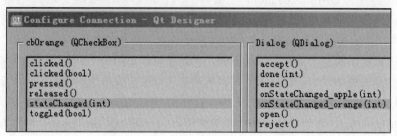

图 5-15

这两个槽函数都有一个 int 型的参数，该参数是用户单击复选框后复选框最新的当前状态，我们可以据此参数做出相应的反应。把这个界面设计保存到 mydlg.ui 文件中，并关闭 Qt Designer。

（3）回到 PyCharm，把 mydlg.ui 文件转换为 mydlg.py 文件。打开 main.py，输入如下代码：

```python
import sys
from PyQt5.QtCore import * #for Qt
from PyQt5.QtWidgets import *
from mydlg import Ui_Dialog

class CMainDlg(QDialog, Ui_Dialog):
    def __init__(self):
        super(CMainDlg, self).__init__()
        self.setupUi(self)

    def onStateChanged_apple(self, state):
        if state == Qt.Checked :
            QMessageBox.information(self, 'Notice', "you choosed orange.",
QMessageBox.Yes)
        elif state == 0:
            QMessageBox.information(self, 'Notice', "you give up apple.",
QMessageBox.Yes)

    def onStateChanged_orange(self, state):
        if state == Qt.Checked :
            QMessageBox.information(self, 'Notice', "you choosed orange.",
QMessageBox.Yes)
        elif state == 0:
            QMessageBox.information(self, 'Notice', "you give up orange.",
QMessageBox.Yes)
```

```
if __name__ == '__main__':
    app = QApplication(sys.argv)  #构造应用程序对象
    my_pyqt_form = CMainDlg()  #实例化窗口
    my_pyqt_form.show()    #显示窗口
    sys.exit(app.exec_())
```

上述代码很简单，判断参数 state 是否为选中，然后弹出一个消息框。当选中时，state 的值是 Qt.Checked；当未选中时，state 的值是 0。

（4）按【Shift+F10】快捷键运行程序，运行结果如图 5-16 所示。

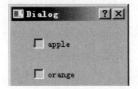

图 5-16

下面直接在程序中创建复选框，并设置独占和非独占两种方式。独占就是一个范围的几个复选框，同一时间只能一个复选框处于选中状态。另外，我们还为每个复选框设置了图标。

【例 5.8】以动态方式使用独占和非独占复选框

（1）启动 PyCharm，新建一个工程，工程名是 pythonProject。

（2）打开 main.py，输入如下代码：

```
import sys
from PyQt5.QtCore import *  #for Qt
from PyQt5.QtWidgets import *
from PyQt5.QtGui import QIcon

class DemoIcon(QWidget):
    def __init__(self, parent=None):
        super(DemoIcon, self).__init__(parent)
        #设置窗口标题
        self.setWindowTitle('check box demo')
        self.initUi()

    def initUi(self):
        self.resize(270, 191)  #重新设置窗体大小

        str1 = ["游戏", "办公", "开发"]
        str2 = ["vc++", "Qt", "Java"]
        xpos = 30
        ypos = 30
        #按钮组控件，只是逻辑上的分类而已
        self.chk_group1 = QButtonGroup(self)
        self.chk_group2 = QButtonGroup(self)

        self.non_exclusive1 = QCheckBox(str1[0], self)
        self.non_exclusive1.setGeometry(xpos, ypos, 100, 30)
```

```
            self.chk_group1.addButton(self.non_exclusive1)
            ypos += 40;
            self.non_exclusive2 = QCheckBox(str1[1], self)
            self.non_exclusive2.setGeometry(xpos, ypos, 100, 30)
            self.chk_group1.addButton(self.non_exclusive2)
            ypos += 40;
            self.non_exclusive3 = QCheckBox(str1[2], self)
            self.non_exclusive3.setGeometry(xpos, ypos, 100, 30)
            self.chk_group1.addButton(self.non_exclusive3)

            ypos = 30
            self.exclusive1 = QCheckBox(str2[0], self);
            self.exclusive1.setGeometry(xpos + 120, ypos, 100, 30);
            self.chk_group2.addButton(self.exclusive1);
            ypos += 40;

            self.exclusive2 = QCheckBox(str2[1], self);
            self.exclusive2.setGeometry(xpos + 120, ypos, 100, 30);
            self.chk_group2.addButton(self.exclusive2);
            ypos += 40;

            self.exclusive3 = QCheckBox(str2[2], self);
            self.exclusive3.setGeometry(xpos + 120, ypos, 100, 30);
            self.chk_group2.addButton(self.exclusive3);
            ypos += 40;

            self.non_exclusive1.setIcon(QIcon('./res/mistle_toe_2.png'))
            self.non_exclusive2.setIcon(QIcon("./res/santa_hat.png"))
            self.non_exclusive3.setIcon(QIcon("./res/snowman.png"))

            self.exclusive1.setIcon(QIcon("./res/tool.ico"))
            self.exclusive2.setIcon(QIcon("./res/candy.png"))
            self.exclusive3.setIcon(QIcon("./res/christmas_tree.png"))

            self.chk_group1.setExclusive(False)  #禁用单选
            self.chk_group2.setExclusive(True)   #启用单选

            self.non_exclusive1.stateChanged.connect(self.onStateChanged1)
            self.non_exclusive2.stateChanged.connect(self.onStateChanged2)
            self.non_exclusive3.stateChanged.connect(self.onStateChanged3)

            self.exclusive1.stateChanged.connect(self.onStateChanged4)
            self.exclusive2.stateChanged.connect(self.onStateChanged5)
            self.exclusive3.stateChanged.connect(self.onStateChanged6)

        def onStateChanged1(self):
            if self.non_exclusive1.checkState() == Qt.Checked:
                QMessageBox.information(self, 'Notice', "you select " +
    self.non_exclusive1.text(), QMessageBox.Yes)

        def onStateChanged2(self):
            if self.non_exclusive2.checkState() == Qt.Checked:
                QMessageBox.information(self, 'Notice', "you select " +
```

```
self.non_exclusive2.text(), QMessageBox.Yes)

    def onStateChanged3(self):
        if self.non_exclusive3.checkState() == Qt.Checked:
            QMessageBox.information(self, 'Notice', "you select " +
self.non_exclusive3.text(), QMessageBox.Yes)

    def onStateChanged4(self):
        if self.exclusive1.checkState() == Qt.Checked:
            QMessageBox.information(self, 'Notice', "you select " +
self.exclusive1.text(), QMessageBox.Yes)

    def onStateChanged5(self):
        if self.exclusive2.checkState() == Qt.Checked:
            QMessageBox.information(self, 'Notice', "you select " +
self.exclusive2.text(), QMessageBox.Yes)

    def onStateChanged6(self):
        if self.exclusive3.checkState() == Qt.Checked:
            QMessageBox.information(self, 'Notice', "you select " +
self.exclusive3.text(), QMessageBox.Yes)

if __name__ == '__main__':
    app = QApplication(sys.argv)
    window = DemoIcon()
    window.show()
    sys.exit(app.exec())
```

其中，图标的资源文件都位于 res 目录下。

（3）按【Shift+F10】快捷键运行工程，运行结果如图 5-17 所示。

图 5-17

5.3.7　对话框组合按钮 QDialogButtonBox

通常，一个对话框上会有 OK 和 Cancel 按钮，用于让用户对对话框上其他控件的操作进行确认或放弃。一旦单击 OK 按钮，用户在对话框上的操作就会生效，如果单击 Cancel 按钮，则不生效。所以对话框组合按钮还是很有用的。在实际应用中，几乎所有对话框都会有一对 OK 和 Cancel 按钮。

当单击 OK 按钮的时候，会发出 accepted 信号；当单击 Cancel 按钮的时候，会发出 rejected 信号、通常只需要响应这两个信号即可。

【例 5.9】QDialogButtonBox 的基本使用

（1）启动 PyCharm，新建一个工程，工程名是 pythonProject。

（2）启动 Qt Designer，新建一个 Dialog without Buttons 对话框。从工具箱的 Buttons 类下拖动一个 Dialog Button Box 到对话框上，然后为 OK 按钮添加 accepted 信号的槽函数 onaccepted，再添加 rejected 信号的槽函数 onrejected，如图 5-18 所示。

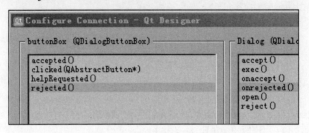

图 5-18

把这个界面设计保存到 mydlg.ui 文件中，并关闭 Qt Designer。然后把 mydlg.ui 存放到工程目录下。

（3）回到 PyCharm，在 main.py 中添加如下代码：

```python
import sys
from PyQt5.QtWidgets import *
from mydlg import Ui_Dialog

class CMainDlg(QDialog, Ui_Dialog):
    def __init__(self):
        super(CMainDlg, self).__init__()
        self.setupUi(self)
    def onaccept(self):
        QMessageBox.information(self, 'Notice', "ok", QMessageBox.Yes)
    def onrejected(self):
        QMessageBox.information(self, 'Notice', "cancel ", QMessageBox.Yes)

if __name__ == '__main__':
    app = QApplication(sys.argv)
    window = CMainDlg()
    window.show()
    sys.exit(app.exec())
```

在上述代码中，我们分别响应了 OK 按钮和 Cancel 按钮，并分别显示一个信息框。

（4）保存工程并运行，运行结果如图 5-19 所示。

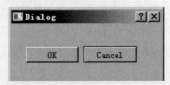

图 5-19

5.4 列表视图控件 QListView

列表视图控件中的内容是由多行字符串组成的列表，并且可以通过鼠标单击某行字符串来选中，该控件在软件中经常被使用。在单选列表框中，用户只可选择一项。在多选列表框中，可选择许多项。当用户选择某项时，选中的行会高亮显示。在 Qt 中，列表视图控件通常显示一列数据，有点类似于 VC 中的列表框控件（CListBox）。

在 Qt 中，列表视图控件由 QListView 类封装，用来显示一维（或称一列）数据列表，如果要显示二维表格数据，则可以用控件 QTableView，这里暂且不表。

QListView 控件在使用前必须设置要显示数据的模型（很多 Q*View 字样的控件都要设置数据模型后才能显示数据，也就是说数据是在数据模型中组织好，再设置数据模型到 View 类控件。设置数据模型可以用 QListView 的成员函数 setModel 来实现（其他 Q*View 控件也是使用这个函数）。数据模型就是用于保存数据的对象模型，要让 QListView 控件显示数据，必须先把数据组织并保存到数据模型中，再让数据模型设置到列表视图控件中，这样的操作在后面的树形控件中是一样的。常见的数据模型如表 5-9 所示。

表5-9 常见的数据模型

QListView 的数据模型	说　　明
QStringListModel	存储一组字符串
QStandardItemModel	存储任意层次结构的数据
QDirModel	对文件系统进行封装
QSqlQueryModel	对 SQL 的查询结果集进行封装
QSqlTableModel	对 SQL 中的数据表进行封装
QSqlRelationalTableModel	对带有 foreign key 的 SQL 数据表进行封装
QSortFilterProxyModel	对另一个 model 执行 sort and/or filter

表 5-9 中的数据模型类都继承自 QAbstractItemModel 类，该类是一个抽象类，它为数据项模型类提供抽象接口。

数据模型中存放的每项数据都有相应的 model index，由 QModelIndex 类来表示。每个 index 由 3 部分构成：row、column 和表明所属 model 的指针。对于一维的 list model，column 部分永远为 0。

5.4.1 抽象数据项模型 QAbstractItemModel

该类是一个抽象类，它为数据项模型类提供抽象接口。QAbstractItemModel 类定义了（数据）项模型需要使用的标准接口，以便能够与模型/视图体系结构中的组件进行互操作。它不应该被直接实例化（因为是抽象类）。相反，用户应该将其子类化以创建新模型。通常表 5-9 中的几个子类就足够用了。

QAbstractItemModel 类是 Qt 模型/视图框架的一部分。它可以用作 QML 中项目视图元素或 Qt 小部件模块中项目视图类的底层数据模型。底层数据模型作为表的层次结构向视图和委托公开。如果不使用层次结构，则模型是一个包含行和列的简单表。每个项都有一个由 QModelIndex 指定的唯一索引，如图 5-20 所示。

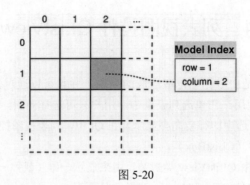

图 5-20

对于这个二维表格数据模型，可以通过 QAbstractItemModel 的成员函数 rowCount 和 columnCount 来获取模型的行和列，可以通过成员函数 InsertRows、InsertColumns、RemoveRows 和 RemoveColumns 插入和删除行和列。

通过模型访问的每个数据项都有一个关联的模型索引，可以调用 QAbstractItemModel 的成员函数 index 获取此模型索引。每个索引可能有一个 sibling 索引，子项有一个 parent 索引。index 函数声明如下：

```
index(self, row, column, parent: QModelIndex = QModelIndex()) -> QModelIndex
```

其中，参数 row 是要检索数据所在的行索引（基于 0 开始），column 是要检索数据所在的列索引（基于 0 开始）。该函数返回由给定行、列指定的模型中项的索引。项的索引由 QModelIndex 类来描述。通过 QModelIndex 类的成员函数 data 可以获取该索引项的具体数据。

5.4.2 字符串列表数据模型 QStringListModel

列表视图控件要对控件内的字符串进行操作，需要通过字符串列表模型 QStringListModel 来完成，QStringListModel 的成员函数提供了具体操作。也就是说，先获得 QStringListModel 对象的指针，再调用 QStringListModel 的成员函数。所以我们有必要熟悉 QStringListModel 类。QStringListModel 类不仅能用于 QListView，而且需要数据项的控件都可以用到它，比如组合框控件 QComboBox。使用时需要导入 QStringListModel：

```
from PyQt5.QtCore import QStringListModel
```

QStringListModel 能存储一组字符串，它提供了一个模型，该模型向视图提供字符串。QStringListModel 是一个可编辑的模型，可用于在视图小部件（如 QListView 或 QComboBox）中显示多个字符串。

该模型提供可编辑模型的所有标准函数，将字符串列表中的数据表示为一个模型，模型中的字符串只有一列，而行数等于列表视图控件中的项数。通过调用 index 函数能获取与项对应的模型索引，调用 flags 函数能获取项标志，调用 data 函数读取项数据，并调用 setdata 函数写入项数据。可以调用 rowCount 函数找到行数（以及字符串列表中的项数）。

QStringListModel 可以用现有的字符串列表来构造，或者调用 setStringList 函数来设置字符串。字符串可以调用 insertRows 函数插入，并调用 removeRows 函数删除。字符串列表的内容可以调用 stringList 函数检索。比如，我们插入字符串：

```
self.string_list = ["aa", "bb", "cc"]  #初始数据
self.stringlistmodel = QStringListModel()         #创建 stringlistmodel 对象
self.stringlistmodel.setStringList(self.string_list)  #把数据赋值给 model
```

QStringListModel 的构造函数有两种形式。第一种形式只有一个参数：

```
def __init__(self, parent: typing.Optional[QObject] = ...) -> None: ...
```

用给定 QObject 对象指针（这个参数可选）构造一个字符串列表模型。

第二种形式有两个参数，可以直接传入 QStringList 对象。

```
def __init__(self, strings: typing.Iterable[str], parent:
typing.Optional[QObject] = ...) -> None: ...
```

第一个例子将利用 QStringListModel 来设置列表视图的数据模型。第二个例子采用 QDirModel 来设置列表视图的数据模型。

【例 5.10】使用列表视图控件显示一组字符串

（1）启动 PyCharm，新建一个工程，工程名是 pythonProject。

（2）启动 Qt Designer，新建一个 Dialog without Buttons 对话框。在控件工具箱中拖放一个列表视图控件到对话框上，再拖放 8 个按钮到对话框上，设置各个按钮的 text 属性如图 5-21 所示。

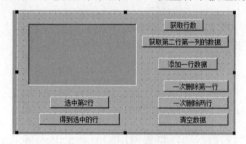

图 5-21

把这个界面设计保存到 mydlg.ui 文件中，现在我们也可以暂时不添加信号和槽函数的关联，以后逐个添加。这样有一个好处，就是每次添加一个槽函数的实现，就可以马上运行程序，以此来验证当前添加的槽函数是否正确。如果我们现在一次性把所有按钮的信号槽连接都添加好，那么以后实现时必须把所有槽函数都实现完毕后才能运行程序，否则会提示某个槽函数还没实现。那么如果把所有槽函数一起实现了，再去运行，可能会出现每个槽函数都有错误，从而导致错误信息很多，容易混乱。因此，对于界面上的按钮比较多，需要实现较多的槽函数的情况，通常可以逐个来实现，每成功实现一个槽函数，再进行下一个的实现。当然，每次在 Qt Designer 上为按钮添加一个信号槽连接，都要在 PyCharm 中转换一下，这一步不要忘记了，后面不再赘述。

（3）打开 main.py，在文件开头导入 QStringListModel：

```
from PyQt5.QtCore import QStringListModel
```

然后在构造函数 Dialog 中添加列表视图控件，初始化代码如下：

```
self.string_list = ["aa", "bb", "cc"]
self.model = QStringListModel()  #创建 stringlistmodel 对象
```

```
self. model.setStringList(self.string_list)   #把数据赋值到 model 上
self.listView.setModel(self.model)
```

首先定义一个字符串数组，然后实例化 QStringListModel，再调用 QStringListModel 的成员函数 setStringList 来设置字符串列表，这样 QStringListModel 就设置好了，然后列表视图控件就可以通过 setModel 函数来设置字符串数据模型了。

（4）在 Qt Designer 上为名为"获取行数"的按钮添加 clicked 信号槽 onc1，然后回到 PyCharm，将 mydlg.ui 文件转换为 mydlg.py，这一步后面不再讲了，每次界面上有改动，回到 PyCharm 中都要转换，不要忘记。然后在 PyCharm 中添加该槽函数的实现，代码如下：

```
def onc1(self):
    row_num = self.listView.model().rowCount()
    str1 =  "the number of row is "+ str(row_num)
    QMessageBox.information(self, "note", str1);
```

我们通过 QListView 的成员函数 model()来得到数据模型，然后调用 QAbstractItemModel 的成员函数 rowCount 来获得行数。QAbstractItemModel 类封装了数据模型项，一些针对数据项的操作都由该类封装。最后，把行数 row_num 通过 str 函数转换为字符串，并在消息框中显示。

在 Qt Designer 中为标题名为"获取第二行第一列的数据"的按钮添加 clicked 信号的槽函数 onc2，并在 PyCharm 中添加代码如下：

```
def onc2(self):
    #column_idx 为该列的索引序号，  两者都以 0 开始
    row_idx = 1
    column_idx = 0
    str1 = str(self.listView.model().index(row_idx, column_idx).data())
    QMessageBox.information(self, "note", str1)
```

要获取列表视图某行某列的数据项，也要调用 QAbstractItemModel 的 index 成员函数，该函数的参数是行和列，然后继续调用 data 函数来获得数据，最后通过 str 函数转为字符串后存入 str1。注意，列表视图的第二行的索引号是 1，第一列的索引号是 0，都是基于 0 开始的。

在 Qt Designer 中为标题名为"添加一行数据"的按钮添加 clicked 信号的槽函数 onc3，并在 PyCharm 中添加如下代码：

```
def onc3(self):
    fruit = self.model.stringList()
    fruit += ['apple']
    self.model.setStringList(fruit)
```

在 Qt Designer 中为标题名为"一次删除第一行"的按钮添加 clicked 信号的槽函数连接，并在 PyCharm 中添加如下代码：

```
def onc4(self):
    self.model.removeRow(0); #从第 1 行开始，删除 1 行
```

其中 removeRow 函数用来删除一行数据，参数就是要删除数据项的索引号。

在 Qt Designer 中为标题名为"一次删除两行"的按钮添加 clicked 信号的槽函数 onc5，随后在

PyCharm 中添加如下代码：

```
def onc5(self):
    self.model.removeRows(0,2)
```

其中 removeRows 函数用来删除一行或多行数据，第一个参数是开始索引号，第二个参数是要删除的行数。

在 Qt Designer 中为标题名为"清空数据"的按钮添加 clicked 信号的槽函数 onc6，随后在 PyCharm 中添加如下代码：

```
def onc6(self):
    self.model.removeRows(0, self.model.rowCount())
```

其实也是调用了 removeRows 函数，只不过是从第一行开始的，一次性删除那么多行。rowCount 函数用来获取 QStringListModel 中的数据的行数。

在 Qt Designer 中为标题名为"选中第 2 行"的按钮添加 clicked 信号的槽函数 onc7，随后在 PyCharm 中添加如下代码：

```
def onc7(self):
    index = self.model.index(1)  #选中第二行，第二个行的索引是 1
    self.listView.setCurrentIndex(index)
```

利用列表视图控件的 setCurrentIndex 函数可以选中当前某行，并且高亮显示选中的行。注意参数要传入 QModelIndex 对象，QModelIndex 对象的行数可以通过 QStringListModel 类的 index 函数来获取，index 函数的参数是行的索引（基于 0 开始）。

在 Qt Designer 中为标题名为"得到选中的行"的按钮添加 clicked 信号的槽函数 onc8，随后在 PyCharm 中添加代码如下：

```
def onc8(self):
    index = self.listView.currentIndex()
    row = index.row() + 1;  #索引号加 1，变成具体的行号
    str1 = "你选中了第" + str(row) + "行，内容是: " + str(index.data())
    QMessageBox.information(self, "note", str1)
```

通过列表视图控件的 currentIndex 函数可以获取当前选中的行。通过 QModelIndex::data 可以获取行的数据，用 toString 转为字符串。最后用 QMessageBox 显示出来。

（5）按【Ctrl+R】快捷键运行，运行结果如图 5-22 所示。

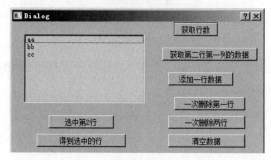

图 5-22

5.4.3 文件系统数据模型 QDirModel

QDirModel 类为本地文件系统提供了一个数据模型。虽然目前官方已经不再推荐使用 QDirModel 类，但在旧项目中这个模型依旧经常会遇到，所以必须要掌握。如果要开发新项目，建议可以使用性能更好的 QFileSystemModel 类。

QDirModel 类提供对本地文件系统的访问，提供重命名、删除文件目录以及创建新目录的功能。在最简单的情况下，它可以作为浏览器或文件管理器的一部分与小部件一起使用。

QDirModel 对文件信息保存一个缓存，需要使用 refresh 更新缓存。

QDirModel 可以使用其父类 QAbstractItemModel 提供的标准接口访问，但它也提供了一些特定于目录模型的便利功能。比如 fileinfo 和 isdir 函数提供了与模型中的项相关的底层文件和目录的信息。另外，可以调用成员 mkdir 和 rmdir 函数来创建和删除目录，模型将自动更新。

QDirModel 的成员函数 index 通过给定的路径来获得模型数据项的索引，该函数声明如下：

```
index(self, strPath, column: int = 0) -> QModelIndex
```

其中，参数 strPath 是某个文件夹的路径。

【例 5.11】以图标或列表方式显示当前文件夹下的内容

（1）启动 PyCharm，新建一个工程，工程名是 pythonProject。

（2）启动 Qt Designer，新建一个 Dialog without Buttons 对话框。在控件工具箱中拖放两个列表视图控件、两个标签（Label）控件和一个按钮到对话框上。左边的列表视图控件显示当前计算机的所有硬盘，右边显示当前文件夹下的内容。设置按钮的 text 为"图标或列表显示"，我们每次单击它，就会修改列表视图控件中的显示方式。列表视图控件有两种显示方式：一种是以列表方式显示，另一种是以小图标方式显示。最终对话框设计界面如图 5-23 所示。

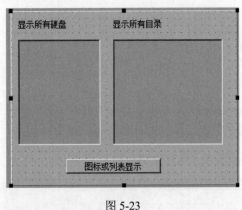

图 5-23

为按钮添加 clicked 信号的槽函数 onc。把这个界面设计保存到 mydlg.ui 文件中，随后关闭 Qt Designer。

（3）回到 PyCharm，在 main.py 中输入如下代码：

```python
import sys
from PyQt5.QtCore import QStringListModel, QDir
from PyQt5.QtWidgets import *
```

```
from mydlg import Ui_Dialog

class CMainDlg(QDialog, Ui_Dialog):
    def __init__(self):
        super(CMainDlg, self).__init__()
        self.setupUi(self)
        self.model = QDirModel()
        self.listView_2.setModel(self.model)  #左边的列表视图
        self.listView.setModel(self.model)     #右边的列表视图
        self.listView.setRootIndex(self.model.index(QDir.currentPath()));

    def onc(self):
        if self.listView.viewMode() == QListView.ListMode:
            self.listView.setViewMode(QListView.IconMode)
            self.listView_2.setViewMode(QListView.IconMode)
        else:
            self.listView.setViewMode(QListView.ListMode)
            self.listView_2.setViewMode(QListView.ListMode)

if __name__ == '__main__':
    app = QApplication(sys.argv)
    window = CMainDlg()
    window.show()
    sys.exit(app.exec())
```

在上述代码中，我们调用文件系统数据模型 QDirModel 的成员函数 index 来获得当前目录路径的索引，然后把索引值传到 setRootIndex 的参数中就能显示该文件夹下的内容了。onc 函数是为按钮添加 clicked 信号槽函数的实现。调用成员函数 viewMode 获取当前列表视图控件的显示方式，如果以列表方式（QListView::ListMode）显示，则设置为图标方式（QListView::IconMode）显示，反之亦然。

（4）按【Ctrl+R】快捷键运行工程，运行结果如图 5-24 所示。

图 5-24

5.5 树形视图控件 QTreeView

树形视图控件对于展示具有层次结构的数据非常有用，这个控件我们平时经常会碰到，比如 Windows 资源管理器的左边就是一个树形控件，如图 5-25 所示。

图 5-25

单击左边的加号，还会展开（Expand）当前项下的子项，此时加号变为减号，单击减号又会把子项全部折叠（Collapse）不显示，此时减号又会变为加号。树形控件最上面的节点通常称为根节点。树形控件的基本使用包括创建树形控件、向树形控件添加数据、删除数据、清空数据、为节点添加图标等。

在 Qt 中，树形控件由 QTreeView 类来封装。QTreeView 主要用来显示数据，也是需要数据模型的，对应的数据模型是 QStandardItemModel。这个模型是 Qt 对应 UI 界面最有用的模型，它可以用于树形控件、列表控件、表格控件等和条目有关的控件。QStandardItemModel 用于列表和表格控件还是很好理解的，但是用于树形控件就有点难以理解了，实际上，在树形控件中，QStandardItemModel 也挺简单的。

首先新建一个 model 对象，可以使用成员变量或者局部变量。使用成员变量的好处是，使用这个 model 时不用调用函数和进行类型转换，但如果在 model 销毁时没有对成员变量进行操作，就可能发生不可预料的错误。

5.5.1 标准数据项 QStandardItem

QStandardItemModel 类负责保存数据，每个数据项被表示为 QStandardItem 类的对象。一个数据项由若干个"角色，数据子项"对组成。QStandardItem 类负责保存、访问这些数据。该类的内部定义了一个类型为 QVector 的容器。

每个容器元素本质上存放一个"角色，数据子项"对。由于各个角色对应的数据子项可能具有不同的类型，Qt 使用 QVariant 来存放每个数据子项。当用户希望将一些数据存放在一个 QStandardItem 对象中时，可以调用其成员函数：

```
def setData(self, value: typing.Any, role: int = ...) -> None: ...   #将『role,
value』对存入
```

当用户希望读取该对象中的数据时，可以调用另一个成员函数：

```
def data(self, role: int = ...) -> typing.Any: ...     #读取角色 role 对应的数据子项
```

以上两个函数是 QStandardItem 的核心。有了这两个函数，我们就可以访问该类所表示的数据项的任何一个"角色，数据子项"对。然而，对于一些常用角色，该类提供了更加简洁、容易记忆的成员函数。例如，当一个数据项被显示在视图中时，它往往包含一些文字、一个图标，还可能包含一个复选框。该类的常用角色：

- Qt.BackgroundRole 用于控制显示背景。
- Qt.FontRole 用于控制文字字体。
- Qt.ForegroundRole 用于控制文字颜色。
- Qt.CheckStateRole 用于控制复选框的状态。

该类提供的一组成员函数可以方便地访问这些常用角色对应的数据子项：

- 成员函数 setBackground()、background()分别设置/返回背景刷子。
- 函数 setFont()、font()分别设置/返回文字字体。
- 函数 setForeground()、foreground()分别设置/返回字体颜色。
- 函数 setCheckState()、checkState()分别设置/返回复选框状态。

另外，如果我们设置的数据仅仅是字符串，也可以在构造函数中输入字符串，QStandardItem 的构造函数有 5 种形式：

```
def __init__(self) -> None: ...
def __init__(self, text: str) -> None: ...
def __init__(self, icon: QIcon, text: str) -> None: ...
def __init__(self, rows: int, columns: int = ...) -> None: ...
def __init__(self, other: 'QStandardItem') -> None: ...
```

我们利用第二种形式传入字符串，比如：

```
item1 = QStandardItem("first");
item2 = QStandardItem("second");
```

5.5.2　标准数据项模型 QStandardItemModel

QStandardItemModel 类将 QStandardItem 类表示的数据项组织起来，形成列表、表格、树甚至更复杂的数据结构。

该类提供了一组成员函数，向这些数据结构添加新的数据项，更改已经存在的数据项，或者删除已有的数据项。另一方面，作为一个模型类，它实现了 QAbstractItemModel 定义的接口函数，以使其他视图类能够访问模型中的数据项。

如果数据集被表示为一个列表，则可以调用 QStandardItemModel 类的成员函数 appendRow()向列表中添加一个数据项，使用 item()函数读取一个数据项。以下代码使用 QStandardItemModel 处理列表：

```
self.listModel = QStandardItemModel()
self.rootItem = self.listModel.invisibleRootItem() #行1
for row in range(0,4):
    str1 = "%d"%(row)
    item = QStandardItem(str1) #行2
```

```
    self.rootItem.appendRow(item) #行 3
self.listView = QListView()
self.listView.setModel(self.listModel);
```

其中,上述代码注释中有"#行 1"的所在行语句用于获取模型顶层的根节点;有"#行 2"注释的所在行语句用于创建一个 QStandardItem 对象;表示一个数据项;有"#行 3"注释的所在行语句将该数据项作为根节点的子节点添加到列表中。上述构造函数在内部调用该类的 setData()函数,将数据子项存入新构造的对象。由于数据集本身是一个列表,因此我们使用 QListView 显示该数据集,因为 QListView 已经介绍过了,读者可以自行建立工程并运行该例子以查看显示结果。运行结果如图 5-26 所示。

如果数据集被表示为一个表格,则可以调用 QStandardItemModel 类的成员函数 setItem()设定表格中的某个数据项,比如:

```
self.tableModel = QStandardItemModel(4,4)
for row in range(0,4):
    for column in range(0,4):
        str1 = "%d%d"%(row,column)
        item = QStandardItem(str1);
        self.tableModel.setItem(row, column, item);
self.tableView = QTableView();
self.tableView.setModel(self.tableModel)
```

由于这个代码段中的数据集是一个表格,因此使用 QTableView 显示该数据集。QTableView 后面会介绍,该类对应的控件用来显示二维表格数据。这段代码的运行结果如图 5-27 所示。

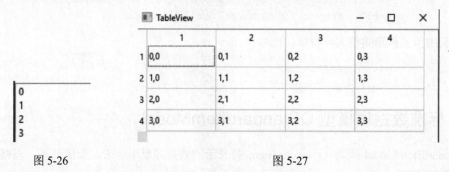

图 5-26   图 5-27

注意,如果数据集被表示为一棵树,可以调用 QStandardItemModel 类的成员函数 appendRow()向某个树节点添加子节点。通过多次调用该函数可以构建一棵复杂的树。下面的代码构建一棵简单的树,顶层的根节点有一个文字内容为 0 的子节点,该子节点有一个文字内容为 1 的子节点。以此类推,1 子节点有一个 2 子节点,2 子节点有一个 3 子节点,形成一棵深度为 4 的树:

```
self.parentItem = self.treeModel.invisibleRootItem();
for i in range(0,4):
    str1= "%d"%(i)
    item = QStandardItem(str1)
    self.parentItem.appendRow(item) #父节点 parentItem 添加子节点 item
    self.parentItem = item #当前节点变为下一次添加子节点时候的父节点
self.treeView.setModel( self.treeModel )#设置数据模型
self.treeView.expandAll(); #展开所有节点
```

这段代码的运行结果如图 5-28 所示。

这棵树的每个节点都没有兄弟节点（具有相同父节点的处于同一层的多个节点相互称为兄弟节点），感兴趣的读者可以修改这段代码，以使其中某些节点具有兄弟节点。另外，treeModel 要定义为全局变量或其他静态变量，如果在函数中定义局部变量，则不会有效果，因为函数结束的时候，局部变量 treeModel 释放了，数据也没有了，控件上自然什么也没有。

是不是感觉 QStandardItemModel 很强大？我们可以深入了解一下其内部。QStandardItemModel 类之所以能够表示列表、表格、树甚至更复杂的数据结构，得益于 QStandardItem 类在其内部定义了一个类型为 QVector<QStandardItem*>的容器，可以将每个容器元素所指的 QStandardItem 对象设定为子对象。QStandardItem 类和自身具有 children 关系，如图 5-29 所示。

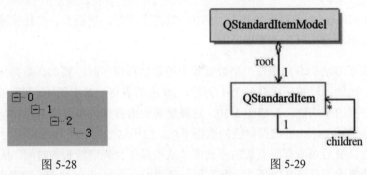

图 5-28　　　　　　　　　图 5-29

一个类和自身发生关联，在 UML 中被称为自关联（self association）。QStandardItemModel 类定义了一个名为 root 的数据成员，逻辑上是一个指向 QStandardItem 对象的指针。这个对象可以设定多个 QStandardItem 的对象作为自己的子对象，而其中每个子对象又可以包含其他的子对象。以此类推，这棵树可以具有任意深度，每个父对象可以包含任意多个子对象。

很自然地，QStandardItemModel 可以使用 QStandardItem 表示具有树状数据结构的数据集，如图 5-30 所示。

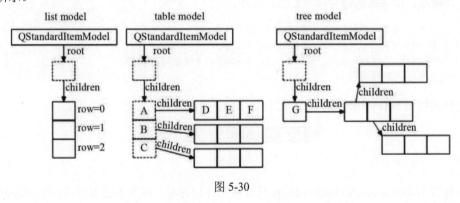

图 5-30

图 5-30 中的每个小方框表示 QStandardItem 类的一个对象。如果小方框的边线为虚线，相应的 QStandardItem 对象并不表示数据集中的任何数据，仅被用来表示某种数据结构。如果小方框的边线为实线，相应的 QStandardItem 对象就表示数据集中的一个数据项。在右侧的图中，QStandardItemModel 的数据成员 root 所指的对象表示一个不可见的根，而数据集的根（图中结点 G）被表示为这个不可见的根的一个子节点。

列表被看作一个特殊的树：不可见根具有若干个子节点，每个子节点表示列表中的一个数据项，不再包含任何子节点，如图 5-30 左侧所示。表格的表示方式反而麻烦一些。不可见根含有若干个子节点（图中的 A、B、C），这些子节点并不表示数据集中的任何数据项。第 i 个子节点会包含若干子节点（比如图中的 D、E、F），这些子节点才表示表格第 i 行的数据项。

最后讨论一下 QStandardItemModel 表示数据集的优缺点。使用 QStandardItemModel 表示数据集具有以下优点：

（1）该类使用 QStandardItem 存放数据项，用户不必定义任何数据结构来存放数据项。

（2）QStandardItem 使用自关联关系，能够表达列表、表格、树甚至更复杂的数据结构，能够涵盖各种各样的数据集。

（3）QStandardItem 本身存放着多个"角色，数据子项"，视图类、委托类或者其他用户定义的类能够方便地依据角色访问各个数据子项。

然而，这种表示方法也有局限性：当数据集中的数据项很多时，施加在数据集上的某些操作的执行效率会很低。比如，设数据集是一个 1 万行、20 列的表格，其中第 10 列存放的是浮点数。如果我们想计算这一列的平均值，按照图 5-30，这需要遍历所有行，取得第 10 列的 QStandardItem 对象，再依据角色 Qt::DisplayRole 取得对应的数据子项。由于这个数据子项的类型为 QString，还需要将其转换为浮点数，最后求所有浮点数的平均值。这些操作会耗费较长的时间。因此，对于数据量不是很大、对性能要求不是很高的场合，我们可以使用 QStandardItemModel 类来表示一个数据集。否则，用户应该从 QAbstractItemModel、QAbstractListModel 或者 QAbstractTableModel 派生新类，自行管理数据集的存放与访问。

5.5.3　添加表头

默认情况下，标准项数据模型是有表头的。如果为数据模型设置了标签，就可以在控件上显示一列或多列标题，这些标题通常称为表头，比如：

```
self.treeModel = QStandardItemModel()
self.treeModel.setHorizontalHeaderLabels(['项目名称', '信息'])
self.treeView.setModel( self.treeModel )#设置数据模型
#treeView 是列表视图控件
```

运行结果如图 5-31 所示。

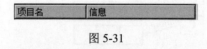

图 5-31

为何要调用 setHorizontalHeaderLabels 来设置控件标题呢？因为不设置的话，默认是 1，表示第一列的意思，如图 5-32 所示。

图 5-32

我们可以用合适的文字来设置控件标题，比如：

```
self.treeModel.setHorizontalHeaderLabels(['树形控件标题'])
```

结果如图 5-33 所示。

图 5-33

注意：在 QListView 上是无法显示多列标题的。

5.5.4　隐藏表头

如果不需要表头，则可以调用 hide 函数来隐藏，比如：

```
self.treeView.header().hide();
```

5.5.5　条目的操作

1. 展开所有节点

可以调用树形控件的成员函数 expandAll 来展开所有子节点的节点，比如：

```
self.treeView.expandAll()
```

2. 添加节点

可以调用 QStandardItemModel 类的成员函数 appendRow 添加节点或子节点。通过多次调用该函数可以构建一棵复杂的树。appendRow 函数声明如下：

```
def appendRow(self, items: typing.Iterable['QStandardItem']) -> None: ...
```

其中 items 是要添加的节点。该函数通常由父节点来调用。第一个节点的父节点是什么呢？树形控件默认有一个不可见的最终根节点，可以通过 invisibleRootItem 函数来获得不可见的最终根节点。

```
def invisibleRootItem(self) -> 'QStandardItem': ...
```

另一个添加树节点的函数是 setItem，该函数添加节点的方式有点像填二维表格数据，需要知道某行某列。

```
def setItem(self, row: int, column: int, item: 'QStandardItem') -> None: ...
def setItem(self, arow: int, aitem: 'QStandardItem') -> None: ...
```

这个函数一般不用于添加树形控件，如果要用于添加树形控件，可以设第二个参数为 0。因为树形视图控件通常是一列，所以第二个参数通常设为 0。如果要添加子节点，则需要 appendRow。

【例 5.12】通过 appendRow 添加节点和子节点

（1）启动 PyCharm，新建一个工程，工程名是 pythonProject。

（2）启动 Qt Designer，新建一个 Dialog without Buttons 对话框，从控件工具箱中拖放一个树形视图控件，并设其对象名（objectName）为 treeView。

（3）打开 main.py，在该文件开头导入相关类：

```
from PyQt5.QtGui import QStandardItemModel, QStandardItem
```

然后在构造函数__init__中添加如下代码：

```
class CMainDlg(QDialog, Ui_Dialog):
    def __init__(self):
        super(CMainDlg, self).__init__()
        self.setupUi(self)
        self.treeModel = QStandardItemModel()
        self.treeModel.setHorizontalHeaderLabels(['树形控件'])
        self.inv_root = self.treeModel.invisibleRootItem()  #得到不可见的根节点
        for i in range(0,2):
            str1= "%d%d%d"%(i,i,i)
            item = QStandardItem(str1)
            self.inv_root.appendRow(item)  #添加第一层节点
            str1 = "%d%d"%(i,i)
            item_sub = QStandardItem(str1)
            item.appendRow(item_sub)  #添加第二层节点
        self.treeView.setModel( self.treeModel )#设置数据模型
        self.treeView.expandAll();  #展开所有节点
```

为了节省篇幅，其他 main 代码不再赘述。

（4）保存工程并运行，运行结果如图 5-34 所示。

图 5-34

【例 5.13】隐藏表头，添加子节点

（1）启动 PyCharm，新建一个工程，工程名是 pythonProject。

（2）启动 Qt Designer，新建一个 Dialog without Buttons 对话框，从控件工具箱中拖放一个树形视图控件，并设其对象名（objectName）为 treeView。把这个界面设计保存到 mydlg.ui 文件中，随后关闭 Qt Designer。

（3）回到 PyCharm，把 mydlg.ui 文件转换为 mydlg.py 文件，打开 main.py 并添加如下代码：

```
import sys
from PyQt5.QtGui import QStandardItemModel, QStandardItem
from PyQt5.QtWidgets import *
from mydlg import Ui_Dialog

class CMainDlg(QDialog, Ui_Dialog):
    def __init__(self):
        super(CMainDlg, self).__init__()
        self.setupUi(self)
```

```
        self.treeModel = QStandardItemModel()
        self.treeModel.setHorizontalHeaderLabels(['树形控件'])

        self.treeView.header().hide()
        self.parentItem = QStandardItem()
        self.parentItem = self.treeModel.invisibleRootItem();
        for i in range(0,4):
            str1= "%d"%(i)
            item = QStandardItem(str1)
            self.parentItem.appendRow(item) #父节点 parentItem 添加子节点 item
            self.parentItem = item #当前节点变为下一次添加子节点时的父节点
        self.treeView.setModel( self.treeModel )#设置数据模型
        self.treeView.expandAll(); #展开所有节点

if __name__ == '__main__':
    app = QApplication(sys.argv)
    window = CMainDlg()
    window.show()
    sys.exit(app.exec())
```

我们添加了 4 个节点，前一个节点是后一个节点的父节点，4 个节点是四世同堂的关系。

（4）按【Shift+F10】快捷键运行工程，运行结果如图 5-35 所示。

图 5-35

我们可以看到本例的树形视图控件没有表头了。

【例 5.14】使用 setItem 和 appendRow 添加节点和子节点

（1）启动 PyCharm，新建一个工程，工程名是 pythonProject。

（2）启动 Qt Designer，新建一个 Dialog without Buttons 对话框，从控件工具箱中拖放一个树形视图控件，并设其对象名（objectName）为 treeView。把这个界面设计保存到 mydlg.ui 文件中，随后关闭 Qt Designer。

（3）回到 PyCharm，把 mydlg.ui 文件转换为 mydlg.py 文件，打开 main.py，添加如下代码：

```
import sys
from PyQt5.QtGui import QStandardItemModel, QStandardItem
from PyQt5.QtWidgets import *
from mydlg import Ui_Dialog

class CMainDlg(QDialog, Ui_Dialog):
    def __init__(self):
```

```
        super(CMainDlg, self).__init__()
        self.setupUi(self)
        self.model = QStandardItemModel(4,1)
        self.treeView.header().hide()
        item1 =  QStandardItem("first");
        item2 =  QStandardItem("second");
        item3 =  QStandardItem("third");
        item4 =  QStandardItem("fourth");
        self.model.setItem(0, 0, item1);
        self.model.setItem(1, 0, item2);
        self.model.setItem(2, 0, item3);
        self.model.setItem(3, 0, item4);
        item5 = QStandardItem("fifth");
        item4.appendRow(item5);
        self.treeView.setModel(self.model);
        self.treeView.expandAll();
if __name__ == '__main__':
    app = QApplication(sys.argv)
    window = CMainDlg()
    window.show()
    sys.exit(app.exec())
```

本例我们没有从不可见的最终根节点开始添加数据，而是先定义了一个二维的数据模型（4 行 1 列），然后用 setItem 函数来填充表格（setItem 函数相当于一个表格填充函数），最后添加子节点时才用到线性（需要由父节点来调用）函数 appendRow。

（4）按【Shift+F10】快捷键运行工程，运行结果如图 5-36 所示。

图 5-36

3. 响应树节点的信号

用户单击树控件某节点旁边的加号，然后展开该节点下的子节点，这是一个常见的操作，我们有必要熟悉该信号。用户在树形控件上展开某节点触发的信号是 expanded。除此之外，单击某节点的信号是 clicked，使用过程都差不多。

【例 5.15】响应对树节点的展开

（1）启动 PyCharm，新建一个工程，工程名是 pythonProject。

（2）启动 Qt Designer，新建一个 Dialog without Buttons 对话框，从控件工具箱中拖放一个树形视图控件，并设其对象名（objectName）为 treeView，然后为其添加 expanded 信号的槽函数 on_treeView_ep，如图 5-37 所示。

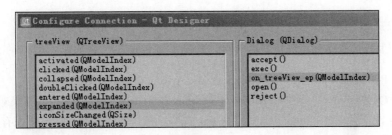

图 5-37

值得注意的是，不要把槽函数取名为 on_treeView_epanded，否则会执行两次槽函数，这是 pyQt 的一个缺陷。把这个界面设计的结果保存到 mydlg.ui 文件中，并关闭 Qt Designer。

（3）回到 PyCharm，把 mydlg.ui 文件转换为 mydlg.py 文件。然后打开 main.py，在构造函数末尾添加如下代码：

```
self.setupUi(self)
self.treeModel = QStandardItemModel()
self.treeView.header().hide()
self.parentItem = self.treeModel.invisibleRootItem()  #得到隐藏最终根节点
for i in range(0,4):
    str1 = str(i)
    item =  QStandardItem(str1)
    self.parentItem.appendRow(item)  #父节点parentItem添加子节点item
    self.parentItem = item  #让本节点成为下一个节点的父亲
self.treeView.setModel(self.treeModel)
```

我们添加了 4 个节点，前一个节点是后一个节点的父节点，4 个节点是四世同堂的关系。

（4）添加槽函数 on_treeView_expanded 的实现，代码如下：

```
def on_treeView_expanded(self,index):
    QMessageBox.information(self, 'Notice', "you expanded item",
QMessageBox.Yes)
```

（5）保存工程并运行，运行结果如图 5-38 所示。

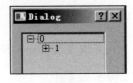

图 5-38

当我们单击某节点旁的加号时，就有信息框跳出来。

4. 为 QTreeView 节点添加图标

在树形控件的节点文本前添加图标能让树形控件更加美观。在这个操作中，树形控件编程中也是经常会遇到的。在 QTreeView 中，添加图标时可以用 QIcon 语句，比如：

```
txtItem = QStandardItem(QIcon("./res/my.png"),"文本");
```

my.png 是 res 文件夹下的一个文件。

【例 5.16】为树形控件添加带图标的节点

（1）启动 PyCharm，新建一个工程，工程名是 pythonProject。

（2）启动 Qt Designer，新建一个 Dialog without Buttons 对话框，从控件工具箱中拖放一个树形视图控件，并设其对象名（objectName）为 treeView。把这个界面设计的结果保存到 mydlg.ui 文件中，并关闭 Qt Designer。

（3）回到 PyCharm，把 mydlg.ui 文件转换为 mydlg.py 文件。然后打开 main.py，在构造函数末尾添加如下代码：

```python
import sys
from PyQt5.QtGui import QStandardItemModel, QStandardItem, QIcon
from PyQt5.QtWidgets import *
from mydlg import Ui_Dialog

class CMainDlg(QDialog, Ui_Dialog):
    def __init__(self):
        super(CMainDlg, self).__init__()
        self.setupUi(self)
        self.treeModel = QStandardItemModel()
        self.treeView.header().hide()
        self.parentItem = self.treeModel.invisibleRootItem() #得到隐藏最终根节点
        item = QStandardItem(QIcon("./res/bell.png"), "气球")
        self.parentItem.appendRow(item) #父节点 parentItem 添加子节点 item
        self.parentItem = item  #让本节点成为下一个节点的父亲
        item = QStandardItem(QIcon("./res/tool.ico"), "工具")
        self.parentItem.appendRow(item)  #父节点 parentItem 添加子节点 item
        self.treeView.setModel(self.treeModel)
        self.treeView.expandAll()

if __name__ == '__main__':
    app = QApplication(sys.argv)
    window = CMainDlg()
    window.show()
    sys.exit(app.exec())
```

目录 res 是工程目录下的一个文件夹，里面存放了.png 和.ico 文件。

（4）保存工程并运行，运行结果如图 5-39 所示。

图 5-39

5. 单击获取选中的节点标题

QTreeView 的单击信号有一个 QModelIndex 参数 index，当单击某节点时，可以通过这个参数来得到该节点的标题。QModelIndex 有 3 个要素：行（row）、列（column）和父节点索引（parent）。QModelIndex 可以用来引用模型中的项，它包含确定这个项在模型中的位置所需的所有信息。索引拥有行信息和列信息，并且可能拥有父索引，可以调用 row()、column()和 parent()函数来获取这些信息。模型中的每个顶级项都由一个没有父索引的模型索引表示，在这种情况下，parent()将返回一个无效的模型索引，这种情况相当于调用 QModelIndex()来构造无效索引。

获得 QModelIndex 的方法有两种：

（1）通过 Model 中的成员函数 index()获得。

（2）通过和 Model 绑定的 View 的成员函数获得。

要获取模型中某个项的索引，请调用 QAbstractIemModel.index(row,column,parent)函数，这个函数需要 3 个参数：行数、列数和父索引的引用。引用模型中的顶级项时，应提供无效索引作为父索引。

【例 5.17】单击获取选中的节点标题

（1）启动 PyCharm，新建一个工程，工程名是 pythonProject。

（2）启动 Qt Designer，新建一个 Dialog without Buttons 对话框，从控件工具箱中拖放一个树形视图控件，并设其对象名（objectName）为 treeView，并添加 clicked 信号的槽函数 onck。把这个界面设计的结果保存到 mydlg.ui 文件中，并关闭 Qt Designer。

（3）回到 PyCharm，把 mydlg.ui 文件转换为 mydlg.py 文件。然后打开 main.py，添加如下代码：

```
import sys
from PyQt5.QtGui import QStandardItemModel, QStandardItem, QIcon
from PyQt5.QtWidgets import *
from mydlg import Ui_Dialog
class CMainDlg(QDialog, Ui_Dialog):
    def __init__(self):
        super(CMainDlg, self).__init__()
        self.setupUi(self)
        self.treeModel = QStandardItemModel()
        self.treeView.header().hide()
        self.parentItem = self.treeModel.invisibleRootItem() #得到隐藏最终根节点
        item = QStandardItem(QIcon("./res/bell.png"), "bell")
        self.parentItem.appendRow(item) #父节点 parentItem 添加子节点 item
        self.parentItem = item  #让本节点成为下一个节点的父亲
        item = QStandardItem(QIcon("./res/tool.ico"), "tool")
        self.parentItem.appendRow(item)  #父节点 parentItem 添加子节点 item
        self.treeView.setModel(self.treeModel)
        self.treeView.expandAll()

    def onck(self,index):
        indexItem = self.treeModel.index(index.row(), 0, index.parent())
        QMessageBox.information(self,"you click",indexItem.data())

if __name__ == '__main__':
```

```
app = QApplication(sys.argv)
window = CMainDlg()
window.show()
sys.exit(app.exec())
```

在上述代码中，构造函数为树控件添加了两个节点，这两个节点标题分别是 bell 和 tool，其中 tool 节点是 bell 节点的子节点。我们在 clicked 信号的槽函数 onck 中，通过 treeModel 的 index 函数来获取所单击的点，然后调用 data 函数来获取其标题，并显示在信息框上。

（4）保存工程并运行，运行结果如图 5-40 所示。

6. 获取兄弟节点

节点间无父子关系，有并列关系的就称为兄弟节点，如图 5-41 所示。

图 5-40

图 5-41

节点 tool 和 snowman 是兄弟节点。通过 sibling 函数可以获取兄弟节点信息，该函数有两种形式：

```
def siblingAtRow(self, row: int) -> 'QModelIndex': ...
def sibling(self, arow: int, acolumn: int) -> 'QModelIndex': ...
```

siblingAtRow 是同列的兄弟节点，siblingAtRow 相当于 sibling 函数的 acolumn 为 0 的情况，sibling 根据行和列来确定兄弟节点，比如图 5-41 中，tool 节点的同列下一行就是兄弟节点 snowman。同样，snowman 节点的上一行就是兄弟节点 tool。

值得注意的是，行是基于同一层次的，也就是同一层的第一行的行号是 0，同一层的第二行的行号是 1，以此类推。

【例 5.18】得到上下行的兄弟节点

（1）启动 PyCharm，新建一个工程，工程名是 pythonProject。

（2）启动 Qt Designer，新建一个 Dialog without Buttons 对话框，从控件工具箱中拖放一个树形视图控件，并设其对象名（objectName）为 treeView，并添加 clicked 信号的槽函数 onck。把这个界面设计的结果保存到 mydlg.ui 文件中，并关闭 Qt Designer。

（3）回到 PyCharm，把 mydlg.ui 文件转换为 mydlg.py 文件。然后打开 main.py，添加如下代码：

```
import sys
from PyQt5.QtCore import QAbstractItemModel
from PyQt5.QtGui import QStandardItemModel, QStandardItem, QIcon
from PyQt5.QtWidgets import *
from mydlg import Ui_Dialog


class CMainDlg(QDialog, Ui_Dialog):
```

```python
    def __init__(self):
        super(CMainDlg, self).__init__()
        self.setupUi(self)
        self.treeModel = QStandardItemModel()
        self.treeView.header().hide()
        self.parentItem = self.treeModel.invisibleRootItem()  #得到隐藏最终根节点

        item =  QStandardItem(QIcon("./res/bell.png"), "bell")
        self.parentItem.appendRow(item)  #父节点 parentItem 添加子节点 item

        item = QStandardItem(QIcon("./res/candy.png"), "candy")
        self.parentItem.appendRow(item)   #父节点 parentItem 添加子节点 item

        self.parentItem = item   #让本节点成为下一个节点的父亲
        item = QStandardItem(QIcon("./res/tool.ico"), "tool")
        self.parentItem.appendRow(item)   #父节点 parentItem 添加子节点 item

        item = QStandardItem(QIcon("./res/snowman.png"), "snowman")
        self.parentItem.appendRow(item)   #父节点 parentItem 添加子节点 item

        self.treeView.setModel(self.treeModel)
        self.treeView.expandAll()

    def onck(self,index):
        indexItem = self.treeModel.index(index.row(), 0, index.parent())
        QMessageBox.information(self,"parent",indexItem.parent().data())#得到
父节点

        indexItem1 = indexItem.siblingAtRow(index.row()+1)  #得到下一行兄弟节点
        QMessageBox.information(self, "sibling", indexItem1.data())
        indexItem2 = indexItem.sibling(index.row()-1,0)//得到上一行兄弟节点
        QMessageBox.information(self, "sibling", indexItem2.data())

if __name__ == '__main__':
    app = QApplication(sys.argv)
    window = CMainDlg()
    window.show()
    sys.exit(app.exec())
```

在槽函数 onck 中，首先得到父节点，然后得到下一行兄弟节点和上一行兄弟节点。而且，特意调用了不同的函数 siblingAtRow 和 sibling。

（4）保存工程并按【Shift+F10】快捷键运行，运行结果如图 5-42 所示。

图 5-42

当我们单击 tool 节点的时候，先是显示父节点标题 candy，随后显示下一行兄弟节点的标题 snowman，因为 tool 没有上一行兄弟节点，所以第三个信息框没有内容显示。

同样，当我们单击 snowman 节点的时候，先是显示父节点标题 candy，因为 snowman 节点没有下一行兄弟节点，所以第 2 个信息框没有内容显示。最后显示其上一行兄弟节点的标题 tool。

5.6 Tree Widget 控件

Tree Widget 控件类似于表格的形式，它也是一种树状结构，相当于把表格和树两种功能结合起来，如图 5-43 所示。

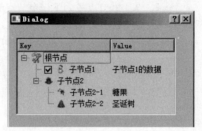

图 5-43

Tree Widget 控件可以设置多个列表头，比如图 5-43 中的 Key 列和 Value 列。这样可以为每个树节点设置对应的值。

【例 5.19】打印 Tree Widget 控件的节点位置和值

（1）启动 PyCharm，新建一个工程，工程名是 pythonProject。

（2）启动 Qt Designer，新建一个 Dialog without Buttons 对话框，从控件工具箱中拖放一个树形视图控件，设其对象名（objectName）为 tree，并添加 clicked 信号的槽函数 onck。把这个界面设计的结果保存到 mydlg.ui 文件中，并关闭 Qt Designer。

（3）回到 PyCharm，把 mydlg.ui 文件转换为 mydlg.py 文件。然后打开 main.py，添加如下代码：

```python
import sys
from PyQt5.QtGui import QStandardItemModel, QStandardItem, QIcon
from mydlg import Ui_Dialog
from PyQt5.QtWidgets import *
from PyQt5.QtCore import *
from PyQt5.QtGui import *

class CMainDlg(QDialog, Ui_Dialog):
    def __init__(self):
        super(CMainDlg, self).__init__()
        self.setupUi(self)
        #为树控件指定列数
        self.tree.setColumnCount(2)
        #指定列标签
        self.tree.setHeaderLabels(['Key','Value'])
        #根节点
        root = QTreeWidgetItem(self.tree)
```

```
        root.setText(0, '根节点')  #0 代表第一列，即 Key 列
        root.setIcon(0, QIcon('./res/tool.ico'))  #为节点设置图标
        self.tree.setColumnWidth(0, 150)  #第一列列宽设为 200
        #添加子节点 1
        child1 = QTreeWidgetItem(root)
        child1.setText(0, '子节点 1')  #第一列 Key 为子节点 1
        child1.setText(1, '子节点 1 的数据')  #第二列 Value 为子节点 1 的数据
        child1.setIcon(0, QIcon('./res/snowman.png'))
        #设置子节点 1 开启复选框状态
        child1.setCheckState(0, Qt.Checked)
        #添加子节点 2
        child2 = QTreeWidgetItem(root)
        child2.setText(0, '子节点 2')
        child2.setIcon(0, QIcon('./res/bell.png'))
        #为 child2 添加一个子节点
        child3 = QTreeWidgetItem(child2)
        child3.setText(0, '子节点 2-1')
        child3.setText(1, '糖果')
        child3.setIcon(0, QIcon('./res/candy.png'))
        #为 child2 再添加一个子节点
        child4 = QTreeWidgetItem(child2)
        child4.setText(0, '子节点 2-2')
        child4.setText(1, '圣诞树')
        child4.setIcon(0, QIcon('./res/christmas_tree.png'))
        #默认所有节点都处于展开状态
        self.tree.expandAll()

    def onck(self,index):
        item = self.tree.currentItem()           #获得当前单击项
        print('当前处于第%d 行' % index.row() )     #输出当前行（自己父节点的第几个值）
        print('key=%s, value=%s' % (item.text(0), item.text(1)))
        print()

if __name__ == '__main__':
    app = QApplication(sys.argv)
    window = CMainDlg()
    window.show()
    sys.exit(app.exec())
```

在槽函数 onck 中，直接通过 currentItem 函数得到当前单击项，然后调用 row 函数得到当前行号，即自己父节点的第几个值。最后通过 text 函数得到第 0 列和第 1 列的标题。

（4）保存工程并按【Shift+F10】快捷键运行，运行结果如图 5-44 所示。

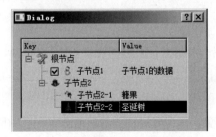

图 5-44

分别单击子节点 2-1 和子节点 2-2 这两个节点，控制台窗口输出如下：

```
当前处于第 0 行
key=子节点 2-1，value=糖果

当前处于第 1 行
key=子节点 2-2，value=圣诞树
```

这两个节点是同一层的，所以行号的基数都从 0 开始计算。

5.7　组合框 QComboBox

QComboBox 是下拉列表框组件类，它提供一个下拉列表供用户选择，也可以直接当作一个 QLineEdit 用于输入。QComboBox 除了显示可见下拉列表外，每个项（Item，或称列表项）还可以关联一个 QVariant 类型的变量，用于存储一些不可见数据。图 5-45 就是一个常见的组合框。

图 5-45

图 5-45 的组合框中一共有 5 个内容项，标题分别为俄罗斯、法国、美国、英国和中国。当我们单击组合框右边的向下箭头按钮时，会出现一个下拉列表。

5.7.1　添加内容项和设置图标

使用组合框的第一步就是添加内容项，QComboBox 提供成员函数 addItem 来添加内容项，该函数声明如下：

```
def addItem(self, text: str, userData: typing.Any = ...) -> None: ...
```

其中，第一个参数是要添加的内容项的标题文本；第二个参数是要给这个选项关联的隐藏数据，如果不需要，则可以不设置该参数。addItem 的这种形式最简单，只需要传入内容项的标题文本即可，比如：

```
box.addItem("cat");
```

除此之外，addItem 还有另一种形式，可以同时设置图标和文本：

```
def addItem(self, icon: QtGui.QIcon, text: str, userData: typing.Any = ...) ->
None: ...
```

其中，参数 icon 为图标对象，这样内容项的标题前会有一个图标，增加了美观度；text 是要添加的内容项的标题文本；userData 是要关联的隐藏数据，该参数是可选参数。

当然，如果使用第一种形式添加内容项，也可以在后面需要时添加图标，方法是调用成员函数

setItemIcon，该函数声明如下：

```
def setItemIcon(self, index: int, icon: QtGui.QIcon) -> None: ...
```

第一个参数是要添加图标的内容项的索引，从 0 开始；第二参数是图标对象。

5.7.2　删除某个内容项

如果要删除组合框中的某个内容项，那么可以调用 removeItem 函数，该函数声明如下：

```
def removeItem(self, index: int) -> None: ...
```

其中，参数 index 是要删除内容项的索引，基于 0 开始。

5.7.3　清空组合框的内容

如果要清空组合框中的所有内容项，那么可以调用 clear 函数，该函数声明如下：

```
def clear(self) -> None: ...
```

5.7.4　QComboBox 列表项的访问

QComboBox 存储的项是一个列表，但是 QComboBox 不提供整个列表用于访问，可以通过索引访问某个项。访问项的常用函数有以下几种：

```
def currentIndex(self) -> int: ...  #返回当前项的序号，第一个项的序号为 0
def currentText(self) -> str: ...   #返回当前项的标题文本
#返回当前项的关联数据，数据的跟随角色为 role = Qt::UserRole
def currentData(self, role: int = ...) -> typing.Any: ...
def itemText(self, index: int) -> str: ...    #返回指定索引号的项的标题文本
#返回指定索引号的项的关联数据
def itemData(self, index: int, role: int = ...) -> typing.Any: ...
QVariant itemData(int index, int role = Qt%:UserRole);
def count(self) -> int: ...    #返回项的个数
```

5.7.5　选择项发生变化时的信号

在一个 QComboBox 组件上，选择项发生变化时会发射如下两个信号：

```
def currentIndexChanged(self, index: int) -> None: ...
def currentIndexChanged(self, a0: str) -> None: ...
```

这两个信号只是传递的参数不同，一个传递的是当前项的索引号，另一个传递的是当前项的文字。

【例 5.20】组合框的基本使用

（1）启动 PyCharm，新建一个工程，工程名是 pythonProject。

（2）启动 Qt Designer，新建一个 Dialog without Buttons 对话框，从控件工具箱中拖放组合框控件和两个按钮到对话框上，按钮标题分别设为"得到当前项的索引和文本"和"清空列表"。随后为组合框添加 currentIndexChanged(QString)信号的槽函数 oncic(QString)，如图 5-46 所示。

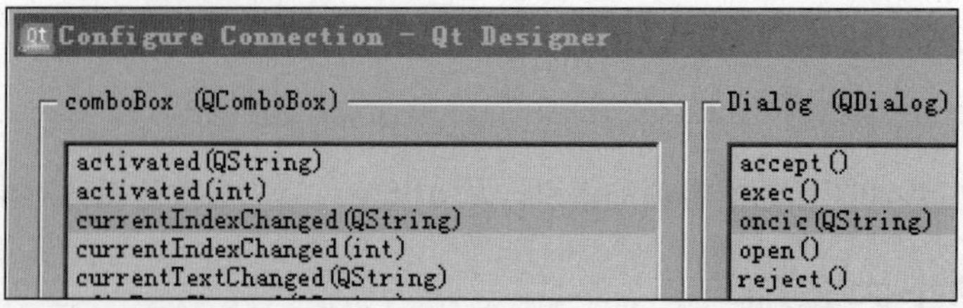

图 5-46

再为两个按钮的 clicked 信号添加槽函数 onck1 和 onck2。把这个界面设计的结果保存到 mydlg.ui 文件中，并关闭 Qt Designer。

（3）回到 PyCharm，把 mydlg.ui 文件转换为 mydlg.py 文件。在构造函数 Dialog 的末尾添加如下代码：

```
self.comboBox.addItem(QIcon("./res/tool.ico"),"工具")
self.comboBox.addItem(QIcon("./res/candy.png"),"糖果")
self.comboBox.addItem(QIcon("./res/snowman.png"), "圣诞雪人")
```

我们添加了 3 个内容项。下面实现选择改变信号槽函数，代码如下：

```
def oncic(self,strText):
    if strText != "":
    QMessageBox.information(self,"note",strText);
```

在槽函数中添加一行消息框显示语句，显示的内容是选择改变后的所选内容项文本。接着，为两个按钮添加槽函数，我们为"得到当前项的索引和文本"按钮添加槽函数代码如下：

```
def onck1(self):
    count = self.comboBox.count()
    curIndex = self.comboBox.currentIndex()
    str1 = str.format('一共有%d 项，当前选中项的索引：%d, %s' % (count,
curIndex,self.comboBox.currentText()))
    QMessageBox.information(self, "note", str1)
```

上述代码很简单，通过成员函数 count 得到组合框内容项的数量，通过成员函数 currentIndex 得到当前选中的项，通过 currentText 得到当前选中项的文本，最后把信息组成一个字符串，并显示出来。

下面为"清空列表"按钮添加槽函数的代码，如下：

```
def onck2(self):
    self.comboBox.clear()
```

（4）保存工程并运行，运行结果如图 5-47 所示。

图 5-47

5.8 字体组合框

Qt 除了普通组合框外，还为我们提供了专门用于选择字体的字体组合框（Font Combo Box）。不过说实在的，上一章我们介绍的字体对话框也可以用来选择字体，不过字体组合框更简单，因为它不需要用户在不同的对话框之间切换。前面学习了普通组合框的操作，字体组合框的操作与之类似。字体组合框常用的操作是选择字体，并返回字体名称。但也有特殊的地方，比如常用的信号是字体选择改变信号 currentFontChanged(QFont)，该信号的参数是一个字体，可以在关联的槽函数中得到用户选中的字体。

下面来看一个例子，得到用户选择的字体，并设置字体。

【例 5.21】得到用户选择的字体

（1）启动 PyCharm，新建一个工程，工程名是 pythonProject。

（2）启动 Qt Designer，新建一个 Dialog without Buttons 对话框，从控件工具箱中拖放一个字体组合框控件和一个按钮到对话框上，按钮标题保持默认。我们的目的是选中字体组合框中的不同字体，使得按钮标题文本的字体发生相应的改变。为字体组合框添加信号 current FontChanged(QFont) 的槽函数 oncfc(QFont)。最后把这个界面数据的结果保存到 mydlg.ui 文件中，并关闭 Qt Designer。

（3）回到 PyCharm，转换 mydlg.ui 文件。在构造函数 Dialog 的末尾添加如下代码：

```
import sys
from mydlg import Ui_Dialog
from PyQt5.QtWidgets import *
class CMainDlg(QDialog, Ui_Dialog):
    def __init__(self):
        super(CMainDlg, self).__init__()
        self.setupUi(self)
    def oncfc(self,f):
        self.pushButton.setFont(f)
        self.pushButton.setText("选择字体:" + self.fontComboBox.currentText())

if __name__ == '__main__':
    app = QApplication(sys.argv)
    window = CMainDlg()
    window.show()
    sys.exit(app.exec())
```

在上述代码中，我们通过 setFont 函数来设置按钮的字体，传入的参数正是用户选择的字体的对象。然后通过 fontComboBox->currentText() 得到所选字体的名称，把字体的名称显示在按钮的标题上。

（4）按【Shift+F10】快捷键运行工程，运行结果如图 5-48 所示。

图 5-48

5.9 标签控件 QLabel

标签控件主要用于显示文本、超级链接和 GIF 动画等，更多时候用于显示静态文本。标签控件不可编辑，就像贴在墙上的一副标语一样。QLabel 类主要用于文本和图像的显示，没有提供用户交互功能。QLabel 对象的视觉外观可以由用户自定义配置。它还可以作为另一个可获得焦点的控件的焦点助力器。

标签控件位于工具箱的 Display Widgets 下的第一个，如图 5-49 所示。

图 5-49

QLabel 可以显示如表 5-10 所示的所有类型。

表5-10　标签控件可以显示的数据类型及其说明

标签控件可以显示的数据类型	说　　　明
Plain text	通过 setText()设置显示纯文本
Rich text	通过 setText()设置富文本
A pixmap	通过 setPixmap()设置图片
A movie	通过 setMovie()设置 QMovie，一般是 GIF 动画
A number	通过 setNum()把数字转换为字符串显示
Nothing	清空文本，相当于调用了 clear()

我们可以用构造函数或者调用 setText()函数来设置要显示的内容。如果需要输入格式更加丰富的富文本，则要自己确定好输入的内容，以便 QLabel 去判断是纯文本还是富文本，是否有 html 标记，当然也可以调用 setTextFormat()方法来显式地设置文本格式。

当原 QLabel 的内容被其他方法修改时，之前的内容会被清空。默认情况下，QLabel 对象的内容是左对齐且垂直居中地显示文本或图像的。当然，QLabel 的外观可以通过多种方式进行调整和微调。QLabel 内容的显示位置可以调用 setAlignment()和 setIndent()方法来调整。文本格式的内容还可以根据 setWordWrap()方法进行换行。QLabel 的常用成员函数方法如表 5-11 所示。

表5-11　QLabel的常用成员函数方法

函　　　数	说　　　明
alignment() setAlignment(Qt.Alignment)	这两个函数用于获取和设置当前内容的对齐方式，默认情况下，是左对齐垂直居中的
hasSelectedText()	返回是否有被选中的文本，默认为 False，表示没有选中任何文本
indent() setIndent(int)	获取和设置文本的缩进距离
margin() setMargin(int)	获取和设置边框的距离
pixmap() setPixmap(QPixmap)	返回和设置 QLabel 显示的图像
hasScaledContents() setScaledContents(bool)	返回和设置是否自动填充满整个内容区域，默认是 False

（续表）

函　　数	说　　明
selectedText()	获取被选中的文本
text() setText(self, a0: str) -> None: ...	获取和设置对象的文本内容
textFormat() setTextFormat(Qt.TextFormat)	获取和设置对象的文本格式，默认是 Qt.AutoText
textInteractionFlags(); setTextInteractionFlags(Qt.TextIn teractionFlags)	获取或指定应该如何与用户进行交互
wordWrap() setWordWrap(bool)	返回和设置单词是否自动换行，默认是 False
buddy() setBuddy(QWidget)	获取和设置 QLabel 对象的伙伴
selectionStart()	返回被选中的字符串的第一个字符的下标，从 0 开始
void QLabel::setSelection(int, int)	选中下标为 start 开始，长度为 length 的字符串（前提是文本能够被选择）
openExternalLinks() setOpenExternalLinks(bool)	返回或指定 QLabel 是否应该调用 openUrl() 自动打开链接，而不是发出 link 激活信号

下面我们来看一个例子，利用标签控件显示静态文本、图片、动画和网址链接。

【例 5.22】标签控件的基本使用

（1）启动 PyCharm，新建一个工程，工程名是 pythonProject。

（2）启动 Qt Designer，新建一个 Dialog without Buttons 对话框，从控件工具箱中拖放 4 个标签控件和 4 个按钮到对话框上。其中左上角的标签（label_4）准备显示一幅 JPG 图片，并且我们设置按钮 pushButton_2 的标题是"重新设置图片"，该按钮用于在程序运行过程中改变左上角标签中的图片。

右上角的标签准备显示一个 GIF 动画，并且在该标签下有两个按钮，标题分别为"播放动画"和"停止播放"。在这两个按钮下方有一个标签 label_2，该标签仅仅显示文字，我们在其旁边放置一个按钮，用于设置标签的新内容，比如数字 3.14。在右下角有一个标签 label_3，该标签用来设置一个超级网址链接，单击这个链接将会打开百度首页。

下面为工程添加一个 JPG 图片和 GIF 图片作为资源。在 Qt Designer 右下方的 Resource Browser 中单击铅笔图标（也就是 Edit Resources 按钮），此时出现 Edit Resources 对话框，如图 5-50 所示。

在该对话框上，单击左下方的 New Resource File 按钮，此时出现提示保存资源文件的对话框，输入资源文件的名称，比如 myres，路径选择当前工程目录下，这样工程目录下就会多一个 myres.qrc 文件，并且在 Edit Resources 对话框的左边列表框中会出现一个 myres.qrc。再单击从左到右的第 4 个按钮（有"+"的图标按钮，鼠标放在该按钮上会有 Add Prefix 的提示）添加一个前缀，前缀用来对资源进行分类。这里保持默认设置即可，即 NewPrefix，然后对 NewPrefix 右击，在快捷菜单中选择 Add Files... 菜单选项，然后选择工程文件夹下的子目录 res 下的 1.gif、gza.jpg 和 zijun.png，如图 5-51 所示。

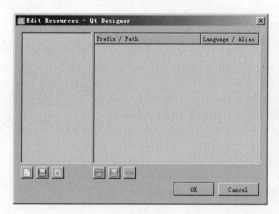

图 5-50

图 5-51

最后单击 OK 按钮，这样 3 个图片文件就添加到工程资源中了，并且在右下角可以看到 Resource Browser 中有 3 幅图片，如图 5-52 所示。

图 5-52

然后选中对话框左上角的 label_4 标签，在其属性编辑器（Property Editor）中找到 text 属性，单击 text 属性右边的 ⋯ 按钮，此时出现 Edit text 对话框，在该对话框的工具栏上单击 Insert Image 按钮，如图 5-53 所示。

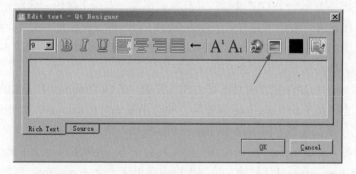

图 5-53

此时出现 Select Resource 对话框，在该对话框左边选中 res，在右边选中 zijun.png，如图 5-54 所示。

图 5-54

单击 OK 按钮，该图片就显示在 Edit text 对话框中了，再单击 OK 按钮，对话框设计界面左上角的标签 label_4 也会显示 zijun.png 这幅图片的部分，如图 5-55 所示。

图 5-55

后面我们将通过"重新设置图片"按钮来替换 label_4 中的图片。至此，界面设计就讲到这里，把这个界面设计保存到 mydlg.ui 文件中，关闭 Qt Designer。

（3）回到 PyCharm，转换 mydlg.ui 文件，打开命令行窗口，进入当前工程目录下，然后执行命令：

```
pyrcc5 -o myres_rc.py myres.qrc
```

我们把这个包含图片的.qrc 资源文件也转换为.py 文件。在构造函数 Dialog 的末尾添加如下代码：

```
self.movie = QMovie("./res/1.gif")  #实例化 QMovie，并加载 1.gif
self.label.setMovie(self.movie)
self.movie.start();
self.label_3.setText("<a style='color: green;' href = www.baidu.com> 百度一下 </a>")
```

在上述代码中，我们实例化了 QMovie 类，并加载了 1.gif，然后通过 setMovie 函数为标签设置这个 GIF 动画，再调用 start 函数就可以显示和播放 GIF 动画。最后调用 setText 函数为 label_3 设置一个网址链接。可以看出 Qt 中的标签类功能非常强大，比如 setText 函数，既可以为标签设置普通的文本，也可以设置网址链接，只要把文本写成 HTML 语言格式即可。

下面为标题"重新设置图片"的按钮添加 clicked 信号槽函数，代码如下：

```
def loadpic(self):
    img = QImage(":newPrefix/res/gza.jpg")  #也可以用./res/gza.jpg
    self.label_4.setPixmap(QPixmap.fromImage(img))
    self.label_4.resize(img.width(), img.height())
```

在上述代码中，我们实例化了 QImage 类，并加载了资源中的 gza.jpg，写成文件路径形式也可以，比如./res/gza.jpg，但前提是工程目录下要有 res 目录，并且 res 目录下有 gza.jpg。实例化 QImage 类后，就可以调用 QLabel 类的成员函数 setPixmap 来设置图片，然后调用成员函数 resize 来设置标签大小，该函数的参数是图片的宽和高，因此标签的大小和图片一致，这样能完整地显示图片。

下面为标题是"播放动画"按钮添加 clicked 信号槽函数 playgif，值得注意的是，这个过程其实要先到 Qt Designer 上添加 clicked 信号的槽函数名称 playgif，然后把这个界面设计保存到 mydlg.ui 文件中，再回到 PyCharm，转换 mydlg.ui 文件，最后添加 playgif 的实现代码，限于篇幅，就不再赘述了，希望读者注意。playgif 函数的实现代码如下：

```
def playgif(self):
    self.movie.start();
```

上述代码很简单，调用 QMovie 的成员函数 start 即可开始播放动画。下面再为"停止播放"按钮添加 clicked 信号槽函数：

```
def stop(self):
    self.movie.stop();
```

上述代码很简单，获取标签的 movie 对象指针后，调用 QMovie 的成员函数 stop 即可停止播放。

下面为中间的 label_2 标签设置 text 属性为"大家好"，这个标签只是用来显示静态文本的，其旁边的按钮用于改变 label_2 的文本。旁边的按钮的标题是"设置文本"，为其添加 clicked 槽函数如下：

```
def settext(self):
    self.label_2.setNum(3.14);
```

我们调用 QLabel 的成员函数 setNum 来为标签设置数字。

在构造函数中，我们调用 QLabel 的成员函数 setText 为 label_3 设置一段 HTML 文本，但只设置 HTML 文本还不够，还需要响应用户的单击，这就需要添加 linkActivated 信号的槽函数。打开 Qt Designer，为 label_3 添加 linkActivated 信号的槽函数 golink，然后把这个界面设计保存到 mydlg.ui 文件中，并回到 PyCharm，转换 mydlg.ui 文件，再为函数 golink 的添加如下代码：

```
def golink(self,strLink):
    QMessageBox.information(self, "note", strLink);
    QDesktopServices.openUrl(QUrl(strLink));
```

其中，参数 strLink 是要打开的网址，QDesktopServices::openUrl 用于打开网页。QUrl 类可以解析和构造编码和未编码形式的 URL，QUrl 也支持国际化域名（IDNs）。

（4）按【Shift+F10】快捷键运行工程，运行结果如图 5-56 所示。

图 5-56

运行程序后，单击"重新设置图片"按钮，便会出现 gza.jpg，单击"百度一下"链接，就可以打开百度首页。

5.10　分组框控件 QGroupBox

顾名思义，分组框控件是用来分组的，它可以把一群控件围起来作为一组，围的形状是矩形，而且是有围边的，围边左上方还可以设置文本标题，如图 5-57 所示。

图 5-57

图中的分组框（GroupBox）围住了一个按钮和编辑框，分组框的默认标题在左上方，即 GroupBox。我们可以通过 Title 属性对其进行修改。该控件是工具箱的 Containers 分类下的第一个，名称是 Group Box，属于容器控件类的一种，如图 5-58 所示。

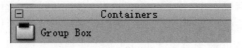

图 5-58

分组框对应的类为 QGroupBox。该控件通常使用很简单，就是把需要分组的控件进行围合。但要注意的一点是，在对话框上设计界面时，如果用到分组框，最好先拖放分组框，再把其他控件拖放到分组框中，这样在分组框中依旧能选中按钮。反之，如果先拖放其他控件，再拖放分组框把其他控件围起来，则会因为分组框覆盖在它们上面，使得被围控件无法被鼠标选中。

分组框相当于对话框上的一艘船，当我们把其他控件装到这艘船上后，移动分组框，其他控件也会跟着分组框一起移动。有点类似于船上的货物也跟着船一起走了。

当然，如果已经先拖放了其他控件，再拖放分组框也没关系，先不要把分组框覆盖在要围合的其他控件上，先移到旁边一点，然后把要围合的其他控件移动到分组框中，这样就算上船了。上船后，就可以选中控件并跟着分组框的移动而移动了。

5.11 正则表达式和 QRegExp 类

在讲述行编辑框控件之前，这里先讲述正则表达式（Regular Expression），因为行编辑框控件在限制某些字符输入的时候，经常会和正则表达式打交道，所以要先在这里做个铺垫。

正则表达式就是用一个字符串来描述一个特征，然后去验证另一个字符串是否符合这个特征。比如表达式 "ab+" 描述的特征是一个 'a' 和任意个 'b'，那么 'ab'、'abb'、'abbbbbbbbbb' 都符合这个特征。

正则表达式通常有以下作用：

（1）验证字符串是否符合指定特征，比如验证是不是合法的邮件地址。

（2）用来查找字符串，从一个长的文本中查找符合指定特征的字符串，比查找固定字符串更加灵活方便。

（3）用来替换，比普通的替换更强大。

正则表达式学习起来其实很简单，不多的几个较为抽象的概念也很容易理解。之所以很多人感觉正则表达式比较复杂，一方面是因为大多数教材没有做到由浅入深地讲解，概念上没有注意先后顺序，给读者的理解带来困难；另一方面，各种引擎自带的文档一般都要介绍它特有的功能，然而这部分特有的功能并不是我们首先要理解的。

5.11.1 正则表达式的规则

1. 普通字符

字母、数字、汉字、下画线以及后面章节中没有特殊定义的标点符号都是普通字符。表达式中的普通字符在匹配一个字符串的时候，会匹配一个与之相同的字符。

举例 1：表达式 "c" 在匹配字符串 "abcde" 时，匹配结果是：成功；匹配到的内容是："c"；匹配到的位置是：开始于 2，结束于 3（注意：第三个开始就不同了，所以是结束于 3；另外，下标从 0 开始还是从 1 开始，根据所使用编程语言的不同可能不同）。

举例 2：表达式 "bcd" 在匹配字符串 "abcde" 时，匹配结果是：成功；匹配到的内容是："bcd"；匹配到的位置是：开始于 1，结束于 4（第 4 个字符开始就不同了）。

2. 简单的转义字符

一些不便书写的字符，采用在前面加"\"的方法。这些字符其实我们在学习 C 语言的时候都已经熟知了。

例如\r 和\n 代表回车和换行符，\t 表示制表符，\\代表"\"本身。还有一些在后面章节中有特殊用处的标点符号，如在前面加"\"后，就代表该符号本身；^,和$都有特殊意义，如果想匹配字符串中的"^"和"$"字符，则表达式需要写成"\^"和"\$"；另外，\.匹配小数点（.）本身。

这些转义字符的匹配方法与普通字符类似，也是匹配一个与之相同的字符。

举例 1：表达式 "\$d"，在匹配字符串 "abc\$de" 时，匹配结果是：成功；匹配到的内容是："\$d"；匹配到的位置是：开始于 3，结束于 5。

3. 能够与多种字符匹配的表达式

正则表达式中的一些表示方法可以匹配多种字符中的任意一个字符，如表 5-12 所示。比如，表达式 "\d" 可以匹配任意一个数字。虽然可以匹配其中任意字符，但是只能是一个，不能是多个。这就好比玩扑克牌的时候，大小王可以代替任意一张牌，但是只能代替一张牌。

表5-12　正则表达式中的一些表示方法能够匹配的字符

表 达 式	可 匹 配
\d	0~9 中的任意一个数字
\w	任意一个字母、数字或下画线，也就是 A~Z,a~z,0~9,_ 中的任意一个
\s	包括空格、制表符、换页符等空白字符中的任意一个
.	小数点可以匹配除了换行符（\n）以外的任意一个字符

举例 1：表达式 "\d\d"，在匹配 "abc123" 时，匹配的结果是：成功；匹配到的内容是："12"；匹配到的位置是：开始于 3，结束于 5。

举例 2：表达式 "a.\d"，在匹配 "aaa100" 时，匹配的结果是：成功；匹配到的内容是："aa1"；匹配到的位置是：开始于 1，结束于 4。

4. 自定义能够匹配多种字符的表达式

使用[ ]包含一系列字符，能够匹配其中任意一个字符；使用[^]包含一系列字符，则能够匹配其中的字符之外的任意一个字符，如表 5-13 所示。同样的道理，虽然可以匹配其中任意一个，但是只能是一个。

表5-13　[ ]或[^]包含的一系列字符能够匹配的字符

表 达 式	可 匹 配
[ab5@]	匹配 "a" 或 "b" 或 "5" 或 "@"
[^abc]	匹配 "a"，"b"，"c" 之外的任意一个字符
[f-k]	匹配 "f"~"k" 的任意一个字母
[^A-F0-3]	匹配 "A"~"F", "0"~"3" 之外的任意一个字符

举例 1：表达式 "[bcd][bcd]" 匹配 "abc123" 时，匹配的结果是：成功；匹配到的内容是："bc"；匹配到的位置是：开始于 1，结束于 3。

举例 2：表达式 "[^abc]" 匹配 "abc123" 时，匹配的结果是：成功；匹配到的内容是："1"；匹配到的位置是：开始于 3，结束于 4。注意：是匹配 "a","b","c" 之外的任意一个字符，所以匹配到的内容是"1"这个字符。不要认为是"123"，那是 3 个字符。

5. 修饰匹配次数的特殊符号

前面讲到的表达式无论是只能匹配一种字符的表达式，还是可以匹配多种字符其中任意一个的表达式，都只能匹配一次。如果使用表达式加上修饰匹配次数的特殊符号，那么不用重复书写表达式就可以重复匹配。

使用方法是："次数修饰" 放在 "被修饰的表达式" 后面，比如 "[bcd][bcd]" 可以写成

"[bcd]{2}"，一些用法如表 5-14 所示。

表5-14   修饰匹配次数的特殊符号及其作用

表 达 式	作 用
{n}	表达式重复 n 次，比如"\w{2}"相当于"\w\w"，"a{5}"相当于"aaaaa"
{m,n}	表达式至少重复 m 次，最多重复 n 次，比如"ba{1,3}"可以匹配"ba"或"baa"或"baaa"
{m,}	表达式至少重复 m 次，比如"\w\d{2,}"可以匹配"a12","_456","M12344"…
?	匹配表达式 0 次或者 1 次，相当于{0,1}，比如"a[cd]?"可以匹配"a","ac","ad"
+	表达式至少出现 1 次，相当于{1,}，比如"a+b"可以匹配"ab","aab","aaab"…
*	表达式不出现或出现任意次，相当于{0,}，比如"\^*b"可以匹配"b","\^^^b"…

举例 1：表达式 "\d+\.?\d*" 在匹配 "It costs $12.5" 时，匹配的结果是：成功；匹配到的内容是："12.5"；匹配到的位置是：开始于 10，结束于 14。

举例 2：表达式 "go{2,8}gle" 在匹配 "Ads by goooooogle" 时，匹配的结果是：成功；匹配到的内容是："goooooogle"；匹配到的位置是：开始于 7，结束于 17。

6. 其他一些代表抽象意义的特殊符号

一些符号在表达式中代表抽象的特殊意义，如表 5-15 所示。

表5-15   在表达式中代表抽象的特殊意义的符号及其作用

表 达 式	作 用
^	与字符串开始的地方匹配，不匹配任何字符
$	与字符串结束的地方匹配，不匹配任何字符
\b	匹配一个单词边界，也就是单词和空格之间的位置，不匹配任何字符

进一步的文字说明仍然比较抽象，因此举例帮助读者理解。

举例 1：表达式 "^aaa" 在匹配 "xxx aaa xxx" 时，匹配结果是：失败。因为 "^" 要求与字符串开始的地方匹配，因此，只有当 "aaa" 位于字符串的开头的时候，"^aaa" 才能匹配，比如 "aaa xxx xxx"。

举例 2：表达式 "aaa$" 在匹配 "xxx aaa xxx" 时，匹配结果是：失败。因为 "$" 要求与字符串结束的地方匹配，因此，只有当 "aaa" 位于字符串的结尾的时候，"aaa$" 才能匹配，比如 "xxx xxx aaa"。

举例 3：表达式 ".\b." 在匹配 "@@@abc" 时，匹配结果是：成功；匹配到的内容是："@a"；匹配到的位置是：开始于 2，结束于 4。

进一步说明："\b" 与 "^" 和 "$" 类似，本身不匹配任何字符，但是它要求它在匹配结果中所处位置的左右两边，其中一边是 "\w" 范围，另一边是非 "\w" 范围。

举例 4：表达式 "\bend\b" 在匹配 "weekend,endfor,end" 时，匹配结果是：成功；匹配到的内容是："end"；匹配到的位置是：开始于 15，结束于 18。

一些符号可以影响表达式内部的子表达式之间的关系，如表 5-16 所示。

表5-16　可以影响表达式内部的子表达式之间的关系的符号及其作用

表　达　式	作　　　　用
|	该字符左右两边表达式之间为"或"关系，匹配左边或者右边
()	（1）在修饰匹配次数的时候，括号中的表达式可以作为整体被修饰 （2）在取匹配结果的时候，括号中的表达式匹配到的内容可以被单独得到

举例 5：表达式 "Tom|Jack" 在匹配字符串 "I'm Tom, he is Jack" 时，匹配结果是：成功；匹配到的内容是："Tom"；匹配到的位置是：开始于 4，结束于 7。匹配下一个时，匹配结果是：成功；匹配到的内容是："Jack"；匹配到的位置是：开始于 15，结束于 19。

举例 6：表达式 "(go\s*)+" 在匹配 "Let's go go go!" 时，匹配结果是：成功；匹配到的内容是："go go go"；匹配到的位置是：开始于 6，结束于 14。

举例 7：表达式 "¥(\d+\.?\d*)" 在匹配 "$10.9,¥20.5" 时，匹配结果是：成功；匹配到的内容是："¥20.5"；匹配到的位置是：开始于 6，结束于 10。单独获取括号范围匹配到的内容是："20.5"。

5.11.2　正则表达式中的一些高级规则

1. 匹配次数中的贪婪与非贪婪

在使用修饰匹配次数的特殊符号时，有几种表示方法可以使同一个表达式能够匹配不同的次数，比如 "{m,n}"，"{m,}"，"?"，"*" 和 "+"，具体匹配的次数随被匹配的字符串而定。这种重复匹配不定次数的表达式在匹配过程中总是尽可能多匹配。比如，针对文本 "dxxxdxxxd"，举例如表 5-17 所示。

表5-17　针对文本 "dxxxdxxxd" 的匹配结果

表　达　式	匹　配　结　果
(d)(\w+)	"\w+" 将匹配第一个 "d" 之后的所有字符 "xxxdxxxd"
(d)(\w+)(d)	"\w+" 将匹配第一个 "d" 和最后一个 "d" 之间的所有字符 "xxxdxxx"。虽然 "\w+" 也能够匹配上最后一个 "d"，但是为了使整个表达式匹配成功，"\w+" 可以 "让出" 它本来能够匹配的最后一个 "d"

由此可见，"\w+" 在匹配的时候，总是尽可能多地匹配符合它规则的字符。虽然第二个例子中，它没有匹配最后一个 "d"，但那也是为了让整个表达式能够匹配成功。同理，带 "*" 和 "{m,n}" 的表达式都是尽可能多地匹配，带 "?" 的表达式在可匹配、可不匹配的时候，也是尽可能地 "要匹配"。这种匹配原则就叫作 "贪婪" 模式。

非贪婪模式：在修饰匹配次数的特殊符号后加上一个 "?"，则可以使匹配次数不定的表达式尽可能少地匹配，使可匹配、可不匹配的表达式尽可能 "不匹配"。这种匹配原则叫作 "非贪婪" 模式，也叫作 "勉强" 模式。如果少匹配就会导致整个表达式匹配失败的时候，与贪婪模式类似，非贪婪模式会最小限度地再匹配一些，以使整个表达式匹配成功。比如，针对文本 "dxxxdxxxd"，举例如表 5-18 所示。

表5-18　针对文本 "dxxxdxxxd" 的匹配结果

表　达　式	匹 配 结 果
(d)(\w+?)	"\w+?" 将尽可能少地匹配第一个 "d" 之后的字符，结果是："\w+?" 只匹配了一个 "x"
(d)(\w+?)(d)	为了让整个表达式匹配成功，"\w+?" 不得不匹配 "xxx" 才可以让后面的 "d" 匹配，从而使整个表达式匹配成功。因此，结果是："\w+?"匹配"xxx"

更多情况举例如下：

举例 1：表达式 "\<td\>(.*)\</td\>" 与字符串 "\<td\>\<p\>aa\</p\>\</td\>\<td\>\<p\>bb\</p\>\</td\>" 匹配时，匹配的结果是：成功；匹配到的内容是 "\<td\>\<p\>aa\</p\>\</td\>\<td\>\<p\>bb\</p\>\</td\>" 整个字符串，表达式中的 "\</td\>" 将与字符串中最后一个 "\</td\>" 匹配。

举例 2：相比之下，表达式 "\<td\>(.*?)\</td\>" 匹配举例 1 中同样的字符串时，将只得到 "\<td\>\<p\>aa\</p\>\</td\>"，再次匹配下一个时，可以得到第二个 "\<td\>\<p\>bb\</p\>\</td\>"。

2. 反向引用\1,\2…

表达式在匹配时，表达式引擎会将小括号"()"包含的表达式所匹配到的字符串记录下来。在获取匹配结果的时候，小括号包含的表达式所匹配到的字符串可以单独获取。这一点，在前面的举例中已经多次展示了。在实际应用场合中，当用某种边界来查找，而所要获取的内容又不包含边界时，必须使用小括号来指定所要求的范围，比如前面的 "\<td\>(.*?)\</td\>"。

其实，"小括号包含的表达式所匹配到的字符串"不仅在匹配结束后可以使用，在匹配过程中也可以使用。表达式后面的部分可以引用前面"括号内的子匹配已经匹配到的字符串"。引用方法是 "\" 加上一个数字。"\1" 引用第 1 对括号内匹配到的字符串，"\2" 引用第 2 对括号内匹配到的字符串，以此类推，如果一对括号内包含另一对括号，则外层的括号先排序号。换句话说，哪一对的左括号 "(" 在前，那这一对就先排序号。举例如下：

举例 1：表达式 "('|")(.*?)(\1)" 在匹配 'Hello',"World" 时，匹配结果是：成功；匹配到的内容是："'Hello'"。再次匹配下一个时，可以匹配到 ""World""。

举例 2：表达式 "(\w)\1{4,}" 在匹配 "aa bbbb abcdefg ccccc 111121111 999999999" 时，匹配结果是：成功；匹配到的内容是 "ccccc"。再次匹配下一个时，将得到 999999999。这个表达式要求 "\w" 范围的字符至少重复 5 次，注意与 "\w{5,}" 之间的区别。

举例 3：表达式 "\<(\w+)\s*(\w+(=('|").*?\4)?\s*)*\>.*?\</\1\>" 在匹配 "\<td id='td1' style="bgcolor:white"\>\</td\>" 时，匹配结果是成功。如果"\<td\>"与"\</td\>"不配对，则会匹配失败；如果改成其他配对，也可以匹配成功。

3. 预搜索，不匹配；反向预搜索，不匹配

前面的章节中，我们讲到了几个代表抽象意义的特殊符号："^"、"$" 和 "\b"。它们都有一个共同点，那就是：它们本身不匹配任何字符，只是对"字符串的两头"或者"字符之间的缝隙"附加了一个条件。理解这个概念以后，本节将继续介绍另一种对"两头"或者"缝隙"附加条件的更加灵活的表示方法。

1）正向预搜索："(?=xxxxx)"，"(?!xxxxx)"

格式："(?=xxxxx)"，在被匹配的字符串中，它对所处的"缝隙"或者"两头"附加的条件是：所在缝隙的右侧必须能够匹配上 xxxxx 这部分表达式。因为它只是在此作为这个缝隙上附

加的条件，所以它并不影响后面的表达式去真正匹配这个缝隙之后的字符。这就类似于 "\b"，本身不匹配任何字符。"\b" 只是把所在缝隙之前、之后的字符取来进行一下判断，不会影响后面的表达式真正地匹配。

举例 1：表达式 "Windows(?=NT|XP)" 在匹配"Windows 98,Windows NT,Windows 2000"时，将只匹配"Windows NT"中的"Windows"，其他的"Windows"字样则不被匹配。

举例 2：表达式 "(\w)((?=\1\1\1)(\1))+" 在匹配字符串 "aaa ffffff 999999999" 时，将可以匹配 6 个 "f" 的前 4 个，可以匹配 9 个 "9" 的前 7 个。这个表达式可以解读成：重复 4 次以上的字母数字，则匹配其剩下最后 2 位之前的部分。

格式："(?!xxxxx)"，所在"缝隙"的右侧必须不能匹配 xxxxx 这部分表达式。

举例 3：表达式 "((?!\bstop\b).)+" 在匹配 "fdjka ljfdl stop fjdsla fdj" 时，将从头一直匹配到 "stop" 之前的位置，如果字符串中没有 "stop"，则匹配整个字符串。

举例 4：表达式 "do(?!\w)" 在匹配字符串 "done,do,dog" 时，只能匹配 "do"。在本例中，"do" 后面使用 "(?!\w)" 和使用 "\b" 的效果是一样的。

2）反向预搜索："(?<=xxxxx)"，"(?<!xxxxx)"

这两种格式的概念和正向预搜索类似，反向预搜索要求的条件是：所在缝隙的"左侧"，两种格式分别要求必须能够匹配和必须不能够匹配指定表达式，而不是去判断右侧。与"正向预搜索"一样的是：它们都是对所在缝隙的一种附加条件，本身都不匹配任何字符。

举例 5：表达式 "(?<=\d{4})\d+(?=\d{4})" 在匹配 "1234567890123456" 时，将匹配除了前 4 个数字和后 4 个数字之外的中间 8 个数字。

5.11.3　其他通用规则

还有一些在各个正则表达式引擎之间比较通用的规则，在前面的讲解过程中没有提到。

（1）表达式中，可以使用 "\xXX" 和 "\uXXXX" 表示一个字符（"X" 表示一个十六进制数），如表 5-19 所示。

表5-19　"\xXX" 和 "\uXXXX" 表示的字符范围

形　　式	字 符 范 围
\xXX	编号在 0~255 范围的字符，比如空格可以使用 "\x20" 表示
\uXXXX	任何字符可以使用 "\u" 加上其编号的 4 位十六进制数表示，比如 "\u4E2D"

（2）在表达式 "\s" 、"\d"、"\w"、"\b"表示特殊意义的同时，对应的大写字母表示相反的意义，如表 5-20 所示。

表5-20　在表达式"\s"、"\d"、"\w"、"\b"表示特殊意义的同时，对应的大写字母可匹配的字符

表 达 式	可 匹 配
\S	匹配所有非空白字符（"\s"可匹配各个空白字符）
\D	匹配所有的非数字字符
\W	匹配所有的字母、数字、下画线以外的字符
\B	匹配非单词边界，即左右两边都是 "\w" 范围或者左右两边都不是 "\w" 范围的字符缝隙

（3）在表达式中有特殊意义，需要添加 "\" 才能匹配该字符本身的字符汇总，如表 5-21 所示。

表5-21　在表达式中有特殊意义，需要添加"\"才能匹配该字符本身的字符汇总

字　　符	说　　明
^	匹配输入字符串的开始位置。要匹配 "^" 字符本身，请使用 "\^"
$	匹配输入字符串的结尾位置。要匹配 "$" 字符本身，请使用 "\$"
( )	标记一个子表达式的开始和结束位置
[ ]	用来自定义能够匹配多种字符的表达式
{ }	修饰匹配次数的符号。要匹配大括号，请使用 "\{" 和 "\}"
.	匹配除了换行符（\n）以外的任意一个字符。要匹配小数点本身，请使用 "\."
?	修饰匹配次数为 0 次或 1 次。要匹配 "?" 字符本身，请使用 "\?"
+	修饰匹配次数为至少 1 次。要匹配 "+" 字符本身，请使用 "\+"
*	修饰匹配次数为 0 次或任意次。要匹配 "*" 字符本身，请使用 "*"
|	该字符左右两边表达式之间为"或"关系。匹配 "|" 本身，请使用 "\\|"

5.11.4　表达式属性

常用的表达式属性有 Ignorecase、Singleline、Multiline、Global，具体说明如表 5-22 所示。

表5-22　常用的表达式属性

表达式属性	说　　明
Ignorecase	默认情况下，表达式中的字母是要区分大小写的。配置为 Ignorecase 可使匹配时不区分大小写。有的表达式引擎，把大小写概念延伸至 UNICODE 范围的大小写
Singleline	默认情况下，小数点 "." 匹配除了换行符（\n）以外的字符。配置为 Singleline 可使小数点可匹配包括换行符在内的所有字符
Multiline	默认情况下，表达式"^"和"$"只匹配字符串的开始①和结尾④位置。如： ①xxxxxxxxx②\n ③xxxxxxxxx④ 配置为 Multiline 可以使"^"匹配①外，还可以匹配换行符之后，下一行开始前③的位置，使"$"匹配④外，还可以匹配换行符之前，一行结束②的位置
Global	主要在将表达式用来替换时起作用，配置为 Global 表示替换所有的匹配

5.11.5　QRegExp 类

Qt 中有两类不同的正则表达式：一类为元字符，表示一个或多个常量表达式；另一类为转义字符，代表一个特殊字符。其中，元字符有表 5-23 所示的这些。

表5-23　元字符

元　字　符	说　　明
.	匹配任意单个字符。例如，1.3 可能是 1。后面跟任意字符，再跟 3
^	匹配字符串首。例如，^12 可能是 123，但不能是 312，即 12 必须在开头
$	匹配字符串尾。例如，12$可以是 312，但不能是 123，即 12 必须在字符串末尾
[ ]	匹配括号内输入的任意字符。[123]可以为 1、2 或 3
*	匹配任意数量的前导字符。例如，1*2 可以为任意数量个 1（甚至没有），后面跟一个 2

（续表）

元　字　符	说　　明
+	匹配至少一个前导字符。例如，1+2 必须为一个或多个 1，后面跟一个 2
?	匹配一个前导字符或为空。例如，1?2 可以为 2 或这 12

Qt 中的转义字符基本和 C++的转义字符相同，比如\. 匹配"."、\^匹配"^"、\$匹配"$"、\[匹配"["、\]匹配"]"、*匹配"*"、\+匹配"+"、\?匹配"?"、\b 匹配响铃字符，使计算机发出嘟的一声、\t 表示制表符号、\n 表示换行符号、\r 表示回车符、\s 表示任意空格、\xnn 匹配十六进制的 nn 字符、\0nn 匹配八进制的 nn 字符。

1. 构造函数

QRegExp 类是 Qt 的正则表达式类。其构造函数有 3 种形式：

（1）默认构造函数：

```
def __init__(self) -> None: ...
```

该构造函数产生一个空的正则表达式对象。

（2）拷贝构造函数：

```
def __init__(self, rx: 'QRegExp') -> None: ...
```

该构造函数复制一个正则表达式对象。

（3）模式构造函数：

```
def __init__(self, pattern: str, cs: Qt.CaseSensitivity = ..., syntax:
'QRegExp.PatternSyntax' = ...) -> None: ...
```

该构造函数产生指定匹配模式的正则表达式对象。

2. QRegExp 的统配模式

QRegExp 是以 Perl 的正则表达式为基础发展而来的，可以使用简单的通配符匹配，或者纯字符匹配，也可以使用正则表达式匹配。使用 setPatternSyntax 可以切换不同的匹配模式。比如通过成员函数 setPatternSyntax 可以将元字符设置为统配模式，在统配模式下，只有 3 个元字符可以使用，它们的功能没有变化。这 3 个元字符是：

（1）?：匹配任意单个字符。例如 1?2 可以为 1，后面跟任意单个字符，再跟 2。

（2）*：匹配任意一个字符序列。例如 1*2 可以为 1，后面跟任意数量的字符，再跟一个 2。

（3）[]：匹配一个定义的字符集合。例如，[a-zA-Z\.]可以匹配 a~z 的任意一个字符集合。[^a]匹配小写 a 以外的字符。

3. 常用的成员函数

QRegExp 类的常用函数如下。

1）isValid

该函数判断正则表达式是否合法，声明如下：

```
def isValid(self) -> bool: ...
```

若合法则返回 True，否则返回 False。例如：

```
exp1 = QRegExp("c[9]");
valid = exp1.isValid(); #返回 True
exp1=QRegExp("c[9");
valid = exp1.isValid(); #返回 False
```

2）errorString

该函数检查正则表达式是否有错误，声明如下：

```
def errorString(self) -> str: ...
```

和 isValid 类似，当有错误时返回"no error occurred"，无错误时返回"unexpected end"。

3）isEmpty

该函数判断正则表达式是否为空，声明如下：

```
def isEmpty(self) -> bool: ...
```

当采用默认构造函数生成正则表达式时，此函数返回 True，否则返回 False。比如：

```
exp1 = QRegExp()
valid = exp1.isEmpty(); #返回 True
```

4）caseSensitivity

判断正则表达式是否大小写敏感，声明如下：

```
def setCaseSensitivity(self, cs: Qt.CaseSensitivity) -> None: ...
```

5）cap 和 capturedTexts

前者获得捕捉的每一项，index 从 1 开始，后者则获得整个捕捉列表。该函数声明如下：

```
def cap(self, nth: int = ...) -> str: ...
def capturedTexts(self) -> typing.List[str]: ...
```

6）exactMatch

返回是否整串匹配，匹配一部分也返回 False。该函数声明如下：

```
def exactMatch(self, str: str) -> bool: ...
```

7）indexIn

搜索字符串以找到匹配的字串，返回索引值，失败则返回-1。该函数声明如下：

```
 def indexIn(self, str: str, offset: int = ..., caretMode: 'QRegExp.CaretMode'
= ...) -> int: ..
```

8） matchedLength

该函数返回匹配的串的长度，声明如下：

```
def matchedLength(self) -> int: ...
```

9）pattern

该函数获得匹配模式，声明如下：

```
def pattern(self) -> str: ...
```

10）setPattern

该函数设置匹配模式，声明如下：

```
def setPattern(self, pattern: str) -> None: ...
```

11）patternSyntax

获取模式支持语法（通配符），具体取值是枚举值：RegExp、RegExp2、Wildcard、FixedString，默认为 RegExp。该函数声明如下：

```
def patternSyntax(self) -> 'QRegExp.PatternSyntax': ...
```

12）setPatternSyntax

设置模式支持语法（通配符）。该函数声明如下：

```
def setPatternSyntax(self, syntax: 'QRegExp.PatternSyntax') -> None: ...
```

4. 常用的正则表达式搭配

这里我们归纳一下常用的正则表达式，如表 5-24 所示。

表5-24　常用的正则表达式

常用的正则表达式	说　　明
"^\d+$"	非负整数（正整数+0）
"^[0-9]*[1-9][0-9]*$"	正整数
"^((-\d+)|(0+))$"	非正整数（负整数+0）
"^-[0-9]*[1-9][0-9]*$"	负整数
"^-?\d+$"	整数
"^\d+(\.\d+)?$"	非负浮点数（正浮点数+0）
"^(([0-9]+\.[0-9]*[1-9][0-9]*)|([0-9]*[1-9][0-9]*\.[0-9]+)|([0-9]*[1-9][0-9]*))$"	正浮点数
"^((-\d+(\.\d+)?)|(0+(\.0+)?))$"	非正浮点数（负浮点数+0）
"^(-(([0-9]+\.[0-9]*[1-9][0-9]*)|([0-9]*[1-9][0-9]*\.[0-9]+)|([0-9]*[1-9][0-9]*)))$"	负浮点数
"^(-?\d+)(\.\d+)?$"	浮点数
"^[A-Za-z]+$"	由 26 个英文字母组成的字符串
"^[A-Z]+$"	由 26 个英文字母的大写组成的字符串
"^[a-z]+$"	由 26 个英文字母的小写组成的字符串
"^[A-Za-z0-9]+$"	由数字和 26 个英文字母组成的字符串
"^\w+$"	由数字、26 个英文字母或者下画线组成的字符串
"^[\w-]+(\.[\w-]+)*@[\w-]+(\.[\w-]+)+$"	E-mail 地址
"^[a-zA-z]+://(\w+(-\w+)*)(\.(\w+(-\w+)*))*(\?\S*)?$"	url

（续表）

常用的正则表达式	说　明
"^(\d{2}|\d{4})-((0([1-9]{1}))|(1[1|2]))-((([0-2]([1-9]{1}))|(3[0|1]))$"	年—月—日
"^((0([1-9]{1}))|(1[1|2]))/(([0-2]([1-9]{1}))|(3[0|1]))/(\d{2}|\d{4})$"	月/日/年
"^([\w-.]+)@((([0-9]{1,3}.[0-9]{1,3}.[0-9]{1,3}.)|(([\w-]+.)+))([a-zA-Z]{2,4}|[0-9]{1,3})(]?)$"	E-mail
"(\d+-)?(\d{4}-?\d{7}|\d{3}-?\d{8}|^\d{7,8})(-\d+)?"	电话号码
"^(\d{1,2}|1\dd|2[0-4]\d|25[0-5]).(\d{1,2}|1\dd|2[0-4]\d|25[0-5]).(\d{1,2}|1\dd|2[0-4]\d|25[0-5]).(\d{1,2}|1\dd|2[0-4]\d|25[0-5])$"	IP 地址
"^([0-9A-F]{2})(-[0-9A-F]{2}){5}$"	MAC 地址的正则表达式
"^[-+]?\d+(\.\d+)?$"	值类型正则表达式

比如我们限制 lineEdit 编辑框只能输入./字符和数字，示例代码如下：

```
#限制 lineEdit 编辑框只能输入./字符和数字
reg = QRegExp('[0-9./]+$')
validator = QRegExpValidator(self)
validator.setRegExp(reg)
self.lineEditSubNet.setValidator(validator)
```

关于实例，等第 5.12 节行编辑框学完后再给出，具体可以见 5.23 节中的例子"行编辑框和正则表达式联合作战"。

5.12　行编辑框 QLineEdit

QLineEdit 类提供了单行文本编辑框。QLineEdit 允许用户输入和编辑单行纯文本，提供了很多有用的编辑功能，包括撤销和重做、剪切和粘贴以及拖放（函数是 setDragEnabled），通过改变输入框的 echoMode()，同时也可以设置为一个"只写"字段，用于输入密码等。

文本的长度可以被限制为 maxLength()，可以使用一个 validator() 或 inputMask() 来任意限制文本。当在同一个输入框中切换验证器和输入掩码的时候，最好是清除验证器或输入掩码，防止不确定的行为。

编辑框是开发中经常会用到的控件，Qt 居然还专门提供了单行编辑框，难道多行编辑框不可以包括单行编辑框的功能吗？当然，Qt 的控件功能越细化，越贴心。Qt 把编辑控件分为单行编辑框和多行编辑框，主要用于降低编程的复杂性，比如 VC 中的编辑控件如果要实现多行功能，则需要进行更多的设置和编程。另外，虽然行编辑器也是可以纵向拉大的，但依旧只能在一行输入内容，而且对回车换行键是没反应的，如图 5-59 所示。

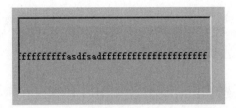

图 5-59

5.12.1　常用的成员函数

QLineEdit 类常用的成员函数如表 5-25 所示。

表5-25　QLineEdit类常用的成员函数

常用的成员函数	说　明
setEchoMode	设置输入方式，比如参数是 QLineEdit.Password 的时候，则输入的内容以星号表示，即密码输入方式
setPlaceholderText	设置占位符
setText	设置编辑框内的文本
setReadOnly	设置编辑框为只读模式，无法进行编辑
setEnabled	设置是否激活行编辑框
isModified	判断文本是否被修改
selectAll	选中框内所有文本
displayText	返回显示的文本
selectedText	返回被选中的文本
text	返回输入框的当前文本
setMaxLength	设置文本的最大允许长度

5.12.2　描述输入框显示其内容的枚举

子类 EchoMode 可以用来描述输入框如何显示其内容，具体取值如表 5-26 所示。

表5-26　子类EchoMode的具体取值

常　量	值	说　明
Normal	0	正常显示输入的字符，默认选项
NoEcho	1	不显示任何输入，常用于密码类型及其密码长度都需要保密的时候
Password	2	显示平台相关的密码掩码字符，而不是实际的字符输入
PasswordEchoOnEdit	3	在编辑的时候显示字符，负责显示密码类型

5.12.3　对齐方式

QLineEdit 还可以设定文字对齐方式，比如置左对齐（Qt.AlignLeft）、置中对齐（Qt.AlignCenter）与置右对齐（Qt.AlignRight）等设定方式。获取和设置文本对齐方式的函数如下：

```
def alignment(self) -> QtCore.Qt.Alignment: ...
def setAlignment(self, flag: typing.Union[QtCore.Qt.Alignment,
```

```
QtCore.Qt.AlignmentFlag]) -> None: ...
```

5.12.4 获取和设置选择的文本

获取和设置选中的文本的函数如下：

```
def selectedText(self) -> str: ...
def setSelection(self, a0: int, a1: int) -> None: ...
```

其中，a0 是要选中文本的字符的索引，基于 0 开始；a1 是要选中文本的长度。通过 setSelection 函数设置选中的文本后，就可以用 selectedText 函数来得到选中的文本。值得注意的是，我们如果手动选中编辑框内的一段文本后，单击按钮，在按钮单击信号槽函数中调用 selectedText 函数，则不会返回选中的文本（笔者当初困惑了许久）。要选中文本，必须调用 setSelection 函数。

5.12.5 常用信号

QLineEdit 类常用的信号如表 5-27 所示。

表5-27 QLineEdit类常用的信号

信　　号	说　　明
cursorPositionChanged	光标位置改变，发射信号
editingFinished	当编辑完成按回车键，发射信号
returnPressed	光标在行编辑框内按回车键，发射信号
selectionChanged	选择的文本发生变化时，发射信号
textChanged	文本内容改变时，发射信号。通过 text 可以在槽函数中获得当前编辑框中的内容
textEdited	当文本被编辑时，发射该信号。 当使用 setText()改变文本时，textEdited()信号也会发射

5.12.6 限制字符的输入

编辑框经常用于某些特定字符的输入，比如只能输入英文字符，只能输入数字，只能输入小数，等等。

如果我们要限制用户只能输入正整数，可使用整型验证器类 QIntValidator，比如：

```
aIntValidator = QIntValidator()
self.lineEdit_3.setValidator(aIntValidator);
```

这样，编辑框 lineEdit_3 只能输入整数，并且长度不会很长，不会超过存储整数的整型内存单元长度。其中，QLineEdit 的成员函数 setValidator 将此行编辑设置为仅接受验证器对象的输入。这允许用户对可能输入的文本设置任意约束。该函数声明如下：

```
def setValidator(self, a0: QtGui.QValidator) -> None: ...
```

其中参数 a0 是验证器对象。QValidator 类可以派生出 QIntValidator，除了整数限制器类外，还可以派生出小数（浮点数）限制器类 QDoubleValidator，比如我们要让行编辑器只能输入正负小数：

```
aDoubleValidator = QDoubleValidator()
self.lineEdit_3.setValidator(aDoubleValidator)
```

更强大的用于限制用户输入的验证器类是 QRegExpValidator，该类配合正则表达式，几乎可以制造出任意限制方式。比如限制用户只能输入任意长度的正整数：

```
reg = QRegExp("[0-9]+$")
validator = QRegExpValidator(reg)
self.lineEdit_4.setValidator(validator)
```

其中，QRegExpValidator 类用于根据正则表达式检查字符串，这个正则表达式使用 QRegExp 类来表示，QRegExp 对象就是 QRegExpValidator 的构造函数参数。QRegExp 对象可以在构建 QRegExpValidator 时提供，也可以在稍后的时候提供。QRegExp 类前面介绍过了，这里不再赘述。

【例 5.23】行编辑框和正则表达式联合作战

（1）启动 PyCharm，新建一个工程，工程名是 pythonProject。

（2）首先在对话框上设计界面，因为本例对话框上的控件较多。我们一行一行地讲，就是对话框上的某一行的控件一起完成一种功能。为了更方便地对一行进行标记，我们用控件 groupBox 把一行上的控件围起来。另外，只要是界面设计，肯定要在 QtDesigner 上拖拉控件，如果要为某个控件添加信号槽，肯定需要两步，第一步是在 Qt Designer 上添加信号和槽函数的关联，第二步是在 PyCharm 中添加该槽函数的实现代码，想必这个流程读者应该很熟悉了。下面为了简洁明了，只说明为某控件添加某信号的槽函数，比如为按钮添加 clicked 信号的槽函数。

打开 Qt Designer，新建一个 Dialog without Buttons 对话框，我们拖放一个分组框（Group Box）到对话框上，并设置 title 属性为“第 1 行”，然后拖放一个标签（Label）控件、一个按钮控件和一个单行编辑（Line Edit）按钮到分组框上。其中单行编辑框的 objectName 为 lineEdit，并设置 echoMode 属性为 Password，这样编辑框中所输入的内容为星号形状，符合密码输入所需的保密特征。接着设置标签控件的 text 是“输入口令”，按钮控件的 text 是“得到输入的口令”。为按钮添加 clicked 信号的槽函数如下：

```
def onc1(self):
    QMessageBox.information(self, "note", self.lineEdit.text());
```

我们通过 QLineEdit 的成员函数 text 来得到编辑框中的文本内容，这样就可以得到用户输入的密码了。

（3）返回对话框界面，再拖拉一个分组框（Group Box）到对话框上，并设置 title 属性为“第 2 行”，然后拖放两个按钮控件和一个单行编辑（Line Edit）按钮到分组框上，按钮控件分别放置在编辑框两边。其中单行编辑框的 objectName 为 lineEdit_2，左边按钮的 text 属性为“设置文本”，右边按钮的 text 属性为“返回选中的文本”。接着，为 text 属性为“设置文本”的按钮添加 clicked 信号的槽函数如下：

```
def onc3(self):
    self.lineEdit_2.setText("boys and girls")
    len1 = len(self.lineEdit_2.text())
    self.lineEdit_2.setSelection(0, len1)
```

在上述代码中，先用 QLineEdit 的成员函数 setText 设置编辑中的内容，再调用成员函数 setSelection 来选中编辑框中的文本，第一个参数是字符起始位置，第二个参数是选中字符的个数，这里我们全选，因此用 len 函数计算出 self.lineEdit_2.text() 的长度。

接下来，再为 text 属性为"返回选中的文本"的按钮添加 clicked 信号的槽函数如下：

```
def onc2(self):
    QMessageBox.information(self, "note", self.lineEdit_2.selectedText())
```

该按钮用于显示其左边编辑框中被选中的文本，所以直接调用 QLineEdit 的成员函数 selectedText 即可，该函数返回 setSelection 所选中的文本，而不是我们人工鼠标选中的文本，这一点要注意。

（4）返回对话框界面，我们再拖拉一个分组框（Group Box）到对话框上，并设置 title 属性为"第 3 行"，然后拖拉两个按钮和单行编辑框到分组框上，按钮位于单行编辑框两边，并设置编辑框的 objectName 属性为 lineEdit_3，设置左边按钮的 text 属性为"只限输入整数（有长度限制）"，然后为其添加 clicked 信号的槽函数：

```
def onc4(self):
    aIntValidator =  QIntValidator()
    self.lineEdit_3.setValidator(aIntValidator);
    self.pushButton_4.setEnabled(False);
```

前两行代码用于限制输入整型数据，QIntValidator 类是整型验证器类，它的对象指针传给函数 setValidator 即可。第三行用于设置按钮不可用，用户单击该按钮后，就不可用了，这是为了表明这个按钮已经按过，以防搞不清是否按过了该按钮。

再设置右边按钮的 text 属性为"只限小数"，并设置其 objectName 属性为 pushButton_12，然后为其添加 clicked 信号的槽函数：

```
def onc12(self):
    aDoubleValidator = QDoubleValidator();
    self.lineEdit_3.setValidator(aDoubleValidator);
    self.pushButton_12.setEnabled(False);
```

前两行代码用于限制输入浮点型数据，QDoubleValidator 类是浮点型验证器类，它的对象指针传给 setValidator 函数即可。第三行用于设置按钮不可用，用户单击本按钮后就不可用了，表明这个按钮被单击过了。

（5）返回对话框界面，我们再拖拉一个分组框（Group Box）到对话框上，并设置 title 属性为"第 4 行"，然后拖拉 1 个按钮和单行编辑框到分组框上，按钮位于单行编辑框左边，并设置编辑框的 objectName 属性为 lineEdit_4，设置左边按钮的 text 属性为"只限输入整数（任意长度）"，然后为其添加 clicked 信号的槽函数：

```
def onc5(self):
    self.lineEdit_4.setValidator(QRegExpValidator(QRegExp("[0-9]+$")));
    self.pushButton_5.setEnabled(False);
    self.lineEdit_4.setFocus();
```

这个按钮也是用来设置单行编辑框只能输入整数的，但长度可以为任意长，除非到行编辑框自身限制，不会因为数值所占内存空间的大小而限制，因为我们在这里用了正则表达式来检查用户的输入，所以确保用户输入 0 和 9 之间的有效字符（包括 0 和 9）。第二行代码用于设置按钮不可用，第三行代码用于设置行编辑器的焦点，方便用户输入。

（6）返回对话框界面，我们再拖拉一个分组框（Group Box）到对话框上，并设置 title 属性为 "第 5 行"，然后拖拉 1 个按钮和单行编辑框到分组框上，按钮位于单行编辑框左边，并设置按钮的 objectName 为 pushButton_6，编辑框的 objectName 属性为 lineEdit_5，设置左边按钮的 text 属性为 "限制浮点数输入范围为[-180,180]并限定为小数位后 4 位"，然后为其添加 clicked 信号的槽函数，代码如下：

```
def onc6(self):
    rx = QRegExp("^-?(180|1?[0-7]?\\d(\\.\\d{1,4})?)$");
    pReg = QRegExpValidator(rx, self);
    self.lineEdit_5.setValidator(pReg);
    self.pushButton_6.setEnabled(False);
    self.lineEdit_5.setFocus();
```

我们依旧用 QRegExpValidator 类这个验证器来限制用户输入范围为[-180,180]并限定为小数位后 4 位，QRegExp 用于构造正则表达式的类。setValidator 函数用于向单行编辑器设置验证器对象指针。

（7）返回对话框界面，我们再拖拉一个分组框（Group Box）到对话框上，并设置 title 属性为 "第 6 行"，然后拖拉 1 个按钮和单行编辑框到分组框上，按钮位于单行编辑框左边，并设置按钮的 objectName 为 pushButton_7，编辑框的 objectName 属性为 lineEdit_6，设置左边按钮的 text 属性为 "限制浮点数输入范围为[-999999.9999,999999.9999]"，然后为其添加 clicked 信号的槽函数：

```
def onc7(self):
    rx = QRegExp("^(-?[0]|-?[1-9][0-9]{0,5})(?:\\.\\d{1,4})?$|(^\\t?$)");
    pReg = QRegExpValidator(rx, self);
    self.lineEdit_6.setValidator(pReg);
    self.pushButton_7.setEnabled(False);
    self.lineEdit_6.setFocus();
```

（8）返回对话框界面，我们再拖拉一个分组框（Group Box）到对话框上，并设置 title 属性为 "第 7 行"，然后拖拉 1 个按钮和单行编辑框到分组框上，按钮位于单行编辑框左边，并设置按钮的 objectName 为 pushButton_8，编辑框的 objectName 属性为 lineEdit_7，设置左边按钮的 text 属性为 "限制浮点数输入范围为[-180,180]"，然后为其添加 clicked 信号的槽函数，代码如下：

```
def onc8(self):
    rx = QRegExp("^-?(180|1?[0-7]?\\d(\\.\\d+)?)$");
    pReg = QRegExpValidator(rx, self);
    self.lineEdit_7.setValidator(pReg);
    self.pushButton_8.setEnabled(False);
    self.lineEdit_7.setFocus();
```

这里我们限制浮点数输入范围为[-180,180]，但并不限制只能是小数点后 4 位，所以和第 5 行有所不同。

（9）返回对话框界面，我们再拖拉一个分组框（Group Box）到对话框上，并设置 title 属性为 "第 8 行"，然后拖拉 1 个按钮和单行编辑框到分组框上，按钮位于单行编辑框左边，并设置按钮的 objectName 为 pushButton_9，编辑框的 objectName 属性为 lineEdit_8，设置左边按钮的 text 属性为"限制只能输入英文和数字"，然后为其添加 clicked 信号的槽函数，代码如下：

```
void Dialog::on_pushButton_9_clicked()
{
    QRegExp rx("[a-zA-Z0-9]+$");
    QValidator *validator = new QRegExpValidator(rx, this );
    ui->lineEdit_8->setValidator( validator );
    ui->pushButton_9->setEnabled(false);
    ui->lineEdit_8->setFocus();
}
```

在这个按钮代码中，我们限制用户只能输入英文和数字，所以正则表达式的范围是 a-zA-Z0-9。

（10）返回对话框界面，我们再拖拉一个分组框（Group Box）到对话框上，并设置 title 属性为"第 9 行"，然后拖拉 1 个按钮和单行编辑框到分组框上，按钮位于单行编辑框左边，并设置按钮的 objectName 为 pushButton_10，编辑框的 objectName 属性为 lineEdit_9，设置左边按钮的 text 属性为"限制只能输入英文"，然后为其添加 clicked 信号的槽函数，代码如下：

```
def onc10(self):
    rx = QRegExp("[a-zA-Z]+$");
    validator = QRegExpValidator(rx, self);
    self.lineEdit_9.setValidator(validator);
    self.pushButton_10.setEnabled(False);
    self.lineEdit_9.setFocus();
```

在这个按钮代码中，我们限制用户只能输入英文，所以正则表达式的范围是 a-zA-Z，分别是小写的英文和大写的英文。

（11）返回对话框界面，我们再拖拉一个分组框（Group Box）到对话框上，并设置 title 属性为"第 10 行"，然后拖拉 1 个按钮和单行编辑框到分组框上，按钮位于单行编辑框左边，并设置按钮的 objectName 为 pushButton_11，编辑框的 objectName 属性为 lineEdit_10，设置左边按钮的 text 属性为"限制只能输入英文、数字、负号和小数点"，然后为其添加 clicked 信号的槽函数，代码如下：

```
def onc11(self):
    rx = QRegExp("[a-zA-Z0-9][a-zA-Z0-9.-]+$");
    validator = QRegExpValidator(rx, self);
    self.lineEdit_10.setValidator(validator);
    self.pushButton_11.setEnabled(False);
    self.lineEdit_10.setFocus();
```

这个按钮我们限制只能输入英文、数字、负号和小数点，这也是比较常用的限制输入。

另外，别忘记在本文件开头导入相关类：

```
import sys
from PyQt5.QtCore import  QRegExp
from PyQt5.QtGui import  QRegExpValidator, QIntValidator, QDoubleValidator
```

（12）按【Shift+F10】快捷键运行工程，运行结果如图 5-60 所示。

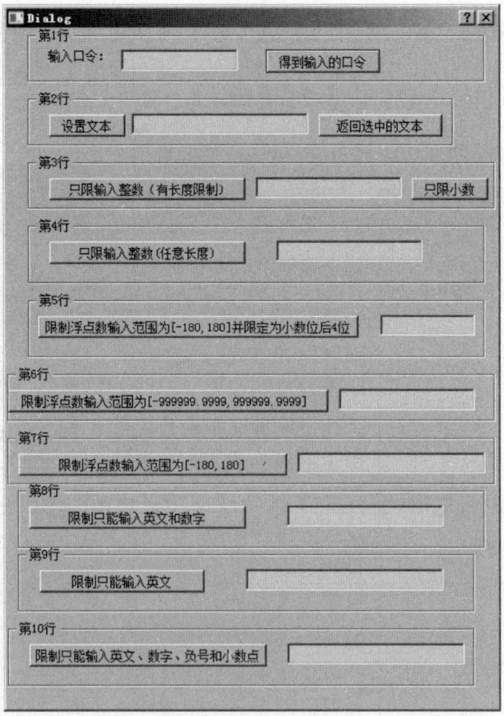

（此处为图 5-60 所示界面，包含第1行至第10行的各类输入限制控件）

图 5-60

5.13 进度条控件 QProgressBar

Qt 提供了两种显示进度条的方式：一种是 QProgressBar，提供了一种横向或者纵向显示进度的控件表示方式，用来描述任务的完成情况，如图 5-61 所示。

另一种是 QProgressDialog，提供了一种针对慢速过程的进度对话框表示方式，用于描述任务完成的进度情况。标准的进度条对话框包括一个进度显示条、一个取消按钮及一个标签，如图 5-62 所示。

图 5-61

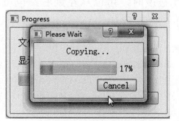

图 5-62

在实际开发中，QProgressBar 用得多一些。

5.13.1 QProgressBar 的常用函数

QProgressBar 类的常用成员函数如表 5-28 所示。

表5-28 QProgressBar类的常用成员函数

公有成员函数	说 明
def __init__(self, parent: typing.Optional[QWidget]= ...)->None: ...	构造函数
setAlignment	设置对齐方式
Alignment	获取对齐方式
setTextVisible	隐藏进度条文本
isTextVisible	判断进度条文本是否可见
setFormat	用于生成当前文本字串
公有槽函数	描述
setRange	设置进度条范围
setMinimum	设置进度条最小值
setMaximum	设置进度条最大值
setValue	设置当前的运行值
reset	让进度条重新回到开始
setOrientation	设置进度条为水平或垂直方向,默认是水平方向(Qt.Horizontal),要使用 Qt.Horizontal,则需要导入 Qt 类,比如 from PyQt5.QtCore import Qt

这里复习一下公有槽函数(Public Slots)。槽是普通的类成员函数,能被正常调用,它们唯一的特性就是能和信号相关联。当和其关联的信号被发射时,这个槽就会被调用。槽能有参数,但槽的参数不能有默认值。既然槽是普通的成员函数,因此和其他的函数相同,它们也有存取权限。槽的存取权限决定了谁能够和其相关联。与普通的类成员函数相同,槽函数也分为 3 种类型,即 public slots、private slots 和 protected slots。

5.13.2 进度方向

当水平显示进度时,可以从左到右,也可以从右到左;同样,当垂直显示进度时,可以从上到下,也可以从下到上。比如:

```
from PyQt5.QtCore import Qt
m_pLeftToRightProBar = QProgressBar(this);
m_pLeftToRightProBar.setOrientation(Qt.Horizontal);    #水平方向
m_pLeftToRightProBar.setMinimum(0);    #最小值
m_pLeftToRightProBar.setMaximum(100);    #最大值
m_pLeftToRightProBar.setValue(50);    #当前进度


m_pRightToLeftProBar = QProgressBar(self);
m_pRightToLeftProBar.setOrientation(Qt.Horizontal);    #水平方向
m_pRightToLeftProBar.setMinimum(0);    #最小值
m_pRightToLeftProBar.setMaximum(100);    #最大值
m_pRightToLeftProBar.setValue(50);    #当前进度
```

```
m_pRightToLeftProBar.setInvertedAppearance(true);          #反方向
```

这段代码运行效果如图 5-63 所示。

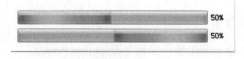

图 5-63

5.13.3　文本显示

成员函数 setFormat 可用于设置进度字符串的格式，比如百分比、总步数等。该函数声明如下：

```
def setFormat(self, format: str) -> None: ...
```

其中参数 format 为要设置的进度字符串。其中%p%表示百分比，这是默认的显示方式；%v 表示当前进度；%m 表示总步数。用法示例如下：

```
from PyQt5.QtCore import Qt
m_pProgressBar = QProgressBar(self);
m_pProgressBar.setOrientation(Qt.Horizontal);  #水平方向
m_pProgressBar.setMinimum(0);          #最小值
m_pProgressBar.setMaximum(4800);       #最大值
m_pProgressBar.setValue(2000);         #当前进度
#百分比计算公式
dProgress = (m_pProgressBar->value() - m_pProgressBar->minimum()) * 100.0
            / (m_pProgressBar->maximum() - m_pProgressBar->minimum());
s = str.format("current progress:%d" % 41.7)
m_pProgressBar.setFormat(s)
m_pProgressBar.setAlignment(Qt.AlignLeft | Qt.AlignVCenter);  // 对齐方式
```

这段代码运行结果如图 5-64 所示。

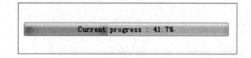

图 5-64

5.13.4　繁忙指示

如果最小值和最大值都设置为 0，则进度条会显示一个繁忙指示，而不会显示当前的值。比如：

```
from PyQt5.QtCore import Qt
m_pProgressBar = QProgressBar(self);
m_pProgressBar.setOrientation(Qt.Horizontal);  #水平方向
m_pProgressBar.setMinimum(0); #最小值
m_pProgressBar.setMaximum(0); #最大值
```

这段代码运行结果如图 5-65 所示。

图 5-65

【例 5.24】进度条的基本使用

（1）启动 PyCharm，新建一个工程，工程名是 pythonProject。

（2）启动 Qt Designer，新建一个 Dialog without Buttons 对话框，从控件工具箱中找到进度条控件，如图 5-66 所示。

然后把它拖拉到对话框上，并放置一个按钮和标签控件，设置按钮的标题是"开始"，设计界面如图 5-67 所示。

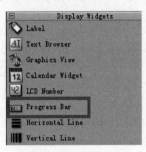

图 5-66

图 5-67

添加"开始"按钮的槽函数 onc1()，把这个界面设计保存到 mydlg.ui 文件中，回到 PyCharm，然后把 mydlg.ui 文件转换为 mydlg.py 文件，接着为按钮添加单击信号槽函数，代码如下：

```
def onc1(self):
    nMaxValue = 100000;
    self.progressBar.setRange(0, 65500);  #设置进度条的范围
    for i in range(0, nMaxValue):
        self.progressBar.setValue(i);  #设置进度条的当前位置
        str1=str(i);  #把数字转为字符串
        self.label.setText(str1);  #在标签控件上显示
```

此时运行工程，单击"开始"按钮，可以发现进度条能工作了。

（3）按【Shift+F10】快捷键运行工程，运行结果如图 5-68 所示。

图 5-68

5.14　布局管理器

Qt 的布局管理系统提供了简单而强大的机制来自动排列一个窗口中的部件，确保它们有效地使用空间。QLayout 类是布局管理器的基类，它是一个抽象基类。一般只需要使用 QLayout 的几个子类就可以了，它们分别是：

```
QBoxLayout（基本布局管理器）
QGridLayout（栅格布局管理器）
QFormLayout（窗体布局管理器）
QStackedLayout（栈布局管理器）
```

5.14.1　基本布局管理器 QBoxLayout

基本布局管理器 QBoxLayout 类可以使子部件在水平方向或者垂直方向排成一列，它将所有的空间分成一行盒子，然后将每个部件放入一个盒子中。它有两个子类：QHBoxLayout 水平布局管理器和 QVBoxLayout 垂直布局管理器。布局管理器的几个属性如表 5-29 所示。

表5-29　布局管理器的几个属性

属　性	说　明
layoutName	现在所使用的布局管理器的名称
layoutLeftMargin	设置布局管理器到界面左边界的距离
layoutTopMargin	设置布局管理器到界面上边界的距离
layoutRightMargin	设置布局管理器到界面右边界的距离
layoutBottomMargin	设置布局管理器到界面下边界的距离
layoutSpacing	布局管理器中各个子部件间的距离
layoutStretch	伸缩因子
layoutSizeConstraint	设置的大小约束条件

比如，下列代码实现水平布局：

```
layout = QHBoxLayout()  #实例化水平布局管理器
layout.addWidget(self.progressBar);    #向布局管理器中添加部件
layout.addWidget(self.fontComboBox);   #向布局管理器中添加部件
layout.addWidget(self.textEdit);       #向布局管理器中添加部件
layout.setSpacing(50);                 #设置部件间的间隔
#设置布局管理器到边界的距离，4 个参数的顺序是左、上、右、下
layout.setContentsMargins(0, 0, 50, 100);
self.setLayout(layout);
```

5.14.2　栅格布局管理器 QGridLayout

栅格布局管理器 QGridLayout 类使得部件在网格中进行布局，它将所有的空间分隔成一些行和列，行和列的交叉处就形成了单元格，然后将部件放入一个确定的单元格中。比如：

```
layout = QGridLayout()  #添加部件，从第 0 行 0 列开始，占据 1 行 2 列
#添加部件，从第 0 行 2 列开始，占据 1 行 1 列
```

```
layout.addWidget(self.fontComboBox, 0, 0, 1, 2);
#添加部件，从第 1 行 0 列开始，占据 1 行 3 列
layout.addWidget(self.pushButton, 0, 2, 1, 1);
layout.addWidget(ui.textEdit, 1, 0, 1, 3);
self.setLayout(layout);
```

当部件加入一个布局管理器中，然后这个布局管理器再放到一个窗口部件上时，这个布局管理器以及它包含的所有部件都会自动重新定义自己的父对象（Parent）为这个窗口部件，所以在创建布局管理器和其中的部件时并不用指定父部件。

5.14.3 窗体布局管理器 QFormLayout

窗体布局管理器 QFormLayout 类用来管理表单的输入部件和与它们相关的标签。窗体布局管理器将它的子部件分为两列，左边是一些标签，右边是一些输入部件，比如行编辑器或者数字选择框等。

第6章

PyQt 数据库编程

在实际开发中，大多数应用都需要用到数据库技术以管理各种信息，PyQt 为此提供了相应的模块和组件，使得对数据库的开发变得非常简单。

6.1 数据库的基本概念

6.1.1 数据库

数据库是指以一定的组织形式存放在计算机存储介质上的相互关联的数据的集合，它由一个或多个表（即数据表）组成。每一个表中都存储了某种实体对象的数据描述，一个典型的数据表如表 6-1 所示。

表6-1 一个典型的数据表

书　　号	书　　名	页　　数	分　　类
001	小学数学习题集	300	教辅类
002	电工技术	253	电子技术类

表的每一列描述了实体的一个属性，如书号、书名、页数和分类等，而表的每一行则是对一个对象的具体描述。一般将表中的一行称作记录（Record）或行（Row），将表的每一列称作字段（Field）或列（Column）。数据库通常还包括一些附加结构用来维护数据。

根据数据规模以及网络架构，数据库大体上分为本地数据库和网络数据库两种。本地数据库也称桌面数据库，是指运行在本地计算机，不与其他计算机交互数据的数据库系统，常用于小规模数据管理，常见的本地数据库系统有 Visual FoxPro、Access 和 SQLite，其中 SQLite 现在很流行。网络数据库是指把数据库技术引入计算机网络系统中，借助网络技术将存储于数据库中的大量信息及时发布出去，而计算机网络借助成熟的数据库技术对网络中的各种数据进行有效管理，并实现用户与网络中的数据库进行实时动态数据交互。网络数据库系统常用于大规模的数据管理，可以用于架设 C/S 或 B/S 分布式系统，常见的网络数据库系统有 MS SQL Server、Oracle 和 MySQL 等，其中 Oracle 是"老大"，MySQL 是"小弟"。

6.1.2 DBMS

DBMS（Database Management System，数据库管理系统）是一种操纵和管理数据库的大型软件，用于建立、使用和维护数据库。它对数据库进行统一地管理和控制，以保证数据库的安全性和完整性。有了 DBMS，用户可以访问数据库中的数据，数据库管理员也可以对数据库进行维护工作。它可以使多个应用程序和用户用不同的方法在同一时刻或不同时刻去建立、修改和查询数据库。

6.1.3 SQL

SQL（Structure Query Language，结构化查询语言）是一种用于数据库查询和编程的语言，用于存取数据以及查询、更新和管理关系数据库系统。SQL 语言是高级的非过程化编程语言，允许用户在高层数据结构上工作。它不要求用户指定对数据的存放方法，也不需要用户了解具体的数据存放方式，所以具有完全不同底层结构的不同数据库系统可以使用相同的结构化查询语言作为数据输入与管理的接口。SQL 语言的语句可以嵌套，这使它具有极大的灵活性和强大的功能。SQL 语言基本上独立于数据库本身、使用的机器、网络、操作系统。

6.2 QtSql 模块

QtSql 模块提供了一个平台无关且数据库无关的访问 SQL 数据库的接口，即独立于平台和数据库。PyQt 现在都是通过一个一个模块来对某种功能进行支持，数据库的功能也是通过模块支持的。PyQT 通过 QtSql 模块提供了对 SQL 数据库的支持。

QtSql 模块提供如表 6-2 所示的类来对 SQL 数据库进行访问。

表6-2　QtSql模块提供的类

类	说　明
QSQL	包含整个 QtSql 模块中使用的各种标识符
QSqlDriverCreatorBase	SQL 驱动程序工厂的基类
QSqlDriverCreator	模板类，为特定驱动程序类型提供 SQL 驱动程序工厂
QSqlDatabase	表示与数据库的连接
QSqlDriver	用于访问特定 SQL 数据库的抽象基类
QSqlError	SQL 数据库的错误信息
QSqlField	处理 SQL 数据库表和视图中的字段
QSqlIndex	用于操作和描述数据库索引的函数
QSqlQuery	执行和操作 SQL 语句的方法
QSqlRecord	封装数据库记录
QSqlResult	用于从特定 SQL 数据库访问数据的抽象接口
QSqlQueryModel	SQL 结果集的只读数据模型
QSqlRelationalTableModel	具有外键支持的单个数据库表的可编辑数据模型
QSqlTableModel	单个数据库表的可编辑数据模型

这些类可以分为 3 层：驱动层、SQL 接口层和用户接口层。值得注意的是，在使用任何这些类

之前，必须先实例化 QCoreApplication 对象。

6.2.1　驱动层

驱动层为具体的数据库和 SQL 接口层之间提供了底层的桥梁，主要类包括 QtSql 模块中的 QSqlDriver、QSqlDriverCreator、QSqlDriverCreatorBase、QSqlDriverPlugin 和 QSqlResult。

QtSql 模块使用数据库驱动插件和不同的数据库接口进行通信。由于 Qt 的 SQL 模块的接口是独立于数据库的，因此所有具体数据库的代码包含在这些驱动中。PyQT 本身提供了多种数据库驱动，并且可以添加其他数据库驱动。PyQt 提供的数据库驱动源码可以作为编写自定义驱动的模型。

PyQt 支持哪些数据库驱动呢？这里我们通过一个小程序来输出。

【例 6.1】输出 PyQt 支持的数据库驱动

（1）启动 PyCharm，新建一个工程，工程名是 pythonProject。

（2）启动 Qt Designer，新建一个 Dialog without Buttons 对话框。从控件工具箱中拖拉一个按钮到对话框上，然后添加 clicked 信号的槽函数 onc1。把这个界面设计保存到 mydlg.ui 文件中，关闭 Qt Designer。

（3）回到 PyCharm，在 main.py 中添加如下代码：

```
import sys
from PyQt5.QtSql import QSqlDatabase, QSqlQuery, QSqlTableModel

from mydlg import Ui_Dialog
from PyQt5.QtWidgets import *
class CMainDlg(QDialog, Ui_Dialog):
    def __init__(self):
        super(CMainDlg, self).__init__()
        self.setupUi(self)

    def onc1(self):
        print(QSqlDatabase.drivers());

if __name__ == '__main__':
    app = QApplication(sys.argv)
    window = CMainDlg()
    window.show()
    sys.exit(app.exec())
```

我们通过数据库类 QSqlDatabase 的成员函数 drivers() 来返回 Qt 支持的所有数据库驱动，然后全部打印出来。

（4）保存工程并运行，单击按钮，在 Run 上输出结果如下：

```
['QSQLITE', 'QODBC', 'QODBC3', 'QPSQL', 'QPSQL7']
```

其中，QODBC 用于支持 Window 系统上的数据库，比如 Access；QSQLITE 用于支持 SQLite 数据库；QMYSQL 用于支持 MySQL 数据库。

6.2.2　SQL 接口层

SQL 接口层提供了对数据库的访问，主要类包括 QtSql 模块中的 QSqlDatabase、QSqlQuery、QSqlError、QSqlField、QSqlIndex 和 QSqlRecord。QSqlDatabase 类用于创建数据库连接，QSqlQuery 用于使用 SQL 语句实现与数据库交互。

6.2.3　用户接口层

用户接口层主要包括 QtSql 模块中的 QSqlQueryModel、QSqlTableModel、QSqlRelationalTableModel。用户接口层的类实现了将数据库中的数据链接到窗口部件上，是使用模型/视图框架实现的，是更高层次的抽象，即便不熟悉 SQL，也可以操作数据库。需要注意的是，在使用用户接口层的类之前必须先实例化 QCoreApplication 对象。

6.3　访问数据库

访问数据库的第一步是连接数据库。PyQt 允许在一个程序中创建一个或多个数据库连接。连接数据库需要导入相应的类：

```
from PyQt5.QtSql import QSqlDatabase, QSqlQuery
```

6.3.1　访问微软的 Access

1. 准备 64 位的 Access

微软的 Access 数据库是比较常见的桌面数据库。我们安装微软 Office 软件的时候，可以选择安装 Access 软件。这里我们使用 64 位的 Access 2013，建议使用 64 位的 Access，笔者最初用了 32 位的 Access 2010，花费了 1 天都没连接成功，估计是现在的 PyQt 对低版本的 32 位的 Access 不支持了。在 Access 2010 中，依次单击菜单选项"文件"→"帮助"，在右边就可以看到版本号，如图 6-1 所示。

64 位的 Access 2013 可以在安装 64 位的 Office 2013 时一同安装。安装时最好查看一下是不是 64 位的。安装完毕后，我们要确认一下是不是 64 位的版本。打开 Access 2013，新建一个空白数据库，然后依次单击菜单选项"文件"→"账户"，此时可以在右边看到"关于 Access"，如图 6-2 所示。

关于 Microsoft Access

版本: 14.0.4760.1000 (32 位)
其他版本和版权信息
Microsoft Office Professional Plus 2010 的一部分
© 2010 Microsoft Corporation. 保留所有权利。

图 6-1 　　　　　　　　　　图 6-2

随后在出现的"关于 Microsoft Access"对话框上可以确认是 64 位，如图 6-3 所示。

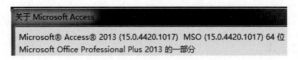

图 6-3

至此，Access 这个桌面数据库软件就准备好了。下面开始新建数据库。

2. 新建数据库

这里使用 64 位的微软 Access 2013 数据库软件（其他版本使用方法类似）来建立数据库。数据库的名字是 cardb，数据库中包含一张表，表名是 car。用 Access 2013 软件建立数据库表的步骤如下：

在磁盘某个文件夹下右击，在快捷菜单上依次选择菜单选项"新建"→"Microsoft Access 数据库"，新建一个 cardb.mdb 文件，然后双击以打开它。打开后，切换到"创建"，然后在工具栏上选择"表设计"，此时可以输入"字段名称"和"数据类型"等内容，如图 6-4 所示。

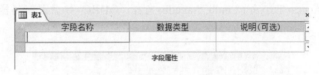

图 6-4

然后输入内容，最终输入结果如图 6-5 所示。

最后在左上角单击"保存"按钮，保存该表为 cardb，如图 6-6 所示。

图 6-5

图 6-6

单击"确定"按钮。此时系统会提示还没定义主键，直接单击"确定"按钮，这样就为表 car 添加了一个主键。主键是整个表中具有唯一值的一个字段或一组字段，主键值可用于引用整条记录，因为每条记录都具有不同的键值。每个表只能有一个主键。虽然主键不是必须要有的，但是有了主键可以保证表的完整性，加快数据库的操作速度。

至此，我们已经建立了一个简单的数据库，并且其中有一个表 car，但目前这个表是空的，还没有内容，双击左边的 cardb 来添加一些记录。添加的内容如图 6-7 所示。

编号	车号	车名	整备	长度	宽度	轴距
1	SN001	帕萨特	1455	4872	1834	2803
2	SN002	君威	1585	4843	1856	2737
3	SN003	奥迪A4L	1590	4761	1826	2869
4	SN004	JEEP自由光	1735	4649	1859	2705
* (新建)			0	0	0	0

图 6-7

单击"保存"按钮,关闭数据库。至此,数据库就建好了。下面开始访问数据库。

3. 访问 Access 数据库

PyQt 访问 Access 数据库的基本步骤如下:

1）通过 addDatabase 函数添加数据库驱动

Access 数据库对应的 Qt 驱动是 QODBC,可以这样调用:

```
self.db = QSqlDatabase.addDatabase("QODBC")
```

2）设置数据库名称

通过 QSqlDatabase 的成员函数 setDatabaseName 设置数据库名称,比如:

```
ldb.setDatabaseName("DRIVER={Microsoft Access Driver (*.mdb, *.accdb)};FIL={MS
Access};DBQ=e://ex//cardb.mdb");
```

注意：Microsoft Access Driver (*.mdb, *.accdb)来自"ODBC 数据源管理器"对话框中的驱动程序,如图 6-8 所示。

图 6-8

注意*.mdb,后面有一个空格。这里不需要在 ODBC 数据源管理器中添加数据库文件,因为我们在 setDatabaseName 中指定了具体的数据库文件,比如 e://ex//cardb.mdb。

3）打开数据库

通过 QSqlDatabase 的成员函数 open 打开数据库,比如:

```
if not self.db.open():
    print("open failed."+str(self.db.lastError().number()))#catch db error
    lastError = self.db.lastError();
    print(lastError.driverText());
else:
    print("open db ok.")
```

如果打开成功, open 函数返回 true,否则返回 false,如果打开失败,我们可以用 db.lastError().number()得到错误码,QsqlError.driverText()得到错误信息。db.lastError 返回 QSqlError 对象。

4）执行查询等操作

```
mquery = QSqlQuery(self.db)
```

```
isok = mquery.exec("select * from car;");
if  isok == True:
    print("query ok.")
```

5）定位记录，得到查询结果

```
mquery.next();  #定位到第一行记录
print(mquery.value(1)) #得到本行记录的第 1 列
print(mquery.value(2)) #得到本行记录的第 2 列
```

6）清除结果集，关闭数据库

```
mquery.clear();  #清除结果集
db.close();      #如果该连接不再使用，就可以关闭
```

【例 6.2】查询 cardb 中的所有记录

（1）启动 PyCharm，新建一个工程，工程名是 pythonProject。

（2）启动 Qt Designer，新建一个 Dialog without Buttons 对话框。从控件工具箱中拖拉一个按钮到对话框上，然后添加 clicked 信号的槽函数 onc1。把这个界面设计保存到 mydlg.ui 文件中，关闭 Qt Designer。

（3）回到 PyCharm，在 main.py 中添加如下代码：

```
import sys
from PyQt5.QtSql import QSqlDatabase, QSqlQuery, QSqlTableModel, QSqlError

from mydlg import Ui_Dialog
from PyQt5.QtWidgets import *
class CMainDlg(QDialog, Ui_Dialog):
    def __init__(self):
        super(CMainDlg, self).__init__()
        self.setupUi(self)

    def onc1(self):
        self.db = QSqlDatabase.addDatabase("QODBC")
        self.db.setDatabaseName("DRIVER={Microsoft Access Driver (*.mdb,
*.accdb)};FIL={MS Access};DBQ=e://ex//cardb.mdb");
        if not self.db.open():
            print("open failed."+str(self.db.lastError().number()))#catch db
error
            lastError = self.db.lastError();
            print(lastError.driverText());
        else:
            print("open db ok.")
            mquery = QSqlQuery(self.db)
            isok = mquery.exec("select * from car;");
            if  isok == True:
                print("query ok.")
                while mquery.next():
                    str1= str(mquery.value(1))+" "+str(mquery.value(2))+"
"+str(mquery.value(3))+" "+str(mquery.value(4))+" "+str(mquery.value(5))+"
"+str(mquery.value(6))
                    print(str1)
                mquery.clear();
```

```
            self.db.close();

if __name__ == '__main__':
    app = QApplication(sys.argv)
    window = CMainDlg()
    window.show()
    sys.exit(app.exec())
```

我们在按钮 clicked 信号的槽函数 onc1 中实现了打开数据库、执行查询，并返回了记录。

（4）按【Shift+F10】快捷键运行工程，运行结果如下：

```
open db ok.
query ok.
SN001 帕萨特 1455 4872 1834 2803
SN002 君威 1585 4843 1856 2737
SN003 奥迪 A4L 1590 4761 1826 2869
SN004 JEEP 自由光 1735 4649 1859 2705
```

6.3.2 访问 SQLite 数据库

虽然 Access 是当今桌面上的主流数据库，功能也很强大，但在 Linux 领域却无法使用，而另一款桌面数据库 SQLite（官网 www.sqlite.org）却可以跨平台，发展势头相当迅猛。

Qt 对一些基本数据库访问的封装可谓是极大地方便了开发人员，现在我们就来学习 Qt 对 SQLite 这个数据库的读写。SQLite 是一个比较小型的本地数据库，对于保存一些软件配置参数或量不是很大的数据是相当方便，Qt 本身已经自带了 SQLite 的驱动，直接使用相关的类库即可。这里我们主要来说明 Qt 访问 SQLite 数据库的 3 种方式（即使用 3 种类库来访问），分别为 QSqlQuery、QSqlQueryModel 和 QSqlTableModel，对于这 3 种类库，可看作一个比一个上层，也就是封装的更厉害，甚至第 3 种 QSqlTableModel 根本就不需要开发者懂 SQL 语言，也能操作 SQLite 数据库。当然，最灵活的方式是通过 QSqlQuery，它可以通过强大的 SQL 语言来操作数据，因此 QSqlQuery 使用的场合更多些，这里主要介绍 QSqlQuery 类的使用。

Qt 可以直接新建和操作 SQLite 数据库，不需要再安装 SQLite。但可以去网站 www.sqliteexpert.com/下载 SQLite 数据库管理工具 SQLiteExpertProSetup64.exe，这样方便我们查看数据库中的表，安装完毕后的界面如图 6-9 所示。

图 6-9

1. 新建 SQLite 数据库

QSqlDatabase 类提供了成员函数 setDatabaseName 用于新建数据库，并提供了成员函数 open 用于打开数据库。QSqlDatabase 的一个实例表示连接。该连接通过受支持的数据库驱动程序之一提供对数据库的访问，该驱动程序派生自 QSqlDriver。

调用 QSqlDatabase 的成员函数 setDatabaseName 就可以新建 SQLite 数据库，如果指定目录下没有数据库文件，则会在该目录下生成一个空的数据库文件，否则连接该文件。

【例 6.3】新建 SQLite 数据库

（1）启动 PyCharm，新建一个工程，工程名是 pythonProject。

（2）启动 Qt Designer，新建一个 Dialog without Buttons 对话框。从控件工具箱中拖拉一个按钮到对话框上，然后添加 clicked 信号的槽函数 onc1。把这个界面设计保存到 mydlg.ui 文件中，关闭 Qt Designer。

（3）回到 PyCharm，在 main.py 中添加代码如下：

```
import sys
from PyQt5.QtCore import qDebug
from PyQt5.QtSql import QSqlDatabase, QSqlQuery, QSqlTableModel, QSqlError
from mydlg import Ui_Dialog
from PyQt5.QtWidgets import *
class CMainDlg(QDialog, Ui_Dialog):
    def __init__(self):
        super(CMainDlg, self).__init__()
        self.setupUi(self)

    def onc1(self):
        db = QSqlDatabase.addDatabase("QSQLITE")
        #如果本目录下没有该文件， 则会在本目录下生成，否则连接该文件
        db.setDatabaseName("mylite.dat");
        if not db.open():
            qDebug(db.lastError().text())
        else:
            print('create db ok')
        db.close();

if __name__ == '__main__':
    app = QApplication(sys.argv)
    window = CMainDlg()
    window.show()
    sys.exit(app.exec())
```

（4）按【Shift+F10】快捷键运行工程，运行结果如下：

```
create ok
```

此时到工程目录下查看，可以看到多一个 0 字节的文件 mylite.dat，这就是我们新建的 SQLite 数据库文件。创建成功后，该文件默认为空的，然后就可以使用 QSqlQuery 类来操作该数据库，QSqlQuery 类使用的是 SQL 语句，如果只需要使用高层次的数据库接口（不关心 SQL 语法），我们

可以选择 QSqlTableModel 和 QSqlRelationalTableModel。这节介绍通过 QSqlQuery 类使用 SQL 语法。

2. 新建表并添加记录

通过 QSqlQuery 类的成员函数 exec()来执行 DML（数据操作语言）语句，如 SELECT、INSERT、UPDATE 和 DELETE 来操作数据库表，以及 DDL（数据定义语言）语句来新建数据。比如：

```
query = QSqlQuery(self.db)
query.exec("DROP TABLE students");      #删除名为 students 的表
```

又比如创建表的代码：

```
query = QSqlQuery(self.db)
query.exec("CREATE TABLE students ("
            "id INTEGER PRIMARY KEY AUTOINCREMENT, "
            "name VARCHAR(40) NOT NULL, "
            " score INTEGER NOT NULL, "
            "class VARCHAR(40) NOT NULL)");
```

这段代码创建一个 students 表，字段名分别为 id、name、score、class。其中"PRIMARY KEY AUTOINCREMENT,"表示该列为整数递增，如果为空，则自动填入 1，然后在下面的每一行都会自动加 1，PRIMARY KEY 则表示该列作为列表的主键，通过它可以轻易地获取某一行数据。VARCHAR(40)表示该列为可变长字符串，默认只能存储英文和数字或者 UTF-8 编码，最多存储 40字节。INTEGER 表示该列为带符号的整数。NOT NULL 表示该列的内容不为空。

表新建成功后，就可以添加记录了，示例代码如下：

```
query.exec("INSERT INTO students (name, score,class) "
            "VALUES ('小张', 85, '初 2-1 班')");
```

该段代码向 students 表中的(name, score,class)标题下插入一行数据'小张', 85, '初 2-1 班'。

【例 6.4】新建表并添加记录

（1）启动 PyCharm，新建一个工程，工程名是 pythonProject。

（2）启动 Qt Designer，新建一个 Dialog without Buttons 对话框。从控件工具箱中拖拉一个按钮到对话框上，然后添加 clicked 信号的槽函数 onc1。把这个界面设计的结果保存到 mydlg.ui 文件中，关闭 Qt Designer。

（3）回到 PyCharm，在 main.py 中添加如下代码：

```
import sys
from PyQt5.QtCore import qDebug
from PyQt5.QtSql import QSqlDatabase, QSqlQuery, QSqlTableModel, QSqlError
from mydlg import Ui_Dialog
from PyQt5.QtWidgets import *
class CMainDlg(QDialog, Ui_Dialog):
    def __init__(self):
        super(CMainDlg, self).__init__()
        self.setupUi(self)

    def onc1(self):
```

```
        db = QSqlDatabase.addDatabase("QSQLITE")
        #如果本目录下没有该文件，则会在本目录下生成，否则连接该文件
        db.setDatabaseName("students.db");
        if not db.open():
            qDebug(db.lastError().text())
        else:
            print('create db ok')
            query = QSqlQuery(db)
            query.exec("DROP TABLE students"); #先清空一下表
            #创建一个 students 表
            query.exec("CREATE TABLE students ("
                    "id INTEGER PRIMARY KEY AUTOINCREMENT, "
                    "name VARCHAR(40) NOT NULL, "
                    "score INTEGER NOT NULL, "
                    "class VARCHAR(40) NOT NULL)");

            query.exec("insert into students values(1,'Tom',70,'5-2')")
            query.exec("insert into students values(2,'Jack',80,'5-3')")
            query.exec("insert into students values(3,'Peter',90,'5-3')")
            print("create TABLE ok")

        db.close();

if __name__ == '__main__':
    app = QApplication(sys.argv)
    window = CMainDlg()
    window.show()
    sys.exit(app.exec())
```

（4）保存工程并运行，运行结果如下：

```
create db ok
create TABLE ok
```

此时我们可以在工程目录下发现有一个数据库文件 students.db。在 SQLite Expert 中打开文件 students.db，然后切换到 data，就可以看到 students 表内有数据了，如图 6-10 所示。

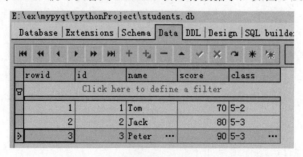

图 6-10

3. 查询表中的内容

有了数据，我们就可以查询表了。我们对图 6-10 生成的 students.db 文件进行查询时，需要使用

WHERE 关键字实现。比如，查询成绩值为 60~80 的学生。

【例 6.5】查询成绩值为 60~80 的学生

（1）启动 PyCharm，新建一个工程，工程名是 pythonProject。

（2）启动 Qt Designer，新建一个 Dialog without Buttons 对话框。从控件工具箱中拖拉一个按钮到对话框上，然后添加 clicked 信号的槽函数 onc1。把这个界面设计的结果保存到 mydlg.ui 文件中，关闭 Qt Designer。

（3）回到 PyCharm，在 main.py 中添加如下代码：

```python
import sys
from PyQt5.QtCore import qDebug
from PyQt5.QtSql import QSqlDatabase, QSqlQuery, QSqlTableModel, QSqlError
from mydlg import Ui_Dialog
from PyQt5.QtWidgets import *
class CMainDlg(QDialog, Ui_Dialog):
    def __init__(self):
        super(CMainDlg, self).__init__()
        self.setupUi(self)


    def onc1(self):
        db = QSqlDatabase.addDatabase("QSQLITE")
        #如果本目录下没有该文件，则会在本目录下生成，否则连接该文件
        db.setDatabaseName("students.db");
        if not db.open():
            qDebug(db.lastError().text())
        else:
            print('open db ok')
            query = QSqlQuery(db)
            query.exec("SELECT * FROM students WHERE score >= 60 AND score <= 80;");
            while query.next():
                id =str(query.value(0))
                name = str(query.value(1))
                score = str(query.value(2))
                classs = str(query.value(3))
                print(id + ' ' + name +' '+ score +' '+ classs)
        db.close();

if __name__ == '__main__':
    app = QApplication(sys.argv)
    window = CMainDlg()
    window.show()
    sys.exit(app.exec())
```

（4）保存工程并运行，运行结果如下：

```
open db ok
1 Tom 70 5-2
2 Jack 80 5-3
```

对于该例，我们写成其他查询语句，基本只要改变 select 的写法即可，比如还可以判断成绩大

于等于 80 或者班级为初 3-3 班的学生：

```
"SELECT * FROM students WHERE score >= 80 OR class == '初 3-3 班';"
```

又比如，通过 GLOB 通配符来匹配班级带有"3-3"的名字：

```
"SELECT * FROM students WHERE class GLOB '*3-3*';"
```

4. 删除表中的内容

删除表中的内容可以通过下列 3 个语句实现。

1）DROP 语句

用来删除整个表，并且连表结构一起删除，删除后只能使用 CREATE TABLE 来重新创建表。

2）TRUNCATE 语句

在 SQLite 中没有该语句，而在 MySQL 中有该语句，用来清除表内的数据，但是表结构不会被删除。

3）DELETE 语句

删除部分记录，并且表结构不会删除，删除的速度比上面两个语句慢，可以配合 WHERE 来删除指定的某行。比如删除 students 表中的所有内容：

```
query.exec("DELETE FROM students");
```

又比如删除 id=3 的一行：

```
query.exec("DELETE FROM students WHERE  id = 3");
```

5. 更新表中的内容

更新表内容一般使用下面两个语句。

1）UPDATE 语句

用来修改表中的内容，可以通过 WHERE 语句来指定修改。比如，修改 score 和 name 所在的列的内容：

```
query.exec("UPDATE  new_students  SET score = 100 , name = '小 A'");
```

又比如判断小于 60 的设为不合格，否则设为合格：

```
query.exec("UPDATE  new_students  SET 结果='不合格'  WHERE  score<60 ");
query.exec("UPDATE  new_students  SET 结果='合格'  WHERE  score>=60 ");
```

2）ALTER TABLE 语句

用来重命名表，或者在已有的表中添加新的一列。比如将 students 重命名为 new_students：

```
query.exec("ALTER TABLE students RENAME TO new_students");
```

又比如向 new_students 表中添加新的一列，标题为结果，内容格式为 VARCHAR：

```
query.exec("ALTER TABLE  new_students ADD COLUMN 结果 VARCHAR(10)");
```

可以看出，最根本的是要灵活掌握 SQL 语法，这样才能方便自如地操作数据库。

第 7 章

PyQt 文件编程

PyQt 是基于 Python 的开发工具，如果要在 PyQt 下进行文件编程，通常可以采用两种方式：一种是直接用 Python 提供的文件编程接口，这对于已经学过 Python 的朋友来说比较方便，当然笔者也会照顾没有很好地学过 Python 的朋友，会讲述一些 Python 文件编程的基本概念；另一种方式是利用 PyQt 自身提供的库函数进行文件编程，它封装的更为方便，而且和 VC/MFC 库的文件编程方式类似，对于 Windows 程序员来讲学习坡度不陡。我们这里将同时使用这两种方式。

7.1　Qt 下的 Python 文件编程

和其他编程语言一样，Python 也具有操作文件（I/O）的能力，比如打开文件、读取和追加数据、插入和删除数据、关闭文件、删除文件等。除了提供文件操作基本的函数之外，Python 还提供了很多模块，例如 fileinput 模块、pathlib 模块等，通过引入这些模块，我们可以获得大量实现文件操作可用的函数和方法（类属性和类方法），大大提高编写代码的效率。

7.1.1　文件路径

当程序运行时，变量是保存数据的好方法，但变量、序列以及对象中存储的数据是暂时的，程序结束后就会丢失，如果希望程序结束后数据仍然保持，就需要将数据保存到文件中。Python 提供了内置的文件对象，以及对文件、目录进行操作的内置模块，通过这些技术可以很方便地将数据保存到文件（如文本文件等）中。

关于文件，它有两个关键属性，分别是文件名和路径。其中，文件名指的是为每个文件设定的名称，而路径则用来指明文件在计算机上的位置。例如，笔者的 Windows 7 笔记本上有一个文件名为 projects.docx（句点之后的部分称为文件的"扩展名"，它指出了文件的类型），它的路径在 D:\demo\exercise，也就是说，该文件位于 D 盘下 demo 文件夹中的 exercise 子文件夹下。

通过文件名和路径可以分析出，project.docx 是一个 Word 文档，demo 和 exercise 都是指文件夹（也称为目录）。文件夹可以包含文件和其他文件夹，例如 project.docx 在 exercise 文件夹中，该文件夹又在 demo 文件夹中。

注意，路径中的 D:\指的是根文件夹，它包含所有其他文件夹。在 Windows 中，根文件夹名为 D:\，也称为 D:盘。在 OS X 和 Linux 中，根文件夹是/。本教程使用的是 Windows 风格的根文件夹，如果你在 OS X 或 Linux 上输入交互式环境的例子，请用"/"代替"\"。

另外，附加卷（如 DVD 驱动器或 USB 闪存驱动器）在不同的操作系统上的显示也不同。在 Windows 上，它表示为新的、带字符的根驱动器，如 D:\或 E:\。在 OS X 上，它表示为新的文件夹，在/Volumes 文件夹下。在 Linux 上，它表示为新的文件夹，在/mnt 文件夹下。同时也要注意，虽然文件夹名称和文件名在 Windows 和 OS X 上是不区分字母大小写的，但在 Linux 上是区分字母大小写的。

在 Windows 上，路径书写使用反斜杠"\"作为文件夹之间的分隔符。但在 OS X 和 Linux 上，使用正斜杠"/"作为它们的路径分隔符。如果想要程序运行在所有操作系统上，在编写 Python 脚本时，就必须处理这两种情况。

好在，用 os.path.join()函数来处理这件事就很简单。如果将单个文件和路径上的文件夹名称的字符串传递给它，os.path.join()就会返回一个文件路径的字符串，包含正确的路径分隔符，方便我们用于连接两个或更多的路径名。比如：

```
import os
Path1 = 'home'
Path2 = 'develop'
Path3 = 'code'
Path10 = Path1 + Path2 + Path3
Path20 = os.path.join(Path1,Path2,Path3)
print ('Path10 = ',Path10)
print ('Path20 = ',Path20)
```

结果输出如下：

```
Path10 = homedevelopcode
Path20 = home\develop\code
```

下面我们到 PyQt 中使用这个函数。

【例 7.1】查看路径

（1）启动 PyCharm，新建一个工程，工程名是 pythonProject。

（2）启动 Qt Designer，新建一个 Dialog without Buttons 对话框。从控件工具箱中拖拉一个按钮到对话框上，然后添加 clicked 信号的槽函数 onc1。把这个界面设计的结果保存到 mydlg.ui 文件中，关闭 Qt Designer。为了节省篇幅，在本章后文的实例中，这个过程就不再赘述了，代码也只演示 onc1 中的代码。

（3）回到 PyCharm，转换 mydlg.ui 文件，在 main.py 中添加如下代码：

```
import sys
from mydlg import Ui_Dialog
from PyQt5.QtWidgets import *
import os

class CMainDlg(QDialog, Ui_Dialog):
```

```
    def __init__(self):
        super(CMainDlg, self).__init__()
        self.setupUi(self)

    def onc1(self):   #按钮的 clicked 信号的槽函数
        Path20 =os.path.join('demo', 'exercise')
        print(Path20)

if __name__ == '__main__':
    app = QApplication(sys.argv)
    window = CMainDlg()
    window.show()
    sys.exit(app.exec())
```

（4）按【Shift+F10】快捷键运行程序，运行结果如下：

```
demo\exercise
```

如果我们在 print(Path20)那一行设断点，然后按【Shift+F9】快捷键运行到断点行，再把鼠标放在 Path20 上，就可以发现路径其实是包含双斜杠的，如图 7-1 所示。

图 7-1

此程序是在 Windows 上运行的，所以 os.path.join('demo','exercise')返回 'demo\\exercise' （请注意，反斜杠有两个，因为第一个反斜杠字符来表示转义符）。如果在 OS X 或 Linux 上调用这个函数，该字符串就会是 'demo/exercise'.

不仅如此，如果需要创建带有文件名称的文件存储路径，os.path.join()函数同样很有用。例如，下面的例子将一个文件名列表中的名称添加到文件夹名称的末尾：

```
myFiles = ['accounts.txt', 'details.csv', 'invite.docx']
for filename in myFiles:
    print(os.path.join('C:\\demo\\exercise', filename))
```

运行结果如下：

```
C:\demo\exercise\accounts.txt
C:\demo\exercise\details.csv
C:\demo\exercise\invite.docx
```

7.1.2 当前工作目录

每个运行在计算机上的程序都有一个当前工作目录（或 cwd），所有没有从根文件夹开始的文件名或路径都假定在当前工作目录下。注意，虽然文件夹是目录的更新的名称，但当前工作目录（或当前目录）是标准术语，没有当前工作文件夹这种说法。

在 Python 中，调用 os.getcwd() 函数可以获得当前工作路径的字符串，还可以调用 os.chdir() 改变它。

【例 7.2】得到和改变当前工作目录

（1）复制上例，在按钮 clicked 的槽函数 onc1 中添加如下代码：

```python
def onc1(self):
    print(os.getcwd())
    os.chdir('C:\\Windows\\System32')
    print(os.getcwd())
```

（2）按【Shift+F10】快捷键运行程序，运行结果如下：

```
e:\ex\mypyqt\pythonProject
C:\Windows\System32
```

可以看到，原本当前工作路径为 ' e:\ex\mypyqt\pythonProject'（也就是工程目录），通过 os.chdir() 函数将其改成了 'C:\\Windows\\System32'。需要注意的是，如果使用 os.chdir()修改的工作目录不存在，Python 解释器就会报错。了解了当前工作目录的具体含义之后，接下来介绍绝对路径和相对路径各自的含义和用法。

7.1.3　绝对路径与相对路径

一个文件所在的路径有两种表示方式，分别是：

（1）绝对路径：总是从根文件夹开始，Window 系统中以盘符（C：、D：）作为根文件夹，而 OS X 或者 Linux 系统中以"/"作为根文件夹。

（2）相对路径：指的是文件相对于当前工作目录所在的位置。例如，当前工作目录为 "C:\Windows\System32"，若文件 demo.txt 位于这个 System32 文件夹下，则 demo.txt 的相对路径表示为 ".\demo.txt"（其中".\"表示当前所在目录）。

在使用相对路径表示某个文件所在的位置时，除了经常使用".\"表示当前所在目录之外，还会用"..\"表示当前所在目录的父目录，如图 7-2 所示。

	相对路径	绝对路径
C:\	..\	C:\
bacon	.\	C:\bacon
fizz	.\fizz	C:\bacon\fizz
spam.txt	.\fizz\spam.txt	C:\bacon\fizz\spam.txt
spam.txt	.\spam.txt	C:\bacon\spam.txt

图 7-2

如果当前工作目录设置为 C:\bacon，则这些文件夹和文件的相对路径和绝对路径对应为该图右侧所示的样子。

Python os.path 模块提供了一些函数，可以实现绝对路径和相对路径之间的转换，以及检查给定的路径是否为绝对路径，比如：

（1）调用 os.path.abspath(path)将返回 path 参数的绝对路径的字符串，这是将相对路径转换为绝对路径的简便方法。

（2）调用 os.path.isabs(path)，如果参数是绝对路径，就返回 True，如果参数是相对路径，就返回 False。

（3）调用 os.path.relpath(path, start)将返回从 start 路径到 path 的相对路径的字符串。如果没有提供 start，就使用当前工作目录作为开始路径。

（4）调用 os.path.dirname(path)将返回一个字符串，它包含 path 参数中最后一个斜杠之前的所有内容；调用 os.path.basename(path)将返回一个字符串，它包含 path 参数中最后一个斜杠之后的所有内容。

除此之外，如果同时需要一个路径的目录名称和基本名称，就可以调用 os.path.split()获得这两个字符串的元组，例如：

```
path = 'C:\\Windows\\System32\\calc.exe'
os.path.split(path)  #('C:\\Windows\\System32', 'calc.exe')
```

注意，可以调用 os.path.dirname()和 os.path.basename()，将它们的返回值放在一个元组中，从而得到同样的元组。但使用 os.path.split()无疑是很好的快捷方式。同时，如果提供的路径不存在，许多 Python 函数就会崩溃并报错，但好在 os.path 模块提供了以下函数用于检测给定的路径是否存在，以及它是文件还是文件夹：如果 path 参数所指的文件或文件夹存在，调用 os.path.exists(path)将返回 True，否则返回 False；如果 path 参数存在，并且是一个文件，调用 os.path.isfile(path)将返回 True，否则返回 False；如果 path 参数存在，并且是一个文件夹，调用 os.path.isdir(path)将返回 True，否则返回 False。比如：

```
os.path.exists('C:\\Windows')  #True
os.path.exists('C:\\some_made_up_folder')  #False
os.path.isdir('C:\\Windows\\System32')  #True
os.path.isfile('C:\\Windows\\System32')  #False
os.path.isdir('C:\\Windows\\System32\\calc.exe') #False
os.path.isfile('C:\\Windows\\System32\\calc.exe') #True
```

7.1.4　Python 文件的基本操作

在 Python 中，对文件的操作有很多种，常见的操作包括创建、删除、修改权限、读取、写入等，这些操作可大致分为以下两类：

（1）删除、修改权限：作用于文件本身，属于系统级操作。

（2）写入、读取：是文件常用的操作，作用于文件的内容，属于应用级操作。

其中，对文件的系统级操作功能单一，比较容易实现，可以借助 Python 中的专用模块（os、sys 等），并调用模块中的指定函数来实现。例如，假设如下代码文件的同级目录中有一个文件 a.txt，通过调用 os 模块中的 remove 函数可以将该文件删除，具体实现代码如下：

```
import os
os.remove("a.txt")
```

而对于文件的应用级操作，通常需要按照固定的步骤进行操作，且实现过程相对比较复杂，同时也是需要重点讲解的部分。

文件的应用级操作可以分为以下 3 步，每一步都需要借助对应的函数实现：

（1）打开文件：调用 open()函数，该函数会返回一个文件对象。

（2）对已打开的文件进行读/写操作：读取文件内容可调用 read()、readline()以及 readlines()函数；向文件中写入内容可以调用 write()函数。

（3）关闭文件：完成对文件的读/写操作之后，最后需要关闭文件，可以调用 close()函数。

一个文件，必须在打开之后才能对其进行操作，并且在操作结束之后，还应该将其关闭，这 3 步的顺序不能打乱。

以上操作文件的各个函数会各自作为一节进行详细介绍。

7.1.5　打开文件函数

在 Python 中，如果想要操作文件，首先需要创建或者打开指定的文件，并创建一个文件对象，而这些工作可以通过内置的 open()函数实现。

open()函数用于创建或打开指定文件，该函数的常用语法格式如下：

```
file = open(file_name [, mode='r' [ , buffering=-1 [ , encoding = None ]]])
```

此格式中，用[]括起来的部分为可选参数，即可以使用，也可以省略。其中，各个参数所代表的含义如下：

- file：表示要创建的文件对象。
- file_name：要创建或打开的文件的名称，该名称要用引号（单引号或双引号都可以）引起来。需要注意的是，如果要打开的文件和当前执行的代码文件位于同一目录，则直接写文件名即可；否则，此参数需要指定打开文件所在的完整路径。
- mode：可选参数，用于指定文件的打开模式。可选的打开模式如表 7-1 所示。如果不写，则默认以只读（r）模式打开文件。
- buffering：可选参数，用于指定对文件做读写操作时，是否使用缓冲区（本节后续会详细介绍）。
- encoding：手动设定打开文件时所使用的编码格式，不同平台的 encoding 参数值也不同，以 Windows 为例，默认为 cp936（实际上就是 GBK 编码）。

open()函数支持的文件打开模式如表 7-1 所示。

表7-1　open()函数支持的文件打开模式

模　　式	意　　义	注意事项
r	以只读模式打开文件，读文件内容的指针会放在文件的开头	操作的文件必须存在
rb	以二进制格式、采用只读模式打开文件，读文件内容的指针位于文件的开头，一般用于非文本文件，如图片文件、音频文件等	
r+	打开文件后，既可以从头读取文件内容，也可以从开头向文件中写入新的内容，写入的新内容会覆盖文件中等长度的原有内容	
rb+	以二进制格式、采用读写模式打开文件，读写文件的指针会放在文件的开头，通常针对非文本文件（如音频文件）	

（续表）

模　式	意　义	注 意 事 项
w	以只写模式打开文件，若该文件存在，打开时会清空文件中原有的内容	若文件存在,则会清空其原有内容（覆盖文件）；反之,则创建新文件
wb	以二进制格式、只写模式打开文件，一般用于非文本文件（如音频文件）	
w+	打开文件后，会对原有内容进行清空，并对该文件有读写权限	
wb+	以二进制格式、读写模式打开文件，一般用于非文本文件	
a	以追加模式打开一个文件，对文件只有写入权限，如果文件已经存在，文件指针将放在文件的末尾（新写入的内容位于已有内容之后）；反之，则会创建新文件	
ab	以二进制格式打开文件，并采用追加模式，对文件只有写入权限。如果该文件已存在，文件指针位于文件末尾（新写入文件会位于已有内容之后）；反之，则创建新文件	
a+	以读写模式打开文件，如果文件存在，则文件指针放在文件的末尾（新写入的文件位于已有内容之后）；反之，则创建新文件	
ab+	以二进制模式打开文件，并采用追加模式，对文件具有读写权限，如果文件存在，则文件指针位于文件的末尾（新写入的文件位于已有内容之后）；反之，则创建新文件	

　　文件打开模式直接决定了后续可以对文件进行哪些操作。例如，使用 r 模式打开的文件，后续编写的代码只能读取文件，而无法修改文件内容。这里对以上几个容易混淆的文件打开模式的功能做了对比，如图 7-3 所示。

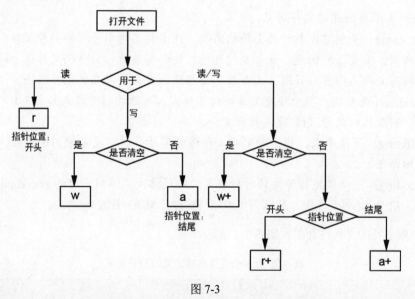

图 7-3

【例 7.3】默认打开 a.txt 文件

　　（1）复制上例，在按钮 clicked 的槽函数 onc1 中添加如下代码：

```
def onc1(self):
    #当前程序文件同目录下没有 a.txt 文件
    file = open("a.txt")
    print(file)
```

当以默认模式打开文件时，默认使用 r 权限，由于该权限要求打开的文件必须存在，如果当前工程目录下没有 a.txt，则运行此代码会报错。因此，需要在工程目录下建立 a.txt。

（2）运行程序，结果如下：

```
<_io.TextIOWrapper name='a.txt' mode='r' encoding='cp936'>
```

可以看到，在当前输出结果中输出了 file 文件对象的相关信息，包括打开文件的名称、打开模式、打开文件时所使用的编码格式。

调用 open()打开文件时，默认采用 GBK 编码。但当要打开的文件不是 GBK 编码格式时，可以在调用 open()函数时手动指定打开文件的编码格式，例如：

```
file = open("a.txt",encoding="utf-8")
```

注意，手动修改 encoding 参数的值仅限于文件以文本的形式打开，也就是说，以二进制格式打开时，不能对 encoding 参数的值做任何修改，否则程序会抛出 ValueError 异常，如下所示：

```
ValueError: binary mode doesn't take an encoding argument
```

通常情况下，建议在调用 open()函数时打开缓冲区，即不需要修改 buffing 参数的值。如果 buffing 参数的值为 0（或者 False），则表示在打开指定文件时不使用缓冲区；如果 buffing 参数的值为大于 1 的整数，该整数用于指定缓冲区的大小（单位是字节）；如果 buffing 参数的值为负数，则代表使用默认的缓冲区大小。

为什么呢？原因很简单，目前为止计算机内存的 I/O 速度仍远远高于计算机外设（例如键盘、鼠标、硬盘等）的 I/O 速度，如果不使用缓冲区，则程序在执行 I/O 操作时，内存和外设必须进行同步读写操作，也就是说，内存必须等待外设输入（输出）一字节之后，才能再次输出（输入）一字节。这意味着，内存中的程序大部分时间都处于等待状态。

而如果使用缓冲区，则程序在执行输出操作时，会先将所有数据都输出到缓冲区中，然后继续执行其他操作，缓冲区中的数据会由外设自行读取处理；同样，当程序执行输入操作时，会先等外设将数据读入缓冲区中，无须同外设做同步读写操作。

成功打开文件之后，可以调用文件对象本身拥有的属性获取当前文件的部分信息，其常见的属性如下：

- file.name：返回文件的名称。
- file.mode：返回打开的文件时，采用的文件打开模式。
- file.encoding：返回打开文件时使用的编码格式。
- file.closed：判断文件是否已经关闭。

值得注意的是，如果要打开一个带绝对路径的文件，有两种写法：

```
file = open("e:/ex/a.txt")
file = open("e://ex//a.txt")
```

这都是合法的。但下面两种写法是不合法的：

```
file = open("e:\ex\a.txt")
file = open("e:\\ex\\a.txt")
```

【例 7.4】使用文件对象的属性

（1）复制上例，在按钮 clicked 的槽函数 onc1 中添加如下代码：

```
def onc1(self):
#以默认方式打开文件
f = open('a.txt')
#输出文件是否已经关闭
print(f.closed)
#输出访问模式
print(f.mode)
#输出编码格式
print(f.encoding)
#输出文件名
print(f.name)
```

其中，a.txt 是工程目录下的文件。

（2）运行程序，结果如下：

```
False
r
cp936
a.txt
```

注意，调用 open()函数打开的文件对象必须手动进行关闭（后续章节会详细讲解），Python 垃圾回收机制无法自动回收打开文件所占用的资源。

7.1.6 读取文件函数

Python 提供了如下 3 种函数，它们都可以帮我们实现读取文件中数据的操作：

● read()函数：逐字节或者字符读取文件中的内容。
● readline()函数：逐行读取文件中的内容。
● readlines()函数：一次性读取文件中的多行内容。

本节先讲解 read()函数的用法，readline()和 readlines()函数会放到后续章节中详细介绍。

对于借助 open()函数，并以可读模式（包括 r、r+、rb、rb+）打开的文件，可以调用 read()函数逐字节（或者逐个字符）读取文件中的内容。

如果文件是以文本模式（非二进制模式）打开的，则 read()函数会逐个字符进行读取；反之，如果文件以二进制模式打开，则 read()函数会逐字节进行读取。

read()函数的基本语法格式如下：

```
file.read([size])
```

其中，file 表示已打开的文件对象；size 作为一个可选参数，用于指定一次最多可读取的字符（字节）个数，如果省略，则默认一次性读取所有内容。

【例 7.5】读取全部文件内容

（1）复制上例，在按钮 clicked 的槽函数 onc1 中添加如下代码：

```
def onc1(self):
    #以 UTF-8 的编码格式打开指定文件
    f = open("a.txt", encoding="utf-8")
    print(f.read()) #输出读取到的数据
    f.close() #关闭文件
```

其中，a.txt 是当前目录下的文件。

（2）运行程序，结果如下：

```
123abc
def456
```

这两行是 a.txt 中的内容。

注意，当操作文件结束后，必须调用 close()函数手动将打开的文件关闭，这样可以避免程序发生不必要的错误。

当然，我们也可以通过使用 size 参数指定 read()每次可读取的最大字符（或者字节）数。

【例 7.6】读取文件部分内容

（1）复制上例，在按钮 clicked 的槽函数 onc1 中添加如下代码：

```
def onc1(self):
    #以 UTF-8 的编码格式打开指定文件
    f = open("a.txt", encoding="utf-8")
    #输出读取到的数据
    print(f.read(6))
    #关闭文件
    f.close()
```

其中，a.txt 是当前目录下的文件。

（2）运行程序，结果如下：

```
123abc
```

显然，该程序中的 read()函数只读取了 my_file 文件开头的 6 个字符。

再次强调，size 表示的是一次最多可读取的字符（或字节）数，因此，即便设置的 size 大于文件中存储的字符（字节）数，read()函数也不会报错，它只会读取文件中所有的数据。除此之外，对于以二进制格式打开的文件，read()函数会逐字节读取文件中的内容。

【例 7.7】以二进制读取文件内容

（1）复制上例，在按钮 clicked 的槽函数 onc1 中添加如下代码：

```
def onc1(self):
    #以二进制形式打开指定文件
    f = open("a.txt", 'rb+')
    print(f.read()) #输出读取到的数据
```

```
f.close() #关闭文件
```

其中，a.txt 是当前目录下的文件。

（2）运行程序，结果如下：

```
b'123abc\r\ndef456'
```

可以看到，输出的数据为 bytes 字节串。我们可以调用 decode()方法将其转换成认识的字符串。另外需要注意一点，想使用 read()函数成功读取文件内容，除了严格遵守 read()的语法外，还要求 open()函数必须以默认可读（包括 r、r+、rb、rb+）打开文件。举个例子，将上面程序中 open 的打开模式改为 w，程序会抛出 io.UnsupportedOperation 异常，提示文件没有读取权限。

7.1.7 按行读取文件

上一小节讲到，如果想读取用 open()函数打开的文件中的内容，除了可以调用 read()函数外，还可以调用 readline()和 readlines()函数。

和 read()函数不同，这两个函数都以行作为读取单位，即每次都读取目标文件中的一行。对于读取以文本格式打开的文件，读取一行很好理解；对于读取以二进制格式打开的文件，它们会以"\n"作为读取一行的标志。

readline()函数用于读取文件中的一行，包含最后的换行符"\n"。此函数的基本语法格式如下：

```
file.readline([size])
```

其中，file 为打开的文件对象；size 为可选参数，用于指定读取每一行时，一次最多读取的字符（字节）数。和 read()函数一样，此函数成功读取文件数据的前提是，调用 open()函数指定打开文件的模式必须为可读模式（包括 r、rb、r+、rb+四种）。

仍以前面章节中创建的 a.txt 文件为例，该文件中有如下两行数据：

```
123abc
def456
```

下面的实例演示了 readline()函数的具体用法。

【例 7.8】读取文件一行数据

（1）复制上例，在按钮 clicked 的槽函数 onc1 中添加如下代码：

```
def onc1(self):
    f = open("a.txt")
    byt = f.readline()#读取一行数据
    print(byt)
```

其中，a.txt 是当前目录下的文件。

（2）运行程序，结果如下：

```
123abc
```

由于 readline()函数在读取文件中的一行内容时，会读取最后的换行符"\n"，再加上 print()函数输出内容时默认会换行，所以输出结果中会看到多出了一个空行。不仅如此，在逐行读取时，还可以限制最多可以读取的字符（字节）数，例如：

```
#以二进制形式打开指定文件
f = open("a.txt",'rb')
byt = f.readline(3)
print(byt)  #b'123'
```

和上一个例子的输出结果相比，由于这里没有完整读取一行数据，因此不会读取到换行符。

readlines()函数用于读取文件中的所有行，它和调用不指定 size 参数的 read()函数类似，只不过该函数返回的是一个字符串列表，其中每个元素为文件中的一行内容。和 readline()函数一样，readlines()函数在读取每一行时，会连同行尾的换行符一起读取。readlines()函数的基本语法格式如下：

```
file.readlines()
```

其中，file 为打开的文件对象。和 read()、readline()函数一样，它要求打开文件的模式必须为可读模式（包括 r、rb、r+、rb+四种）。

【例 7.9】读取文件中的所有行

（1）复制上例，在按钮 clicked 的槽函数 onc1 中添加如下代码：

```
def onc1(self):
    f = open("a.txt", 'rb')
    byt = f.readlines()
    print(byt)
```

其中，a.txt 是当前目录下的文件。

（2）运行程序，结果如下：

```
[b'123abc\r\n', b'def456']
```

7.1.8　向文件中写入数据

Python 中的文件对象提供了 write()函数，可以向文件中写入指定内容。该函数的语法格式如下：

```
file.write(string)
```

其中，file 表示已经打开的文件对象；string 表示要写入文件的字符串（或字节串，仅适用于写入二进制文件中）。注意，在使用 write()向文件中写入数据时，需保证调用 open()函数以 r+、w、w+、a 或 a+的模式打开文件，否则执行 write()函数会抛出 io.UnsupportedOperation 错误。

【例 7.10】向文件写数据

（1）复制上例，在工程目录下创建一个 a.txt 文件，该文件内容如下：

```
123abc
def456
```

在按钮 clicked 的槽函数 onc1 中添加如下代码：

```
def onc1(self):
```

```
f = open("a.txt", 'w')
f.write("helloworld")
f.close()
```

前面已经讲过，如果打开文件模式中包含 w（写入），那么向文件中写入内容时，会先清空原文件中的内容，然后写入新的内容。

（2）运行程序，然后打开 a.txt，其内容如下：

```
helloworld
```

而如果打开文件模式中包含 a（追加），则不会清空原有内容，而是将新写入的内容添加到原内容后边。例如，还原 a.txt 文件中的内容，并修改上面的代码为：

```
f = open("a.txt", 'a')
f.write("\nhelloworld")
f.close()
```

再次打开 a.txt，可以看到如下内容：

```
123abc
def456
helloworld
```

因此，采用不同的文件打开模式，会直接影响 write()函数向文件中写入数据的效果。另外，在写入文件完成后，一定要调用 close()函数将打开的文件关闭，否则写入的内容不会保存到文件中。例如，将上面的程序中最后一行 f.close()删掉，再次运行此程序并打开 a.txt，你会发现该文件是空的。这是因为，当我们在写入文件内容时，操作系统不会立刻把数据写入磁盘，而是先缓存起来，只有调用 close()函数，操作系统才会保证把没有写入的数据全部写入磁盘文件中。除此之外，如果向文件写入数据后，不想马上关闭文件，可以调用文件对象提供的 flush()函数，它可以实现将缓冲区的数据写入文件中。例如：

```
f = open("a.txt", 'w')
f.write("helloworld ")
f.flush()
```

打开 a.txt 文件，可以看到写入的新内容：

```
helloworld
```

有读者可能会想到，通过设置 open()函数的 buffering 参数可以关闭缓冲区，这样数据不就可以直接写入文件中了？对于以二进制格式打开的文件，可以不使用缓冲区，写入的数据会直接进入磁盘文件；但对于以文本格式打开的文件，必须使用缓冲区，否则 Python 解释器会出现 ValueError 错误。比如：

```
f = open("a.txt", 'w',buffering = 0)
f.write("helloworld")
```

在 Python 的文件对象中不仅提供了 write()函数，还提供了 writelines()函数，可以实现将字符串列表写入文件中。注意，写入函数只有 write()和 writelines()函数，而没有名为 writeline 的函数。例如，还是以 a.txt 文件为例，通过调用 writelines()函数可以轻松实现将 a.txt 文件中的数据复制到其他文件中。

【例 7.11】复制数据到其他文件

（1）复制上例，在按钮 clicked 的槽函数 onc1 中添加如下代码：

```python
def onc1(self):
    f = open('a.txt', 'r')
    n = open('b.txt', 'w+')
    n.writelines(f.readlines())
    n.close()
    f.close()
```

如果执行此代码，在 a.txt 文件同级目录下会生成一个 b.txt 文件，且该文件中包含的数据和 a.txt 完全一样。

（2）运行程序，可以看到在工程目录下有一个 b.txt。

需要注意的是，调用 writelines()函数向文件中写入多行数据时，不会自动给各行添加换行符。上面的例子中，之所以 b.txt 文件中会逐行显示数据，是因为 readlines()函数在读取各行数据时，读入了行尾的换行符。

7.1.9　关闭文件

在前面的章节中，对于调用 open()函数打开的文件，我们一直都在用 close()函数将其手动关闭。本节就来详细介绍一下 close()函数。

close()函数专门用来关闭已打开的文件，其语法格式如下：

```python
file.close()
```

其中，file 表示已打开的文件对象。

读者可能一直存在这样的疑问，即使用 open()函数打开的文件，在操作完成之后，一定要调用 close()函数将其关闭吗？答案是肯定的。文件在打开并操作完成之后，就应该及时关闭，否则程序的运行可能出现问题。举一个例子，分析如下代码：

```python
import os
f = open("my_file.txt",'w')
#...
os.remove("my_file.txt")
```

在上述代码中，我们引入了 os 模块，调用了该模块中的 remove()函数，该函数的功能是删除指定的文件。但是，如果运行此程序，Python 解释器会报如下错误：

```
PermissionError: [WinError 32] 另一个程序正在使用此文件,进程无法访问。: 'my_file.txt'
```

显然，由于我们调用 open()函数打开了 my_file.txt 文件，但没有及时关闭，直接导致后续的 remove()函数运行出现错误。因此，正确的程序应该是这样的：

```python
import os
f = open("my_file.txt",'w')
f.close()
```

```
#...
os.remove("my_file.txt")
```

当确定 my_file.txt 文件可以被删除时，再次运行程序，可以发现该文件已经成功被删除了。

再举个例子，如果我们不调用 close()函数关闭已打开的文件，确定不影响读取文件的操作，但会导致 write()或者 writeline()函数向文件中写数据时写入失败。例如：

```
f = open("my_file.txt", 'w')
f.write("hello")
```

程序执行后，虽然 Python 解释器不报错，但打开 my_file.txt 文件会发现，根本没有写入成功。这是因为，在向以文本格式（而不是二进制格式）打开的文件中写入数据时，Python 出于效率的考虑，会先将数据临时存储到缓冲区中，只有调用 close()函数关闭文件时，才会将缓冲区中的数据真正写入文件中。因此，在上面程序的最后添加如下代码：

```
f.close()
```

再次运行程序，就会看到 "hello" 成功写入了 a.txt 文件中。当然，在某些实际场景中，我们可能需要将数据成功写入文件中，但并不想关闭文件。这也是可以实现的，调用 flush()函数即可，例如：

```
f = open("my_file.txt", 'w')
f.write("hello")
f.flush()
```

打开 my_file.txt 文件，会发现已经向文件中成功写入了字符串 "hello"。

7.1.10　seek 和 tell 函数

在讲解 seek()和 tell()函数之前，首先来了解一下什么是文件指针。我们知道，调用 open()函数打开文件并读取文件中的内容时，总是会从文件的第一个字符（字节）开始读起。那么，有没有办法可以自定义读取的起始位置呢？答案是肯定的，这就需要移动文件指针的位置。

文件指针用于标明文件读写的起始位置。假如把文件看成一个水流，文件中每个数据（以 b 模式打开，每个数据就是一字节；以普通模式打开，每个数据就是一个字符）就相当于一个水滴，而文件指针标明了文件将要从哪个位置开始读起。图 7-4 简单示意了文件指针的概念。

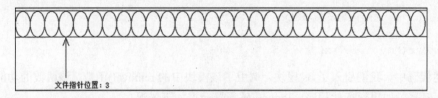

文件指针位置：3

图 7-4

可以看到，通过移动文件指针的位置，再借助 read 和 write 函数，就可以轻松实现读取文件中指定位置的数据（或者向文件中的指定位置写入数据）。注意，当向文件中写入数据时，如果不是文件的尾部，写入位置的原有数据不会自行向后移动，新写入的数据会将文件中处于该位置的数据直接覆盖掉。实现对文件指针的移动，文件对象提供了 tell 和 seek 函数。tell 函数用于判断文件指针当前所处的位置，而 seek 函数用于移动文件指针到文件的指定位置。

tell()函数的用法很简单，其基本语法格式如下：

```
file.tell()
```

其中，file 表示文件对象。例如，在同一目录下，编写如下程序对 a.txt 文件进行读取操作，a.txt 文件中的内容为：

```
http://www.qq.com
```

读取 a.txt 的代码如下：

```
f = open("a.txt",'r')
print(f.tell())
print(f.read(3))
print(f.tell())
```

运行结果如下：

```
0
htt
3
```

可以看到，当调用 open()函数打开文件时，文件指针的起始位置为 0，表示位于文件的开头处，当调用 read()函数从文件中读取 3 个字符之后，文件指针同时向后移动了 3 个字符的位置。这就表明，当程序使用文件对象读写数据时，文件指针会自动向后移动：读写了多少个数据，文件指针就自动向后移动多少个位置。

seek()函数用于将文件指针移动至指定位置，该函数的语法格式如下：

```
file.seek(offset[, whence])
```

其中，各个参数的含义如下：

- file：表示文件对象。
- whence：作为可选参数，用于指定文件指针要放置的位置，该参数的参数值有 3 个选择：0 代表文件头（默认值），1 代表当前位置，2 代表文件尾。
- offset：表示相对于 whence 位置文件指针的偏移量，正数表示向后偏移，负数表示向前偏移。例如，当 whence==0 &&offset==3（seek(3,0)）时，表示文件指针移动至距离文件开头处 3 个字符的位置；当 whence==1 &&offset==5（seek(5,1)）时，表示文件指针向后移动，移动至距离当前位置 5 个字符处。

注意，当 offset 值非 0 时，Python 要求文件必须以二进制格式打开，否则会抛出 io.UnsupportedOperation 错误。

【例 7.12】seek 和 tell 联合作战

（1）复制上例，在按钮 clicked 的槽函数 onc1 中添加如下代码：

```
def onc1(self):
    f = open('a.txt', 'rb')
    #判断文件指针的位置
    print(f.tell())
```

```
#读取一字节,文件指针自动后移 1 个字符
print(f.read(1))
print(f.tell())
#将文件指针从文件开头向后移动 5 个字符的位置
f.seek(5)
print(f.tell())
print(f.read(1))
#将文件指针从当前位置向后移动 5 个字符的位置
f.seek(5, 1)
print(f.tell())
print(f.read(1))
#将文件指针从文件结尾向前移动 2 个字符的位置
f.seek(-1, 2)
print(f.tell())
print(f.read(1))
```

（2）运行程序，结果如下：

```
0
b'h'
1
5
b'/'
11
b'q'
16
b'm'
```

注意：由于程序中在调用 seek()时，使用了非 0 的偏移量，因此文件的打开方式中必须包含 b，否则就会报 io.UnsupportedOperation 错误，有兴趣的读者可自行尝试。上面的程序示范了调用 seek()方法来移动文件指针，包括从文件开头、指针当前位置、文件结尾处开始计算。运行上面的程序，结合程序输出结果可以体会文件指针移动的效果。

7.2　利用 PyQt 库进行文件编程

PyQt 作为一个杰出的 Python 图形界面库，它简化了文件读取操作，使得操作更易上手。虽然相比原生的 Python 文件读取操作，节省的代码量并不是很大，但是条理更为清晰。这里我们将开始介绍利用 PyQt 自身的类来读写文本文件、二进制文件和一些常用的目录操作。

7.2.1　输入/输出设备类

PyQt 的输入输出类 QIODevice 是 PyQt 中所有 I/O 设备的基础接口类，为 QFile、QBuffer 和 QTcpSocket 等支持读/写数据块的设备提供了一个抽象接口。QIODevice 类是抽象的，无法被实例化，一般使用它所定义的接口来提供设备无关的 I/O 功能。

7.2.2　文件类 QFile

文件类 QFile 提供一个用于读/写文件的接口，它继承自 QFileDevice 类。QFile 是一个可以用来读写文本文件、二进制文件和 Qt 资源的输入输出设备类。QFile 可以单独使用，也可以和 QTextStream 或者 QDataStream 一起使用。我们可以通过构造函数通过文件路径加载文件，也可以随时通过 setFileName()方法来改变文件。要使用 QFile 类，则需要导入相关类：

```
from PyQt5.QtCore import QFile
```

QFile 类希望文件路径的分隔符是"/"，而不是依赖操作系统，不支持其他的分隔符。QFile 类提供了与 Python 语法相似的文件读取和写入操作。我们先来了解一下该类常用的成员函数，先来看公有成员函数，如表 7-2 所示。

表7-2　公有成员函数

公有成员函数	说　　明
def __init__(self)->None:... @typing.overload def __init__(self,name:str)->None:... @typing.overload def __init__(self,parent:QObject)->None:... @typing.overload def __init__(self,name:str,parent:QObject)->None:...	构造函数
def copy(self, newName: str) -> bool: ... @typing.overload @staticmethod def copy(fileName: str, newName: str) -> bool: ...	第一个函数把内容复制到名为 newName 的文件。 如果被复制的文件是一个符号链接，则复制该链接所引用的文件，而不是复制链接本身，除复制权限外，不复制其他文件元数据。 第二个函数是静态成员，复制文件到新文件。如果被复制的文件是一个符号链接，则复制该链接所引用的文件，而不是链接本身，除复制权限外，不复制其他文件元数据
def exists(self) -> bool: ...	文件是否存在
def link(self, newName: str) -> bool: ... @typing.overload @staticmethod def link(oldname: str, newName: str) -> bool: ...	第一个函数创建名为 newName 的链接文件，不会覆盖文件系统中已经存在的文件 第二个函数是静态成员，创建名为 newName 的链接文件，指向 oldname
def open(self, flags: typing.Union[QIODevice.OpenMode, QIODevice.OpenModeFlag]) -> bool: ...	打开文件
def remove(self) -> bool: ...	删除文件
def rename(oldName: str, newName: str) -> bool: ...	重命名文件
def setFileName(self, name: str) -> None: ...	设置要操作的文件名，文件名可以不包含路径，也可以包含相对路径或绝对路径

（续表）

公有成员函数	说　明
def fileName(self) -> str: ...	返回由 setFileName 设置的文件名或 QFile 构造的文件名
def symLinkTarget(self) -> str: ... @typing.overload @staticmethod def symLinkTarget(fileName: str) -> str: ...	返回文件或文件夹的链接，对于 Linux 系统，返回的是符号链接；对于 Windows 系统，返回的是快捷方式

下面对其中几个比较重要且常用的成员函数进行重点介绍。

1. 构造函数

QFile 类常用的构造函数有两种：

```
def __init__(self) -> None: ...
@typing.overload
def __init__(self, name: str) -> None: ...
```

第一个构造函数构造一个没有名字的 QFile 对象，通常配合 setFileName 一起使用。第二个构造函数构造一个以 name 为文件名的 QFile 对象。如果使用第一个构造函数来实例化文件对象，则通常需要成员函数 setFileName 配合使用，以此来指定一个文件，比如：

```
fd = QFile()
fd.setFileName("d:\\test.txt");
```

等价于：

```
fd = QFile("d:\\test.txt");
```

相对而言，第二种比较方便，但第一种方式灵活性高，可以根据需要动态指定文件。现在关联到了文件，无法对文件进行读写，只能进行一些获取大小、重命名、删除等的"外围"操作。如果要"深入"文件内部进行读写，还需要先打开文件。

2. 设置文件名

该成员函数可以为 QFile 对象设置要操作某个文件的文件名，文件名可以不带路径，也可以带相对路径或绝对路径。如果文件名不带路径，则默认路径是当前应用程序的当前路径下。值得注意的是，如果文件已经打开，则不要调用该函数。该函数声明如下：

```
def setFileName(self, name: str) -> None: ...
```

其中参数 name 表示所设置的文件名。PyQt 支持的文件路径的分隔符是"/"。设置文件名后，QFile 对象和某个具体文件就关联起来了。然后就可以打开文件，进行读写了。下列代码片段演示了 setFileName 的使用：

```
from PyQt5.QtCore import QFile, QDir
fd = QFile();    #定义 QFile 对象
QDir.setCurrent("/tmp");  #设置当前路径
fd.setFileName("readme.txt");    #设置 QFile 对象要打开的文件
```

3. 打开文件

该函数以某种读写模式打开文件，声明如下：

```
def open(self, flags: typing.Union[QIODevice.OpenMode, QIODevice.OpenModeFlag])
-> bool: ...
```

其中参数 flags 表示读写模式，它主要取值如下：

- QIODevice.ReadOnly：以只读方式打开文件。
- QIODevice.WriteOnly：以只写方式打开文件。
- QIODevice.ReadWrite：以读写方式打开文件。
- QIODevice.Text：以文本方式打开文件，读取时，行尾终止符被转换为"\n"。写入时，行尾终止符将转换为本地编码，例如 Win32 的 "\r\n"。
- QIODevice.Append：以追加方式打开，以便将所有数据写入文件末尾，此模式下不能读文件。
- QIODevice.Truncate：以截取方式打开文件，文件原有的内容全部被删除。

这些方式可以单独使用，也可以让某些模式组合使用，比如：

```
QIODevice::WriteOnly| QIODevice::Text
```

表示以只写和文本方式打开文件。

如果打开文件成功，则函数返回 True，否则返回 False。示例如下：

```
from PyQt5.QtCore import QFile, QDir, QIODevice
fd = QFile();
QDir.setCurrent("d://");
fd.setFileName("a.txt");
if fd.open(QIODevice.ReadOnly)==True:
    print("open ok")
else:
    print("open failed")
```

4. 关闭文件

文件打开后，如果不再使用，则需要调用 close 函数来关闭。close 是 QFile 父类 QFileDevice 的成员函数。该函数声明如下：

```
def close(self) -> None: ...
```

close 函数会将文件缓冲区的内容写入磁盘，并清除文件缓冲区。

5. 读取文件

文本文件是指以纯文本格式存储的文件，例如用 Qt Creator 编写的 C++程序的头文件（.h 文件）和源程序文件（.cpp 文件）。HTML 和 XML 文件也是纯文本文件，只是其读取之后需要对内容进行解析之后再显示。

文本文件通常指以文本的 ASCII 码形式存储在计算机中。它是以"行"为基本结构的一种信息组织和存储方式。二进制文件以二进制形式存储在计算机中，用户一般不能直接读懂它们，只有通过相应的软件才能将其显示出来。二进制文件一般是可执行程序、图形、图像、声音等。文本方式和二进制方式的最大区别在于文本方式对于 '\n' 换行符的理解不同，在 DOS 平台下，该字符会被展开成<CR>< LF>两个控制字符（相当于"\r\n"），这两个控制字符在 ASCII 字符集下的编码是"0DH,0AH"，而在 UNIX 平台下仅仅是<LF>，不会展开。而在二进制方式下，无论是什么平台，'\n' 都是精确的<LF>。

在 PyQt 中，可以用 QIODevice.Text 来指定以文本模式打开文件，如果一个文件中含有 '\r' 的换行符，则利用 QIODevice.Text 打开读取时会被转换为 '\n'，导致最终读取出的文件大小偏小。所测试的文件如果有这类问题，那么问题就在于此。如果全是 '\n' 换行符，则最终读取出的文件大小正常。

QFile 自身并没有提供从文件中读数据的函数，而利用了其祖父类 QIODevice 的成员读函数 read，该函数从设备（比如磁盘）最多读取 maxlen 字节的字符到缓冲区，并返回实际读取的字节数。该函数声明如下：

```
def read(self, maxlen: int) -> bytes: ...
```

其中参数 maxlen 表示最多要读的数据量（字节数）。如果正确读到数据，则返回读到的数据，类型是 bytes，bytes 只负责用字节序列的形式（二进制形式）存储数据，不关心数据本身是图片、文字还是视频等。如果需要使用并且展示的话，按照对应的解析规则处理，就可以拿到对应类型的数据。例如常见的字符串类型，只需要使用对应的字符编码格式，就可以拿到字符串的内容。如果要将 bytes 转为字符串，可以这样：

```
str2 = str(line, 'UTF-8')  #line 是 bytes 类型数据
print(str2)
```

另一种读取文本数据的函数是 QIODevice.readLine，该函数从设备读取一行 ASCII 字符，最多读取 maxSize 字节，并将读到的数据存储在缓冲区 data 中。该函数声明如下：

```
def readLine(self, maxlen: int = ...) -> bytes: ...
```

其中参数 maxlen 表示最多要读的字节数。如果读取成功，则该函数返回读到的数据。值得注意的是，字符串终止字符 '\0' 总是附加到数据中，因此 maxSize 必须大于 1。这个函数用来读取文件中的一行字符，它碰到下列情况就会结束读取：

（1）第一次读到 '\n' 就结束读取。

（2）读取的数据量达到（maxSize -1）了，注意 '\0' 总是要附加到数据中的，所以读到（maxSize -1）就停止，以防缓冲区溢出。

（3）探测到设备（文件）的结束字符了。

还有一个读取全部数据的 readAll 函数，声明如下：

```
def readAll(self) -> 'QByteArray': ...
```

返回 QByteArray 对象。

【例 7.13】逐行读取文本文件

（1）复制上例，在按钮 clicked 的槽函数 onc1 中添加如下代码：

```
def onc1(self):
    file = QFile('d:/a.txt')
    readLength = 0;
    if not file.open(QIODevice.ReadOnly | QIODevice.Text):
        return
    while not file.atEnd():
        line = file.readLine()
        readLength += line.size();
        print(line)  #打印读到的当前行，数据是 bytes 类型的数据
        print(line.toHex())
        str2 = str(line, 'UTF-8')  #bytes 转为字符串
        print(str2)  #打印字符串
    file.close();
    print(readLength)    #打印长度值
```

我们将绝对路径 d:/a.txt 作为参数传入 QFile 的构造函数中，注意 PyQt 的路径分隔符是 '/'，所以 a.txt 前要加 "/"。接着我们用只读和文本方式（QFile::ReadOnly | QIODevice.Text）打开文件。如果打开失败，则直接返回，如果打开成功，则通过一个循环逐行读取文件的内容，读到文件的内容后，将直接打印。我们在循环中还统计了读取到的数据的长度，并最终打印了长度值。接下来准备运行代码。

（2）在运行前，我们需要新建 d:/a.txt，并输入内容：

```
abc123
def456
```

然后保存文件。myfile 建立好后，接着就可以按【Shift+F10】快捷键来运行程序了，运行结果如下：

```
b'abc123\n'
b'6162633132330a'
abc123

b'def456'
b'646566343536'
def456
13 '
```

第二行输出的内容是十六进制数据，其中字符 'a' 的 ASCII 码值是 97，对应的十六进制值是 61，以此类推，字符 'b' 的十六进制数是 62，字符 'c' 的十六进制数是 63。字符 '1' 的 ASCII 码值是 49，对应的十六进制数是 31。字符 '\n' 的 ASCII 码值是 10，对应的十六进制数是 a，所以第二行最后一个数是 a。

下面我们再看实例，通过 readAll 函数读取二进制文件的全部内容。

【例 7.14】用 readAll 函数读取二进制文件

（1）复制上例，在按钮 clicked 的槽函数 onc1 中添加如下代码：

```
def onc1(self):  #按钮的 clicked 信号的槽函数
    file = QFile('c:/test.jpg')  #test.jpg 能在工程目录下找到，我们把它放到 c 盘
```

```
    readLength = 0;
    if not file.open(QIODevice.ReadOnly ):  #以只读方式打开文件
return
    ba = file.readAll();
    readLength += ba.size();
    file.close();
    print(ba)
    print("file size=%d Bytes", ba.count());
```

在上述代码中，首先用只读方式打开 test.jpg 文件，然后调用 QFile 的成员函数 readAll 读取全部数据并存到字节数组 ba 中，然后打印出字节数组 ba 的大小，也就是文件的大小。

（2）按【Shift+F10】快捷键运行工程，运行结果如图 7-5 所示。

图 7-5

限于篇幅，我们没有把文件内容全部截图完毕，如果要验证文件内容是否正确，可以用 UltraEdit 来打开 test.jpg，然后进行对比，比如用 UltraEdit 打开 test.jpg 后，开头的部分内容如图 7-6 所示。

图 7-6

可以看到，上面两个图中的开头几字节内容是相同的。这基本可以证明我们读取文件是成功的。

6. 写文本文件

QFile 自身并没有提供往文件中写数据的函数，而是调用了其祖父类 QIODevice 的成员写函数。可以调用 write 函数往某个文件中写字符数据，该函数声明如下：

```
def write(self, data: typing.Union['QByteArray', bytes, bytearray]) -> int: ...
```

其中参数 data 要写的数据，数据类型可以是 QByteArray、bytes 或 bytearray 之一。如果函数执行成功，则返回实际写入的字节数，如果发生错误，则返回-1。

如果要写入字符串，则要注意把字符串转为字节数组类型，比如：

```
text=self.ui.textEdit.toPlainText()
strBytes=text.encode("utf-8")
fileDevice.write(strBytes)
```

【例 7.15】把字符串写入文本文件

（1）复制上例，在按钮 clicked 的槽函数 onc1 中添加如下代码：

```
def onc1(self):  #按钮的 clicked 信号的槽函数
    file = QFile("d:/test.txt")
```

```
if not file.open(QIODevice.WriteOnly|QIODevice.NewOnly|QIODevice.Text):
    print("file has existed")
    return
text = "Write a sentence.\nI like swimming."
strBytes = text.encode("utf-8")
file.write(strBytes)
file.close()
print("write over\n")
```

在上述代码中，我们以只写、新建和文本方式打开一个文本文件 test.txt。因为用了 NewOnly，所以当 test.txt 不存在的时候，程序会自动新建 test.txt 文件，如果 test.txt 已经存在，则打开失败。text 是一个字符串，然后我们通过 encode 函数将字符串转为字节数组，最后调用 write 函数把数据写入 test.txt，最后关闭该文件。

（2）按【Shift+F10】快捷键运行工程，运行结果如下：

```
write over
```

然后到 d 盘下可以看到有文本文件 test.txt 了，该文件的内容如下：

```
Write a sentence.
I like swimming.
```

【例 7.16】写二进制数据到文件

（1）复制上例，在按钮 clicked 的槽函数 onc1 中添加如下代码：

```
def onc1(self):  #按钮的 clicked 信号的槽函数
    ba= bytearray([0x13, 0x01, 0x02, 0x03, 0x08])
    ba[0]=0xab
    ba[1]=0xcd
    file = QFile("d:/test.dat")
    if not file.open(QIODevice.WriteOnly|QIODevice.NewOnly):
        print("file has existed")
        return
    file.write(ba)
    file.close()
    print("write over\n")
```

在上述代码中，我们先准备了 5 字节的数据，然后以只写方式打开文件，并调用 write 函数写入字节数组，因为字节数组自带长度，因此就是写 5 字节的数据。最后关闭文件。

（2）按【Shift+F10】快捷键运行工程，运行结果如下：

```
write over
```

然后用 ultraedit 软件打开 d 盘的 test.dat 文件，可以看到里面的 5 字节的数据了，如图 7-7 所示。

图 7-7

这说明写入二进制数据成功了。

7. 判断文件是否存在

判断文件是否存在是常用的文件操作。QFile 的成员函数 exists 可以用来判断文件是否存在，该函数声明如下：

```
def exists(self) -> bool: ...
```

如果文件存在，则返回 True，否则返回 False。

8. 获取文件名

QFile 的成员函数 fileName 可以用来获取文件，该函数声明如下：

```
def fileName(self) -> str: ...
```

该函数返回字符串类型的文件名。

9. 返回文件大小

QFile 的成员函数 size 可以用来获取文件，该函数声明如下：

```
def size(self) -> int: ...
```

该函数返回文件的大小。

10. 删除文件

QFile 的静态成员函数 remove 可以用来删除文件，该函数声明如下：

```
def remove(fileName: str) -> bool: ...
```

其中参数 fileName 表示要删除文件的文件名。

另外，QFile 也提供了非静态成员函数版本的 remove，使用前提是 QFile 对象已经关联到某个文件。该函数声明如下：

```
def remove(self) -> bool: ...
```

其中参数 fileName 表示要删除文件的文件名。如果复制成功，则返回 True，否则返回 False。

11. 重命名文件

QFile 的静态成员函数 rename 可以用来重命名文件，该函数声明如下：

```
def rename(oldName: str, newName: str) -> bool: ...
```

其中参数 oldName 表示文件原来的名字；newName 表示文件重命名后的文件名。如果函数执行成功，则返回 True，否则返回 False。

值得注意的是，如果一个名为 newName 的文件已经存在，则 rename()返回 False（QFile 不会覆盖它）。如果重命名操作失败，Qt 将尝试将该文件的内容复制到 newName，然后删除该文件，只保留 newName。如果复制操作失败或无法删除此文件，则删除目标文件 newName 以恢复旧状态。

另外，QFile 也提供了非静态成员函数版本的 rename，使用前提是 QFile 对象已经关联到某个文件。该函数声明如下：

```
def rename(self, newName: str) -> bool: ...
```

参数 newName 表示重命名后的文件名。如果复制成功，则返回 True，否则返回 False。

12. 复制文件

QFile 的静态成员函数 copy 可以用来复制文件，该函数声明如下：

```
def copy(fileName: str, newName: str) -> bool: ...
```

其中参数 fileName 是源文件的文件名，参数 newName 表示复制后新文件的文件名。如果复制成功，则返回 True，否则返回 False。

另外，QFile 也提供了非静态成员函数版本的 copy，使用前提是 QFile 对象已经关联到某个文件。该函数声明如下：

```
def copy(self, newName: str) -> bool: ...
```

参数 newName 表示复制后新文件的文件名。如果复制成功，则返回 True，否则返回 False。

【例 7.17】复制、重命名文件（静态函数版），并获取大小

（1）复制上例，在按钮 clicked 的槽函数 onc1 中添加如下代码：

```
def onc1(self):  #按钮的 clicked 信号的槽函数
    res = QFile.copy("d:/mydir/test.txt", "d:/mydir/testNew.txt");
    if res==False:
        print("copy failed");
        return;

    res = QFile.rename("d:/mydir/testNew.txt", "d:/mydir/testNew222.txt");
    if res == False:
        print("rename failed");
        return;

    fd = QFile("d:/mydir/testNew222.txt");
    size = fd.size();
    print("all done over,size=%d"% (size));
```

该示例程序首先复制了文件 test.txt，然后把这个文件重命名为 testNew222.txt，最后获取了该文件的大小。我们可以看到获取大小不需要打开文件，只需要让 QFile 对象关联文件名，即用文件名传入 QFile 的构造函数。

（2）先确保 d:/mydir/下已经有 test.txt（工程目录下有 test.txt），然后按【Shift+F10】快捷键运行工程，运行结果如下：

```
all done over,size=10
```

再到 d:/mydir/下查看，可以看到有 testNew222.txt 了，如图 7-8 所示。

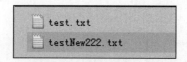

图 7-8

【例 7.18】复制、重命名文件（非静态函数版）

（1）复制上例，在按钮 clicked 的槽函数 onc1 中添加如下代码：

```
def onc1(self):  #按钮的 clicked 信号的槽函数
    file = QFile();
    file.setFileName("d:/mydir/test.txt");
    res = file.copy("d:/mydir/testNew.txt");
    if res==False:
        print("copy failed");
        return;
    file.setFileName("d:/mydir/testNew.txt");
    res = file.rename("d:/mydir/testNew222.txt");
    if res == False:
        print("rename failed");
        return;
    fd = QFile("d:\\testNew222.txt");
    size = fd.size();
    print("all done over,size=%d"% (size));
```

在上述代码中，我们定义了 QFile 对象 file，并通过成员函数 setFileName 关联不同的文件，然后对文件进行复制和重命名操作。

（2）先确保 d:/mydir/下已经有 test.txt（工程目录下有 test.txt），然后按【Shift+F10】快捷键运行工程，运行结果如下：

```
all done over,size=10
```

再到 d:/mydir/下查看，可以看到有 testNew222.txt 了，如图 7-9 所示。

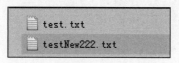

图 7-9

第 8 章

PyQt 图形编程

8.1 概　　述

PyQt 中提供了强大的 2D 绘图系统，可以使用相同的 API 在屏幕上和绘图设备上进行绘制，主要基于 QPainter、QPainterDevice 和 QPainterEngine 这 3 个类。QPainter 执行绘图操作，QPainterDevice 提供绘图设备，是一个二维空间的抽象；QPainterEngine 提供一些接口。QPainter 可以绘制一切简单的图形，从简单的一条直线到任何复杂的图形。QPainter 类可以在一切继承 QPainterDevice 的子类上执行绘制操作。

QPainter 用于执行绘图操作，它提供的 API 在 GUI 或 QImage、QOpenGLPaintDevice、QWidget 和 QPaintDevice 上显示图形（线、形状、渐变等）、文本和图像。绘图系统由 QPainter 完成具体的绘制操作，QPainter 类提供了大量高度优化的函数来完成 GUI 编程所需要的大部分绘制工作。它可以绘制一切想要的图形，从最简单的一条直线到其他任何复杂的图形，例如点、线、矩形、弧形、饼状图、多边形、贝塞尔弧线等。此外，QPainter 支持一些高级特性，例如反走样（针对文字和图形边缘）、像素混合、渐变填充和矢量路径等，QPainter 也支持线性变换，例如平移、旋转、缩放。QPainter 可以在继承自 QPaintDevice 类的任何对象上执行绘制操作。QPainter 也可以与 QPrinter 一起使用来打印文件和创建 PDF 文档。这意味着通常可以用相同的代码在屏幕上显示数据，也可以生成打印形式的报告。QPainter 一般在部件的绘图事件 paintEvent() 中进行绘制，首先创建 QPainter 对象，然后进行图形的绘制，最后记得销毁 QPainter 对象。当窗口程序需要升级或者重新绘制时，调用此成员函数。调用 repaint() 和 update() 后，调用 paintEvent() 函数。使用 Qt 的 QPainter 可以绘制出任何想要的图形。QPainter 类提供了许多高度优化的函数去做大部分的 GUI 绘制工作。通常情况下，QPainter 的绘制操作用于小部件（Widget）的 painter 事件。记得在执行完之后要及时销毁 QPainter 的对象。

QPaintDevice 不直接绘制在物理界面上，而是以逻辑界面作为中间媒介。例如，绘制矩形时，为了将对象绘制到 QWidget、QGLPixelBuffer、QImage、QPixmap、QPicture 等多种界面上，因而必须使用 QPaintDevice。QPaintDevice 类表示 QPainter 的绘图设备（画布）。QPaintDevice 子类有 QImage、QOpenGLPaintDevice、QWidget 等，所以 QPainter 可以在 QImage、QOpenGLPaintDevice、QWidget 上绘制图形。

QPaintEngine 提供了一些接口，以便 QPainter 在不同的设备上进行绘制。

8.2　重绘事件处理函数 paintEvent

Qt 中的重绘和 Windows 编程中的重绘差不多，但是 Qt 的重绘更有特色，更加智能。基础部件类 QWidget 提供的 paintEvent 函数是一个纯虚函数，继承它的子类想用它，就必须重新实现它。下列 4 种情况会发生重绘事件：

（1）当窗口部件第一次显示时，系统会自动产生一个绘图事件。

（2）repaint() 与 update() 函数被调用时。

（3）当窗口部件被其他部件遮挡，然后又再次显示出来时，就会对隐藏的区域产生一个重绘事件。

（4）重新调整窗口大小时。

paintEvent() 是一个虚函数槽，子类可以对父类的 paintEvent 进行重写。当调用 update()、repaint() 的时候，paintEvent() 会被调用，另外，当界面有任何改变的时候，paintEvent() 也会被调用，这种界面的改变包括界面从隐藏到显示、界面尺寸改变，当然界面内容改变的时候也会被调用。paintEvent() 是已经被高度优化过的函数，它本身已经自动开启并实现了双缓冲（X11 系统需要手动开启双缓冲），因此 Qt 中重绘不会引起任何闪烁。有了 paintEvent 的知识，现在再来看看 update() 和 repaint()。update() 和 repaint() 是一类的，需要重绘的对象主动去调用，然后重绘。update() 和 repaint() 调用之后，都会调用 paintEvent().repaint()，被调用之后立即执行重绘，因此 repaint() 是最快的，紧急情况下需要立刻重绘的可以使用 repaint()。但是调用 repaint() 的函数不能放到 paintEvent 中调用。举个例子：有一个继承自 QWidget 的子类 MyWidget，在子类中对 paintEvent 进行重写。我们在 MyWidget::myrepaint() 中调用 repaint()。但是，myrepaint() 又被重写的 paintEvent() 调用。这样调用 repaint() 的函数又被 paintEvent() 调用，由于 repaint() 是立即重绘，而且 repaint() 在调用 paintEvent 之前几乎不做任何优化操作，而会造成死循环，即先调用 repaint()，继而调用 paintEvent()，paintEvent() 反过来又调用 repaint()...，如此造成死循环。update() 跟 repaint() 比较，update() 更加有优越性。update() 调用之后并不是立即重绘，而是将重绘事件放入主消息循环中，由 main() 的 event loop 来统一调度（其实也是比较快的）。update() 在调用 paintEvent() 之前还做了很多优化，如果 update() 被调用了很多次，最后这些 update() 会合并到一个大的重绘事件加入消息队列中，最后只有这个大的 update() 被执行一次。同时也避免了 repaint() 中所提到的死循环。因此，一般情况下，我们调用 update() 就够了，跟 repaint() 比起来，update() 是推荐使用的。

打个比方，QPainter 相当于 Qt 中的画家，能够绘制各种基础图形，拥有绘图所需的画笔、画刷、字体。绘图常用的工具画笔类 QPen、画刷类 QBrush 和字体类 QFont 都继承自 QPainter。QPen 用于绘制几何图形的边缘，由颜色、宽度、线风格等参数组成；QBrush 用于填充几何图形的调色板，由颜色和填充风格组成；QFont 用于文本绘制，由字体属性组成。

QPaintDevice 相当于 Qt 中的画布、画家的绘图板，所有的 QWidget 类都继承自 QPaintDevice。通常我们把绘图操作只需放在 paintEvent 函数中即可。在 QWidget 类中，paintEvent 的声明如下：

```
def paintEvent(self, a0: QtGui.QPaintEvent) -> None: ...
```

我们只需在 QWidget 的子类中重写 paintEvent 方法来实现画图，即把绘图函数放在 paintEvent 中调用，比如：

```
def paintEvent(self, evt):
    painter = QPainter(self)
    painter.drawLine(0, 0, 100,50); #画线函数
```

现在不熟悉这些绘图函数没关系，后面会详述，不过我们可以来看其效果。

【例 8.1】第一个 PyQt 画图程序

（1）启动 PyCharm，新建一个工程，工程名是 pythonProject。

（2）启动 Qt Designer，新建一个 Dialog without Buttons 对话框。从控件工具箱中拖拉一个按钮到对话框上，然后添加 clicked 信号的槽函数 onc1。把这个界面设计的结果保存到 mydlg.ui 文件中，关闭 Qt Designer。为了节省篇幅，在本章下面的实例中，这个过程就不再赘述了，代码也只演示 paintEvent 中的代码。

（3）回到 PyCharm，转换 mydlg.ui 文件，在 main.py 中添加如下代码：

```
import sys
from PyQt5.QtGui import QPainter, QColor
from mydlg import Ui_Dialog
from PyQt5.QtWidgets import *

class CMainDlg(QDialog, Ui_Dialog):
    def __init__(self):
        super(CMainDlg, self).__init__()
        self.clr=255;
        self.setupUi(self)

    def paintEvent(self, evt):
        painter = QPainter(self)
        color = QColor()                #建立一个颜色对象
        color.setRed(self.clr)          #把颜色设为红色
        painter.setPen(color);          #设置画笔的颜色
        w = self.size().width();        #获取窗口宽度
        h = self.size().height();       #获取窗口高度
        painter.drawLine(0, 0, w // 2, h);  #画线函数
        painter.drawLine(w // 2, h,w,0);    #画线函数

    def onc1(self):                     #按钮的clicked信号的槽函数
        if self.clr==255:
            self.clr=0;                 #黑色
        else:
            self.clr=255;               #红色
        self.update();                  #更新窗口，此时将触发paintEvent函数的自动调用
```

```
if __name__ == '__main__':
    app = QApplication(sys.argv)
    window = CMainDlg()
    window.show()
    sys.exit(app.exec())
```

在 paintEvent 函数中,我们定义了一个颜色对象 color,并通过成员变量 self.clr 来设置具体的颜色值,然后通过 setPen 函数设置画笔的颜色。接着,获取对话框的客户区的宽度和高度,最后调用画线函数 drawLine 来画两条线。只要窗口或部件需要被重绘,paintEvent 函数就会被调用。每个要显示输出的窗口部件都必须实现它。为了在窗口重绘时能显示我们绘制的图形,所以要把绘图函数放在 paintEvent 中。而在按钮的 clicked 信号的槽函数中,我们设置了不同的 self.clr 值,最后使用 update 函数更新窗口,此时将自动触发 paintEvent 函数的调用。

(4)按【Shift+F10】快捷键运行工程,运行结果如图 8-1 所示。

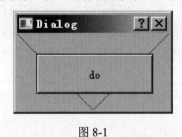

图 8-1

8.3　点坐标类 QPoint

在 Qt 中,点的坐标及其操作用 QPoint 类来表示,QPoint 表示一个平面上整数精度的点坐标,可以通过 x()和 y()等函数方便地进行存取操作,另外也重载了大量的运算符,使其可以作为一般的常数一样进行运算。同时可以表征为向量,可进行向量的相关运算,例如乘除以及长度的计算。

QPoint 类把点的参数都定义为整数类型而不是浮点类型,如果想要定义为浮点类型的,相应的类是 QPointF。要用 QPoint,需要导入 QPoint 类:

```
from PyQt5.QtCore import QPoint
```

8.3.1　成员函数

QPoint 类的常用成员函数如下:

```
#构造函数
@typing.overload
def __init__(self) -> None: ...
@typing.overload
def __init__(self, xpos: int, ypos: int) -> None: ...
@typing.overload
def __init__(self, a0: 'QPoint') -> None: ...
```

```
#返回一个交换了 x 和 y 坐标的点
def transposed(self) -> 'QPoint': ...
#返回两点之间的点积，即进行向量的点乘运算，即 x1*x2+y1*y2
@staticmethod
def dotProduct(p1: 'QPoint', p2: 'QPoint') -> int: ...
#将点的纵坐标修改为指定值
def setY(self, ypos: int) -> None: ...
#将点的横坐标修改为指定值
def setX(self, xpos: int) -> None: ...
#返回纵坐标 y 的值
def y(self) -> int: ...
#返回横坐标 x 的值
def x(self) -> int: ...

#判断是否为原点，即如果为(0,0)值，则返回结果为 True
def isNull(self) -> bool: ...
#返回 x() 和 y()的绝对值之和，反映了点到原地的距离
def manhattanLength(self) -> int: ...
```

8.3.2 相关的非成员运算符

除了成员函数外，还有一些相关的非成员运算符，可以方便点的计算，声明如下：

```
bool operator==(const QPoint &p1, const QPoint &p2)    //比较点 p1 和 p2 是否相等
bool operator!=(const QPoint &p1, const QPoint &p2)    //比较点 p1 和 p2 是否不等
```

比如，判断点 pt 是否为(10,10)：

```
if(pt == QPoint(10, 10))
    ...
```

8.3.3 定义一个点

比如定义一个点，坐标为(5,10)，代码如下：

```
p = QPoint( 3, 7);
```

再定义一个点，坐标分别是(-1,4)，代码如下：

```
q=QPoint(-1, 4);
```

如果要定义一个(0,0)点，可以直接用第一种形式的构造函数：

```
q=QPoint();
```

8.3.4 计算欧氏距离（两点之间的距离）

QPoint 提供了一个静态成员函数 dotProduct，用于计算两点之间距离的平方和，该函数声明如下：

```
@staticmethod
```

```
def dotProduct(p1: 'QPoint', p2: 'QPoint') -> int: ...
```

这是一个静态函数，也就是计算$(x_2-x_1)^2+(y_2-y_1)^2$。我们知道，在数学中，有一个欧式距离的概念，欧氏距离也就是两点之间的实际距离，可以用以下公式来表示：

$$\rho=\sqrt{(x_2-x_1)^2+(y_2-y_1)^2}$$

由于开根号可能会出现小数，而 QPoint 中都是整数，因此 dotProduct 函数并没有开平方根，只是计算了平方和。

【例 8.2】计算欧氏距离的平方

（1）复制上例，在按钮 clicked 的槽函数 onc1 中添加如下代码：

```
def onc1(self):    #按钮的 clicked 信号的槽函数
    p = QPoint(3, 7);
    q = QPoint(-1, 4);
    lengthSquared = QPoint.dotProduct(p, q); #lengthSquared
    print("lengthSquared = %d"%lengthSquared);
```

在上述代码中，我们定义了两个点 p 和 q，然后通过静态函数 dotProduct 计算了这两个点的欧式距离平方值，最终用 print 在输出窗口上输出结果。

（2）按【Shift+F10】快捷键运行工程，运行结果如下：

```
lengthSquared = 25
```

8.3.5　获取和设置点的分量值

在二维平面内，一个点有 x 和 y 两个坐标分量。QPoint 提供了成员函数 x() 和 y() 来获取分量值，也提供了函数 setX 和 setY 来设置分量值。其中，获取 x 和 y 坐标值的函数声明如下：

```
#返回纵坐标 y 的值
def y(self) -> int: ...
#返回横坐标 x 的值
def x(self) -> int: ...
```

函数很简单，直接返回 x 或 y 的坐标值。设置 x 和 y 坐标值的函数声明如下：

```
#将点的纵坐标修改为指定值
def setY(self, ypos: int) -> None: ...
#将点的横坐标修改为指定值
def setX(self, xpos: int) -> None: ...
```

其中参数 x 和 y 是要设置给点的 x 和 y 的坐标值。比如我们用当前 x 坐标值加 1 后作为新的 x 坐标值：

```
p.setX(p.x() + 1);
```

【例 8.3】获取或设置 x、y 坐标值

（1）复制上例，在按钮 clicked 的槽函数 onc1 中添加如下代码：

```
def onc1(self):
    p = QPoint();
    p.setX(p.x() + 1);
    p.setY(p.y() + 5);
    print("p.x=%d,p.y=%d"%(p.x(),p.y()));
```

首先用不带参数的构造函数定义了一个 QPoint 对象 p，此时它的坐标是(0,0)。然后 p.x()和 p.y()
获取的值都是 0，再分别加 1 和 5，再用 setX 和 setY 分别设置给点 p，因此点 p 的新坐标变为(1,5)
了。最终用 print 函数输出结果。

（2）按【Shift+F10】快捷键运行工程，运行结果如下：

```
p.x=1,p.y=5
```

另外，如果想使用坐标值为小数的点，则可以使用 QPointF 类，用法类似，此处不再赘述。

8.4　矩形尺寸类 QSize

QSize 类使用整型定义了一个二维对象的尺寸（这个二维对象，可以是图形、图片或者图像，
后文通称为图样），即宽和高。常用的成员函数如下：

```
#无参构造函数
@typing.overload
def __init__(self) -> None: ...
#构造宽度为 w、高度为 h 的 QSize 对象
@typing.overload
def __init__(self, w: int, h: int) -> None: ...#
#用 QSize 对象构造一个新的 QSize 对象
@typing.overload
def __init__(self, a0: 'QSize') -> None: ...


#返回宽度和高度交换的 QSize 对象
def transposed(self) -> 'QSize': ...
#根据指定的模式，返回缩放为 QSize 对象指定大小的矩形图样
def scaled(self, s: 'QSize', mode: Qt.AspectRatioMode) -> 'QSize': ...
#根据指定的模式，返回缩放为指定宽度和高度的矩形图样
def scaled(self, w: int, h: int, mode: Qt.AspectRatioMode) -> 'QSize': ...
#返回一个图样，它的宽为当前大小与 other 的最小值，高为当前大小与 other 的最小值
def boundedTo(self, otherSize: 'QSize') -> 'QSize': ...
#返回一个图样，宽为当前大小与 other 的最大值，高为当前大小与 other 的最大值
def expandedTo(self, otherSize: 'QSize') -> 'QSize': ...
def setHeight(self, h: int) -> None: ...    #设置高度
def setWidth(self, w: int) -> None: ...     #设置宽度
def height(self) -> int: ...     #得到高度
def width(self) -> int: ...      #得到宽度
#如果宽度和高度都大于或等于 0，则返回 True；否则返回 False
def isValid(self) -> bool: ...
#如果宽度和高度都小于或等于 0，则返回 True；否则返回 False
```

```
def isEmpty(self) -> bool: ...
#如果宽度和高度均为 0，则返回 True；否则返回 False
def isNull(self) -> bool: ...
#根据指定模式，将图样大小缩放为和已有 QSize 对象一样的矩形大小
def scale(self, s: 'QSize', mode: Qt.AspectRatioMode) -> None: ...
#根据指定模式，将图样大小缩放为具有给定宽度和高度的矩形大小
def scale(self, w: int, h: int, mode: Qt.AspectRatioMode) -> None: ...
#交换宽度和高度值
def transpose(self) -> None: ...
```

8.4.1　定义一个矩形尺寸

矩形尺寸就是一个矩形的长和宽。在 Qt 中，一个矩形的尺寸可以用结构体 QSize 来构造，比如定义矩形尺寸：

```
sz = QSize(50,20);
```

这是一个有效的矩形尺寸。

如果直接用不带参数的构造函数，则宽度和高度是-1，这是一个无效的矩形尺寸，即 isEmpty 返回 True。

【例 8.4】构造矩形尺寸

（1）复制上例，在按钮 clicked 的槽函数 onc1 中添加如下代码：

```
def onc1(self):
    sz = QSize()
    print("sz isEmpty:%d,%d" % (sz.width(), sz.height()));
    sz2 = QSize(50, 30);
    if sz2.isValid():
        print("sz2 is valid,sz:%d,%d" % (sz2.width(), sz2.height()));

    sz3 = QSize(0, 0);
    if sz3.isNull():
        print("sz3 is isNull,sz3:%d,%d" % (sz3.width(), sz3.height()));
```

（2）按【Shift+F10】快捷键运行工程，运行结果如下：

```
sz isEmpty:-1,-1
sz2 is valid,sz:50,30
sz3 is isNull,sz3:0,0
```

8.4.2　获取和设置矩形尺寸的宽度和高度

在二维平面内，一个矩形尺寸有横向距离 cx（宽度）和纵向距离 cy（高度）。QSize 提供了成员函数 width()和 height()来获取宽度和高度，也提供了函数 setWidth()和 setHeigh()t 来设置分量值。其中，获取宽度和高度的函数声明如下：

```
def height(self) -> int: ...    #得到高度
def width(self) -> int: ...     #得到宽度
```

函数很简单，直接返回宽度和高度。

设置宽度和高度的函数声明如下：

```
def setHeight(self, h: int) -> None: ...      #设置高度
def setWidth(self, w: int) -> None: ...       #设置宽度
```

【例 8.5】获取和设置矩形尺寸的宽度和高度

（1）复制上例，在按钮 clicked 的槽函数 onc1 中添加如下代码：

```
def onc1(self):
    sz = QSize(50, 60);
    print("width=%d,height=%d"%(sz.width(), sz.height()));
    sz.setWidth(100);
    sz.setHeight(200);
    print("width=%d,height=%d"%(sz.width(), sz.height()));
```

（2）按【Shift+F10】快捷键运行工程，运行结果如下：

```
width=50,height=60
width=100,height=200
```

8.4.3　缩放矩形尺寸

QSize 根据指定的模式可以将图样大小缩放为给定宽度和高度的矩形大小。该功能是通过函数 scale 来完成的，该函数声明如下：

```
#根据指定模式，将图样大小缩放为与指定 QSize 对象一样的矩形大小
def scale(self, s: 'QSize', mode: Qt.AspectRatioMode) -> None: ...
#根据指定模式，将图样大小缩放为给定宽度和高度的矩形大小
def scale(self, w: int, h: int, mode: Qt.AspectRatioMode) -> None: ...
```

其中参数 w 和 h 是缩放后的宽度和高度；mode 是缩放的模式，如果 mode 是 Qt.IgnoreAspectRatio，则将大小设置为（w,h），如果 mode 是 Qt.KeepAspectRatio，则将当前大小缩放为内部（宽度,高度）尽可能大的矩形，保留纵横比，如果 mode 为 Qt.KeepAspectRatioByExpanding，则将当前大小缩放为外部（宽度,高度）尽可能小的矩形，保留纵横比。另外要注意的是，要使用 Qt 类和 QSize 类，需要在文件开头导入：

```
from PyQt5.QtCore import QSize,Qt
```

【例 8.6】体验不同模式下的缩放效果

（1）复制上例，在按钮 clicked 的槽函数 onc1 中添加如下代码：

```
def onc1(self):
    t1 = QSize(10, 12);
    t1.scale(66, 66, Qt.IgnoreAspectRatio)
    print("w=%d,h=%d"%(t1.width(),t1.height()))
    t2=QSize(10, 12);
    t2.scale(60, 60, Qt.KeepAspectRatio); #t2 is (50, 60)
    print("w=%d,h=%d" % (t2.width(), t2.height()))
    t3=QSize(10, 12);
```

```
t3.scale(60, 60, Qt.KeepAspectRatioByExpanding); #t3 is (60, 72)
print("w=%d,h=%d" % (t3.width(), t3.height()))
```

我们定义了 3 个 QSize 对象 t1、t2、t3，然后调用了成员函数 scale 来进行缩放，并使用了不同的缩放模式。

（2）按【Shift+F10】快捷键运行工程，运行结果如下：

```
w=66,h=66
w=50,h=60
w=60,h=72
```

下面我们再调用函数 scale 来进行图片的缩放。

【例 8.7】图片缩放

（1）复制上例，在界面上添加一个 label 控件，然后在按钮 clicked 的槽函数 onc1 中添加如下代码：

```
def onc1(self):
    image_path="d:/test.jpg"
    base_scale=2     #最初定义倍率为 2，相当于放大了图片
    base_scale_min=1
    base_scale_max=8
    rate=1
    """
    调整图片大小，放大和缩小，放大最大 8 倍，缩小最小 1 倍
    :param label_obj: 传入的 pyQt 中 QLabel 对象
    :param base_scale: 最初定义倍率
    :param base_scale_min: 最小倍率 1
    :param base_scale_max: 最大倍率 8
    :param image_path: 被调整的图片
    :param rate: 倍率（1,2,4,8）
    :return:
    """
    scale = base_scale * rate
    base_scale = scale
    if base_scale < base_scale_min:
        scale = base_scale_min
        base_scale = base_scale_min
    elif base_scale > base_scale_max:
        scale = base_scale_max
        base_scale = base_scale_max
    img = QImage(image_path)   #创建图片实例
    mgnWidth = int(img.size().width() * scale)
    mgnHeight = int(img.size().height() * scale)   #缩放宽高尺寸
    size = QSize(mgnWidth, mgnHeight)
    #修改图片实例大小并从 QImage 实例中生成 QPixmap 实例，以备放入 QLabel 控件中
    pixImg = QPixmap.fromImage(img.scaled(size, Qt.IgnoreAspectRatio))
    self.label.resize(mgnWidth, mgnHeight)
    self.label.setPixmap(pixImg)
    return base_scale
```

我们读取图片，首先得到图片大小的 QSize 对象 size，然后调用 scaled 进行缩放，最后在标签控件上显示出缩放后的图片。

（2）把工程目录下的 test.jpg 存放到 d 盘下，然后按【Shift+F10】快捷键运行工程，运行结果如图 8-2 所示。

图 8-2

8.5　颜　色

颜色是图形的一个重要属性。在 Qt 中，用 QColor 类来封装颜色的功能。QColor 类提供基于 RGB、HSV 或 CMYK 值的颜色。颜色通常用 RGB（红色、绿色和蓝色）组件指定，但也可以用 HSV（色相、饱和度和值）和 CMYK（青色、品红、黄色和黑色）组件指定。此外，可以使用颜色名称指定颜色，可以是 SVG 1.0 的任何颜色名称。RGB、HSV 和 CMYK 可用图 8-3 来表示。

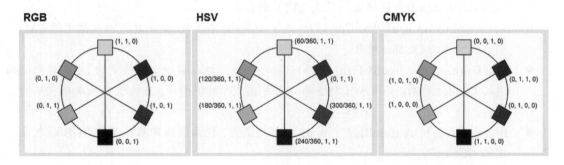

图 8-3

QColor 构造函数基于 RGB 值创建颜色。要基于 HSV 或 CMYK 值创建 QColor，分别调用 toHsv() 和 toCmyk() 函数。这些函数使用所需的格式返回颜色的副本。此外，静态 fromRgb()、fromHsv() 和 fromCmyk() 函数从指定的值创建颜色。或者，可以调用 convertTo() 函数（以所需格式返回颜色的副本）或任何更改颜色格式的 setRgb()、setHsv() 和 setCmyk() 函数将颜色转换为 3 种格式中的任何一种。函数的作用是指定颜色。

可以通过将 RGB 字符串（如"#112233"）、ARGB 字符串（如"#ff112233"）或颜色名称（如"blue"）传递给 setNamedColor()函数来设置颜色。颜色名称取自 SVG 1.0 的颜色名称。函数的作用是返回颜色的名称。颜色也可以调用 setRgb()、setHsv()和 setCmyk()来设置。要获得较浅或较深的颜色，分别调用 lighter()和 darker()函数。

Qt 提供了与"设备无关"的颜色接口，开发者使用颜色时无须和显卡硬件打交道，只需要遵从 QColor 定义的颜色接口即可。现在的显卡都支持真彩色，用 24 位表示一个像素的颜色，其中红、绿、蓝（RGB）3 种三原色各占 8 位，这 24 位存储在一个 32 位的整数中，高 8 位置零。红、绿、蓝 3 种颜色是三原色，意思就是这 3 种颜色按照不同比例的混合就可以获得不同的颜色，位数越多，能表现的颜色也就越多，24 位可以表示 2^{24}=16777216 种颜色。

成员函数 isValid()可以判断一个给定的颜色是否有效，例如一个 RGB 颜色超过了 RGB 组件规定的限定就被视为无效的。出于对性能的考虑，QColor 通常会忽略一个无效的颜色值，isValid()函数的返回值有时是未定义的。

QColor 的常用函数如下：

- alpha(self), alphaF(self)：返回此颜色的 Alpha 分量。
- black(self), blackF(self)：返回此颜色的黑色分量。
- cyan(self), cyanF(self)：返回此颜色的青色分量。
- yellow(self), yellowF(self)：返回此颜色的黄色分量。
- magenta(self), magentaF(self)：返回此颜色的洋红色分量。
- red(self), redF(self)：返回此颜色的红色分量。
- green(self), greenF(self)：返回此颜色的绿色分量。
- blue(self), bueF(self)：返回此颜色的蓝色分量。
- colorNames(self)：返回一个包含 Qt 中预定义颜色的名字列表。
- convertTo(self, colorSpec)：以 colorSpec 指定的格式创建此颜色的副本。
- darker(self, factor)：返回较暗（或更浅）的颜色。
- lighter(self, factor)：返回较浅（或更暗）的颜色。
- fromCmyk(c,m,y,k, a), fromCmykF(c, m, y, k, a)：静态函数，该函数返回从给定的 CMYK 颜色值构建的 QColor 对象。
- fromHsl(h, s, l, a), fromHslF(h, s, l, a)：静态函数，该函数返回从给定的 HSV 颜色值构建的 QColor 对象。s、l 和 a 的值都必须在 0~255 的范围内，h 的值必须在 0~359 的范围内。
- fromRgb(r, g, b, a), fromRgbF(r, g, b,a)：静态函数，该函数返回从给定的 RGB 颜色值构建的 QColor 对象。
- getHsl(self), getHslF(self)：获得 HSL 颜色值。
- getCmyk(self). getCmykF(self)：获得 CMYK 颜色值。
- getRgb(self), getRgbF(self)：获得 RGB 颜色值。
- hslHue(self), hslHueF(self)：返回 HSL 色调颜色分量。
- hslSaturation(self), hslSaturationF(self)：返回 HSL 饱和度颜色分量。
- hsvHue(self), hslHueF(self)：返回 HSV 色调颜色分量。

- hsvSaturation(self), hsvSaturationF(self)：返回 HSV 饱和度颜色分量。
- hue(self), hueF(self)：返回 HSV 色调颜色分量。
- saturation(self), saturationF(self)：返回颜色的饱和度。
- lightness(self), lightnessF(self)：返回亮度颜色分量。
- value(self),valueF(self)：返回 HSV 中的 value 分量。
- isValid(self)：有效颜色返回 True，否则返回 False。
- name(self)：以"#RRGGBB"格式返回颜色的名称，即一个"#"字符，后跟 3 个两位的十六进制数字。
- name(self, format)：以指定格式 format 返回颜色的名称。
- setAlpha(self, alpha), setAlphaF()：将颜色的 Alpha 值设置为 alpha。
- setRed(self, r), setRedF(self, r)：设置颜色的红色分量。
- setGreen(self, g), setGreenF(self, r)：设置颜色的绿色分量。
- setBlue(self, b), setBlueF(self, b)：设置颜色的蓝色分量。
- setCmyk(self, c, m, y, k, a), setCmykF(self, c, m, y, k, a)：设置的 CMYK 颜色值。
- setHsl(self, h, s, l, a), setHslF(self, h, s, l, a)：设置的 HSL 颜色值。
- setHsv(self, h, s, v, a), setHsvF(self, h, s, v, a)：设置的 HSV 颜色值。
- toCmyk(self)：基于此颜色创建并返回 CMYK 的 QColor 对象。
- toHsl(self)：基于此颜色创建并返回 HSL 的 QColor 对象。
- toHsv(self)：基于此颜色创建并返回 HSV 的 QColor 对象。
- toRgb(self)：基于此颜色创建并返回 RGB 的 QColor 对象。

8.5.1　构造颜色

QColor 有多种构造函数，常用的如下。

1. def __init__(self, r: int, g: int, b: int, alpha: int = ...) -> None: ...

传入 r、g、b 三个分量来构造一个颜色对象，r 表示红色分量值，g 表示绿色分量值，b 表示蓝色分量值。最后一个参数 alpha 表示 alpha-channel（alpha 通道，表示透明度的意思）。比如定义了一个蓝色的颜色值：

```
c=QColor(0,0,255)  #蓝色
```

2. def __init__(self) -> None: ...

无参构造函数，通常配合 setNamedColor 一起使用，比如：

```
color = QColor()
color.setNamedColor('blue')
```

3. def __init__(self, aname: str) -> None: ...

用字符串 aname 来构造一个 QColor 对象。功能类似的函数有 setNamedColor()，比如：

```
color = QColor('blue')  #蓝色
```

4. def __init__(self, acolor: typing.Union['QColor', QtCore.Qt.GlobalColor]) -> None: ...

用一个 QColor 对象构造另一个 QColor 对象。比如：

```
colorA= QColor('blue')
colorB = colorA
```

8.5.2 获取和设置 rgb 分量

可以用成员函数 getRgb 来获取 r、g、b 三个分量，该函数声明如下：

```
def getRgb(self) -> typing.Tuple[int, int, int, int]: ...
```

其中参数 r、g、b 为输出参数，分别用于获得 r、g、b 三个分量。最后一个参数 a 用于获得 alpha 通道值。

除了该函数外，如果要单独获取某个分量值，还可以用 red()、green()、blue()和 alpha()这 4 个成员函数来单独获取。

如果要设置 r、g、b 三个分量，可以用成员函数 setRgb，该函数声明如下：

```
def setRgb(self, r: int, g: int, b: int, alpha: int = ...) -> None: ...
```

其中参数 r、g 和 b 分别为要设置的 r、g、b 三个分量，a 为要设置的 alpha 通道值，默认是 255。

【例 8.8】实现一个背景为蓝色、字体为红色的编辑器

（1）复制上例，然后在 main.py 中添加如下代码：

```
import sys
from PyQt5.QtCore import Qt
from PyQt5.QtGui import QColor, QPalette
from PyQt5.QtWidgets import QWidget, QApplication, QTextEdit, QMainWindow,
QColorDialog

class Example1(QMainWindow):
    def __init__(self):
    super().__init__()
    self.init_ui()

def init_ui(self):
    background_color = QColor()     #无参构造 QColor 对象
    background_color.setNamedColor('blue')   #设置蓝色

    self.text_editor = QTextEdit()
    color_palette = self.text_editor.palette()
    color_palette.setColor(QPalette.Text, Qt.red)
    color_palette.setColor(QPalette.Base, background_color)
    self.text_editor.setPalette(color_palette)

    default_font = self.text_editor.font()
    default_font.setPointSize(9)
    self.text_editor.setFont(default_font)
```

```
        self.setWindowTitle('Example')
        self.setCentralWidget(self.text_editor)
        self.setGeometry(500, 500, 500, 500)
        self.show()  #显示窗口

if __name__ == '__main__':
    app = QApplication(sys.argv)
    example = Example1()
    sys.exit(app.exec_())
```

这次我们没有借助可视化界面设计工具 Qt Designer，直接以手写方式实现了一个编辑框 QTextEdit，然后设置其背景色和字体颜色。

（2）保存工程并运行，运行结果如图 8-4 所示。

图 8-4

8.6 画笔类 QPen

画家画画都少不了画笔，Qt 中画笔的功能用 QPen 类来封装。QPen 类定义了 QPainter 应该怎样画线或者画轮廓线。QPen 类的属性总共有 5 种：线的样式、线的粗细、线的颜色、线的端点样式以及线与线之间的连接方式。其实线的绝大多数函数都是围绕这 5 个属性来使用的。

8.6.1 画笔的属性

1. 线的样式

枚举类型 Qt::PenStyle 定义了线的样式（线型）。Qt::PenStyle 的枚举值如表 8-1 所示。

表8-1 Qt::PenStyle的枚举值

枚 举 值	数 值	说 明
Qt.NoPen	0	没有线
Qt.SolidLine	1	一条简单的线，默认值
Qt.DashLine	2	由一些像素分隔的短线
Qt.DotLine	3	由一些像素分隔的点
Qt.DashDotLine	4	轮流交替的点和短线
Qt.DashDotDotLine	5	一个短线，两个点，再一个短线，两个点
Qt.CustomDashLine	6	自定义样式

画笔样式的示例图如图 8-5 所示。

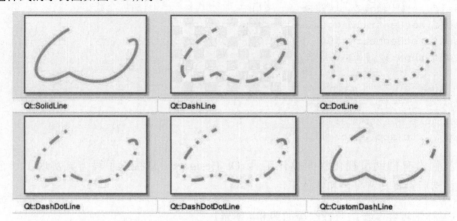

图 8-5

设置笔的样式的成员函数是 setStyle，该函数声明如下：

```
def setStyle(self, a0: QtCore.Qt.PenStyle) -> None: ...
```

其中参数 a0 表示要设置的笔的样式，取值范围为 Qt.PenStyle 枚举中的 6 个枚举值，比如
Qt.SolidLine。比如，为笔设置 DashDotLine 样式，示例代码如下：

```
pen = QPen()  #creates a default pen
pen.setStyle(Qt.DashDotLine);
```

另外，可以用 setDashOffset()和 setDashPattern()函数设置自定义的线条样式，该函数声明如下：

```
def setDashOffset(self, doffset: float) -> None: ...
def setDashPattern(self, pattern: typing.Iterable[float]) -> None: ...
```

2. 线的粗细

这个属性好理解，就像小朋友的自动铅笔一样，有 0.5、0.7，画出来的线粗细是不同的。粗细
也可以称为宽度。用于设置宽度的成员函数是 setWidth，该函数声明如下：

```
def setWidth(self, width: int) -> None: ...
```

其中参数 width 是要设置的宽度，单位是像素。如果要获取笔的当前宽度，可以用成员函数 width，
该函数声明如下：

```
def width(self) -> int: ...
```

该函数直接返回笔的宽度，单位是像素。另外，Qt 为了增加笔宽的精度，还提供一对浮点数版本：

```
def setWidthF(self, width: float) -> None: ...
def widthF(self) -> float: ...
```

设置的宽度和返回的宽度都是浮点类型（即实数类型）。

3. 线的颜色

这个属性好理解，就像小朋友的水彩笔一样，有红色、绿色、蓝色等，不同颜色的笔画出来的

线是不同的。颜色可以用 QColor 类对象来表示。用于设置笔颜色的成员函数是 setColor，该函数声明如下：

```
def setColor(self, color: typing.Union[QColor, QtCore.Qt.GlobalColor,
QGradient]) -> None: ...
```

其中参数 color 是要设置的颜色。如果要获取笔的当前宽度，可以用成员函数 color，该函数声明如下：

```
def color(self) -> QColor: ...
```

该函数直接返回笔的颜色。另外，也可以直接用 QColor 对象来构造一个画笔，构造函数如下：

```
def __init__(self, pen: typing.Union['QPen', QColor, QtCore.Qt.GlobalColor,
QGradient]) -> None: ...
```

4. 线的端点（末端）样式

线的端点样式（Cap Style）定义了线的端点是如何绘制的，包括直角顶点、圆角顶点和平顶点。默认值为 FlatCap，顶点格式对于零宽度的 Pen 无效。在 Windows 95 和 Windows 98 上，端点样式无效。直角顶点在宽线上才会呈现。

枚举 Qt.PenCapStyle 定义了 3 种端点样式，如图 8-6 所示。

图 8-6

这 3 个枚举值的定义如表 8-2 所示。

表8-2　Qt.SquareCap、Qt.FlatCap和Qt.RoundCap三个枚举值的定义

枚 举 值	数 值	说 明
Qt.FlatCap	0x00	不覆盖线条端点的正方形线条端点
Qt.SquareCap	0x10	覆盖端点并超出其一半宽度的正方形线条端点
Qt.RoundCap	0x20	圆的端点

关于线的终点，对于非零宽度的线来说，它完全取决于端点样式。对于零宽度的线来说，QPainter 将尽量保证绘制线的终点，但这不是绝对的，取决于绘制引擎的类型。在所有的测试系统中，所有非对角线的终点都是绘制的。

5. 线与线之间的连接方式

线与线之间的连接方式（Join Style）用于设置线条的连接样式，定义了两条相交线的连接点是如何绘制的，默认格式为倒角连接（Miter Join）。连接方式同样对零宽度的线无效。枚举

Qt.PenJoinStyle 定义了斜角连接、倒角连接、圆角连接 3 种，如图 8-7 所示。

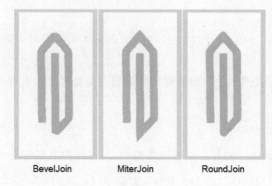

图 8-7

这 3 个枚举值的定义如表 8-3 所示。

表8-3　Qt.BevelJoin、Qt.MiterJoin和Qt.RoundCap三个枚举值的定义

枚　举　值	数　　值	说　　明
Qt.MiterJoin	0x00	线的外缘延伸成一定角度，并填充此区域
Qt.BevelJoin	0x40	两条线之间的三角形缺口被填满
Qt.RoundCap	0x80	两条线之间的圆弧被填充

8.6.2　构造一支画笔

QPen 提供了 4 种构造函数：

1. def__init__(self) -> None:...

这是不带参数的构造函数。构造一支黑色的、SolidLine 样式、宽度为 1 像素的画笔。

2. def__init__(self, a0: QtCore.Qt.PenStyle) -> None:...

用样式 style 来构造一支黑色的、宽度为 1 像素的画笔。

3. def__init__(self, pen: typing.Union['QPen', QColor, QtCore.Qt.GlobalColor, QGradient]) -> None:...

用颜色 color 来构造一支 SolidLine 样式、宽度为 1 像素的画笔。

4. def__init__(self,brush:typing.Union[QBrush,QColor,QtCore.Qt.GlobalColor,QGradient],width: float,style:QtCore.Qt.PenStyle=...,cap:QtCore.Qt.PenCapStyle=...,join:QtCore.Qt.PenJoinStyle=...)->None:...

用指定画刷、宽度、风格、端点样式和连接样式来构造一支画笔。

8.6.3　获取或设置画笔的颜色

可以用成员函数 color 来获取画笔的颜色，该函数声明如下：

```
def color(self) -> QColor: ...
```

该函数返回 QColor 对象。如果要设置画笔的颜色，可以用成员函数 setColor，该函数声明如下：

```
def setColor(self, color: typing.Union[QColor, QtCore.Qt.GlobalColor,
QGradient]) -> None: ...
```

其中参数 color 是要设置的颜色。

8.6.4　获取或设置画笔的宽度

可以用成员函数 width 来获取画笔的颜色，该函数声明如下：

```
def width(self) -> int: ...
```

该函数返回画笔的宽度，即笔的粗细。

如果要设置画笔的宽度，可以用成员函数 setWidth，该函数声明如下：

```
def setWidth(self, width: int) -> None: ...
```

其中参数 width 是要设置的宽度。

这是整数的版本，还有浮点数的版本：

```
def setWidthF(self, width: float) -> None: ...
def widthF(self) -> float: ...
```

8.6.5　获取或设置画笔的线型样式

可以用成员函数 style 来获取画笔的线型样式，该函数声明如下：

```
def style(self) -> QtCore.Qt.PenStyle: ...
```

该函数返回画笔的样式。

如果要设置画笔的样式，可以用成员函数 setStyle，该函数声明如下：

```
def setStyle(self, a0: QtCore.Qt.PenStyle) -> None: ...
```

其中参数 style 是要设置的画笔的线型样式。

【例 8.9】画不同的线

（1）复制上例，然后在 main.py 中添加如下代码：

```
from PyQt5.Qt import QWidget, QApplication
from PyQt5.QtGui import QPainter, QPen
from PyQt5.QtCore import Qt
import sys

class Example(QWidget):
    def __init__(self):
        super().__init__()
        self.initUI()
```

```python
    def initUI(self):
        self.setGeometry(300, 300, 280, 270)
        self.setWindowTitle('Pen styles')
        self.show()

    def paintEvent(self, e):
        qp = QPainter()
        qp.begin(self)
        self.drawLines(qp)
        qp.end()

    #画线事件函数
    def drawLines(self, qp):
        #调用构造函数初始化
        pen = QPen(Qt.blue, 2, Qt.SolidLine)
        qp.setPen(pen)
        qp.drawLine(20, 40, 250, 40)
        #画虚线
        pen.setStyle(Qt.DashLine)
        pen.setColor(Qt.white)
        qp.setPen(pen)
        qp.drawLine(20, 80, 250, 80)
        #画虚点画线
        pen.setStyle(Qt.DashDotLine)
        qp.setPen(pen)
        qp.drawLine(20, 120, 250, 120)
        #画点线
        pen.setStyle(Qt.DotLine)
        qp.setPen(pen)
        qp.drawLine(20, 160, 250, 160)
        #画虚点点线
        pen.setStyle(Qt.DashDotDotLine)
        qp.setPen(pen)
        qp.drawLine(20, 200, 250, 200)
        #画经典的虚线
        pen.setStyle(Qt.CustomDashLine)
        pen.setDashPattern([1, 4, 5, 4])
        pen.setBrush(Qt.red)
        qp.setPen(pen)
        qp.drawLine(20, 240, 250, 240)

#主函数
if __name__ == '__main__':
    app = QApplication(sys.argv)
    ex = Example()
    sys.exit(app.exec_())
```

（2）保存工程并运行，运行结果如图 8-8 所示。

图 8-8

8.7　画　　刷

画刷通常用来填充图形的背景，就像油漆工的刷子一样。除了刷单色外，还能刷图片。在 Qt 中，画刷用 QBrush 类实现。QBrush 类的构造函数有好几种，常用的如下：

```python
def __init__(self) -> None: ...
@typing.overload
def __init__(self, bs: QtCore.Qt.BrushStyle) -> None: ...
@typing.overload
def __init__(self, color: typing.Union[QColor, QtCore.Qt.GlobalColor], style:
QtCore.Qt.BrushStyle = ...) -> None: ...
@typing.overload
def __init__(self, color: typing.Union[QColor, QtCore.Qt.GlobalColor], pixmap:
QPixmap) -> None: ...
@typing.overload
def __init__(self, pixmap: QPixmap) -> None: ...
@typing.overload
def __init__(self, image: 'QImage') -> None: ...
@typing.overload
def __init__(self, brush: typing.Union['QBrush', QColor, QtCore.Qt.GlobalColor,
'QGradient']) -> None: ...
@typing.overload
def __init__(self, variant: typing.Any) -> None: ...
```

其中 Qt.BrushStyle 是一个枚举，定义了不同的画刷样式，style 定义了填充模式，通过枚举类型 Qt.BrushStyle 来实现，填充模式包括基本填充模式、渐变填充模式和纹理填充模式，枚举 Qt.BrushStyle 的定义如表 8-4 所示。

表8-4　枚举Qt.BrushStyle的定义

常　　量	值	说　　明
Qt.NoBrush	0	无画笔图案
Qt.SolidPattern	1	统一颜色
Qt.Dense1Pattern	2	极密刷纹
Qt.Dense2Pattern	3	非常密集的笔刷图案
Qt.Dense3Pattern	4	稍密的刷子图案
Qt.Dense4Pattern	5	半密刷纹
Qt.Dense5Pattern	6	有点稀疏的画笔图案
Qt.Dense6Pattern	7	非常稀疏的画笔图案
Qt.Dense7Pattern	8	极稀疏的画笔图案
Qt.HorPattern	9	水平线
Qt.VerPattern	10	垂直线
Qt.CrossPattern	11	跨越水平线和垂直线
Qt.BDiagPattern	12	向后对角线
Qt.FDiagPattern	13	向前对角线
Qt.DiagCrossPattern	14	交叉对角线
Qt.LinearGradientPattern	15	线性渐变（使用专用的 QBrush 构造函数设置）
Qt.ConicalGradientPattern	17	锥形渐变（使用专用的 QBrush 构造函数设置）
Qt.RadialGradientPattern	16	径向渐变（使用专用的 QBrush 构造函数设置）
Qt::TexturePattern	24	自定义图案

不同的填充模式的区别如图 8-9 所示。

color()定义填充图案的颜色，该颜色可以是 Qt.GlobalColor 中预定义的演示，也可以是其他任何 QColor 颜色。gradient()定义所使用的渐变填充样式，Qt 提供了 3 种不同的渐变填充：QLinearGradient、QConicalGradient 和 QRadialGradient。当填充模式使用 Qt.TexturePattern 时，可以在创建画刷时提供像素图或者调用 setTexture()来创建具有纹理填充功能的画刷。注意：无论先前设置了什么样的填充模式，如果调用了 setTexture()，都会使填充模式变成 Qt.TexturePattern。如果填充模式为渐变，则 setColor 函数不起作用。

QBrush 常用的成员函数如下：

- setColor()：更改当前设置的颜色。
- color()：获得当前设置的颜色。
- gradient()：获得画刷的渐变设置。
- setColor()：将画刷的颜色设置为指定的颜色。
- color()：获得画刷的颜色。
- setStyle()：设置画刷的填充样式。
- style()：获得画刷的填充样式。
- setTexture()：设置画刷的纹理填充图像，同时将画刷的填充样式设置为 Qt.TexturePattern。
- texture()：返回纹理图像。
- setTransform()：设置画刷的变换矩阵。画刷的变换矩阵与 QPainter 的变换矩阵合并产生最终的绘制效果。
- tansform()：返回画刷的当前变换矩阵。

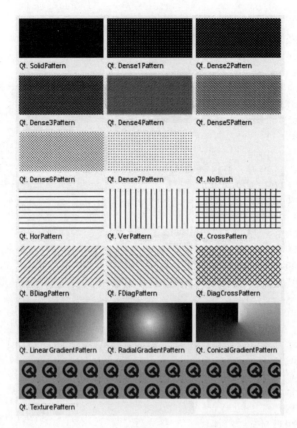

图 8-9

下面的实例演示了如何使用画刷的各种填充模式，包括颜色、样式、渐变、纹理等属性的演示。

【例 8.10】画刷的使用

（1）复制上例，然后在 main.py 中添加如下代码：

```python
import sys, math
from PyQt5 import QtCore, QtGui, QtWidgets
from PyQt5.QtCore import Qt, QPoint, QPointF
from PyQt5.QtGui import (QColor, QPen, QPainter, QPainterPath, QPolygonF,
QBrush, QLinearGradient, QConicalGradient, QRadialGradient, QGradient, QPixmap)
from PyQt5.QtWidgets import (QApplication, QWidget, QHBoxLayout, QFormLayout,
                    QLabel, QFrame, QSizePolicy, QSpinBox, QPushButton,
                    QColorDialog, QComboBox, QFileDialog)


class MyFrame(QFrame):
    def __init__(self, parent=None):
        super(MyFrame, self).__init__(parent)
        self.setFrameShape(QFrame.Box)
        self.setFrameShadow(QFrame.Plain)
        self.setLineWidth(1)
        self.setMidLineWidth(0)
        self.setSizePolicy(QSizePolicy.Preferred, QSizePolicy.Preferred)
```

```python
        self.brushColor = Qt.black
        self.pattern = Qt.SolidPattern
        self.filename = ''

    def setBrushColor(self, color):
        self.brushColor = color
        self.update()

    def setPattern(self, pattern):
        self.pattern = pattern
        self.update()

    def setTexture(self, filename):
        self.pattern = Qt.TexturePattern
        self.filename = filename
        self.update()

    def paintEvent(self, event):
        painter = QPainter(self)
        painter.setRenderHint(QPainter.Antialiasing, True)

        #绘制边框线
        painter.drawRect(self.rect())

        pen = QPen()
        pen.setColor(Qt.darkBlue)
        painter.setPen(pen)

        brush = QBrush()
        brush.setColor(self.brushColor)

        if self.pattern == Qt.TexturePattern:
            brush.setTexture(QPixmap(self.filename))
        elif self.pattern == Qt.LinearGradientPattern:
            lg = QLinearGradient(0, 0, 100, 0)
            lg.setColorAt(0, Qt.red)
            #lg.setSpread(QGradient.RepeatSpread)
            lg.setColorAt(1, Qt.blue)
            brush = QBrush(lg)
        elif self.pattern == Qt.RadialGradientPattern:
            rg = QRadialGradient(50, 50, 200, 100, 100)
            rg.setColorAt(0, Qt.red)
            rg.setColorAt(1, Qt.blue)
            rg.setSpread(QGradient.RepeatSpread)
            brush = QBrush(rg)
        elif self.pattern == Qt.ConicalGradientPattern:
            cg = QConicalGradient(100, 100, 120)
            cg.setColorAt(0, Qt.red)
            cg.setColorAt(1, Qt.blue)
```

```
                cg.setSpread(QGradient.RepeatSpread)
                brush = QBrush(cg)
            else:
                brush.setStyle(self.pattern)

        painter.setBrush(brush)
        painter.drawRect(10, 10, 200, 160)
        painter.drawEllipse(300, 10, 160, 160)
        painter.drawPie(10, 240, 240, 240, 30 * 16, 110 * 16)

        #绘制五角星
        #添加一个多边形(五角星)
        #外点: x=Rcos(72°*k)  y=Rsin(72°*k)    k=0,1,2,3,4
        #内点: r=Rsin18°/sin36°   x=rcos(72°*k+36°)  y=rsin(72°*k+36°)
k=0,1,2,3,4
        deg_18 = 18 * math.pi / 180
        deg_36 = 36 * math.pi / 180
        deg_72 = 72 * math.pi / 180
        r_out = 100  #半径
        r_inner = r_out * math.sin(deg_18) / math.sin(deg_36)
        polygon = QPolygonF()
        for i in range(5):
            #外点
            out_angle = deg_72 * i - deg_18
            polygon.append(QPointF(r_out * math.cos(out_angle), r_out *
math.sin(out_angle)))
            #内点
            in_angle = deg_72 * i + deg_18
            polygon.append(QPointF(r_inner * math.cos(in_angle), r_inner *
math.sin(in_angle)))

        painter.translate(380, 280)
        painter.drawPolygon(polygon, Qt.WindingFill)


class DemoBrush(QWidget):
    def __init__(self, parent=None):
        super(DemoBrush, self).__init__(parent)

        #设置窗口标题
        self.setWindowTitle('实战 PyQt: QBrush 演示')

        #设置尺寸
        self.resize(720, 400)

        self.initUi()

    def initUi(self):
        layout = QHBoxLayout()
```

```python
        self.canvas = MyFrame()

        #颜色设置
        btnSetColor = QPushButton('设置颜色')
        btnSetColor.clicked.connect(self.onSetBrushColor)

        #填充模式
        cmbBrusStyle = QComboBox()
        cmbBrusStyle.addItems(['NoBrush', 'SolidPattern', 'Dense1Pattern',
'Dense2Pattern','Dense3Pattern', 'Dense4Pattern', 'Dense5Pattern',
'Dense6Pattern', 'Dense7Pattern', 'HorPattern', 'VerPattern', 'CrossPattern',
'BDiagPattern', 'FDiagPattern', 'DiagCrossPattern'])
        cmbBrusStyle.currentTextChanged.connect(self.onBrushStyleChanged)
        cmbBrusStyle.setCurrentIndex(1)

        #渐变
        cmbGradient = QComboBox()
        cmbGradient.addItems(['None', 'LinearGradientPattern',
'RadialGradientPattern', 'ConicalGradientPattern'])
        cmbGradient.currentTextChanged.connect(self.onGradientChanged)

        #纹理
        btnTexture = QPushButton('打开图像文件')
        btnTexture.clicked.connect(self.onButtonTextureClicked)

        fLayout = QFormLayout()
        fLayout.setContentsMargins(0, 0, 0, 0)
        fLayout.addRow('颜色: ', btnSetColor)
        fLayout.addRow('填充模式: ', cmbBrusStyle)
        fLayout.addRow('渐变: ', cmbGradient)
        fLayout.addRow('纹理: ', btnTexture)

        wid_left = QWidget()
        wid_left.setMaximumWidth(200)
        wid_left.setLayout(fLayout)

        layout.addWidget(wid_left)
        layout.addWidget(self.canvas)

        self.setLayout(layout)

    def onSetBrushColor(self):
        color = QColorDialog.getColor()
        self.canvas.setBrushColor(color)

    def onBrushStyleChanged(self, style):
        if style == 'SolidPattern':
            self.canvas.setPattern(Qt.SolidPattern)
        elif style == 'Dense1Pattern':
            self.canvas.setPattern(Qt.Dense1Pattern)
```

```
            elif style == 'Dense2Pattern':
                self.canvas.setPattern(Qt.Dense2Pattern)
            elif style == 'Dense3Pattern':
                self.canvas.setPattern(Qt.Dense3Pattern)
            elif style == 'Dense4Pattern':
                self.canvas.setPattern(Qt.Dense4Pattern)
            elif style == 'Dense5Pattern':
                self.canvas.setPattern(Qt.Dense5Pattern)
            elif style == 'Dense6Pattern':
                self.canvas.setPattern(Qt.Dense6Pattern)
            elif style == 'Dense7Pattern':
                self.canvas.setPattern(Qt.Dense7Pattern)
            elif style == 'HorPattern':
                self.canvas.setPattern(Qt.HorPattern)
            elif style == 'VerPattern':
                self.canvas.setPattern(Qt.VerPattern)
            elif style == 'CrossPattern':
                self.canvas.setPattern(Qt.CrossPattern)
            elif style == 'BDiagPattern':
                self.canvas.setPattern(Qt.BDiagPattern)
            elif style == 'FDiagPattern':
                self.canvas.setPattern(Qt.FDiagPattern)
            elif style == 'DiagCrossPattern':
                self.canvas.setPattern(Qt.DiagCrossPattern)
            else:
                self.canvas.setPattern(Qt.NoBrush)

    def onGradientChanged(self, style):
        if style == 'LinearGradientPattern':
            self.canvas.setPattern(Qt.LinearGradientPattern)
        elif style == 'RadialGradientPattern':
            self.canvas.setPattern(Qt.RadialGradientPattern)
        elif style == 'ConicalGradientPattern':
            self.canvas.setPattern(Qt.ConicalGradientPattern)
        else:
            self.canvas.setPattern(Qt.NoBrush)

    def onButtonTextureClicked(self):
        path, _ = QFileDialog.getOpenFileName(self, '打开图像文件', '', '图像文件
(*.png)')

        if path:
            self.canvas.setTexture(path)


if __name__ == '__main__':
    app = QApplication(sys.argv)
    window = DemoBrush()
    window.show()
    sys.exit(app.exec())
```

（2）保存工程并运行，运行结果如图 8-10 所示。

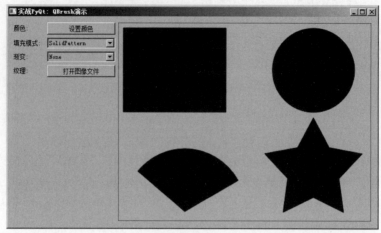

图 8-10

8.8　画图类 QPainter

QPaintDevice、QPaintEngine 和 QPainter 是 Qt 绘制系统的 3 个核心类。QPainter 用于进行绘制的实际操作，绘图设备是继承 QPainterDevice 的类。QPaintDevice 就是能够进行绘制的类，也就是说，QPainter 可以在任何 QPaintDevice 的子类上进行绘制。

通常 paintEvent 不能直接调用，而是需要重写相关内部的操作后等待窗口的绘制事件。绘制的自动触发机制如下：

（1）窗口第一次显示时。

（2）窗口大小调整时。

（3）窗口切换或遮挡。

以上操作系统会自动产生一个绘图事件，强制这个 paintEvent 运行。

绘制的"手动"触发机制：这里的手动不是手动操作正在运行的窗口程序，而是在程序中调用update()或者 repaint()进行重绘。update()函数只是在 Qt 下一次处理事件时才调用一次绘制事件，多次调用 update()，Qt 会把连续多次的绘制事件压缩成一个单一的绘制事件，这样可避免闪烁现象。repaint()函数会强制产生一个即时的重绘事件，所以建议在需要重绘的时候尽量调用 update()，在必须实时显示绘制的时候调用 repaint()。

很多画图形（比如画圆、画矩形）和绘制文本的功能都由 QPainter 的成员函数提供。QPainter类在 QWidget（控件）上执性绘图操作，它是一个绘制工具，为大部分图形化界面提供了高度优化的函数，使 QPainter 类可以绘制从简单的直线到复杂的饼图等。

绘制操作在 QWidget.paintEvent()中完成，绘制方法通常放在 QtGui.QPainter 对象的 begin()和end()之间。QPainter 类在控件或其他绘图设备上执行较低级别的图像绘制功能，并通过其成员方法进行绘制。QPainter 类绘制所使用的常用方法如下：

```
begin() #开始在目标设备上绘制
drawArc()    #在起始角度和最终角度之间画弧
drawEllipse()    #在一个矩形内画一个椭圆
drawLine(int x1,int y1,int x2,int y2)   #绘制一条指定了端点坐标的线，绘制从（x1,y1）
到（x2,y2）的直线并且设置当前的画笔位置为（x2,y2）
drawPixmap()     #从图像中提取 Pixmap 并显示在指定位置
drawPolygon()    #使用坐标数组绘制多边形
drawRect(int x,int y,int w,int h)    #以给定的宽度 w 和高度 h 从左上角坐标（x,y）绘制一
个矩形
drawText()       #显示给定坐标处的文字
fillRect()       #使用 QColor 参数填充矩形
setBrush()       #设置画笔的风格
setPen()         #设置用于绘制的笔的颜色、大小、样式
```

下面的代码演示了利用 **QPainter** 来绘制文本的功能。

```python
def paintEvent(self, event):
    qp = QPainter()
    qp.begin(self)
    #绘图的方法写在这里就好，begin 与 end 之间
    qp.setPen(Qt.blue); //设置蓝色的笔
    qp.setFont(QFont("Arial", 30)); //设置字体
    qp.drawText(rect(), Qt.AlignCenter, "Qt"); //绘制文本
    qp.end()
```

8.8.1　画直线

用于画直线的成员函数是 drawLine，它的声明有好几种形式，常用的有：

```python
def drawLine(self, l: QtCore.QLineF) -> None: ...
@typing.overload
def drawLine(self, line: QtCore.QLine) -> None: ...
@typing.overload
def drawLine(self, x1: int, y1: int, x2: int, y2: int) -> None: ...
@typing.overload
def drawLine(self, p1: QtCore.QPoint, p2: QtCore.QPoint) -> None: ...
@typing.overload
def drawLine(self, p1: typing.Union[QtCore.QPointF, QtCore.QPoint], p2:
typing.Union[QtCore.QPointF, QtCore.QPoint]) -> None: ...
```

其中，x1 和 y1 是起始点的横纵坐标，x2 和 y2 是终点的横纵坐标。p1 是起始点的点坐标，p2
是终点的点坐标。

8.8.2　画矩形

用于画矩形的成员函数是 drawRect，它的声明有好几种形式，常用的有：

```python
def drawRect(self, rect: QtCore.QRectF) -> None: ...
@typing.overload
def drawRect(self, x: int, y: int, w: int, h: int) -> None: ...
@typing.overload
```

```
    def drawRect(self, r: QtCore.QRect) -> None: ...
```

其中，x 和 y 是要画的矩形的左上角顶点的横坐标和纵坐标值，w 是矩形的宽度，h 是矩形的高度。参数 r 是要画的矩形的坐标对象。

8.8.3　画椭圆和圆

其实圆是椭圆的一种特殊形式。用于画椭圆和圆的成员函数是 drawEllipse，它的声明有好几种形式，常用的有：

```
    def drawEllipse(self, r: QtCore.QRectF) -> None: ...
    @typing.overload
    def drawEllipse(self, r: QtCore.QRect) -> None: ...
    @typing.overload
    def drawEllipse(self, x: int, y: int, w: int, h: int) -> None: ...
    @typing.overload
    def drawEllipse(self, center: typing.Union[QtCore.QPointF, QtCore.QPoint], rx:
float, ry: float) -> None: ...
    @typing.overload
    def drawEllipse(self, center: QtCore.QPoint, rx: int, ry: int) -> None: ...
```

其中，参数 r 是要画的椭圆的矩形坐标，参数 x 和 y 是要画的椭圆的圆点（中心点）的横坐标值和纵坐标值，w 和 h 是椭圆的长轴值和短轴值。其实也就是 3 个参数：圆心、水平方向半径和垂直方向半径。当 w 和 h 相同时，所画的图形就是一个圆。

8.8.4　绘制文本

用于画直线的成员函数是 drawText，它的声明有好几种形式，常用的有：

```
    def drawText(self, p: typing.Union[QtCore.QPointF, QtCore.QPoint], s: str) ->
None: ...
    @typing.overload
    def drawText(self, rectangle: QtCore.QRectF, flags: int, text: str) ->
QtCore.QRectF: ...
    @typing.overload
    def drawText(self, rectangle: QtCore.QRect, flags: int, text: str) ->
QtCore.QRect: ...
    @typing.overload
    def drawText(self, rectangle: QtCore.QRectF, text: str, option: 'QTextOption'
= ...) -> None: ...
    @typing.overload
    def drawText(self, p: QtCore.QPoint, s: str) -> None: ...
    @typing.overload
    def drawText(self, x: int, y: int, width: int, height: int, flags: int, text:
str) -> QtCore.QRect: ...
    @typing.overload
    def drawText(self, x: int, y: int, s: str) -> None: ...
```

其中，参数 p 是要绘制的文本字符串的左上角顶点坐标，text 是要绘制的文本字符串。参数 x

和 y 要绘制的文本字符串的左上角顶点的横坐标值和纵坐标值，width 和 height 是文本的宽度和高度。

【例 8.11】利用 QPainter 画点、直线、矩形、椭圆和文本

（1）复制上例，然后在 main.py 中添加如下代码：

```python
from PyQt5 import Qt
from PyQt5.QtCore import QPoint
from PyQt5.QtWidgets import QWidget, QApplication
from PyQt5.QtGui import QPainter, QColor, QPen
import sys
import random

class ExcelWindow(QWidget):
    def __init__(self):
        super(ExcelWindow, self).__init__()
        self.init_ui()

    def init_ui(self):
        self.resize(220, 220)

    def paintEvent(self, event):
        qp = QPainter()
        qp.begin(self)

        #绘图的方法写在这里就好，begin 与 end 之间
        self.drawDot(qp)
        #再创建一支笔画些其他东西
        pen = QPen()
        pen.setWidth(5);  #设置线宽
        pen.setColor(QColor(14, 9, 234));  #rgb 设置颜色
        #pen.setStyle(Qt.DashDotLine)  #设置风格
        qp.setPen(pen);   #把画笔交给画家
        qp.drawLine(0, 0, 50, 50);  #起点和终点坐标
        qp.drawRect(50, 50, 150, 150);  #画矩形
        #画椭圆，参数：圆心、水平方向半径和垂直方向半径
        qp.drawEllipse(QPoint(60, 60), 50, 25);
        qp.drawText(QPoint(100, 30), "hello world");  #画文本
        qp.end()

    #自定义的随机画点函数
    def drawDot(self, qp):
        pen = QPen(QColor(238, 0, 0), 3)
        #对画笔进行设置，QColor 参数为颜色的 rgb 值，后面 3 为点的大小
        qp.setPen(pen)
        print(self.size())   #确认能画画的画布像素范围
        #随机画几个点
        for i in range(20):
            #drawPoint 的参数有两个，一个是点的横坐标，另一个是点的纵坐标
            qp.drawPoint(random.randint(0, 199), random.randint(0, 199))
```

```
def main():
    app = QApplication(sys.argv)
    gui = ExcelWindow()
    gui.show()
    sys.exit(app.exec_())

if __name__ == '__main__':
    main()
```

绘图事件在窗口重绘（状态改变）的时候，该函数（paintEvent）被调用。我们看到坐标(0,0)的位置是在工具栏的上方。

（2）按【Shift+F10】快捷键运行工程，运行结果如图 8-11 所示。

【例 8.12】用画刷填充椭圆

（1）复制上例，然后在 main.py 中添加如下代码：

```
def paintEvent(self, event):
    qp = QPainter()
    qp.begin(self)
    brush = QBrush(QColor(0, 0, 255),Qt.Dense1Pattern); #创建画刷
    qp.setBrush(brush); #使用画刷
    qp.drawEllipse(20, 20, 70, 50); #绘制椭圆，并用画刷填充
    qp.end()
```

（2）按【Shift+F10】快捷键运行工程，运行结果如图 8-12 所示。

图 8-11

图 8-12

【例 8.13】用画刷填充磁盘上的图片

（1）复制上例，然后在 main.py 中添加如下代码：

```
def paintEvent(self, event):
    qp = QPainter()
    qp.begin(self)
    pixmap=QPixmap("test.jpg")
    w = pixmap.width();
    h = pixmap.height();
    pixmap.scaled(w, h, Qt.IgnoreAspectRatio, Qt.SmoothTransformation);
```

```
#设置画刷为 pixmap 文件，也就是用 pixmap 图形填充矩形
brush = QBrush(pixmap);
qp.setBrush(brush);
qp.drawRect(0, 0, w, h);
qp.end();
```

我们利用 **QPixmap** 类加载了 d 盘上的图片文件 cc.jpg，然后又加载到画刷中，接着画矩形的时候，图片内容就到矩形中去了。因为我们从窗口(0,0)位置开始画，所以隐藏了工具栏，否则要画到工具栏上了。

（2）按【Shift+F10】快捷键运行工程，运行结果如图 8-13 所示。

图 8-13

第 9 章

菜单栏、工具栏和状态栏

虽然菜单栏、工具栏和状态栏可以用在对话框工程中，但它们更多地用在 MainWindow 工程中。菜单和工具栏通常位于主窗口的上方位置，状态栏位于主窗口的下方位置。菜单和工具栏都是用来接收用户的鼠标单击，以此来引发相应的操作，比如用户单击"退出"菜单项，程序就退出，工具栏和菜单都是执行用户命令的，它们接收的消息称为命令消息。状态栏通常显示当前程序处于某种状态或对某个菜单项（工具栏按钮）进行解释，状态栏上由多个分隔的区域来显示不同的信息。

在本章中，实例的应用程序都是基于 MainWindow 工程。

9.1 菜单的设计与开发

菜单是 PyQt 程序中常见的界面元素，几乎所有的 PyQt 程序都有菜单，无论是 Widget 程序、MainWindow 程序还是对话框程序。菜单是用户操作应用程序功能的重要媒介。菜单一般分为两种：一种位于程序界面的顶端，它使用鼠标左键单击后才触发动作；另一种是在界面需要的地方右击鼠标，然后出现一个小菜单，接着用鼠标左键单击某个菜单项，这种菜单称为上下文菜单。程序中所有的功能基本都可以在菜单中表达。一个菜单包括很多菜单项，当我们单击某个菜单项的时候，会发出一个命令消息，然后就会引发相应的消息处理函数的执行。

工具栏也是一个窗口，它可以停靠在父类窗口的某一边，也可以处于悬浮状态。工具栏既可以出现文档工程中，也可以出现在对话框工程中。

在 Qt 中，主窗口 MainWindow 上有一个菜单栏，然后菜单栏上放置多个菜单（项），用户单击菜单（项）后，会引发一个动作。在 PyQt 中，要建立菜单，有 3 个类很重要：菜单栏类 QMenuBar、菜单类 QMenu 和动作类 QAction。这 3 个类的联合作战图如图 9-1 所示。

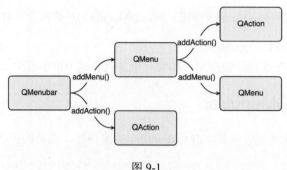

图 9-1

菜单栏是主窗口存放菜单的地方，由 QMenuBar 类来描述，在此基础上添加不同的 QMenu 和 QAction。PyQt 将用户与界面进行交互的元素抽象为一种"动作"，使用 QAction 类表示。QAction 类才是真正负责执行操作的类。另外，我们看一下菜单栏、顶级菜单和子菜单的位置，如图 9-2 所示。

图 9-2

这里菜单 File 位于菜单栏上，通常称为顶级菜单。New、Save、Edit 和 Quit 是 File 的下拉子菜单，相当于 File 的一级子菜单，它们 4 个也可以有自己的子菜单，相当于 File 的二级子菜单，以此类推。

建立一个可用的菜单基本上要 4 步：

（1）构造或获取一个菜单栏对象：

```
menuBar = QMenuBar();
```

如果主界面框架是 QMainWindow，也可以获取主窗口自带的菜单栏，比如：

```
bar = self.menuBar()   #直接获取
```

（2）添加一个名称为 File 的顶级菜单：

```
menu = menu_bar.addMenu("File");
```

（3）为 File 添加一个名为 New 的子菜单：

```
action = menu.addAction("New");
```

子菜单一般用来响应用户单击并处理一些动作。所以添加子菜单相当于添加一个动作，并返回动作对象，然后可以和槽函数建立连接。

（4）最后把子菜单的动作对象 action 和槽函数建立连接：

```
connect(menuBar,SIGNAL(triggered(QAction*)),this,SLOT(trigerMenu(QAction*)));
```

这样，单击菜单（或任何 QAction 按钮）时，QMenuBar 对象都会发射 triggered 信号。

（5）实现动作处理函数 trigerMenu。

trigerMenu 就是一个槽函数，响应用户的实际事务就在这个槽函数中实现。

9.1.1　菜单栏类 QMenuBar

菜单栏是主窗口存放菜单的地方，由 QMenuBar 类来描述。该类的构造函数声明如下：

```
def __init__(self, parent: typing.Optional[QWidget] = ...) -> None: ...
```

其中参数 parent 是菜单栏所在窗口的对象指针。如果基于 QMainWinodw 工程，则可以直接获取其菜单栏：

```
bar = self.menuBar()
```

得到了菜单栏，就可以添加顶级菜单了，添加顶级菜单的函数是 addMenu，该函数有多种形式，声明如下：

```
@typing.overload
def addMenu(self, menu: QMenu) -> QAction: ...
@typing.overload
def addMenu(self, title: str) -> QMenu: ...
@typing.overload
def addMenu(self, icon: QtGui.QIcon, title: str) -> QMenu: ...
```

第二种形式用得比较多一些，其中参数 title 表示要添加的菜单项的名称。如果函数执行成功，则返回该菜单对象。比如下面的代码添加一个名为 File 的顶级菜单：

```
bar = self.menuBar()  #MainWindow工程，默认已经有一个菜单栏
file = bar.addMenu("File")
```

我们传入的是字符串"File"，也就是使用的是 addMenu 的第二种形式，函数返回的是 QMenu 对象，即 file 是一个 QMenu 对象。随后调用 QMenu 的成员函数 addMenu 来添加"File"下面的下拉子菜单。

除了这两个重要的成员函数外，其他常用的成员函数如表 9-1 所示。

表9-1　QMenuBar其他常用的成员函数

成 员 函 数	说　　明
menuBar()	返回主窗口的 QMenuBar 对象
addMenu()	在菜单栏中添加一个新的 QMenu 对象
addAction()	向 QMenu 菜单中添加一个操作按钮，其中包含文本或图标
setEnabled()	将操作按钮状态设置为启用/禁用
addSeperator()	在菜单中添加一条分割线
clear()	删除菜单/菜单栏的内容
setShortcut()	将快捷键关联到操作按钮
setText()	设置菜单项的文本
setTitle()	设置 QMenu 小控件的标题
text()	返回与 QAction 对象关联的文本
title()	返回 QMenu 菜单的标题

9.1.2　动作类 QAction

　　Qt 将用户与界面进行交互的元素抽象为一种"动作"，使用 QAction 类表示。QAction 才是真正负责执行操作的类。

　　单击菜单（QMenu）的动作是由 QAction 类来实现的。QAction 类提供了一个可以同时出现在菜单和工具条上的抽象用户界面操作。在图形用户界面应用程序中很多命令可以通过菜单选项、工具条按钮和键盘快捷键所调用。因为同一个操作会被执行，与它的调用方法无关，并且因为菜单和工具条必须保持同步，所以提供一个这样的操作命令很有用。一个操作可以被添加到菜单和工具条中并且会自动使它们同步。例如，如果用户单击"加粗"工具条按钮，"加粗"菜单项将会自动被选中。

　　QAction 可以设置图标、菜单文本、状态栏文本、工具栏提示。它们分别通过 setIconSet()、setText()、setStatusTip()、setToolTip()来设置。相应地，也可以通过 icon()、text()、StatusTip()、ToolTip()函数来获取图标、菜单文本、状态栏文本、工具栏提示等。比如获取菜单文本的成员函数的声明如下：

```
def text(self) -> str: ...
```

　　该函数直接返回菜单的标题。

9.1.3　菜单类 QMenu

　　QMenu 类封装了菜单功能，用于菜单栏菜单、上下文菜单和其他弹出菜单。当单击菜单栏菜单时，将出现一个下拉菜单。使用其成员函数 addMenu()可以将顶级菜单插入菜单栏。上下文菜单通常通过一些特殊的键盘键或鼠标右击来调用，它们可以用 popup 函数异步执行，也可以用 exec 函数同步执行。菜单也可以响应按钮的单击动作而调用（单击一个按钮，出现一个下拉菜单），这类菜单与上下文菜单一样，只是调用方式不同。图 9-3 所示就是一个菜单栏菜单。

图 9-3

　　"文件"和"编辑"都是菜单栏菜单上的菜单项（顶级菜单），通常也称为顶级主菜单，单击"文件"菜单后，会出现一个下拉菜单，下拉菜单上有 3 个子菜单项，名称分别是"新建""保存"和"退出"。当我们单击子菜单项时，会触发一个动作信号 triggered，如果关联了这个信号的槽，则槽函数将被调用。

　　主菜单项的作用是出现下拉菜单，另一种位于下拉菜单中的菜单项也是为了出现下一级的下拉菜单，通常这种菜单项旁边还有一个箭头，如图 9-4 所示。

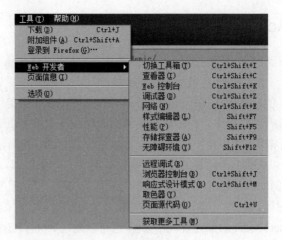

图 9-4

其中，"Web 开发者"就是这样的菜单，将它称为二级主菜单项，相应地，"工具"和"帮助"可以称为一级主菜单项。二级主菜单项的作用是为了出现二级下拉子菜单。下面我们来看一个例子，出现二级下拉子菜单。

要让主菜单项添加到菜单栏上，首先要构造主菜单对象，构造函数声明如下：

```
QMenu(const QString &title, QWidget *parent = nullptr)
def __init__(self, parent: typing.Optional[QWidget] = ...) -> None: ...
@typing.overload
    def __init__(self, title: str, parent: typing.Optional[QWidget] = ...) ->
None: ...
```

其中参数 title 是主菜单项名称，比如：

```
pmenu = QMenu("File");
```

菜单栏类有 addMenu 函数，菜单类 QMenu 也有 addMenu 函数，前者用来添加菜单栏上的主菜单（也称顶级菜单），后者用来添加下一级主菜单，下一级主菜单是为了出现下一级子菜单，而不是用来具体处理响应的。如果要处理用户的具体响应，只能由子菜单项完成，这个添加动作（也就是添加子菜单项）的成员函数是 addAction，声明如下：

```
@typing.overload
def addAction(self, action: QAction) -> None: ...
@typing.overload
def addAction(self, text: str) -> QAction: ...
@typing.overload
def addAction(self, icon: QtGui.QIcon, text: str) -> QAction: ...
```

相对而言，第二种形式最简单，就一个字符串参数，表示子菜单的名称。第三种形式多了一个表示图标的参数，可以为子菜单项增加一个图标，看起来更美观。

【例 9.1】手工添加菜单

（1）启动 PyCharm，新建一个 PyQt 工程，工程名是 pythonProject。

（2）在 main.py 中输入如下代码：

```python
import sys
from PyQt5.QtWidgets import *

class Win(QMainWindow):
    def __init__(self):
        super().__init__()
        self.setGeometry(300, 300, 200, 120)
        self.setWindowTitle('use QMenuBar')
        layout = QHBoxLayout()
        bar = self.menuBar()            #获取菜单栏
        file = bar.addMenu("File")      #添加顶级菜单 File
        file.addAction("New")           #为主菜单 File 添加一个子菜单 New
        save = QAction('Save', self)    #构造一个菜单动作对象
        save.setShortcut('Ctrl+S')      #设置快捷键
        file.addAction(save)            #为主菜单 File 添加一个子菜单，其名称是 Save
        #为顶级主菜单 File 再添加一个二级主菜单 Edit，Edit 菜单不是来处理动作的
        edit = file.addMenu("Edit")
        edit.addAction('copy')          #为二级主菜单 Edit 添加子菜单项 copy
        edit.addAction('paste')         #为二级主菜单 Edit 添加子菜单项 paste
        quit = QAction('Quit', self)    #构造一个菜单动作对象
        file.addAction(quit)            #为顶级菜单 File 添加子菜单 quit

        self.setLayout(layout)   #设置布局
        file.triggered[QAction].connect(self.processstrigger)#关联菜单动作到槽函数

    def processstrigger(self, q):
        print(q.text() + 'is triggered')
        if q.text() == "Quit":   #如果单击 Quit 菜单，则关闭窗口，退出程序
            self.close()
        else:
            QMessageBox.information(self,"note","you click the menu--
"+q.text())

    if __name__ == "__main__":
        app = QApplication(sys.argv)
        form = Win()
        form.show()
        sys.exit(app.exec_())
```

在上述代码中，我们首先获取菜单栏，然后添加一个顶级主菜单 File，随后为主菜单 File 添加子菜单 New 和 Save，再添加二级主菜单 Edit，二级主菜单也是用来显示下级菜单的，而不是直接处理事务。接着，为二级主菜单 Edit 添加两个子菜单：copy 和 paste，再为顶级菜单添加一个子菜单 Quit。最后，菜单 File 关联动作信号到槽函数 processstrigger。我们在槽函数中输出字符并显示一个信息框。

注意，addAction 的字符串参数其实就是子菜单项的标题名称，如果函数执行成功，则返回动作对象指针。因为子菜单用来响应用户具体动作，所以添加子菜单项实际上就是在添加动作，故用了 addAction 这样的函数名。

另外值得注意的是，仅仅添加子菜单项还不能响应用户，还需要为 action 和 slot 函数建立连接，

这样，单击菜单时，QMenuBar 对象都会发射 triggered 信号，然后在槽函数 triggerMenu 中，根据单击的菜单标题进行相应的处理。

（3）按【Shift+F10】快捷键运行工程，运行结果如图 9-5 所示。

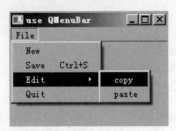

图 9-5

前面的例子中处理菜单信号的时候，发送者是菜单栏，然后我们在槽函数中通过判断菜单名称来知道用户单击了哪个菜单。除了这种方式外，还可以为单个菜单项的信号关联槽函数，这样就不需要在槽函数中判断了。具体方法是把 QAction 类的 triggered 信号连接（connect）到自定义的槽函数，比如：

```
save.triggered.connect(self.dosave)
```

其中，save 是一个 QAction 对象，dosave 是自定义的槽函数。

【例 9.2】为单个菜单项添加槽

（1）启动 PyCharm，新建一个 PyQt 工程，工程名是 pythonProject。

（2）在 main.py 中输入如下代码：

```
import sys
from PyQt5.QtWidgets import *

class Win(QMainWindow):
    def __init__(self):
        super().__init__()
        self.setGeometry(300, 300, 200, 120)
        self.setWindowTitle('use QMenuBar')
        layout = QHBoxLayout()
        bar = self.menuBar()
        file = bar.addMenu("File")
        file.addAction("New")

        save = QAction('Save', self)
        save.setShortcut('Ctrl+S')
        file.addAction(save)

        edit = file.addMenu("Edit")  #addMenu 返回 QAction 对象
        edit.addAction('copy')
        edit.addAction('paste')
        quit = QAction('Quit', self)
        file.addAction(quit)
```

```
        self.setLayout(layout)

        edit.triggered[QAction].connect(self.doedit)    #关联菜单动作到槽函数
        save.triggered.connect(self.dosave)
        quit.triggered.connect(self.doquit)

    def dosave(self, q):
        QMessageBox.information(self, "note", "save ok")

    def doquit(self, q):
        self.close()

    def doedit(self, q):
        if q.text() == "copy":    #如果单击 Quit 菜单，则关闭窗口，退出程序
            #copy sth.
            QMessageBox.information(self, "note", "copy ok")
        else:
            #paste sthm.
            QMessageBox.information(self, "note", "paste ok")

if __name__ == "__main__":
    app = QApplication(sys.argv)
    form = Win()
    form.show()
    sys.exit(app.exec_())
```

本例添加的菜单和上例是一样的。只不过我们把 Save 和 Quit 两个子菜单单独关联 triggered 信号到槽函数 dosave 和 doquit。而二级主菜单 Edit 下的两个子菜单（copy 和 paste）依旧都关联槽函数 doedit，在 doedit 中，我们通过判断子菜单的名称来知道用户当前单击的是哪个子菜单，从而做不同的处理，这里的处理比较简单，就是显示一下信息框而已。

（3）按【Shift+F10】快捷键运行工程，运行结果如图 9-6 所示。

图 9-6

9.1.4 以可视化方式添加菜单

前面我们添加菜单的方式都是通过代码方式纯手工实现的，除此之外，还可以通过 Qt Creater 界面设计器来可视化添加，就像 VB、VC 一样。这种方式方便得多，也更常用。

【例 9.3】以可视化方式添加带图标的菜单

（1）启动 PyCharm，新建一个 PyQt 工程，工程名是 pythonProject。

（2）启动 Qt Designer，新建一个 MainWindow 工程。新建 MainWindow 工程后，出现的窗口设计界面，最上面一行就是标题栏，它下面是菜单栏，如图 9-7 所示。

双击菜单栏左边的 Type Here，就可以输入菜单名，输入后按回车键，输入就成功了，同时会出现下拉菜单，定位到下拉菜单上并双击就可以继续输入子菜单项名，如图 9-8 所示。

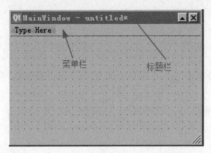

图 9-7   图 9-8

我们添加了两个子菜单项：New 和 Exit。选中 New，可以在 Property Edit 视图中看到这个子菜单 New 的 QAction 对象名称（objectName）是 actionNew，如图 9-9 所示。

以后我们可以根据动作对象 actionNew 连接槽函数，从而实现响应。另外，在图 9-9 中，可以发现 icon 属性，在右边选中下拉箭头，并选择菜单 Choose File...，如图 9-10 所示。

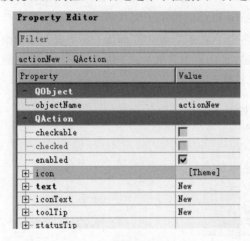

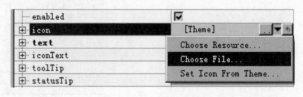

图 9-9   图 9-10

到当前工程目录下选择 test.jpg 文件，这样就为子菜单 New 设置了一个图标，此时可以在子菜单 New 左边看到有一个图案，那就是我们刚才选择的图片。同样，再为子菜单 Exit 选择图标为 test.jpg，最终效果如图 9-11 所示。

但两个子菜单用同一个图片，看上去效果不太好，我们把 Exit 菜单的图片删掉。依旧在 Property Edit 视图中找到 icon，然后单击最右边的按钮，就可以删除图标所对应的图片了，如图 9-12 所示。

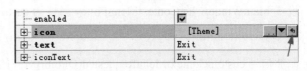

图 9-11   图 9-12

把这个界面设计的结果保存到 myres.ui 文件中，再关闭 Qt Designer。

（3）回到 PyCharm，把 myres.ui 文件转换为 myres.py 文件。在 main.py 中输入如下代码：

```python
import sys
from PyQt5.QtWidgets import *
from myres import Ui_MainWindow

class CWin(QMainWindow, Ui_MainWindow):
    def __init__(self):
        super(CWin, self).__init__()  #调用父类构造函数
        self.setupUi(self)
        self.setGeometry(300, 300, 200, 120)
        self.setWindowTitle('use QMenuBar')
        self.actionNew.triggered.connect(self.donew)
        self.actionExit.triggered.connect(self.doexit)
    def donew(self, q):
        QMessageBox.information(self, "note", "save ok")

    def doexit(self, q):
        self.close()

if __name__ == "__main__":
    app = QApplication(sys.argv)
    form = CWin()
    form.show()
    sys.exit(app.exec_())
```

我们通过 connect 把菜单 New 和 Exit 的 triggered 信号连接到槽函数 donew 和 doexit 上，再分别
实现其代码。这样，用户单击这两个子菜单，就会发送 triggered 信号，随后调用其关联的槽函数。

（4）保存并运行工程，运行结果如图 9-13 所示。

图 9-13

9.1.5 快捷菜单

快捷菜单又称为上下文菜单，通常在鼠标右击的时候，弹出一个菜单。创建快捷菜单的方法和

创建菜单栏菜单类似。基本步骤如下：

（1）设置 MainWindow 的 ContextMenuPolicy 属性为 customContextMenu，比如：

```
self.setContextMenuPolicy(Qt.CustomContextMenu)
```

（2）添加信号 customContextMenuRequested(QPoint)对应的槽，比如：

```
self.customContextMenuRequested.connect(self.showContextMenu)
```

在 showContextMenu 函数中实现快捷菜单的显示，比如：

```
def showContextMenu(self, pos):
    #菜单显示前，将它移动到鼠标右击的位置
    self.contextMenu.move(QCursor.pos())
    self.contextMenu.show()
```

另外，也可以在 Qt Designer 中以可视化方式进行设置。

（3）创建 QMenu 对象，并添加动作（子菜单项），比如：

```
#创建 QMenu
self.contextMenu = QMenu(self)
self.actionA = self.contextMenu.addAction(u'动作 A')
#将动作与处理函数相关联
self.actionA.triggered.connect(self.actionHandlerA)
```

（4）实现每个菜单项的槽函数，比如：

```
def actionHandlerA(self):
    QMessageBox.information(self,'note','AAA')
```

【例 9.4】手工实现快捷菜单

（1）启动 PyCharm，新建一个 PyQt 工程，工程名是 pythonProject。

（2）在 main.py 中输入如下代码：

```
import sys
from PyQt5.QtCore import Qt
from PyQt5.QtGui import QCursor
from PyQt5.QtWidgets import *

class MainWindow(QMainWindow):
    def __init__(self):
        super(MainWindow, self).__init__()
        self.createContextMenu()    #创建上下文菜单

    def createContextMenu(self):
        '''
        创建快捷菜单
        '''
        #必须将 ContextMenuPolicy 设置为 Qt.CustomContextMenu
        #否则无法使用 customContextMenuRequested 信号
        self.setContextMenuPolicy(Qt.CustomContextMenu)
```

```
        self.customContextMenuRequested.connect(self.showContextMenu)

        #创建 QMenu
        self.contextMenu = QMenu(self)
        self.actionA = self.contextMenu.addAction(u'动作 A')
        self.actionB = self.contextMenu.addAction(u'动作 B')
        self.actionC = self.contextMenu.addAction(u'动作 C')
        #将动作与处理函数相关联
        self.actionA.triggered.connect(self.actionHandlerA)
        self.actionB.triggered.connect(self.actionHandlerB)

    def showContextMenu(self, pos):
        '''
         右击时调用的函数
        '''
        #菜单显示前，将它移动到鼠标右击的位置
        self.contextMenu.move(QCursor.pos())
        self.contextMenu.show()

    def actionHandlerA(self):
        QMessageBox.information(self,'note','AAA')

    def actionHandlerB(self):
        QMessageBox.information(self,'note','BBB')

if __name__ == '__main__':
    app = QApplication(sys.argv)
    window = MainWindow()
    window.show()
    sys.exit(app.exec_())
```

我们在构造函数中创建了上下文菜单。其他代码和前面讲述的步骤基本一致，这里不再赘述。

（3）保存工程并运行，运行结果如图 9-14 所示。

图 9-14

另外，也可以调用 QMenu 的成员函数 exec 来显示上下文菜单，并把当前鼠标的位置作为参数传入。其中 QMenu 的成员函数 exec 用来弹出上下文菜单，函数声明如下：

```
exec(self, QPoint, action: QAction = None) -> QAction
```

其中类型为 QPoint 的参数表示要弹出的上下文菜单的位置。这样，上例的 showContextMenu 函数可以改为：

```
def showContextMenu(self, pos):
    self.contextMenu.exec(QCursor.pos());
```

只需要一行语句即可，最终效果是一样的。

9.2 工具栏的设计与开发

工具栏上面通常存放一个个小按钮（简称工具栏按钮），它通常位于菜单栏的下方，如图 9-15 所示。

图 9-15

第 2 行就是工具栏，它现在是空的。工具栏上的按钮可以和菜单联动，也可以独立完成功能。当用户单击工具栏上的按钮的时候，将触发一个信号，并调用相应的槽函数，从而响应用户的需求。我们在 Qt Designer 中新建的 MainWindow 工程不会自动生成一个工具栏，需要通过鼠标快捷菜单来添加。

在 Qt 中，工具栏类是 QToolBar，它通过成员函数 addAction 来添加小按钮，addAction 的参数通常可以是菜单调用 addAction 返回的 QAction 对象指针，比如：

```
QMenu *pFile = menuBar()->addMenu(z("文件"));
QAction *pNew = pFile->addAction(z("新建"));
ui->mainToolBar->addAction(pNew);
```

【例 9.5】实现带图标的工具栏

（1）启动 PyCharm，新建一个 PyQt 工程，工程名是 pythonProject。

（2）启动 Qt Designer，新建一个 MainWindow 工程，把界面设计的结果保存到 myres.ui 文件中。然后对窗口空白处右击，在快捷菜单上选择 Add Tool Bar，然后窗口的菜单栏下方就会出现一个工具栏，如图 9-16 所示。

然后添加两个简单的子菜单 New 和 Exit，如图 9-17 所示。

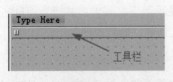

图 9-16

图 9-17

在 Property Editor 中设置这两个子菜单的对象名（objectName）为 acNew 和 acExit。把界面设

计的结果保存到 myres.ui 文件中。

（3）回到 PyCharm，把 myres.ui 文件转换为 myres.py 文件，然后在 main.py 中输入如下代码：

```python
import sys
from PyQt5.QtGui import QIcon
from PyQt5.QtWidgets import *
from myres import Ui_MainWindow

class CWin(QMainWindow, Ui_MainWindow):
    def __init__(self):
        super(CWin, self).__init__()   #调用父类构造函数
        self.setupUi(self)
        self.setGeometry(300, 300, 200, 120)

        #设置图标和提示
        self.acNew.setIcon(QIcon("./res/open.ico"))    #设置子菜单图标
        self.acNew.setToolTip('create a new file')     #设置子菜单提示
        self.acExit.setIcon(QIcon("./res/run.ico"))    #设置子菜单图标
        self.acExit.setToolTip('exit')              #设置子菜单提示
        #为工具栏添加动作
        self.toolBar.addAction(self.acNew)   #为工具栏添加动作对象
        self.toolBar.addAction(self.acExit)  #为工具栏添加动作对象

        self.acNew.triggered.connect(self.donew)
        self.acExit.triggered.connect(self.doexit)

    def donew(self, q):
        QMessageBox.information(self, "note", "new file ok")

    def doexit(self, q):
        self.close()

if __name__ == "__main__":
    app = QApplication(sys.argv)
    form = CWin()
    form.show()
    sys.exit(app.exec_())
```

在上述代码中，我们首先为两个子菜单添加了图标和鼠标悬停提示。res 文件夹位于当前工程目录下，里面有一些图标文件。然后我们把两个行为对象添加到工具栏中，这样工具栏就有两个按钮，并且以图标方式展现。

（4）按【Shift+F10】快捷键运行工程，运行结果如图 9-18 所示。

图 9-18

9.3 状态栏的设计与开发

状态栏通常位于窗口的底部，用于显示某种状态信息或解释信息。在 Qt 中，QStatusBar 类实现状态栏功能。状态栏的显示主要分为 3 种：

（1）一般信息显示，该类消息会被 showMessage()显示的临时消息覆盖。要在状态栏上显示一般信息需要添加标签（QLabel），然后，在标签中设置具体的文本信息。添加一般信息所在的标签用到的成员函数是 addWidget，该函数声明如下：

```
def addWidget(self, widget: QWidget, stretch: int = ...) -> None: ...
```

其中 widget 指向要添加到状态栏上的部件对象，stretch 用于设置拉伸因子。和菜单栏一样，新建的 MainWindow 工程默认拥有一个状态栏，可以通过 self.statusBar()获得。

（2）永久信息显示，永久信息也是要显示在标签（QLabel）上的，状态栏需要通过成员函数 addPermanentWidget 来添加显示永久信息的标签，所添加的标签从右边开始分布，第一个添加的标签分布在窗口底部最右边，第二个添加的标签显示在第一个标签的左边，以此类推。添加显示永久信息标签的成员函数 addPermanentWidget 声明如下：

```
def addPermanentWidget(self, widget: QWidget, stretch: int = ...) -> None: ...
```

其中 widget 指向要添加到状态栏上的部件对象，stretch 用于设置拉伸因子。一段典型的在状态栏添加标签的代码如下：

```
self.status = self.statusBar();  #得到状态栏
self.show_1 = QLabel("Author: Tom")
self.show_2 = QLabel("Email:goodman@139.COM")
self.status.addPermanentWidget(self.show_1, stretch=0)
#添加标签到状态栏中
self.status.addPermanentWidget(self.show_2, stretch=0)
```

stretch 为 0 表示按照文本宽度来设置标签宽度。如果希望两个标签按 3：1 的比例放置在状态栏中，可以这样：

```
self.status.addpermanentwidget(self.show_1, stretch=3)
self.status.addpermanentwidget(self.show_2, stretch=1)
```

（3）临时信息显示，可以指定信息显示的时间，时间到信息就会消失。用 showMessage 函数可以显示临时信息。临时信息通常显示在状态栏的最左边，并且会覆盖所有一般信息（比如有两个一般信息标签，但临时消息一来，都会消失，可以在下面的例子中体会到这一点）。showMessage 函数声明如下：

```
def showMessage(self, message: str, msecs: int = ...) -> None: ...
```

其中 message 是要显示的临时信息；msecs 表示临时信息显示的时间，时间单位是毫秒。时间到了，就会恢复原来的一般信息。默认情况下，timeout 为 0，表示不使用超时，此时将一直显示临时信息，直到调用 clearMessage()来清除临时信息。

【例 9.6】状态栏上显示一般信息

（1）复制上例，打开 main.py，然后在 CWin 的函数 __init__ 的末尾输入如下代码：

```
self.status = self.statusBar();  #构造状态栏
self.show_1 = QLabel()
self.show_1.setMinimumSize(50, 20);  #设置标签最小尺寸，即宽度和高度
self.show_1.setFrameShadow(QFrame.Sunken);  #设置标签样式
self.show_1.setText("hello boy");  #设置标签 1 的信息

self.show_2 = QLabel('hello girl')
self.show_2.setMinimumSize(50, 20);  #设置标签最小尺寸，即宽度和高度
self.show_2.setFrameShadow(QFrame.Sunken);  #设置标签样式

self.status.addWidget(self.show_1, stretch=0)
self.status.addWidget(self.show_2, stretch=0)
```

我们在状态栏上放置了两个标签，这两个标签会自动从左到右排列在窗口底部。第一个标签的宽度是 50，高度是 20，第 2 个标签自动从横坐标 50 这个位置开始放置。

（2）按【Shift+F10】快捷键运行工程，运行结果如图 9-19 所示。

图 9-19

【例 9.7】状态栏上显示临时信息、一般信息和永久信息

（1）复制上例，打开 main.py，然后修改类 CWin 的实现代码如下：

```
class CWin(QMainWindow, Ui_MainWindow):
    def __init__(self):
        super(CWin, self).__init__()  #调用父类构造函数
        self.setupUi(self)
        self.setGeometry(300, 300, 200, 120)
        self.setWindowIcon(QIcon('res/open.png'))

        self.acNew.setIcon(QIcon("./res/open.ico"))
        self.acNew.setToolTip('create a new file')
        self.acNew.setShortcut('Ctrl+N')  #设置快捷键
        self.acExit.setIcon(QIcon("./res/run.ico"))
        self.acExit.setToolTip('exit')  #设置工具栏提示，鼠标悬停在其上面会出现提示

        self.toolBar.addAction(self.acNew)
        self.toolBar.addAction(self.acExit)
```

```
            self.acNew.triggered.connect(self.donew)
            self.acExit.triggered.connect(self.doexit)

            #-------statusbar
            self.status = self.statusBar();  #获得默认状态栏
            show_1 = QLabel();
            self.show_2 = QLabel();
            show_3 = QLabel();
            show_4 = QLabel();

            self.status.addPermanentWidget(show_1, stretch=0)
            self.status.addPermanentWidget(self.show_2, stretch=0)

            self.status.addWidget(show_3, stretch=0)
            self.status.addWidget(show_4, stretch=0)

            show_1.setText("永久信息1"); #设置标签的信息
            self.show_2.setText("永久信息2");  #设置信息

            show_3.setText("一般信息1"); #设置信息
            show_4.setText("一般信息2"); #设置信息

    def donew(self, q):#重新设置标签2的消息

self.show_2.setText(QDateTime.currentDateTime().toString(Qt.DefaultLocaleLongDa
te));

    def doexit(self, q):
            self.status.showMessage("No going out!!", 3000);#显示临时消息3秒
```

当我们单击 Exit 菜单的时候，会执行 doexit，此时会显示信息"No going out!!"并保持 3 秒。

（2）按【Shift+F10】快捷键运行工程，运行结果如图 9-20 所示。

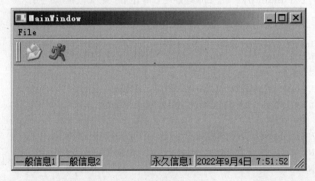

图 9-20

从本例中可以看出，临时信息一旦要显示，状态栏左边的标签都要让位。

9.3.1　子菜单项提示信息显示在状态栏上

左边除了显示 showMessage 的信息外，还可以显示动作（Action）提示信息，这个动作一旦作为子菜单项，那么鼠标在该子菜单项上停留时，状态栏左边就可以显示对应的提示信息，这样可以帮助用户知道这个子菜单项是干什么的，起到解释说明的作用。这个功能主要通过 QAction 的成员函数 setStatusTip 来实现，该函数声明如下：

```
def setStatusTip(self, statusTip: str) -> None
```

其中参数 statusTip 表示要显示在状态栏左边的提示信息。

【例 9.8】让工具栏按钮解释信息显示在状态栏上

（1）子菜单的解释信息（提示信息）和对应的工具栏按钮信息是同一个消息，当鼠标停留在子菜单或工具栏按钮上，就可以让解释信息显示在状态栏最左边。

复制上例，在工程中打开 main.py 中，然后在函数 __init__ 的 setToolTip 后面添加一行代码：

```
self.acNew.setStatusTip('please create a new file')
```

我们调用了 QAction 的成员函数 setStatusTip 在状态栏上显示提示（Tip）信息。

（2）按【Shift+F10】快捷键运行工程，运行结果如图 9-21 所示。

图 9-21

我们可以看到，当鼠标停留在工具栏上第一个按钮上时，状态栏左边就会出现"please create a new file"这个提示信息。

9.3.2　临时信息不需要标签

细心的读者或许会想，状态栏上不添加标签也能显示信息，那么 showMessage 显示的临时信息是否也不需要标签呢？答案是肯定的，不需要标签。请看下例。

【例 9.9】证明临时信息不需要标签

（1）复制上例，然后在 __init__ 函数中删除所有和状态栏相关的代码，除了以下这行代码外：

```
self.status = self.statusBar(); #获得默认状态栏
```

然后其他代码保持不变，比如 doexit 函数：

```
def doexit(self, q):
    self.status.showMessage("No going out!!", 3000);#显示临时消息 3 秒
```

showMessage 用于显示临时消息，3000 表示显示 3 秒。我们准备在状态栏上显示"临时信息"
3 秒（3000 毫秒）。

（2）按【Shift+F10】快捷键运行工程，运行结果如图 9-22 所示。

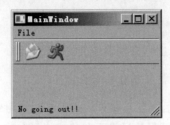

图 9-22

单击工具栏的第二个按钮，状态栏左边就显示"No going out!!"这个信息。果然，临时信息和
标签是没有关系的，有了标签反而碍事，要让它消失。看来临时消息的地位比一般消息高。

9.3.3 在状态栏上使用按钮

前面我们中规中矩地使用了状态栏，它就是一个安安静静显示信息的小部件，不太会和用户交
互。有些读者或许会想，能否在状态栏上放一些交互部件，比如按钮呢？答案是可以的，虽然这样
的应用场景并不多。我们重新来看一下 addWidget，该函数声明如下：

```
def addWidget(self, widget: QWidget, stretch: int = ...) -> None
```

它的参数 QWidget，我们前面都是放了标签，既然是 QWidget 类型，那么按钮肯定也可以。
当然，也可以通过 addPermanentWidget 函数来添加一个按钮。

【例 9.10】在状态栏上使用按钮

（1）复制上例，然后在 main.py 中输入如下代码：

```
import sys
from PyQt5.QtCore import QDateTime, Qt
from PyQt5.QtGui import QIcon
from PyQt5.QtWidgets import *
from myres import Ui_MainWindow

class CWin(QMainWindow, Ui_MainWindow):
    def __init__(self):
        super(CWin, self).__init__()   #调用父类构造函数
        self.setupUi(self)
        self.setGeometry(300, 300, 200, 120)
        self.setWindowIcon(QIcon('res/open.png'))

        self.acNew.setIcon(QIcon("./res/open.ico"))
        self.acNew.setToolTip('create a new file')
```

```python
        self.acNew.setStatusTip('please create a new file')


        self.acNew.setShortcut('Ctrl+N')   #设置快捷键
        self.acExit.setIcon(QIcon("./res/run.ico"))
        self.acExit.setToolTip('exit')

        self.toolBar.addAction(self.acNew)
        self.toolBar.addAction(self.acExit)

        self.acNew.triggered.connect(self.donew)
        self.acExit.triggered.connect(self.doexit)

        #-------statusbar
        self.status = self.statusBar();   #获得默认状态栏
        show_1 = QLabel();
        self.show_2 = QLabel();
        show_3 = QLabel();
        show_4 = QLabel();

        m_btn1 =  QPushButton();
        m_btn1.setText("click me!");
        m_btn1.clicked.connect(self.onbtn1)

        m_btn2 =  QPushButton();
        m_btn2.setText("say goodbye");
        m_btn2.clicked.connect(self.onbtn2)
        self.status.addPermanentWidget(m_btn2, stretch=0)
        self.status.addPermanentWidget(self.show_2, stretch=0)

        self.status.addWidget(m_btn1, stretch=0)
        self.status.addWidget(show_4, stretch=0)

        show_1.setText("Permanent msg1");          #设置标签的信息
        self.show_2.setText("Permanent msg2");   #设置信息

        show_3.setText("common msg1");   #设置信息
        show_4.setText("common msg2");   #设置信息

    def onbtn1(self):#按钮 1 的槽函数
        QMessageBox.information(self,'note','OKOK');

    def onbtn2(self):  #按钮 2 的槽函数
        QMessageBox.information(self, 'note', 'hello');

    def donew(self, q):#第一个工具栏按钮的槽函数
self.show_2.setText(QDateTime.currentDateTime().toString(Qt.DefaultLocaleLongDate));
```

```
    def doexit(self, q): #第二个工具栏按钮的槽函数
        self.status.showMessage("No going out!!", 3000);#显示临时消息 3 秒


if __name__ == "__main__":
    app = QApplication(sys.argv)
    form = CWin()
    form.show()
    sys.exit(app.exec_())
```

（2）按【Shift+F10】快捷键运行工程，运行结果如图 9-23 所示。

图 9-23

第10章

多线程基本编程

在这个多核时代，如何充分利用每个 CPU 内核是一个绕不开的话题，从需要为成千上万的用户同时提供服务的服务端应用程序，到需要同时打开十几个页面，每个页面都有几十甚至上百个链接的 Web 浏览器应用程序，从保持着几太字节甚至几拍字节数据的数据库系统，到手机上的一个有良好用户响应能力的 App，为了充分利用每个 CPU 内核，都会想到是否可以使用多线程技术。这里所说的"充分利用"包含两个层面的意思：一个是使用所有的内核；另一个是内核不空闲，不让某个内核长时间处于空闲状态。

多线程可以让我们的应用程序拥有更加出色的性能，同时，如果没有用好，多线程又比较容易出错且难以查找错误所在，甚至可以让人们觉得自己陷进了泥潭。作为一名 PyQt 程序员，掌握好多线程开发技术是学习的重中之重。

10.1　使用多线程的好处

多线程编程技术作为现代软件开发的流行技术，恰当正确地使用它将会带来巨大的优势。

1. 让软件拥有灵敏的响应

在单线程软件中，如果软件中有多个任务，比如读写文件、更新用户界面、网络连接、打印文档等操作，要按照先后次序执行，即先完成前面的任务，再执行后面的任务，如果某个任务执行的时间较长，比如读写一个大文件，用户界面就无法及时更新，这样看起来软件像死掉一样，用户体验很不好。怎么解决这个问题呢？人们提出了多线程编程技术。在采用多线程编程技术的程序中，多个任务由不同的线程去执行，不同线程各自占用一段 CPU 时间，即使线程任务还没完成，也会让出 CPU 时间给其他线程去执行。这样从用户的角度来看，好像几个任务是同时进行的，至少界面上能得到及时更新了，大大改善了用户的体验，提高了软件的响应速度和友好度。

2. 充分利用多核处理器

随着多核处理器日益普及，单线程程序愈发成为性能瓶颈。比如计算机有两个 CPU 核，单线程软件同一时刻只能让一个线程在一个 CPU 核上运行，另一个核就可能空闲在那里，无法发挥性能。

如果软件设计了两个线程，则同一时刻可以让这两个线程在不同的 CPU 核上同时运行，运行效率增加一倍。

3. 更高效的通信

对于同一进程的线程来说，它们共享该进程的地址空间，可以访问相同的数据。通过数据共享方式使得线程之间的通信比进程之间的通信更高效和方便。

4. 开销比进程小

创建线程、切换线程等操作带来的系统开销比进程的类似操作所需的开销要小得多。由于线程共享进程资源，因此创建线程时不需要再为它分配内存空间等资源，因此创建时间也更短。比如在 Solaris 2 操作系统上，创建进程的时间大约是创建线程的 30 倍。线程作为基本执行单元，当从同一个进程的某个线程切换到另一个线程时，需要载入的信息比进程之间切换要少，所以切换速度快，比如 Solaris 2 操作系统中切换线程比切换进程快大约 5 倍。

10.2 多线程编程的基本概念

10.2.1 操作系统和多线程

要在应用程序中实现多线程，必须要有操作系统的支持。Linux 32 位或 64 位操作系统对应用程序提供了多线程的支持，Windows NT/2000/XP/7/8/10 也都是多线程操作系统。根据进程与线程的支持情况，可以把操作系统大致分为如下几类：

（1）单进程、单线程，MS-DOS 大致是这种操作系统。
（2）多进程、单线程，多数 UNIX（及类 UNIX 的 LINUX）是这种操作系统。
（3）多进程、多线程，Win 32（Windows NT/2000/XP/7/8/10 等）、Solaris 2.x 和 OS/2 都是这种操作系统。
（4）单进程、多线程，VxWorks 是这种操作系统。

具体到 PyQt 的开发环境，它提供了一套线程类及其成员函数来管理线程。

10.2.2 线程的基本概念

现代操作系统大多支持多线程概念，每个进程中至少有一个线程，所以即使没有使用多线程编程技术，进程也含有一个主线程，所以也可以说，CPU 中执行的是线程，线程是程序的最小执行单位，是操作系统分配 CPU 时间的最小实体。一个进程的执行说到底是从主线程开始的，如果需要在程序任何地方开辟新的线程，其他线程都是由主线程创建的。一个进程正在运行，也可以说是一个进程中的某个线程正在运行。一个进程的所有线程共享该进程的公共资源，比如虚拟地址空间、全局变量等。每个线程也可以拥有自己的私有资源，如堆栈、在堆栈中定义的静态变量和动态变量、CPU 寄存器的状态等。

线程总是在某个进程环境中创建的，并且会在这个进程内部销毁，真所谓"生于进程而挂于进程"。线程和进程的关系是：线程是属于进程的，线程运行在进程空间内，同一进程所产生的线程共享同一内存空间，当进程退出时，该进程所产生的线程都会被强制退出并清除。线程可与属于同一进程的其他线程共享进程所拥有的全部资源，但是其本身基本上不拥有系统资源，只拥有一点在运行中必不可少的信息（如程序计数器、一组寄存器和线程栈，线程栈用于维护线程在执行代码时需要的所有函数参数和局部变量）。

相对于进程来说，线程所占用的资源更少，比如创建进程，系统要为它分配进程很大的私有空间，占用的资源较多，而对于多线程程序来说，由于多个线程共享一个进程地址空间，因此占用资源较少。此外，进程间切换时，需要交换整个地址空间，而线程之间切换时只是切换线程的上下文环境，因此效率更高。在操作系统中引入线程带来的主要好处如下：

（1）在进程内创建、终止线程比创建、终止进程要快。

（2）同一进程内线程间的切换比进程间的切换要快，尤其是用户级线程间的切换。

（3）每个进程具有独立的地址空间，而该进程内的所有线程共享该地址空间，因此线程的出现可以解决父子进程模型中，子进程必须复制父进程地址空间的问题。

（4）线程对解决客户/服务器模型非常有效。

虽然多线程给应用开发带来了不少好处，但并不是所有情况下都要使用多线程，要具体问题具体分析，通常在下列情况下可以考虑使用：

（1）应用程序中的各任务相对独立。

（2）某些任务耗时较多。

（3）各任务有不同的优先级。

（4）一些实时系统应用。

值得注意的是，一个进程中的所有线程共享它们父进程的变量，但同时每个线程可以拥有自己的变量。

10.2.3　线程的状态

一个线程从创建到结束是一个生命周期，它总是处于下面 4 个状态中的一个。

1. 就绪态

线程能够运行的条件已经满足，只是在等待处理器（处理器要根据调度策略把就绪态的线程调度到处理器中运行）。处于就绪态的原因可能是线程刚刚被创建（刚创建的线程不一定马上运行，一般先处于就绪态），或刚刚从阻塞状态中恢复，也可能被其他线程抢占而处于就绪态。

2. 运行态

运行态表示线程正在处理器中运行，正占用着处理器。

3. 阻塞态

由于在等待处理器之外的其他条件而无法运行的状态叫作阻塞态。这里的其他条件包括 I/O 操作、互斥锁的释放、条件变量的改变等。

4. 终止态

终止态是线程的线程函数运行结束或被其他线程取消后处于的状态。处于终止态的线程虽然已经结束了，但其所占的资源还没有被回收，而且可以被重新复活。我们不应该长时间让线程处于这种状态。线程处于终止态后应该及时进行资源回收，如何回收，下面会讲到。

10.2.4　线程函数

线程函数就是线程创建后进入运行态后要执行的函数。执行线程，说到底就是执行线程函数。这个函数是我们自定义的，在创建线程的时候把线程函数的函数名作为参数传入线程创建函数。

同理，中断线程的执行就是中断线程函数的执行，以后再恢复线程的时候，就会在前面线程函数暂停的地方继续执行下面的代码。结束线程也就不再运行线程函数。

线程函数可以是一个全局函数或类的静态函数，比如在 POSIX 线程库中，它通常这样声明：

```
void *ThreadProc (void *arg);
```

其中参数 arg 指向要传给线程的数据，这个参数是在创建线程的时候作为参数传入线程创建函数中的。该函数的返回值应该表示线程函数运行的结果：成功还是失败。注意函数名 ThreadProc 是可以自定义的，这个函数是用户自己先定义好，然后系统来调用。

10.2.5　线程标识

既然句柄是用来标识线程对象的，那么线程本身用什么来标识呢？在创建线程的时候，系统会为线程分配一个唯一的 ID 作为线程的标识，这个 ID 从线程创建开始存在，一直伴随着线程的结束才消失。线程结束后该 ID 就自动不存在，我们不需要显式清除它。

通常线程创建成功后会返回一个线程 ID。

10.3　QThread 的基本使用

在程序设计中，为了不影响主程序的执行，常常把耗时操作放到一个单独的线程中执行。Qt 对多线程操作有着完整的支持，通过继承 QThread 并重写 run()方法的方式实现多线程代码的编写。针对线程之间的同步与互斥问题，Qt 还提供了 QMutex、QReadWriteLock、QwaitCondition、QSemaphore 等多个类来实现。

Qt 提供了 QThread 类进行多任务处理。与多任务处理一样，Qt 提供的线程可以做到单个线程做不到的事情。例如，在网络应用程序中，可以使用线程处理多种连接器。QThread 类提供了一个与平台无关的方式来管理线程（即独立于具体平台的方式）。首先用一个类继承 QThread，然后重新改写 QThread 的虚函数 run()。当要开启新线程时，只需要实例化该类，然后调用 start()函数，就可以开启一条多线程（run 函数被自动调用）。

除此之外，还有一种方法，即继承一个 QObject 类，然后调用 moveToThread()函数开启一个线程槽函数，将需要花费大量时间计算的代码放入该线程槽函数中。

我们主要来看第一种方法。注意：只有在 run()函数中执行才是新的线程在执行，所有复杂逻辑都应该在 run() 函数中执行。当 run() 函数执行完毕后，该线程生命周期结束。该函数声明如下：

```
def run(self) -> None: ...
```

我们要把新线程要做的事放到这个函数中，其作用就是作为线程函数。除了 run() 函数外，下面几个 QThread 的成员函数有时也要打交道。QThread 的成员函数如下：

```
def __init__(self, parent: typing.Optional[QObject] =...)->None:...#构造函数

def loopLevel(self) -> int:...#返回当前事件循环的层级，但是该函数只能在线程内部调用
def isInterruptionRequested(self)->bool:...返回当前线程上运行的任务是否可以停止
#该函数可以使得长时间运行的任务彻底停止，永远不要检查该函数的返回值是否安全
def requestInterruption(self) -> None: ...#
def setEventDispatcher(self, eventDispatcher: QAbstractEventDispatcher) ->
None: ...
def eventDispatcher(self) -> QAbstractEventDispatcher: ...
@staticmethod
def usleep(a0: int) -> None: ...   #强制线程休眠 a0 微秒
@staticmethod
def msleep(a0: int) -> None: ...   #强制线程休眠 a0 毫秒
@staticmethod
def sleep(a0: int) -> None: ...    #使线程休眠 a0 秒
@staticmethod
def setTerminationEnabled(enabled: bool = ...) -> None: ...
def exec(self) -> int: ...    #进入事件循环并等待直到调用 exit()
def exec_(self) -> int: ...
#线程的起点，在调用 start() 之后，新创建的线程就会调用这个函数，默认实现调用了 exec()，大多数
#情况都需要重新实现这个功能，以便于管理自己的线程。该方法返回时，该线程执行结束。run
#函数中包含将在另一个线程中运行的代码
def run(self) -> None: ...   #启动线程
def finished(self) -> None: ...
def started(self) -> None: ...#在 run()函数执行前会发射信号 started()
#阻塞线程，直到某些条件满足才结束阻塞，比如时间到、线程执行结束
@typing.overload
def wait(self, msecs: int = ...) -> bool: ...   #线程将会被阻塞，等待 time 毫秒
@typing.overload
def wait(self, deadline: QDeadlineTimer) -> bool: ...   #等待线程结束
def quit(self) -> None: ...   #退出线程的事件循环，返回 0 表示成功，相当于调用了
QThread::exit(0)
def terminate(self) -> None: ...#终止线程的执行
def start(self, priority: 'QThread.Priority' = ...) -> None: ...   #启动线程并执
行 run 函数
def exit(self, returnCode: int = ...) -> None: ...   #退出线程的事件循环，returnCode
是返回码
#如果用 setStackSize() 设置过，则返回一个线程堆栈的最大尺寸，否则返回 0
def stackSize(self) -> int: ...
def setStackSize(self, stackSize: int) -> None: ...   #设置线程堆栈的最大尺寸
def priority(self) -> 'QThread.Priority': ...   #返回线程的优先级
def setPriority(self, priority: 'QThread.Priority') -> None: ...#设置线程优先级
def isRunning(self) -> bool:...#判断线程是否运行，如果结束返回 True，否则返回 False
def isFinished(self)->bool:...#判断线程是否结束，如果结束返回 True，否则返回 False
```

```
#放弃当前线程转到其他可执行的线程，由系统决定转到哪个线程
@staticmethod
def yieldCurrentThread() -> None: ...
@staticmethod
def idealThreadCount() -> int: ...  #返回可以在系统上运行的理想线程数
@staticmethod
def currentThreadId() -> PyQt5.sip.voidptr: ...  #返回当前线程 id
@staticmethod
def currentThread() -> 'QThread': ...  #返回当前线程的指针
```

对于使用 QThread 创建的进程而言，run()函数是新线程的入口，run()函数退出，意味着线程终止。创建多线程的步骤如下：

（1）新建一个自定义类 MyThread，其父类为 QThread。

（2）重写 MyThread 类的虚函数 run()，即重写一个 run()函数，然后对它进行定义。

（3）在需要用到多线程的地方，实例化 MyThread，然后调用 MyThread.start()函数，开启一条线程，自动运行 run()函数。

（4）当停止线程时，调用 MyThread.wait()函数，等待线程结束，并且回收线程资源。

比如我们要实现一个复制文件的功能，如果用单线程程序，由于复制文件是一个耗时操作，程序界面会卡死，直到复制操作结束。我们可以把复制文件操作放到子线程中进行，这样界面操作依然在主线程中进行，而界面不会卡死。

run()函数是线程的入口，就像 main()函数对于应用程序的作用。在 QThread 中，对 run()函数的默认实现调用了 exec()，从而创建一个 QEventLoop 对象，由它处理该线程事件队列（每一个线程都有一个属于自己的事件队列）中的事件。注意，使用 start()函数来启动子线程，而不是 run()函数。start()函数会自动调用 run()函数。

线程开始执行后，就进入 run()函数，执行复制文件的操作。而此时，主线程的显示和操作都不受影响。

如果需要对复制过程中可能发生的事件进行处理，例如界面显示复制进度、出错返回等，应该从 CopyFileThread 中发出信号（Signal），并事先连接到 mainwindow 的槽，由这些槽函数来处理事件。

【例 10.1】QThread 的基本使用

（1）启动 PyCharm，新建一个 Python 工程，工程名是 pythonProject。在 PyCharm 中打开 main.py，并输入如下代码：

```python
from PyQt5.Qt import *
import sys

class MyThread(QThread):  #创建一个线程实例
    def __init__(self):
        super(MyThread, self).__init__()
    def run(self):
        a = (1, 2)
        for count in range(10):
            self.sleep(1);  #等待一秒
            print( "ping %d"%count );
```

```
if __name__ == '__main__':
    app = QApplication(sys.argv)
    thA = MyThread()
    thA.start(); #自动调用 run(), 否则即使该线程被创建，也是一开始就挂起
    #要等待线程 a 退出
    thA.wait();
    print("thread A is over.");
    sys.exit(app.exec_())
```

首先我们从 QThread 继承了一个自定义类 MyThread，并且实现了 run()函数，这是必需的。然后在 main()函数中定义了 MyThread 对象 thA，并调用了 QThread 的 start()函数，该函数将导致线程的执行，即 run()函数会执行。此时主线程中因为调用了 thA.wait();而导致一直等待子线程结束。子线程结束后，主线程才会打印"thread A is over."的信息。

（2）保存工程并按【Shift+F10】快捷键，运行结果如下：

```
ping 0
ping 1
ping 2
ping 3
ping 4
ping 5
ping 6
ping 7
ping 8
ping 9
thread A is over.
```

10.4　线程间的通信

在 Qt 中，线程间的（数据）通信主要有两种方式：

（1）使用共享内存，即使用两个线程都能够共享的变量（如全局变量），这样两个线程都能够访问和修改该变量，从而达到共享数据的目的。

（2）使用 Singal/Slot 机制，把数据从一个线程传递到另一个线程。

第一种方法在各个编程语言中普遍使用，第二种方法是 Qt 特有的。这里主要介绍第二种方法。我们来看一个例子，子线程发送信号给主线程，信号参数是一个整数，主线程得到这个整数值，把它显示在标签控件上，子线程每隔一秒就累加整数，相当于一个计数器。而主线程也可以发送信号给子线程，目的是重置计数器为 0。这样一来一往，就实现了子线程和主线程的相互通信。例子虽小，但功能原理和大例子是一样的。我们学习一定要从小例子开始，掌握原理，再扩充就不难了。

【例 10.2】子线程和主线程通信

（1）启动 PyCharm，新建一个 Python 工程，工程名是 pythonProject。在 PyCharm 中打开 main.py，并输入如下代码：

```python
from PyQt5.QtWidgets import *
from PyQt5.QtCore import *
import sys

sec = 0  #全局变量，秒的计数器
class WorkThread(QThread):
    timer = pyqtSignal()      #每隔一秒发送一次信号
    end = pyqtSignal()        #计数完成后发送一次信号
    def run(self):
        while True:
            self.sleep(1)      #休眠一秒
            if sec == 5:
                self.end.emit()      #发送 end 信号
                break
            self.timer.emit()       #发送 timer 信号


class Counter(QWidget):
    def __init__(self):
        super(Counter, self).__init__()
        self.setWindowTitle("my counter")
        self.resize(200, 120)
        layout = QVBoxLayout()
        self.lcdNumber = QLCDNumber()
        layout.addWidget(self.lcdNumber)
        button = QPushButton('begin to count')
        layout.addWidget(button)

        ttbutton = QPushButton('terminate thread')
        layout.addWidget(ttbutton)

        self.workThread = WorkThread()
        self.workThread.timer.connect(self.countTime) #timer信号连接到countTime
        self.workThread.end.connect(self.end) #end 信号连接到 end 函数
        button.clicked.connect(self.work) #按钮 click 连接到 work 函数
        ttbutton.clicked.connect(self.terminateThr) #按钮 click 连接到
terminateThr 函数
        self.setLayout(layout)

    #定时显示数字
    def countTime(self):
        global sec
        sec += 1
        self.lcdNumber.display(sec)

    #结束后进行窗口的显示
    def end(self):
        QMessageBox.information(self, "Note", "Count over.", QMessageBox.Ok)

    def work(self):
        global sec
```

```
        sec = 0
        self.workThread.start()  #启动线程

    def terminateThr(self):
        self.workThread.terminate()   #结束线程

if __name__ == "__main__":
    app = QApplication(sys.argv)
    main = Counter()
    main.show()
    sys.exit(app.exec_())
```

在 WorkThread 类中，我们定义了两个信号：timer 和 end，然后在 run 函数中每隔一秒发送 timer 信号，从而执行槽函数 self.countTime，在该函数中，我们累加 sec，并显示在 lcdNumber 控件中。一旦 5 秒到了，就发送 end 信号，从而执行 self.end 槽函数，同时跳出 run 中的循环，run 函数结束。在 self.end 函数中，显示一个信息框，显示提示信息"Count over."。

另外，我们还添加了一个按钮，在其槽函数中调用 QThread 的成员函数 terminate 来结束线程，该函数调用后，界面上的计数就停止了。因为在 run 函数中 while 不再工作。

（2）按【Shift+F10】快捷键运行工程，然后单击 begin to count 按钮，可以看到每隔一秒，数字就会累加，如图 10-1 所示。

图 10-1

通过此例可以发现，在计数器累加的同时，依然可以拖动对话框，也就是界面没有因为从事某种运算（本例是简单的累加运算）而假死，如果不用子线程，即在主线程中进行累加运算，那么会发现在运算结束之前界面是假死的。

下面对本例进一步优化，使其更符合实际。一般专业软件会用一个进度条来表示某种耗时计算进度，所以我们可以在界面上增加一个进度条来表示当前的计算进度。而且，下面的实例中，发射信号时是带参数的。

【例 10.3】用进度条表示子进程中的计算进度

（1）启动 PyCharm，新建一个 Python 工程，工程名是 pythonProject。

（2）启动 Qt Designer，新建一个 MainWindow 界面，然后在主窗口放置一个进度条和两个按钮，为两个按钮添加 clicked 信号的槽函数声明。把界面设计保存到 myres.ui 文件中，关闭 Qt Designer。

（3）回到 PyCharm，把 myres.ui 文件转换为 myres.py 文件。然后打开 main.py，并输入如下代码：

```
class WorkThread(QThread):
    timer = pyqtSignal(int)  #每隔一秒发送一次信号
```

```
    def run(self):
        num=1;
        while True:
            self.sleep(1)   #休眠一秒
            if num == 100:
                break
            self.timer.emit(num)   #发送timer信号
            num=num+1

class CWin(QMainWindow, Ui_MainWindow):
    def __init__(self):
        super(CWin, self).__init__()          #调用父类构造函数
        self.setupUi(self)
        self.progressBar.setRange(0, 10);      #设置进度条的范围
        self.t = WorkThread();
        self.t.timer.connect(self.display)

    def onstart(self):   #开启线程按钮的槽函数
        self.t.start();

    def onstop(self):   #终止线程按钮的槽函数
        self.t.terminate();

    def display(self,num):
        self.progressBar.setValue(num);   #设置进度条的当前位置

if __name__ == "__main__":
    app = QApplication(sys.argv)
    main = CWin()
    main.show()
    sys.exit(app.exec_())
```

这里实现了线程函数 run，它在 while 循环中每隔一秒就发送信号 timer，以此来让界面上的进度条前进一步，具体前进的数目则用 num 来控制，而且 num 也是 emit 发射信号时，同时传给信号槽函数的参数。值得注意的是，用 pyqtSignal 定义信号时，要有一个 int 类型作为参数，这是因为我们发射信号时要传参数。

onstart 是开启线程按钮的槽函数，onstop 是终止线程按钮的槽函数。

（4）按【Shift+F10】快捷键运行工程，然后单击"开启线程"按钮，可以发现进度条向前走了。如果要停止，可以单击"终止线程"按钮，再单击"开启线程"按钮会重新开始走，因为我们的线程函数 run 中的 for 循环中的 number 开始设的是 1。运行结果如图 10-2 所示。

图 10-2

第11章

PyQt 网络编程

本章讲述 PyQt 网络编程。网络编程是一个很广的话题，如果要全面论述，一本厚书都不够，根本不可能在一章里讲完。本章将首先讲述互联网所采用的 TCP/IP 的基本概念，然后讲述基本的 PyQt 套接字（Socket）编程。

11.1 TCP/IP

11.1.1 基本概念

TCP/IP（Transmission Control Protocol/Internet Protocol，传输控制协议/互联网互联协议，又名网络通信协议）是互联网基本的协议，互联网国际互联网络的基础。TCP/IP 不是指一个协议，也不是 TCP 和 IP 这两个协议的合称，而是一个协议族，包括多个网络协议，比如 IP、IMCP、TCP、以及我们更加熟悉的 HTTP、FTP、POP3 等。TCP/IP 定义了计算机操作系统如何连入互联网，以及数据如何在它们之间传输的标准。

TCP/IP 是为了解决不同系统的计算机之间的传输通信而提出的一个标准，不同系统的计算机采用了同一种协议后，就能相互进行通信，从而能够建立网络连接，实现资源共享和网络通信。就像两个不同语言国家的人，都用英语说话后，就能相互交流了。

11.1.2 TCP/IP 的分层结构

TCP/IP 协议族按照层次由上到下可以分成 4 层，分别是应用层（Application Layer）、传输层（Transport Layer）、网际层（Internet Layer，也称互联网层）和网络接口层（Network Interface Layer）。其中，应用层包含所有的高层协议，比如虚拟终端协议（TELecommunications NETwork，TELNET）、文件传输协议（File Transfer Protocol，FTP）、电子邮件传输协议（Simple Mail Transfer Protocol，SMTP）、域名服务（Domain Name Service，DNS）、网上新闻传输协议（Net News Transfer Protocol，

NNTP）和超文本传送协议（Hyper Text Transfer Protocol，HTTP）等。TELNET 允许一台机器上的用户登录远程机器并进行工作；FTP 提供有效地将文件从一台机器上移到另一台机器上的方法；SMTP 用于电子邮件的收发；DNS 用于把主机名映射到网络地址；NNTP 用于新闻的发布、检索和获取；HTTP 用于在 WWW 上获取主页。

应用层的下面一层是传输层，著名的 TCP 和 UDP 就在这一层。TCP 是面向连接的协议，它提供可靠的报文传输和对上层应用的连接服务。为此，除了基本的数据传输外，它还有可靠性保证、流量控制、多路复用、优先权和安全性控制等功能。UDP（User Datagram Protocol，用户数据报协议）是面向无连接的不可靠传输的协议，主要用于不需要 TCP 的排序和流量控制等功能的应用程序。

传输层下面一层是网际层，该层是整个 TCP/IP 体系结构的关键部分，其功能是使主机可以把分组发往任何网络，并使分组独立地传向目标。这些分组可能经由不同的网络，到达的顺序和发送的顺序也可能不同。网际层使用的协议有 IP。

最底层是网络接口层，或称数据链路层，该层是整个体系结构的基础部分，负责接收 IP 层的 IP 数据包，通过网络向外发送；或接收处理从网络上来的物理帧，抽出 IP 数据包，向 IP 层发送。该层是主机与网络的实际连接层。

不同层包含不同的协议，我们可以用图 11-1 来表示各个协议及其所在的层。

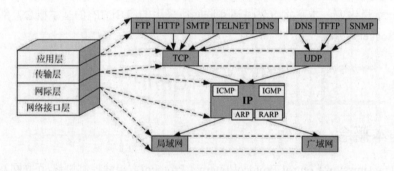

图 11-1

在主机发送端，从传输层开始，会把上一层的数据加上一个报头形成本层的数据，这个过程叫数据封装；在主机接收端，从最下层开始，每一层数据会去掉首部信息，该过程叫作数据解封，如图 11-2 所示。

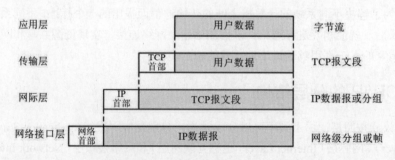

图 11-2

我们来看一个例子，以浏览某个网页为例，看看在浏览网页的过程中，TCP/IP 各层做了哪些工作。

发送方：

（1）打开浏览器，输入网址：www.xxx.com，按回车键后，访问网页，其实就是访问 Web 服务器上的网页，在应用层采用的协议是 HTTP，浏览器将网址等信息组成 HTTP 数据，并将数据传送给下一层传输层。

（2）传输层在数据前面加上了 TCP 首部，并标记端口为 80（Web 服务器的默认端口），将这个数据段传送给下一层网络层。

（3）网络层在这个数据段前面加上了自己机器的 IP 和目的 IP，这时这个数据段被称为 IP 数据包（也可以称为报文），然后将这个 IP 数据包传送给下一层网络接口层。

（4）网络接口层先在 IP 数据包前面加上自己机器的 MAC 地址和目的 MAC 地址，这时加上 MAC 地址的数据称为帧，网络接口层通过物理网卡将这个帧以比特流的方式发送到网络上。

互联网上有路由器，它会读取比特流中的 IP 地址进行选路，到达正确的网段后，这个网段的交换机读取比特流中的 MAC 地址，以找到对应要接收的机器。

接收方：

（1）网络接口层用网卡接收到了比特流，读取比特流中的帧，将帧中的 MAC 地址去掉，就成了 IP 数据包，传递给上一层网络层。

（2）网络层接收到下层传上来的 IP 数据包后，将 IP 从数据包的前面拿掉，取出带有 TCP 的数据（数据段）交给传输层。

（3）传输层获得这个数据段后，看到 TCP 标记的端口是 80 端口，说明应用层协议是 HTTP，之后将 TCP 头去掉并将数据交给应用层，告诉应用层对方要求的是 HTTP 数据。

（4）应用层发送方请求的是 HTTP 数据，因此调用 Web 服务器程序，把 www.xxx.com 的首页文件发送回去。

11.2　获取主机的网络信息

在网络应用中，经常需要用到本机的主机名、IP 地址、MAC 地址等网络信息，通常通过调出命令行窗口，输入 ipconfig（Windows）或者 ifconfig（Linux）就可以查看相关信息，在这里我们利用 Qt 制作一个可以查询的界面和功能出来，为了后面的网络编程打下基础。值得注意的是，要在 Qt 程序中启用网络模块，需要在.pro 文件中添加模块：QT += network，表示启用了 Qt 的网络功能。

Qt 中提供了几个用于获取主机网络信息的类，包括 QHostInfo、QHostAddress、QNetworkInterface 以及 QNetworkAddress。

11.2.1　QHostInfo 类

QHostInfo 类利用操作系统提供的查询机制来查询与特定主机名相关联的主机的 IP 地址，或者与一个 IP 地址相关联的主机名。这个类提供了两个静态函数：一个以异步方式工作，一旦找到主机就发射一个信号；另一个以阻塞方式工作，并且最终返回一个 QHostInfo 对象。

要使用异步方式查询主机的 IP 地址，调用 lookupHost()即可，该函数包含 3 个参数，依次是：

主机名/IP 地址、接收的对象、接收的槽函数，并且返回一个查询 ID。以查询 ID 为参数，通过调用 abortHostLookup()函数来终止查询。

当获得查询结果后，就会调用槽函数，查询结果被存储到 QHostInfo 对象中。可通过调用 addresses()函数来获得主机的 IP 地址列表，同时可通过调用 hostName()函数来获得查询的主机名。

QHostInfo 类提供了一系列用于主机名查询的静态函数。QHostInfo 类利用操作系统所提供的查询机制来查询与特定主机名相关联的主机的 IP 地址，或者与一个 IP 地址相关联的主机名。该类常用的成员函数如下：

```python
@typing.overload
def __init__(self, id: int = ...) -> None: ...    #构造函数
@typing.overload
def __init__(self, d: 'QHostInfo') -> None: ...   #构造函数
@staticmethod
def localDomainName() -> str: ...    #返回本机 DNS 域名
@staticmethod
def localHostName() -> str: ...      #返回本机主机名字
@staticmethod
def fromName(name: str) -> 'QHostInfo': ...   #返回主机信息
@staticmethod
def abortHostLookup(lookupId: int) -> None: ...  #根据 id，中断主机查找
#以异步的方式根据主机名查找主机的 IP 地址，并返回一个表示本次查找的 id
@staticmethod
def lookupHost(name: str, slot: PYQT_SLOT) -> int: ...
def lookupId(self) -> int: ...    #返回本次查找的 id
def setLookupId(self, id: int) -> None: ...   #设置查找所需的 id
def setErrorString(self, errorString: str) -> None: ...   #设置错误信息
def errorString(self) -> str: ...   #返回错误信息
def setError(self, error: 'QHostInfo.HostInfoError') -> None: ...
def error(self) -> 'QHostInfo.HostInfoError': ...   #设置错误类别
def setAddresses(self, addresses: typing.Iterable[typing.Union[QHostAddress,
QHostAddress.SpecialAddress]]) -> None: ...   #设置 QHostInfo 中的地址列表
def addresses(self) -> typing.List[QHostAddress]: ...   #返回 IP 地址列表
def setHostName(self, name: str) -> None: ...   #设置主机名
def hostName(self) -> str: ...   #返回主机信息
```

11.2.2　查询本机的主机名

通过 hostName()函数可以查询本机的主机名。我们来看一个小例子。

【例 11.1】查询本机的主机名

（1）启动 PyCharm，新建一个 Python 工程，工程名是 pythonProject。

（2）启动 Qt Designer，新建一个 MainWindow 界面，然后在窗口上拖放一个单行编辑框和一个按钮，设置按钮的名称是"查询本机主机名"，并为按钮添加一个 clicked 信号的槽函数 onstart。把界面设计的结果保存到 myres.ui 文件中，关闭 Qt Designer。

（3）回到 PyCharm，把 myres.ui 文件转换为 myres.py 文件。然后在 main.py 中添加如下代码：

```python
from PyQt5.QtNetwork import QHostInfo
```

```
from PyQt5.QtWidgets import *
import sys
from myres import Ui_MainWindow

class CWin(QMainWindow, Ui_MainWindow):
    def __init__(self):
        super(CWin, self).__init__()   #调用父类构造函数
        self.setupUi(self)

    def onstart(self):  #按钮的槽函数
        strLocalHostName = QHostInfo.localHostName();  #获取本机主机名
        self.lineEdit.setText(strLocalHostName);  #在单行编辑框中显示主机名

if __name__ == "__main__":
    app = QApplication(sys.argv)
    main = CWin()
    main.show()
    sys.exit(app.exec_())
```

在按钮的槽函数 onstart 中，我们通过 localHostName 这个静态函数来获取本机的主机名，然后在单行编辑框 lineEdit 中显示。

（4）按【Shift+F10】快捷键运行工程，运行结果如图 11-3 所示。

图 11-3

11.2.3 查询远程主机的 IP 地址

QHostInfo 类利用操作系统所提供的查询机制来查询与特定主机名相关联的主机的 IP 地址，或者与一个 IP 地址相关联的主机名。这个类提供了两个静态的成员函数：一个以阻塞方式工作，并且最终返回一个 QHostInfo 对象；另一个在异步方式下工作，并且一旦找到主机就发射一个信号。

查询远程主机的 IP 地址可以调用静态函数 QHostInfo::fromName()，这是阻塞查询方式。该函数声明如下：

```
@staticmethod
def fromName(name: str) -> 'QHostInfo': ...
```

其中参数 str 是传入的主机名，函数返回 QHostInfo 对象，从而查询到给定主机名对应的 IP 地址。此函数在查询期间将阻塞，这意味着程序执行期间将挂起直到返回查询结果。返回的查询结果存储在一个 QHostInfo 对象中。

如果传递一个字面 IP 地址给 name 来替代主机名，QHostInfo 将搜索这个 IP 地址对应的域名（QHostInfo 将执行一个反向查询）。如果该函数执行成功，则返回的 QHostInfo 对象中将包含对应

主机名的域名和 IP 地址。

【例 11.2】以阻塞方式获取百度的 IP 地址

（1）复制上例，把单行编辑框（Line Edit）替换为多行编辑框（Text Edit），按钮的名称改为"查询远程主机 IP"。

（2）在 main.py 的按钮的 clicked 信号槽函数 onstart 中替换如下代码：

```
def onstart(self):
    info = QHostInfo.fromName("www.baidu.com");
    lt = info.addresses();
    str=""
    for i in range(len(lt)):
        str = str + lt[i].toString(); #注意：要用 toString 转为字符串
        str=str+"\n"
    self.textEdit.setText(str)
```

我们用静态函数 fromName 来得到百度主机信息，其中包括 IP 地址，可以通过 addresses 函数来得到 IP 地址的列表，随后将它们输出。注意，有些主机会有多个 IP 地址。

（3）按【Shift+F10】快捷键运行工程，运行结果如图 11-4 所示。

图 11-4

11.3 TCP 编程

TCP 连接在服务器和客户机之间进行，首先建立一个网络链接，然后进行数据通信，通信完毕就关闭连接。

Qt 中的网络编程和 Windows 中的网络编程的基本步骤是一样的，服务器有两个套接字：一个负责监听（QTcpServer），另一个负责和客户端通信（QTcpSocket），客户端只有一个负责通信的套接字（QTcpSocket）。QTcpServer 类的常用成员函数如下：

```
    def __init__(self, parent: typing.Optional[QtCore.QObject] = ...) -> None: ...#
构造函数
    #这是一个信号，接受新连接导致错误时，将发出此信号
    #该 socketError 参数描述发生的错误类型
    def acceptError(self, socketError: QAbstractSocket.SocketError) -> None: ...
    #这是一个信号，每当有新的连接可用时，都会发出此信号
    def newConnection(self) -> None: ...
```

'''该函数由 QTcpServer :: incomingConnection () 调用，以将套接字添加到未决传入连接的列表中。注意：如果不想破坏挂起的连接机制，不要忘记从重新实现的 incomingConnection () 调用这个成员'''

```
    def addPendingConnection(self, socket: QTcpSocket) -> None: ...
    #当新连接可用时，此函数将由 QTcpServer 调用
    def incomingConnection(self, handle: PyQt5.sip.voidptr) -> None: ...
    def resumeAccepting(self) -> None: ...  #恢复接受新连接
    #暂停接受新的连接。排队的连接将保留在队列中
    def pauseAccepting(self) -> None: ...
    #返回此套接字的网络代理。默认情况下使用 QNetworkProxy.DefaultProxy
    def proxy(self) -> QNetworkProxy: ...
    #将此套接字的显式网络代理设置为 networkProxy
    def setProxy(self, networkProxy: QNetworkProxy) -> None: ...
    def errorString(self) -> str: ...    #返回最近发生的错误的字符串信息
    #返回上次发生的错误的错误码
    def serverError(self) -> QAbstractSocket.SocketError: ...
    #返回下一个挂起的连接，返回和客户端交互的 QTcpSocket 对象
    def nextPendingConnection(self) -> QTcpSocket: ...
    #如果服务器有挂起的连接，则返回 True，否则返回 False
    def hasPendingConnections(self) -> bool: ...
    #最多等待 msec 毫秒，或直到传入连接可用
    #如果连接可用，则返回 True；否则返回 False
    def waitForNewConnection(self, msecs: int = ...) -> typing.Tuple[bool, bool]: ...
    #设置该服务器侦听到 socketDescriptor 的传入连接时应使用的套接字描述符
    #如果成功设置套接字，则返回 True；否则返回 False
    def setSocketDescriptor(self, socketDescriptor: PyQt5.sip.voidptr) -> bool: ...
```

'''返回服务器用来监听传入指令的本机套接字描述符，如果服务器没有监听，则返回-1。如果服务器正在使用 QNetworkProxy，则返回的描述符可能不能用于本机套接字函数'''

```
    def socketDescriptor(self) -> PyQt5.sip.voidptr: ...
    #如果服务器正在监听连接，则返回服务器的地址，否则返回 QHostAddress.Null
    def serverAddress(self) -> QHostAddress: ...
    #如果服务器正在监听连接，则返回服务器的端口，否则返回 0
    def serverPort(self) -> int: ...
    #返回待处理的已接受连接的最大数目，默认值为 30
    def maxPendingConnections(self) -> int: ...
```

'''将待处理的接受连接的最大数量设置为 numConnections。在调用 nextPendingConnection 之前，QTcpServer 最多接受 numConnections 个传入连接。默认情况下，限制为 30 个挂起的连接。服务器达到最大未决连接数后，客户端仍可能能够连接(QTcpSocket 仍可以发出 connected 信号)。QTcpServer 将停止接受新连接，但是操作系统仍可以将它们保持在队列中'''

```
    def setMaxPendingConnections(self, numConnections: int) -> None: ...
    #如果服务器当前正在监听传入的连接，则返回 True；否则返回 False
    def isListening(self) -> bool: ...
    #关闭服务器，服务器将不再监听传入的连接
    def close(self) -> None: ...
```

'''告诉服务器侦听地址 address 和 port port 上的传入连接。如果 port 为 0，则自动选择一个端口。如果 address 为 QHostAddress.Any，则服务器将在所有网络接口上侦听'''

```
    def listen(self, address: typing.Union[QHostAddress,
QHostAddress.SpecialAddress] = ..., port: int = ...) -> bool: ...
```

QTcpSocket 继承自 QAbstractSocket，而 QAbstractSocket 继承自 QIODevice，QIODevice 类提供

了读（read）和写（write）函数，用于接收和发送数据。读函数的形式如下：

```
def read(self, maxlen: int) -> bytes: ...
```

其中参数 maxlen 表示期望读取数据的最大字节数。该函数返回实际读取到的数据。如何知道期望读取数据的最大字节数呢？QIODevice 类提供了成员函数 bytesAvailable，调用 bytesAvailable 函数可以获取缓冲区内的实际长度。该函数声明如下：

```
def bytesAvailable(self) -> int: ...
```

所以我们读数据可以这样：

```
while sock.bytesAvailable():
    datagram = sock.read(sock.bytesAvailable())
```

只要缓冲区内有数据，则 bytesAvailable()不为 0，while 循环就继续，然后利用 read 函数来读取缓冲区内的数据。

函数 write 将数据写入网络，声明如下：

```
def write(self, data: typing.Union['QByteArray', bytes, bytearray]) -> int: ...
```

其中，data 表示要写入的数据，其类型可以是 QByteArray、bytes 或者 bytearray。该函数返回实际写入的字节数，如果发生错误，则返回-1。

服务器和客户端通信的基本步骤如下：

（1）QTcpServer 对象负责监听是否有客户端连接此服务器。它是通过 listen 函数进行监听的，该函数声明如下：

```
def listen(self, address: typing.Union[QHostAddress,
QHostAddress.SpecialAddress] = ..., port: int = ...) -> bool: ...
```

其中参数 address 表示服务器监听的地址；port 表示监听的网络端口。如果监听成功，则返回 True；否则返回 False。

比如监听本机的所有网口，监听端口是 8888，可以这样写：

```
self.server = QTcpServer(self)
if not self.server.listen(QHostAddress.LocalHost, 8888):
    self.browser.append(self.server.errorString())
```

如果服务器监听到有客户端和它进行连接，服务器就会触发 newConnection 信号。同时，客户端一旦和服务器连接成功，客户端会触发 connected 信号，表示已经成功和服务器连接。

（2）在两者建立连接之后，服务器需要返回一个 QTcpSocket 对象来和客户端进行通信，通常通过 nextPendingConnection 函数来返回一个建立好连接的套接字，比如：

```
tcpsocket = self.server.nextPendingConnection()
```

（3）通过通信套接字来完成通信。当一端发送成功之后，接收方会触发 readyRead 信号，这样我们就能够读取套接字中的内容了。

（4）断开连接的时候，调用 disconnectFromHost 函数，比如：

```
tcpsocket.disconnectFromHost();
```

接下来通过 Qt Creator 来实现客户端和服务端的通信。

【例 11.3】客户端和服务端的通信

（1）启动 PyCharm，新建一个 Python 工程，工程名是 pythonProject，这个工程作为服务端工程。

（2）启动 Qt Designer，新建一个 MainWindow 界面，然后在窗口上放置两个编辑框（Text Edit）、一个标签以及 3 个按钮。其中，listen 按钮的 objectName 属性设为 btnListen，send 按钮的 objectName 属性设为 btnSend，close conn 按钮的 objectName 属性设为 btnClose，上面编辑框的 objectName 设为 textEditRead，下面编辑框的 objectName 设为 textEditWrite。同时，为 Listen 按钮添加一个 clicked 信号的槽函数 onlisten，为 send 按钮添加一个 clicked 信号的槽函数 onlisten，为 close conn 按钮添加一个 clicked 信号的槽函数 onlisten。最终设计界面如图 11-5 所示。

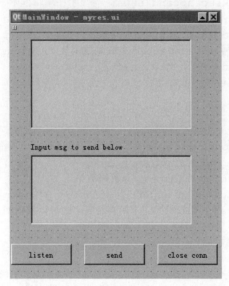

图 11-5

把界面设计的结果保存到 myres.ui 文件中，关闭 Qt Designer。

（3）回到 PyCharm，把 myres.ui 文件转换为 myres.py 文件。然后在 main.py 中添加如下代码：

```python
from PyQt5.QtNetwork import QHostInfo, QTcpServer, QHostAddress
from PyQt5.QtWidgets import *
import sys
from myres import Ui_MainWindow

class CWin(QMainWindow, Ui_MainWindow):
    def __init__(self):
        super(CWin, self).__init__()  #调用父类构造函数
        self.setupUi(self)
        self.setWindowTitle("server")  #设置窗口标题

    def onlisten(self):    #listen 按钮的槽函数
```

```python
        self.server = QTcpServer(self)  #实例化 QTcpServer 对象
        if not self.server.listen(QHostAddress.LocalHost, 8888):  #开始监听
            QMessageBox.information(self,'note',self.server.errorString())
        else:  #如果监听成功, 则连接 newConnection 信号到槽 new_socket_slot
            self.server.newConnection.connect(self.new_socket_slot)
            QMessageBox.information(self,'note','listen ok');

    #若有客户端连接过来, 则调用 new_socket_slot
    def new_socket_slot(self):  #newConnection 信号的槽函数
        #返回和客户端交互的套接字对象
        self.sock = self.server.nextPendingConnection()
        peer_address = self.sock.peerAddress().toString()  #得到对方的 IP 地址
        peer_port = self.sock.peerPort()  #得到对方的端口号
        news = 'Connected with address {}, port {}'.format(peer_address,
str(peer_port))
        self.textEditRead.append(news)  #显示在编辑框中
        #把有数据可读的信号 readyRead 连接到槽函数 read_data_slot
        self.sock.readyRead.connect(lambda: self.read_data_slot(self.sock))
        #把连接断开的信号 disconnected 关联到槽函数 disconnected_slot
        self.sock.disconnected.connect(lambda:
self.disconnected_slot(self.sock))

    #准备读数据的槽函数
    def read_data_slot(self, sock):
        while sock.bytesAvailable():  #如果有数据发来, 则循环读取
            datagram = sock.read(sock.bytesAvailable())  #读数据
            msg = datagram.decode()  #解码数据
            self.textEditRead.append('Client: {}'.format(msg))  #添加到编辑框中
            #sock.write(datagram)  #如果需要, 则可以反射回去

    #连接断开信号的槽函数
    def disconnected_slot(self, sock):
        peer_address = sock.peerAddress().toString()  #得到对方的 IP 地址
        peer_port = sock.peerPort()  #得到对方的端口号
        news = 'Disconnected with address {}, port {}'.format(peer_address,
str(peer_port))
        self.textEditRead.append(news)  #显示在编辑框中
        sock.close()  #关闭套接字

    def onsend(self):  #发送按钮的槽函数
        message = self.textEditWrite.toPlainText()  #得到编辑框中的内容
        datagram = message.encode()  #对字符串进行编码
        self.sock.write(datagram)  #发送数据
        self.textEditRead.append('Server: {}'.format(message))  #发送内容显示在编
辑框中
        self.textEditWrite.clear()

    def onclose(self):
        self.sock.close()  #关闭套接字
```

```
if __name__ == "__main__": #主函数
    app = QApplication(sys.argv)
    main = CWin()
    main.show()
    sys.exit(app.exec_())
```

QTcpSocket 是 QAbstractSocket 的子类，用于建立 TCP 连接并传输数据流。QTcpSocket 继承自 QAbstractSocket，QAbstractSocket 继承自 QIODevice。

对于 QTcpServer 服务端，可通过 nextPendingConnection()接口获取建立了 TCP 连接的 QTcpSocket 对象。

在 PyQt5 中调用槽函数，进行传值的时候，使用 Lambda 表达式可以实现，如果不需要传值，就不需要 Lambda 表达式，直接定义函数就可以。

bytes 类的 decode()方法以指定的编码格式把 bytes 对象解码为字符串，而 encode()方法则对字符串进行编码，转换为 bytes 对象。默认编码为'UTF-8'。bytes 主要是给计算机看的，字符串主要是给人看的，中间有个桥梁就是编码规则，现在的大趋势是 UTF-8 编码，bytes 对象是二进制，很容易转换成十六进制，字符串（string）就是人们看到的内容，例如 'abc'，字符串经过编码（encode），转换成二进制对象，供计算机识别，bytes 经过解码（decode），转换成字符串，让人们看。

（4）按【Shift+F10】快捷键运行工程，运行结果如图 11-6 所示。

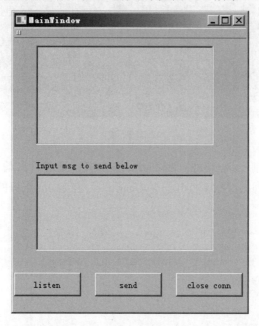

图 11-6

单击 listen 按钮开始监听客户端的连接。至此，服务端程序实现完毕。下面开始实现客户端程序。

（5）新建一个客户端工程。在服务端的 PyCharm 中依次单击菜单选项"File"→"New Project..."，然后在 Create Project 对话框上设置 Location 为一个新的路径，如图 11-7 所示。

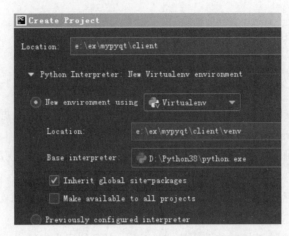

图 11-7

注意，要勾选 Inherit global site-packages 复选框。然后单击右下角的 Create 按钮，此时出现一个询问对话框，如图 11-8 所示。

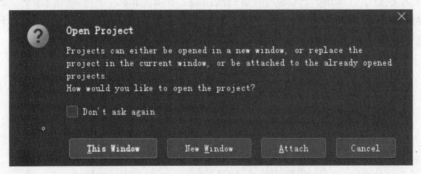

图 11-8

意思是新工程是在当前已经启动的 PyCharm 中打开，还是再启动一个 PyCharm？单击 New Window 按钮，则 client 工程出现在新打开的 PyCharm 中。在 client 工程的 main.py 中输入如下代码：

```python
import sys
from PyQt5.QtCore import Qt
from PyQt5.QtNetwork import QTcpSocket, QHostAddress
from PyQt5.QtWidgets import QApplication, QWidget, QTextBrowser, QTextEdit,
QSplitter, QPushButton, \
    QHBoxLayout, QVBoxLayout

class Client(QWidget):
    def __init__(self):
        super(Client, self).__init__()
        self.resize(500, 450)
        self.setWindowTitle("client") #设置窗口标题
        self.browser = QTextBrowser(self)
        self.edit = QTextEdit(self)

        self.splitter = QSplitter(self)
```

```python
        self.splitter.setOrientation(Qt.Vertical)
        self.splitter.addWidget(self.browser)
        self.splitter.addWidget(self.edit)
        self.splitter.setSizes([350, 100])

        self.conn_btn = QPushButton('Connet', self)   #连接按钮
        self.send_btn = QPushButton('Send', self)      #发送数据按钮
        self.close_btn = QPushButton('Close', self)   #关闭连接按钮

        self.h_layout = QHBoxLayout()  #水平布局
        self.v_layout = QVBoxLayout()  #垂直布局

        self.sock = QTcpSocket(self)  #实现客户端套接字对象

        self.layout_init()     #布局初始化，主要添加各个控件
        self.signal_init()     #设置信号连接，为各个控件的信号连接槽函数

    def layout_init(self):  #界面布局初始化
        self.h_layout.addStretch(1)
        self.h_layout.addWidget(self.conn_btn)
        self.h_layout.addWidget(self.close_btn)
        self.h_layout.addWidget(self.send_btn)
        self.v_layout.addWidget(self.splitter)
        self.v_layout.addLayout(self.h_layout)
        self.setLayout(self.v_layout)

    def signal_init(self):  #设置控件信号和槽函数的连接
        self.conn_btn.clicked.connect(self.connect_slot)#设置 Connect 按钮的槽函数
        self.send_btn.clicked.connect(self.write_data_slot)#设置 Send 按钮的槽函数
        self.close_btn.clicked.connect(self.close_slot)#设置 Close 按钮的槽函数
        self.sock.connected.connect(self.connected_slot)#设置连接成功信号的槽函数
        self.sock.readyRead.connect(self.read_data_slot)#设置有数据可读的槽函数

    def connect_slot(self):  #连接按钮的槽函数
        self.sock.connectToHost(QHostAddress.LocalHost, 8888)  #端口号是 8888

    def write_data_slot(self):  #发送按钮的槽函数
        message = self.edit.toPlainText()  #获取输入编辑框中的内容
        self.browser.append('Client: {}'.format(message))  #显示在聊天记录的编辑框
        datagram = message.encode()  #字符串编码为字节对象
        self.sock.write(datagram)       #发送数据
        self.edit.clear()  #清除输入编辑框

    def connected_slot(self):  #连接成功信号的槽函数
        message = 'Connected! Ready to chat! :)'
        self.browser.append(message)  #向编辑框中添加 message 变量的内容

    def read_data_slot(self):  #有数据可读信号的槽函数
        while self.sock.bytesAvailable():  #如果缓冲区有数据可读，则循环读取
            datagram = self.sock.read(self.sock.bytesAvailable())  #读取数据
```

```
            message = datagram.decode()  #数据解码为字符串
            self.browser.append('Server: {}'.format(message))  #显示在聊天编辑框中

    def close_slot(self):  #关闭按钮的槽函数
        self.sock.close()
        self.close()

    def closeEvent(self, event):
        self.sock.close()
        event.accept()


if __name__ == '__main__':  #主函数
    app = QApplication(sys.argv)
    demo = Client()
    demo.show()
    sys.exit(app.exec_())
```

这一次，我们并没有用 Qt Designer 设计界面，而是纯手工编写界面代码，其实手工编写界面代码也不是很复杂。我们界面上有两个编辑框，上面的编辑框充当聊天记录框，客户端和服务端所说的话都会记录在该编辑框中，下面的编辑框用于用户输入信息，这些信息会发送给服务端。

（6）按【Shift+F10】快捷键运行 client 工程，运行后先单击 Connect 按钮，连接成功后，在界面的下方编辑框输入要发送的消息内容，然后单击 Send 按钮发送消息，此时服务端也可以输入内容并发送，最终双方运行结果如图 11-9 和图 11-10 所示。

图 11-9

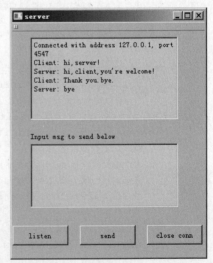

图 11-10

至此，双方通信成功了。最后提一句，如果要打开多个工程，每个工程出现在一个 PyCharm 中，该如何操作呢？可以首先启动一个 PyCharm，此时它会自动加载上次关闭的工程，然后在这个

PyCharm 中依次选择菜单选项 "File" → "Open"，然后出现 Open File or Project 对话框，此时在编辑框中输入要打开的另一个工程的路径，如图 11-11 所示。

图 11-11

单击 OK 按钮，此时出现提示，询问是否在新窗口中打开另一个工程，如图 11-12 所示。

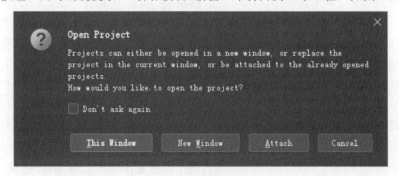

图 11-12

单击 New Window 按钮，就可以新启动一个 PyCharm，并加载另一个工程。启动两个 PyCharm，分别加载服务端和客户端，这在网络开发时比较方便。客户端窗口如图 11-13 所示。

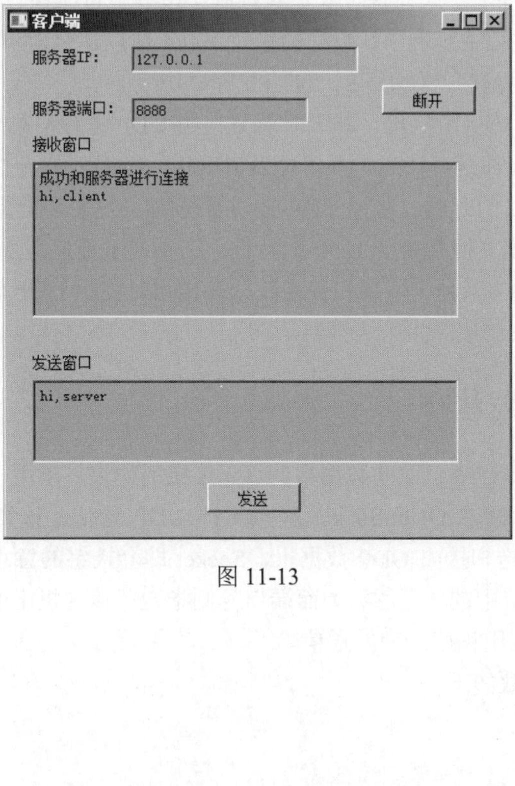

图 11-13

11.4 UDP 编程

11.4.1 UDP 通信概述

Internet 协议集支持一个无连接的传输协议，该协议称为用户数据报协议（User Datagram Protocol，UDP）。UDP 为应用程序提供了一种无须建立连接就可以发送封装的 IP 数据包的方法。RFC 768 描述了 UDP。

Internet 的传输层有两个主要协议，互为补充。无连接的是 UDP，它除了给应用程序发送数据包功能并允许它们在所需的层次上架构自己的协议之外，几乎没有做什么特别的事情。面向连接的是 TCP，该协议几乎做了所有的事情。UDP 位于传输层，处于 IP 的上一层。UDP 有不提供数据包分组、组装和不能对数据包进行排序的缺点，也就是说，当报文发送之后，是无法得知它是否安全完整到达的。UDP 用来支持那些需要在计算机之间传输数据的网络应用，包括网络视频会议系统在内的众多客户/服务器模式的网络应用都需要使用 UDP。UDP 从问世至今已经被使用了很多年，虽然它最初的光彩已经被一些类似协议所掩盖，但即使在今天，UDP 仍然不失为一项非常实用和可行的网络传输层协议。

许多应用只支持 UDP，比如多媒体数据流，不产生任何额外的数据，即使知道有破坏的包，也不进行重发。当强调传输性能而不是传输的完整性时，比如音频和多媒体应用，UDP 是最好的选择。在数据传输时间很短，以至于此前的连接过程成为整个流量主体的情况下，UDP 也是一个好的选择。UDP 提供了无连接通信，且不对传送数据包进行可靠性保证，适合一次传输少量数据，UDP 传输的可靠性由应用层负责。常用的 UDP 端口号有 53（DNS）、69（TFTP）、161（SNMP），使用 UDP 的包括：TFTP、SNMP、NFS、DNS、BOOTP。

UDP 报文没有可靠性保证、顺序保证和流量控制字段等，可靠性较差。但是正因为 UDP 的控制选项较少，在数据传输过程中延迟小、数据传输效率高，所以适合对可靠性要求不高的应用程序，或者可以保障可靠性的应用程序，如 DNS、TFTP、SNMP 等。

我们现在几乎每个人都使用的 QQ，聊天时就是使用 UDP 进行消息发送的。就像 QQ 那样，当有很多用户，发送的大部分都是短消息，要求能及时响应，并且对安全性要求不是很高的情况下使用 UDP。在选择使用的协议的时候，选择 UDP 必须要谨慎，在网络质量令人十分不满意的环境下，UDP 数据包丢失会比较严重。但是由于 UDP 的特性：它不属于连接型协议，因而具有资源消耗小，处理速度快的优点，因此通常音频、视频和普通数据在传送时使用 UDP 较多，它们即使偶尔丢失一两个数据包，也不会对接收结果产生太大影响。

11.4.2 UDP 单播编程

UDP 是一个轻量级、不可靠、面向数据报的、无连接的协议，多用于可靠性要求不高，不是非常重要的传输。在 Qt 中，通过 QUdpSocket 类来支持 UDP 通信，该类继承自 QAbstractSocket。QUdpSocket 类可以用来发送和接收 UDP 数据报，Socket 即套接字的意思，套接字即 IP 地址+端口号。其中 IP 地址指定了网络中的一台主机，而端口号则指定了该主机上的一个网络程序，使用套接字即可实现网络上的两个应用程序之间的通信。

UPD 类的公有成员函数如下：

'''接收不大于 maxSize 字节的数据报，并在 QNetworkDatagram 对象中返回该数据报，以及发送方的主机地址和端口。如果可能，此函数还将尝试确定数据报的目标地址、端口以及接收时的跳数'''
```python
    def receiveDatagram(self, maxSize: int = ...) -> QNetworkDatagram: ...
```
'''将多播数据报的传出接口设置为接口 iface。套接字必须处于 BoundState 状态，否则此函数不执行任何操作'''
```python
    def setMulticastInterface(self, iface: QNetworkInterface) -> None: ...
```
'''返回多播数据报的传出接口的接口。如果之前未设置接口，此函数将返回无效的 QNetworkInterface。套接字必须处于 BoundState 状态，否则将返回无效的 QNetworkInterface'''
'''离开指定组播地址所在组，如果成功，这个函数返回 true；否则返回 false。套接字必须处于 BoundState 状态，否则会发生错误'''
```python
    def multicastInterface(self) -> QNetworkInterface: ...
    #离开接口 iface 上 groupAddress 指定的多播组
    @typing.overload
    def leaveMulticastGroup(self, groupAddress: typing.Union[QHostAddress,
QHostAddress.SpecialAddress]) -> bool: ...
    #离开接口 iface 上 groupAddress 指定的多播组，该函数是重载函数
    @typing.overload
    def leaveMulticastGroup(self, groupAddress: typing.Union[QHostAddress,
QHostAddress.SpecialAddress], iface: QNetworkInterface) -> bool: ...
```
'''在操作系统选择的默认接口上加入由 groupAddress 指定的多播组。套接字必须处于 BoundState 状态，否则会发生错误'''
```python
    @typing.overload
    def joinMulticastGroup(self, groupAddress: typing.Union[QHostAddress,
QHostAddress.SpecialAddress]) -> bool: ...
    #重载函数，加入接口 iface 上的多播组地址 groupAddress
    @typing.overload
    def joinMulticastGroup(self, groupAddress: typing.Union[QHostAddress,
QHostAddress.SpecialAddress], iface: QNetworkInterface) -> bool: ...
```
'''将大小为 size 的数据报发送到指定地址和端口的主机上。如果发送成功，则返回成功发送的字节数；否则返回-1。数据报总是作为一个块写入。数据报的最大大小高度依赖平台，但可以低至 8192 字节。如果数据报太大，此函数将返回-1，error() 将返回 DatagramTooLargeError。值得注意的是，由于 UDP 不稳定，因此数据报数据量尽量少，通常不建议发送大于 512 字节的数据报，如果在连接的 UDP 套接字上调用此函数，则可能导致错误，没有数据包发送。如果用户正在使用已连接的套接字，请调用 write() 发送数据报。'''
```python
    @typing.overload
    def writeDatagram(self, data: bytes, host: typing.Union[QHostAddress,
QHostAddress.SpecialAddress], port: int) -> int: ...
```
'''这是一个重载函数。将数据报发送到指定地址和端口的主机上，如果函数执行成功，则返回发送的字节数；如果遇到错误，则返回-1'''
```python
    @typing.overload
    def writeDatagram(self, datagram: typing.Union[QtCore.QByteArray, bytes,
bytearray], host: typing.Union[QHostAddress, QHostAddress.SpecialAddress], port:
int) -> int: ...
    #重载函数，参数类型是 QNetworkDatagram
    @typing.overload
    def writeDatagram(self, datagram: QNetworkDatagram) -> int: ...
```
'''接收不大于 maxSize 字节的数据报并将其存储在数据中。参数 address 指向存放发送方主机地址的缓冲区，port 指向存放发送方端口的缓冲区，默认值是 nullptr。如果函数执行成功，则返回数据报的大小；否则返回-1'''
```python
    def readDatagram(self, maxlen: int) -> typing.Tuple[bytes, QHostAddress,
```

```
int]: ...
    #返回第一个挂起的 UDP 数据报的大小。如果没有可用的数据报，则此函数将返回-1
    def pendingDatagramSize(self) -> int: ...
    #如果至少有一个数据报正在等待读取，则返回 true；否则返回 false
    def hasPendingDatagrams(self) -> bool: ...
```

使用 QUdpSocket 类最常见的方法是调用函数 bind()绑定到地址和端口，然后调用 writeDatagram()
和 readDatagram()/receiveDatagram()来传输数据。如果要调用标准 QIODevice 函数 read()、readLine()、
write()等，则必须先调用 connectToHost()将套接字直接连接到对方。

根据角色的不同，UDP 通信的通常也分为两部分，UDP 服务端和 UDP 客户端。如果不存在提
供服务（服务端）和享受服务（客户端）的角色，只是纯粹地接收和发送数据，那么可以简单地分
为接收端和发送端。

要使用 QUdpSocket 类，首先在源文件开头导入 QUdpSocket 类：

```
from PyQt5.QtNetwork import QUdpSocket
```

UDP 接收端的实现流程如下：

（1）创建 QUdpSocket 对象：

```
self._socket = QtNetwork.QUdpSocket(self)
```

（2）绑定地址和端口号：

```
self._socket.bind(QtNetwork.QHostAddress("127.0.0.1"), 45454)
```

（3）收到数据时会触发 readyRead()信号，自定义 readPendingDatagrams()读取数据。

```
self._socket.readyRead.connect(self.on_readyRead)
```

在上述代码中，我们把信号 readyRead 和自定义的槽函数 readPendingDatagrams 进行了关联，
这样收到数据时，就会调用槽函数 readPendingDatagrams，然后在里面进行读取和处理。其中函数
on_readyRead 是自定义的，用于接收数据的槽函数。

（4）实现接收数据的槽函数。在 while 循环中读取数据并处理，只要有数据，就一直读取并处理。

```
def on_readyRead(self):
    while self._socket.hasPendingDatagrams():
        datagram, host, port = self._socket.readDatagram(
        self._socket.pendingDatagramSize()
    )
    print("message from:", host.toString())
    print("message port:", port)
    print("message:", datagram.decode())
```

值得注意的是，当用户收到 readyRead 信号时，应读取传入的数据报，否则下一个数据报将不
会发出此信号。

UDP 发送端的实现流程如下：

（1）创建套接字：

```
self._socket = QtNetwork.QUdpSocket(self)   #创建 UDP 套接字
```

（2）发送数据到指定的地址和端口号：

```
message="hi"
datagram = message.encode()
self._socket.writeDatagram(
    datagram, QtNetwork.QHostAddress("127.0.0.1"), 45454
)
```

【例 11.4】自发自收的 UDP 通信

（1）启动 PyCharm，新建一个 Python 工程，工程名是 pythonProject，这个工程作为服务端工程。在 main.py 文件中添加如下代码：

```
import sys
from PyQt5 import QtCore, QtNetwork

class Sender(QtCore.QObject):
    def __init__(self, parent=None):
        super(Sender, self).__init__(parent)
        self._socket = QtNetwork.QUdpSocket(self)

    @QtCore.pyqtSlot()
    def send_message(self):
        message = QtCore.QDateTime.currentDateTime().toString()
        datagram = message.encode()
        print("send message:", message)
        self._socket.writeDatagram(
            datagram, QtNetwork.QHostAddress("127.0.0.1"), 45454
        )

class Receiver(QtCore.QObject):
    def __init__(self, parent=None):
        super(Receiver, self).__init__(parent)
        self._socket = QtNetwork.QUdpSocket(self)
        self._socket.bind(QtNetwork.QHostAddress("127.0.0.1"), 45454)
        self._socket.readyRead.connect(self.on_readyRead)

    @QtCore.pyqtSlot()
    def on_readyRead(self):
        while self._socket.hasPendingDatagrams():
            datagram, host, port = self._socket.readDatagram(
                self._socket.pendingDatagramSize()
            )
            print("message from:", host.toString())
            print("message port:", port)
            print("message:", datagram.decode())

if __name__ == "__main__":
    app = QtCore.QCoreApplication(sys.argv)
    receiver = Receiver()
    sender = Sender()
```

```
timer = QtCore.QTimer(interval=1000, timeout=sender.send_message)
timer.start()
sys.exit(app.exec_())
```

发送过程比较简单。在接收过程的实现中，我们实例化了 QUdpSocket 对象，然后绑定到 IP 和端口，这样发送端往这个 IP 和端口的套接字发数据，这里就可以接收到了。接着关联了信号 readyRead 和槽 on_readyRead，一旦有数据发来，就会触发 readyRead 信号，继而调用槽 on_readyRead。我们在槽 on_readyRead 中用了一个 while 循环接收数据，其中 hasPendingDatagrams 函数表示如果有数据可以读取，则返回 true，继而进入循环体，根据 pendingDatagramSize 函数返回的数据包大小分配缓冲区，然后调用 readDatagram 函数读取数据到缓冲区中，最后进行打印。以上是一个 UDP 接收端的基本流程。这里要注意一下绑定（Bind），对于 UDP 套接字，绑定后，当 UDP 数据报到达指定的地址和端口时，信号 readyRead() 就会发出。因此，这个函数对于编写 UDP 服务器很有用。对于 TCP 套接字，此函数可用于指定用于输出连接的接口，这在多个网络接口的情况下非常有用。默认情况下，套接字使用 DefaultForPlatform BindMode 绑定。如果不指定端口，则随机选择端口。

至此，接收类的工作完成了。

（2）按【Shift+F10】快捷键运行程序，可以看到在输出窗口有内容不停地在输出了：

```
send message: 周日 十二月 18 11:02:16 2022
message from: 127.0.0.1
message port: 63443
message: 周日 十二月 18 11:02:16 2022
send message: 周日 十二月 18 11:02:17 2022
message from: 127.0.0.1
message port: 63443
message: 周日 十二月 18 11:02:17 2022
send message: 周日 十二月 18 11:02:18 2022
message from: 127.0.0.1
message port: 63443
...
```

在这个程序中我们把发送端和接收端放在一个程序中，实现了自己发、自己收，打破了传统的做法，即通常分为两个程序：一个接收端和一个发送端。当然，这个程序如果要分为两个程序，也是非常简单的，只要把发送端和接收端剥离开来，放在不同的程序中即可，留给读者作为作业吧。

11.4.3　单播、多播（组播）和广播

单播（Unicast）、多播/组播（Multicast）和广播（Broadcast）这 3 个术语都是用来描述网络节点之间的通信方式的。

网络节点之间的通信就好像是人们之间的对话一样。如果一个人对另一个人说话，那么用网络技术的术语来描述就是单播，此时信息的接收和传递只在两个节点之间进行。主机之间一对一的通信模式，网络中的交换机和路由器对数据只进行转发，不进行复制。如果 10 个客户机需要相同的数据，则服务器需要逐一传送，重复 10 次相同的工作。但由于其能够针对每个客户机及时响应，所以现在的网页浏览全部采用单播模式，具体来说就是 IP 单播协议。网络中的路由器和交换机根据目标地址选择传输路径，将 IP 单播数据传送到指定的目的地。

单播的优点如下：

（1）服务器及时响应客户机的请求。

（2）服务器针对每个客户机不同的请求发送不同的数据，容易实现个性化服务。

单播的缺点如下：

（1）服务器针对每个客户机发送数据流，服务器流量＝客户机数量×客户机流量，在客户数量大、每个客户机流量大的流媒体应用中服务器不堪重负。

（2）现有的网络带宽是金字塔结构，城际、省际主干带宽仅相当于所有用户带宽之和的 5％。如果全部使用单播协议，将造成网络主干不堪重负。现在的 P2P 应用就已经使主干经常阻塞，而将主干扩展 20 倍几乎是不可能的。

单播在网络中得到了广泛的应用，网络上绝大部分的数据都是以单播的形式传输的，只是一般网络用户不知道而已。例如，用户在收发电子邮件、浏览网页时，必须与邮件服务器、Web 服务器建立连接，此时使用的就是单播数据传输方式。但是通常使用点对点（Point to Point）通信代替单播，因为单播一般与多播和广播相对应使用。

多播也可以称为组播，在网络技术的应用并不是很多，多播出现时间最晚，但同时具备单播和广播的优点，最具有发展前景。主机之间一对一组的通信模式，也就是加入同一个组的主机可以接收到此组内的所有数据，网络中的交换机和路由器只向有需求者复制并转发所需的数据。主机可以向路由器请求加入或退出某个组，网络中的路由器和交换机有选择地复制并传输数据，即只将组内数据传输给那些加入组的主机。这样既能一次将数据传输给多个有需要（加入组）的主机，又能保证不影响其他不需要（未加入组）的主机的其他通信。

组播的优点如下：

（1）需要相同数据流的客户端加入相同的组共享一条数据流，节省了服务器的负载，具备广播所具备的优点。

（2）由于组播协议是根据接收者的需要对数据流进行复制转发的，因此服务端的服务总带宽不受客户接入端带宽的限制。IP 允许有超过 $2.6×10^8$ 个组播，所以它提供的服务非常丰富。

（3）此协议和单播协议一样允许在 Internet 宽带网上传输。

组播的缺点如下：

（1）与单播协议相比没有纠错机制，发生丢包、错包后难以弥补，但可以通过一定的容错机制和 QoS 加以弥补。

（2）现行网络虽然都支持组播的传输，但在客户认证、QoS 等方面还需要完善，这些缺点在理论上都有成熟的解决方案，只是需要逐步推广应用到现存网络中。

UDP 组播是主机之间一对一组的通信模式，当多个客户端加入由一个组播地址定义的多播组之后，客户端向组播地址和端口发送的 UDP 数据报，组内成员都可以接收到。用同一个 IP 多播地址接收多播数据报的所有主机构成了一个组，称为多播组（或组播组）。所有的信息接收者都加入一个组内，加入之后，流向组地址的数据报开始向接收者传输，组中的所有成员都能接收到数据报。组中的成员是动态的，主机可以在任何时间加入和离开组。采用 UDP 组播必须使用一个组播地址。

组播地址（组播报文的目的地址）是 D 类 IP 地址（D 类地址不能出现在 IP 报文的源 IP 地址字段），有特定的地址段。多播组可以是永久的，也可以是临时的。在多播组地址中，有一部分由官方分配，称为永久多播组。永久多播组保持并联的是它的 IP 地址，组中的成员构成可以发生变化。永久多播组中的成员数量可以是任意的，可以为零。那些没有保留下来的供永久多播组使用的 IP 组播地址，可以被临时多播组使用。

网上视频会议、网上视频点播特别适合采用多播方式。因为如果采用单播方式，逐个节点传输，有多少个目标节点，就会有多少次传送过程，这种方式显然效率极低，是不可取的；如果采用不区分目标、全部发送的广播方式，虽然一次可以传送完数据，但是显然达不到区分特定数据接收对象的目的。采用多播方式既可以实现一次传送所有目标节点的数据，也可以达到只对特定对象传送数据的目的。IP 网络的多播一般通过多播 IP 地址来实现。多播 IP 地址就是 D 类 IP 地址，即 224.0.0.0~239.255.255.255 的 IP 地址。

广播在网络中的应用较多，如客户机通过 DHCP 自动获得 IP 地址的过程就是通过广播来实现的。主机之间是一对所有的通信模式，网络对其中每一台主机发出的信号都进行无条件复制并转发，所有主机都可以接收到所有信息（无论用户是否需要），由于它不用选择路径，因此网络成本可以很低廉。有线电视网就是典型的广播型网络，我们的电视机实际上是接收所有频道的信号，但只将一个频道的信号还原成画面。在数据网络中也允许广播的存在，但它被限制在二层交换机的局域网范围内，禁止广播数据穿过路由器，防止广播数据影响大面积的主机。

广播的优点如下：

（1）网络设备简单，维护简单，布网成本低廉。
（2）由于服务器不用向每个客户机单独发送数据，因此服务器流量负载极低。

广播的缺点如下：

（1）无法针对每个客户的要求和时间及时提供个性化服务。
（2）网络允许服务器提供数据的带宽有限，客户端的最大带宽＝服务总带宽。
（3）例如有线电视的客户端的线路支持 100 个频道（如果采用数字压缩技术，理论上可以提供 500 个频道），即使服务商有更大的财力配置更多的发送设备，改成光纤主干，也无法超过此极限。也就是说无法向众多客户提供更多样化、更加个性化的服务。
（4）广播禁止在 Internet 宽带网上传输。

同单播和多播相比，广播几乎占用了子网内网络的所有带宽，可能形成广播风暴。拿开会打一个比方，在会场上只能有一个人发言。想象一下，如果所有的人同时都用麦克风发言，那么会场上就会乱成一锅粥。集线器的工作原理决定了不可能过滤广播风暴，一般交换机也没有这一功能，不过现有的网络交换机（如全向的 QS 系列交换机）已经有过滤广播风暴的功能了，路由器本身就有隔离广播风暴的作用。广播风暴不能完全杜绝，但是只能在同一子网内传播，就好像喇叭的声音只能在同一会场内传播一样，因此在由几百台甚至上千台计算机构成的大中型局域网中，一般进行子网划分就像将一个大厅用墙壁隔离成许多小厅一样，以达到隔离广播风暴的目的。在 IP 网络中，广播地址用 IP 地址 255.255.255.255 来表示，这个 IP 地址代表同一子网内所有的 IP 地址。

广播风暴简单地说就是指整个广播域充斥着大量广播包，同时还不断产生新的广播包（这些广播包被交换机大量复制），这些广播包无法被网络设备处理，并且占用了网络设备的大量网络带宽、系统资源，导致业务不能正常运行，甚至导致网络设备彻底瘫痪。

11.5　HTTP 操作

网络访问管理类 QNetworkAccessManager 允许应用程序发送网络请求和接收网络应答。Network Access API 都是围绕着一个 QNetworkAccessManager 对象构造的，这个对象包含着发送请求的一些通用配置和设置。它包含着代理和缓存的配置，以及和这些事物相关的一些信号，并且应答信号可以作为我们检测一个网络操作的进度。

一个 QNetworkAccessManager 对于一整个 Qt 应用程序来说已经足够了！以前 Qt 4.x 需要分别使用 QFtp 和 QHttp 来完成 FTP 和 HTTP 功能，现在 Qt 5 统一使用 QNetworkAccessManager 就可以完成 FTP 和 HTTP 功能了。

一旦一个 QNetworkAccessManager 对象被创建了，那么应用程序就可以使用它在网络上发送请求。它提供了一组标准的函数，可以承载网络请求和一些可选的数据，并且每一个请求返回一个 QNetworkReply 对象。该对象包含返回的请求应带的所有数据。

11.5.1　HTTP 简介

HTTP（Hyper Text Transfer Protocol，超文本传输协议）是用于从万维网（World Wide Web，WWW）服务器（简称 Web 服务器）传输超文本到本地浏览器的传送协议。

HTTP 是基于 TCP/IP 通信协议来传递数据（HTML 文件、图片文件、查询结果等）的。

根据 HTTP 标准，HTTP 请求可以使用多种请求方法。HTTP 1.0 定义了 3 种请求方法：GET、POST 和 HEAD 方法。HTTP 1.1 新增了 5 种请求方法：OPTIONS、PUT、DELETE、TRACE 和 CONNECT 方法。这些请求方法的具体含义如表 11-1 所示。

表11-1　HTTP的请求方法

方　　法	说　　明
GET	请求指定的页面信息，并返回实体主体
HEAD	类似于 GET 请求，只不过返回的响应中没有具体的内容，用于获取报头
POST	向指定资源提交数据并处理请求（例如提交表单或者上传文件）。数据被包含在请求体中。POST 请求可能会导致新的资源的建立和/或已有资源的修改
PUT	从客户端向服务器传送的数据取代指定的文档的内容
DELETE	请求服务器删除指定的页面
CONNECT	HTTP/1.1 中预留给能够将连接改为管道方式的代理服务器
OPTIONS	用于请求获得由 Request-URI 标识的资源在请求/响应的通信过程中可以使用的功能选项。通过这个方法，客户端可以在采取具体资源请求之前，决定对该资源采取何种必要措施，或者了解服务器的性能
TRACE	回显服务器收到的请求，主要用于测试或诊断

11.5.2　HTTP 的工作原理

HTTP 工作于客户端-服务端架构上。浏览器作为 HTTP 客户端,通过 URL 向 HTTP 服务端(Web 服务器)发送所有请求。

Web 服务器有 Apache 服务器、IIS 服务器（Internet Information Services）等。

Web 服务器根据接收到的请求向客户端发送响应信息。

HTTP 默认端口号为 80,但是用户也可以改为 8080 或者其他端口。

HTTP 有以下 3 点注意事项:

图 11-14 展示了 HTTP 的通信流程。

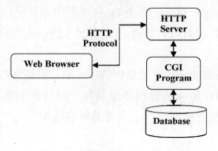

图 11-14

11.5.3　HTTP 的特点

HTTP 的主要特点概括如下:

（1）支持客户端/服务器模式。

（2）简单快速:客户端向服务器请求服务时,只需传送请求方法和路径。常用的请求方法有 GET、HEAD、POST。每种方法规定了客户端与服务器联系的类型不同。由于 HTTP 很简单,使得 HTTP 服务器的程序规模很小,因此通信速度很快。

（3）灵活:HTTP 允许传输任意类型的数据对象。正在传输的类型由 Content-Type 加以标记。

（4）无连接:无连接的含义是限制每次连接只处理一个请求。服务器处理完客户端的请求并收到客户端的应答后,即断开连接。采用这种方式可以节省传输时间。

（5）无状态:HTTP 是无状态协议。无状态是指协议对于事务处理没有记忆能力。缺少状态意味着如果后续处理需要前面的信息,则它必须重传,这样可能导致每次连接传送的数据量增大。另一方面,在服务器不需要先前的信息时,它的应答就较快。

11.5.4　HTTP 的消息结构

HTTP 是基于客户端/服务器（C/S）的架构模型,通过一个可靠的连接来交换信息,是一个无状态的请求/响应协议。

一个 HTTP 客户端是一个应用程序（Web 浏览器或其他任何客户端）,通过连接到服务器达到向服务器发送一个或多个 HTTP 请求的目的。

一个 HTTP 服务器同样也是一个应用程序（通常是一个 Web 服务,如 Apache Web 服务器或 IIS

服务器等），可以接收客户端的请求并向客户端发送 HTTP 响应数据。

HTTP 使用统一资源标识符（Uniform Resource Identifiers，URI）来传输数据和建立连接。

一旦建立连接后，数据消息就通过类似 Internet 邮件所使用的格式[RFC5322]和多用途 Internet 邮件扩展（MIME）[RFC2045]来传送。

11.5.5 客户端请求消息

客户端发送一个 HTTP 请求到服务器的请求消息由请求行（Request Line）、请求头部（也称请求头）、空行和请求数据 4 部分组成，图 11-15 给出了请求报文的一般格式。

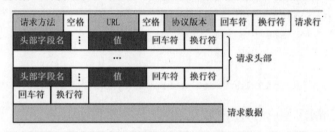

图 11-15

HTTP 定义了 8 种请求方法，使用这 8 种方法（或者叫动作）来表明对 Request-URI 指定的资源的不同操作方式，具体方法见表 11-1。

虽然 HTTP 的请求方式有 8 种，但是我们在实际应用中常用的也就是 GET 和 POST，其他请求方式都可以通过这两种方式间接地来实现。

11.5.6 服务器响应消息

HTTP 响应也由 4 部分组成，分别是状态行、消息报头（也称响应头）、空行和响应正文，如图 11-16 所示。

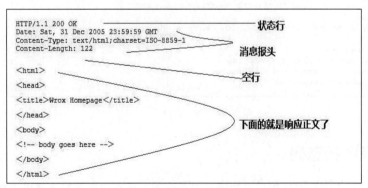

图 11-16

下面是一个典型的使用 GET 来传递数据的实例。

客户端请求：

```
GET /hello.txt HTTP/1.1
User-Agent: curl/7.16.3 libcurl/7.16.3 OpenSSL/0.9.7l zlib/1.2.3
```

```
Host: www.example.com
Accept-Language: en, mi
```

服务端响应:

```
HTTP/1.1 200 OK
Date: Mon, 27 Jul 2009 12:28:53 GMT
Server: Apache
Last-Modified: Wed, 22 Jul 2009 19:15:56 GMT
ETag: "34aa387-d-1568eb00"
Accept-Ranges: bytes
Content-Length: 51
Vary: Accept-Encoding
Content-Type: text/plain
```

输出结果:

```
Hello World! My payload includes a trailing CRLF.
```

图 11-17 演示了请求和响应的 HTTP 报文。

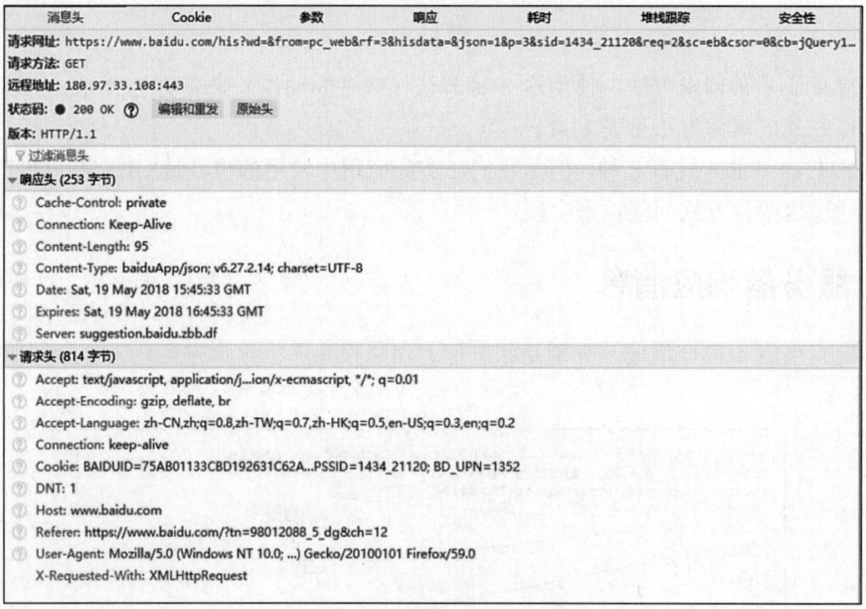

图 11-17

11.5.7 HTTP 状态码

当浏览者访问一个网页时,浏览者的浏览器会向网页所在服务器发出请求。在浏览器接收并显示网页前,此网页所在的服务器会返回一个包含 HTTP 状态码的信息头(Server Header)用以响应浏览器的请求。

HTTP 状态码的英文为 HTTP Status Code。下面是常见的 HTTP 状态码:

● 200: 请求成功。

- 301：资源（网页等）被永久转移到其他 URL。
- 404：请求的资源（网页等）不存在。
- 500：内部服务器错误。

11.5.8　HTTP 状态码分类

HTTP 状态码由 3 个十进制数字组成，第一个十进制数字定义了状态码的类型，后两个数字没有分类的作用。HTTP 状态码共分为 5 种类型，如表 11-2 所示。

表11-2　HTTP状态码的5种类型

分　　类	分　类　说　明
1**	信息，服务器收到请求，需要请求者继续执行操作
2**	成功，操作被成功接收并处理
3**	重定向，需要进一步操作以完成请求
4**	客户端错误，请求包含语法错误或无法完成请求
5**	服务器错误，服务器在处理请求的过程中发生了错误

11.5.9　JSON 数据

JSON（JavaScript Object Notation）是一种轻量级的数据交互格式。JSON 采用完全独立于程序设计语言的文本格式，简洁和清晰的层次结构使得 JSON 成为理想的数据交换语言，易于人阅读和编写，同时也易于机器解析和生成，并有效地提升网络传输效率。

JSON 是一个标记符的序列。这套标记符包含 6 个构造字符、字符串、数字和 3 个字面名。我们来看一下对象的表示，对象是一个无序的"'名称/值'对"集合。一个对象以左括号开始，右括号结束。每个"名称"后跟一个冒号；不同对的"名称/值"之间使用逗号分隔。比如：{"firstName": "Brett", "lastName": "McLaughlin"}。

我们再来看一下数组的表示，和普通的 JS 数组一样，JSON 表示数组的方式是使用方括号[]。比如：

```
{
"people":[
{
"firstName": "Brett",
"lastName":"McLaughlin"
},
{
"firstName":"Jason",
"lastName":"Hunter"
}
]
}
```

这不难理解。在这个示例中，只有一个名为 people 的变量，值是包含两个条目的数组，每个条目是一个人的记录，其中包含名和姓。上面的示例演示如何用括号将记录组合成一个值。当然，可以使用相同的语法表示更多的值（每个值包含多个记录）。

在处理 JSON 格式的数据时，没有需要遵守的预定义的约束。所以，在同样的数据结构中，可以改变表示数据的方式，也可以使用不同方式表示同一事物。

如前面所说的，除了对象和数组外，用户也可以简单地使用字符串或者数字等来存储数据，但这样并没有多大意义。

我们可以对 JSON 和 XML 做一个简单的比较。

1. 可读性

JSON 和 XML 的可读性不相上下，一边是简易的语法，一边是规范的标签形式，很难分出胜负。

2. 可扩展性

XML 天生有很好的扩展性，JSON 当然也有，没有什么是 XML 可以扩展而 JSON 不能扩展的。不过 JSON 在 JavaScript 主场作战，可以存储 JavaScript 复合对象，有着 XML 不可比拟的优势。

3. 编码难度

XML 有丰富的编码工具，比如 Dom4j、Dom、SAX 等，JSON 也提供了工具。在无工具的情况下，相信熟练的开发人员一样能很快地写出想要的 XML 文档和 JSON 字符串，不过，XML 文档要多很多结构上的字符。

4. 解码难度

XML 的解析方式有两种：一种方式是通过文档模型解析，也就是通过父标签索引出一组标记，例如 xmlData.getElementsByTagName("tagName")，但是这样要在预先知道文档结构的情况下使用，无法进行通用的封装；另一种方式是遍历节点（document 和 childNodes），这个可以通过递归来实现，不过解析出来的数据形式各异，往往不能满足预先的要求。凡是这样可扩展的结构数据，解析起来都很困难。

JSON 同样如此。在预先知道 JSON 结构的情况下，使用 JSON 进行数据传递简直是太美妙了，可以写出很实用、美观且可读性强的代码。如果你是纯粹的前台开发人员，一定会非常喜欢 JSON。但是如果你是一个应用开发人员，可能就不那么喜欢了，毕竟 XML 才是真正的结构化标记语言，用于进行数据传递。而如果不知道 JSON 的结构而去解析 JSON 的话，那么简直是噩梦，费时费力不说，代码也会变得冗余拖沓，得到的结果也不尽人意。但是这样也不影响众多前台开发人员选择 JSON，因为 json.js 中的 toJSONString() 就可以看到 JSON 的字符串结构。当然，对于不是经常使用这个字符串的人，这样做仍旧是噩梦。常用 JSON 的人看到这个字符串之后，就对 JSON 的结构一目了然，从而更容易操作 JSON。

以上是在 JavaScript 中对于数据传递的 XML 与 JSON 的解析。在 JavaScript 中，JSON 毕竟是主场作战，其优势当然要远远大于 XML。如果在 JSON 中存储 JavaScript 复合对象，而且不知道其结构的话，相信很多程序员一样是哭着解析 JSON 的。

除了上述区别之外，JSON 和 XML 还有另一个很大的区别在于有效数据率。JSON 作为数据包格式，传输的时候具有更高的效率，这是因为 JSON 不像 XML 那样需要有严格的闭合标签，这就让有效数据量与总数据包的比率大大提升，从而减少同等数据流量的情况下网络的传输压力。

XML 和 JSON 都使用结构化方法来标记数据，下面通过实例来做一个简单的比较。用 XML 表示中国部分省市的数据如下：

```xml
<?xml version="1.0" encoding="utf-8"?>
<country>
    <name>中国</name>
    <province>
        <name>黑龙江</name>
        <cities>
            <city>哈尔滨</city>
            <city>大庆</city>
        </cities>
    </province>
    <province>
        <name>广东</name>
        <cities>
            <city>广州</city>
            <city>深圳</city>
            <city>珠海</city>
        </cities>
    </province>
    <province>
        <name>台湾</name>
        <cities>
            <city>台北</city>
            <city>高雄</city>
        </cities>
    </province>
    <province>
        <name>新疆</name>
        <cities>
            <city>乌鲁木齐</city>
        </cities>
    </province>
</country>
```

用 JSON 表示如下：

```json
{
    "name": "中国",
    "province": [{
        "name": "黑龙江",
        "cities": {
            "city": ["哈尔滨", "大庆"]
        }
    }, {
        "name": "广东",
        "cities": {
            "city": ["广州", "深圳", "珠海"]
        }
    }, {
```

```
            "name": "台湾",
            "cities": {
                "city": ["台北", "高雄"]
            }
        }, {
            "name": "新疆",
            "cities": {
                "city": ["乌鲁木齐"]
            }
        }]
    }
```

可以看到，JSON 简单的语法格式和清晰的层次结构明显要比 XML 容易阅读，并且在数据交换方面，由于 JSON 所使用的字符要比 XML 少得多，因此可以大大节约传输数据所占用的带宽。有不少研究表明，JSON 的传输效率高于 XML。

11.5.10　HTTP GET 请求

QNetworkAccessManager 允许应用程序发送网络请求并接收回复。QNetworkRequest 保留要给网络管理器发送的请求，并且 QNetworkReply 包含为响应返回的数据和标头。QNetworkAccessManager 有一个异步 API，这意味着它的方法总是立即返回的，不用等到它们完成，而是在请求完成时发出信号。我们通过附加到完成信号的方法来处理响应。HTTP GET 方法请求指定资源的表示形式。

下面我们来看一个实例，该实例检索指定网页的 HTML 代码。

【例 11.5】检索网页的 HTML 代码

（1）启动 PyCharm，新建一个 Python 工程，工程名是 pythonProject，这个工程作为服务端工程。在 main.py 文件中添加如下代码：

```python
from PyQt5 import QtNetwork
from PyQt5.QtCore import QCoreApplication, QUrl
import sys

class Example:
    def __init__(self):
        self.doRequest()

    def doRequest(self):
        url = "http://www.something.com"
        req = QtNetwork.QNetworkRequest(QUrl(url))
        self.nam = QtNetwork.QNetworkAccessManager()
        self.nam.finished.connect(self.handleResponse)
        self.nam.get(req)

    def handleResponse(self, reply):
        er = reply.error()
        if er == QtNetwork.QNetworkReply.NoError:
```

```
        bytes_string = reply.readAll()
        print(str(bytes_string, 'utf-8'))
    else:
        print("Error occured: ", er)
        print(reply.errorString())
    QCoreApplication.quit()


app = QCoreApplication([])
ex = Example()
sys.exit(app.exec_())
```

在上述代码中，首先通过 QNetworkRequest 将请求发送到指定的 URL。然后创建一个 QNetworkAccessManager 对象。请求完成后，将调用 handleResponse 方法。使用 get 方法触发该请求。最后，handleResponse 函数接收一个 QNetworkReply 对象。它包含已发送请求的数据和标头。如果网络回复中没有错误，我们将使用 readAll 方法读取所有数据；否则将显示错误消息。errorString 可以返回人类可读的最后发生的错误的描述。readAll 返回 QByteArray 中必须解码的数据。

（2）按【Shift+F10】快捷键运行程序，运行结果如下：

```
<!DOCTYPE HTML PUBLIC "-//IETF//DTD HTML 2.0//EN">
<html><head>
<title>301 Moved Permanently</title>
</head><body>
<h1>Moved Permanently</h1>
<p>The document has moved <a href="https://www.something.com/">here</a>.</p>
</body></html>
```

这就是网页的代码。网站地址 http://www.something.com 已经改为 https://www.something.com 了，也就是只能通过加密的方式（SSL）来访问了。

11.5.11　HTTP POST 请求

HTTP POST 方法将数据发送到服务器。请求主体的类型由 Content-Type 标头指示。POST 请求通常通过 HTML 表单发送。请求中发送的数据可以采用不同的方式进行编码。在 application/x-www-form-urlencoded 中，值被编码为键值元组，并以"&"分隔，键和值之间带有"="。非字母、数字字符采用百分比编码。multipart/form-data 用于二进制数据和文件上传。

下面我们来看一个实例，该实例将发布的请求发送到 https://httpbin.org/post 测试站点，该站点将数据以 JSON 格式返回。

【例 11.6】将发布的请求发送到测试网站

（1）启动 PyCharm，新建一个 Python 工程，工程名是 pythonProject，这个工程作为服务端工程。在 main.py 文件中添加如下代码：

```
from PyQt5 import QtCore, QtGui, QtNetwork
import sys, json


class Example:
```

```
    def __init__(self):
        self.doRequest()
    def doRequest(self):
        data = QtCore.QByteArray()
        data.append("name=Peter&")
        data.append("age=34")
        url = "https://httpbin.org/post"
        req = QtNetwork.QNetworkRequest(QtCore.QUrl(url))
        req.setHeader(QtNetwork.QNetworkRequest.ContentTypeHeader,
                    "application/x-www-form-urlencoded")
        self.nam = QtNetwork.QNetworkAccessManager()
        self.nam.finished.connect(self.handleResponse)
        self.nam.post(req, data)

    def handleResponse(self, reply):
        er = reply.error()
        if er == QtNetwork.QNetworkReply.NoError:
            bytes_string = reply.readAll()
            json_ar = json.loads(str(bytes_string, 'utf-8'))
            data = json_ar['form']
            print('Name: {0}'.format(data['name']))
            print('Age: {0}'.format(data['age']))
            print()
        else:
            print("Error occurred: ", er)
            print(reply.errorString())
        QtCore.QCoreApplication.quit()

app = QtCore.QCoreApplication([])
ex = Example()
sys.exit(app.exec_())
```

根据规范，我们对在 **QByteArray** 中发送的数据进行编码。在处理程序方法中，我们读取响应数据并将其解码。使用内置的 json 模块提取发布的数据。

（2）按【Shift+F10】快捷键运行程序，在输出窗口中可以看到运行结果如下：

```
Name: Peter
Age: 34
```

11.5.12　使用 QNetworkAccessManager 进行身份验证

基本原理是每当最终服务器在传递所请求的内容之前请求身份验证时，都会发出 authenticationRequired 信号。下面来看这样一个实例，通过 https://httpbin.org 网站来演示如何使用 QNetworkAccessManager 进行身份验证。

【例 11.7】使用 QNetworkAccessManager 进行身份验证

（1）启动 PyCharm，新建一个 Python 工程，工程名是 pythonProject，这个工程作为服务端工程。在 main.py 文件中添加如下代码：

```python
from PyQt5 import QtCore, QtGui, QtNetwork
import sys, json

class Example:
    def __init__(self):
        self.doRequest()

    def doRequest(self):
        self.auth = 0
        url = "https://httpbin.org/basic-auth/user7/passwd7"
        req = QtNetwork.QNetworkRequest(QtCore.QUrl(url))
        self.nam = QtNetwork.QNetworkAccessManager()
        self.nam.authenticationRequired.connect(self.authenticate)
        self.nam.finished.connect(self.handleResponse)
        self.nam.get(req)

    def authenticate(self, reply, auth):
        print("Authenticating")
        self.auth += 1
        if self.auth >= 3:
            reply.abort()
        auth.setUser("user7")
        auth.setPassword("passwd7")

    def handleResponse(self, reply):
        er = reply.error()
        if er == QtNetwork.QNetworkReply.NoError:
            bytes_string = reply.readAll()
            data = json.loads(str(bytes_string, 'utf-8'))
            print('Authenticated: {0}'.format(data['authenticated']))
            print('User: {0}'.format(data['user']))
            print()
        else:
            print("Error occurred: ", er)
            print(reply.errorString())
        QtCore.QCoreApplication.quit()

app = QtCore.QCoreApplication([])
ex = Example()
sys.exit(app.exec_())
```

　　在上述代码中，我们将 authenticationRequired 信号连接到 authenticate 方法。注意 authenticate 方法的第 3 个参数是类 QAuthenticator 的对象 auth，它用于传递所需的身份验证信息。如果验证失败，则 QNetworkAccessManager 会继续发出 authenticationRequired 信号。我们尝试了 3 遍，失败后终止了该过程。https://httpbin.org 以 JSON 数据作为响应，该数据包含用户名和指示认证成功的布尔值。

　　（2）按【Shift+F10】快捷键运行程序，运行结果如下：

```
Authenticating
Authenticated: True
```

```
User: user7
```

11.5.13　提取一个网站图标

网站图标是与特定网站相关的小图标，通常每个网站都有一个这样的图标，这个图标的名字是 favicon.ico。在以下实例中，我们将从网站上下载网站图标。

【例 11.8】下载网站图标

（1）启动 PyCharm，新建一个 Python 工程，工程名是 pythonProject，这个工程作为服务端工程。在 main.py 文件中添加如下代码：

```python
from PyQt5 import QtCore, QtGui, QtNetwork
import sys
class Example:
    def __init__(self):
        self.doRequest()
    def doRequest(self):
        url = "https://www.air-level.com/favicon.ico"
        req = QtNetwork.QNetworkRequest(QtCore.QUrl(url))
        self.nam = QtNetwork.QNetworkAccessManager()
        self.nam.finished.connect(self.handleResponse)
        self.nam.get(req)

    def handleResponse(self, reply):
        er = reply.error()
        if er == QtNetwork.QNetworkReply.NoError:
            data = reply.readAll()
            self.saveFile(data)
        else:
            print("Error occured: ", er)
            print(reply.errorString())
        QtCore.QCoreApplication.quit()

    def saveFile(self, data):
        f = open('favicon.ico', 'wb')
        with f:
            f.write(data)
        print("over")

app = QtCore.QCoreApplication([])
ex = Example()
sys.exit(app.exec_())
```

在上述代码中，我们使用 get 方法下载图标，图像数据通过 saveFile 方法保存在磁盘上，下载下来的图标文件保存到当前工程目录下。在 handleResponse 方法中，我们读取数据并将其保存到文件中。

（2）按【Shift+F10】快捷键运行程序，运行结果如下：

```
over
```

然后就可以在工程目录下看到图标文件 favicon.ico 了，这说明下载成功了。

11.6　FTP 开发

11.6.1　FTP 概述

1971 年，第一个 FTP 的 RFC（Request For Comments，是一系列以编号排定的文件，包含关于 Internet 几乎所有重要的文字资料）由 A.K.Bhushan 提出，同一时期由 MIT 和 Harvard 实现，即 RFC114。在随后的十几年中，FTP 的官方文档历经数次修订，直到 1985 年，一个作用至今的 FTP 官方文档 RFC959 问世。如今所有关于 FTP 的研究与应用都是基于该文档的。FTP 服务有一个重要的特点就是其实现并不局限于某个平台，在 Windows、DOS、UNIX 平台下均可搭建 FTP 客户端及服务器并实现互联互通。

互联网技术的飞速发展推动了全世界范围内资料信息的传输与共享，深刻地改变了人们的工作和生活方式。在信息时代，海量资料的共享成为人与人之间沟通的迫切需要，在实现文件资料共享的过程中，FTP 发挥了巨大的作用。

FTP 技术作为文件传输的重要手段，已经得到了广泛的使用。通常人们可以使用电子邮箱、即时通信客户端（例如 QQ）和 FTP 客户端来进行资料的传输。在这几种常用的方式中，电子邮箱必须以附件的形式来传输文件，并且对文件大小有限制；即时通信客户端中的文件传输一般要求用户双方必须在线，如今虽然增加了离线传输的功能，但该功能本质上是通过服务器暂时保存用户文件实现的，与 FTP 原理类似。此外通过这两种方式传输文件有一个共同的缺陷：需要传输的文件无法以目录系统的形式呈现给用户。所以，FTP 文件传输系统有它无可替代的优势，在文件传输领域始终占据重要地位，因此对它进行的研究颇有现实意义。

FTP 之所以在全世界流行，很大程度归功于匿名 FTP 的使用与推广。用户不需要注册就可以通过匿名 FTP 登录远程主机来获取所需的文件。所以，每一位用户都可以在匿名 FTP 主机上获取所需的文件，匿名 FTP 为世界各个角落的人提供了一条通往巨大资源库的道路，人们可以在资源库中自由下载所需要的资源，并且这个资源库还在不断地扩充中。另外，在 Internet 上，匿名 FTP 是软件分发的主要方式，许多程序通过匿名 FTP 发布，每一个程序开发者都可以搭建 FTP 服务器来发布软件。

早期的 FTP 文件传输系统以命令行的形式呈现，发展至今涌现出很多图形界面的 FTP 应用软件，比较常见的有 Flash FXP、Cute FTP、Serv-U。这些 FTP 软件都采用 C/S 架构，即包含客户端和服务器两部分，基于 FTP 实现信息交互。用户通过客户端进行基本的上传和下载操作，实现资源文件的共享。FTP 服务器通过对文件的存储和发布来即时更新资源，方便用户选择和使用。随着 FTP 技术的发展，如今大多数浏览器都集成了 FTP 下载工具，用户通过匿名登录网站的 FTP 服务器选择扩充网络上 FTP 资源的内容。然而，绝大部分网络浏览器提供的文件下载器并不具备文件资源管理功能或管理起来很不方便。

自 FTP 的第一个 RFC 版本发布以来，历经数十年的发展，海内外涌现出众多优秀的支持 FTP 的软件。国外的软件有 Serv-U、Flash FXP、Cute FTP 等，国内的软件有迅雷、网络蚂蚁、China FTP 等。其中国外的软件大部分需要付费使用，国内几乎没有 FTP 开源软件，软件质量参差不齐，难以保证安全性。

FTP 作为网络软件大集体中的老兵，虽然年纪略大，但作为教学学习的案例材料依旧非常经典，麻雀虽小，五脏俱全。本章的学习是对前面几章知识的综合运用。本章是在 Visual Studio 2015 开发环境下开发 FTP 客户端以及服务器。该 FTP 客户端与服务器均是基于 Windows 平台和标准 FTP 开发的，主要涉及 Windows 多线程网络编程的诸多技术，比如网络 I/O、线程同步等技术。本章设计的 FTP 客户端有其特色功能：支持目录传输以及断点续传，同时具备良好的人机交互界面；设计的 FTP 服务器采用了多线程技术，使得服务器能够从容应对高并发访问。此外，本章设计的服务器提供了日志显示、账户管理、权限控制等诸多功能，可以极大地方便用户管理自己的 FTP 服务器。

11.6.2　FTP 的工作原理

FTP 是一个客户机/服务器系统。用户通过一个支持 FTP 的客户机程序连接远程主机上的 FTP 服务器程序。用户通过客户机程序向服务器程序发出命令，服务器程序执行用户所发出的命令，并将执行的结果返回客户机。比如，用户发出一条命令，要求服务器向用户传送某个文件的一份副本，服务器会响应这条命令，将指定文件送至用户的机器上。客户机程序代表用户接收到这个文件，并将它存放在用户目录中。

当用户启动与远程主机间的一个 FTP 会话时，FTP 客户首先发起建立一个与 FTP 服务器端口号 21 之间的控制 TCP 连接，然后经由该控制连接把用户名和口令发送给服务器。客户经由该控制连接把本地临时分配的数据端口告知服务器，以便服务器发起建立一个从服务器端口号 20 到客户指定端口之间的数据 TCP 连接；用户执行的一些命令也由客户经由控制连接发送给服务器，例如改变远程目录的命令。当用户每次请求传送文件时（不论哪个方向），FTP 将在服务器端口号 20 上打开一个数据 TCP 连接（其发起端既可能是服务器，也可能是客户）。在数据连接上传送完本次请求需传送的文件之后，有可能关闭数据连接，到再有文件传送请求时重新打开。因此，在 FTP 中，控制连接在整个用户会话期间一直打开着，而数据连接则有可能为每次文件传送请求重新打开一次（数据连接是非持久的）。

在整个会话期间，FTP 服务器必须维护关于用户的状态。具体来说，服务器必须把控制连接与特定的用户关联起来，必须随用户在远程目录树中的游动跟踪其当前目录。为每个活跃的用户会话保持这些状态信息极大地限制了 FTP 能够同时维护的会话数。

FTP 位于 OSI 体系中的应用层，是一个用于从一台主机向另一台主机传送文件的协议，基于 C/S 架构。用户通过 FTP 客户端连接到在某个远程主机上的 FTP 服务器。用户通过 FTP 客户端向服务器发送指令，服务器根据指令的内容执行相关操作，最后将结果返回给客户端。例如，用户向 FTP 服务器发送文件下载命令，服务器收到该命令后将指定文件传送给客户端，并将执行结果返回给客户端。

FTP 系统和其他 C/S 系统的不同之处在于它在客户端和服务器之间同时建立了两条连接来实现文件的传输，分别是控制连接和数据连接。控制连接用于客户端和服务器之间的命令和响应的传递；数据连接则用于传送数据信息。

当用户通过 FTP 客户端向服务器发起一个会话的时候，客户端会和 FTP 服务器的端口 21 建立一个 TCP 连接，即控制连接。客户端使用此连接向 FTP 服务器发送所有 FTP 命令并读取所有应答。而对于大批量的数据，如数据文件或详细的目录列表，FTP 系统会建立一个独立的数据连接去传送相关数据。

11.6.3 FTP 的传输方式

FTP 的传输方式有两种：ASCII 传输方式和二进制传输方式。

1. ASCII 传输方式

假定用户正在复制的文件包含简单的 ASCII 码文本，如果在远程机器上运行的不是 UNIX，当文件传输时 FTP 通常会自动调整文件的内容以便于把文件解释成另外那台计算机存储文本文件的格式。

但是常常有这样的情况，用户正在传输的文件包含的不是文本文件，它们可能是程序、数据库、字处理文件或者压缩文件。因此，可以在复制任何非文本文件之前，用 binary 命令告诉 FTP 逐字复制。

2. 二进制传输方式

在二进制（BINARY）传输方式通常用来传送可执行文件，压缩文件和图片文件。ASCII 模式和 BINARY 模式的区别是回车换行的处理，BINARY 模式不对数据进行任何处理，ASCII 模式将回车换行转换为本机的回车字符，比如 UNIX 下是\n，Windows 下是\r\n，Mac 下是\r。

11.6.4 FTP 的工作方式

FTP 有两种不同的工作方式：PORT（主动）方式和 PASV（被动）方式。

在主动方式下，客户端先开启一个大于 1024 的随机端口，用来与服务器的 21 号端口建立控制连接，当用户需要传输数据时，在控制通道中通过使用 PORT 命令向服务器发送本地 IP 地址以及端口号，服务器会主动连接客户端发送过来的指定端口，以实现数据传输，然后在这条连接上进行文件的上传或下载。

在被动方式下，建立控制连接的过程与主动方式基本一致，但在建立数据连接的时候，客户端通过控制连接发送 PASV 命令，随后服务器开启一个大于 1024 的随机端口，将 IP 地址和此端口号发给客户端，然后客户端去连接服务器的该端口，从而建立数据传输链路。

总体来说，主动和被动是相对于服务器而言的，在建立数据连接的过程中，在主动方式下，服务器会主动请求连接到客户端的指定端口；在被动方式下，服务器在发送端口号给客户端后会被动地等待客户端连接到该端口。

当需要传送数据时，客户端开始监听端口 N+1，并在命令链路上用 PORT 命令发送 N+1 端口到 FTP 服务器，于是服务器会从自己的数据端口（20）向客户端指定的数据端口（N+1）发送连接请求，建立一条数据链路来传送数据。

FTP 客户端与服务器之间仅使用 3 个命令发起数据连接的创建：STOR（上传文件）、RETR（下载文件）和 LIST（接收一个扩展的文件目录），客户端在发送这 3 个命令后会发送 PORT 或 PASV 命令来选择传输方式。当数据连接建立之后，FTP 客户端可以和服务器互相传送文件。当数据传送完毕，发送数据方发起数据连接的关闭，例如处理完 STOR 命令后，客户端发起关闭，处理完 RETR 命令后，服务器发起关闭。

FTP 主动传输方式的具体步骤如下：

（1）客户端与服务器的 21 号端口建立 TCP 连接，即控制连接。

（2）当用户需要获取目录列表或传输文件的时候，客户端通过使用 PORT 命令向服务器发送本地 IP 地址以及端口号，期望服务器与该端口建立数据连接。

（3）服务器与客户端该端口建立第二条 TCP 连接，即数据连接。

（4）客户端和服务器通过该数据连接进行文件的发送和接收。

FTP 被动传输方式的具体步骤如下：

（1）客户端与服务器的 21 号端口建立 TCP 连接，即控制连接。

（2）当用户需要获取目录列表或传输文件的时候，客户端通过控制连接向服务器发送 PASV 命令，通知服务器采用被动传输方式。服务器收到 PASV 命令后，随即开启一个大于 1024 的端口，然后将该端口号和 IP 地址通过控制连接发送给客户端。

（3）客户端与服务器该端口建立第二条 TCP 连接，即数据连接。

（4）客户端和服务器通过该数据连接进行文件的发送和接收。

总之，FTP 主动传输方式和被动传输方式各有特点，使用主动方式可以避免服务器端防火墙的干扰，而使用被动方式可以避免客户端防火墙的干扰。

11.6.5 FTP 命令

FTP 命令主要用于控制连接，根据命令功能的不同可分为访问控制命令、传输参数命令、FTP 服务命令。所有 FTP 命令都是以网络虚拟终端（NVT）ASCII 文本的形式发送的，它们都是以 ASCII 回车或换行符结束。

由于完整的标准 FTP 指令限于篇幅不可能一一实现，因此我们只实现了一些基本的指令，并在接下来的内容里对这些指令做出详细说明。

实现的指令有 USER、PASS、TYPE、LIST、CWD、PWD、PORT、DELE、MKD、RMD、SIZE、RETR、STOR、REST、QUIT 等。

常用的 FTP 访问控制命令如表 11-3 所示。

表11-3 常用的FTP访问控制命令

命 令 名 称	功　　能
USER username	登录用户的名称，参数 username 是登录用户名。USER 命令的参数是用来指定用户的 Telnet 字符串。它用来鉴定用户。该指令通常是建立数据连接后（有些服务器需要）用户发出的第一个指令。有些服务器还需要通过 password 或 account 指令获取额外的鉴定信息。服务器允许用户为了改变访问控制和/或账户信息而发送新的 USER 指令。这会导致已经提供的用户、口令信息被清空，重新开始登录。所有的传输参数均不改变，任何正在执行的传输进程都在旧的访问控制参数下完成
PASS password	发出登录密码，参数 password 是登录该用户所需的密码。PASS 命令的参数是用来指定用户口令的 Telnet 字符串。此指令紧跟用户名指令，在某些站点它是完成访问控制不可缺少的一步。因为口令信息非常敏感，所以它的表示通常会被"掩盖"起来或什么也不显示。服务器没有十分安全的方法达到这样的显示效果，因此 FTP 客户端进程有责任去隐藏敏感的口令信息
CWD pathname	改变工作路径，参数 pathname 是指定目录的路径名称。该指令允许用户在不改变它的登录和账户信息的状态下，为存储或下载文件而改变工作目录或数据集。传输参数不会改变。它的参数是指定目录的路径名或其他系统的文件集标志符
CDUP	回到上一层目录
REIN	恢复到初始登录状态

命 令 名 称	功　　能
QUIT	退出登录，终止连接。该指令终止一个用户，如果没有正在执行的文件传输，服务器将关闭控制连接。如果有数据传输，在得到传输响应后服务器关闭控制连接。如果用户进程正在向不同的用户传输数据，不希望对每个用户关闭再打开，可以使用 REIN 指令代替 QUIT。对控制连接的意外关闭可以导致服务器运行终止（ABOR）和退出登录（QUIT）

　　所有的数据传输参数都有默认值，仅当要改变默认的参数值时才使用此指令指定数据传输的参数。默认值是最后一次指定的值，如果没有指定任何值，那么就使用标准的默认值。这意味着服务器必须"记住"合适的默认值。在 FTP 服务请求之后，指令的次序可以任意。常用的传输参数命令如表 11-4 所示。

表11-4　常用的传输参数命令

命 令 名 称	功　　能
PORT h1,h2,h3,h4,p1,p2	主动传输方式。参数为 IP（h1,h2,h3,h4）和端口号（p1*256+p2）。该指令的参数是用来进行数据连接的数据端口。客户端和服务器均有默认的数据端口，并且一般情况下，此指令和它的回应不是必需的。如果使用该指令，则参数由 32 位的 Internet 主机地址和 16 位的 TCP 端口地址串联组成。地址信息被分隔成 8 位一组，各组的值以十进制数（用字符串表示）来传输。各组之间用逗号分隔。一个端口指令如下：PORT h1,h2,h3,h4,p1,p2 这里 h1 是 Internet 主机地址的高 8 位
PASV	被动传输方式。该指令要求服务器在一个数据端口（不是默认的数据端口）监听以等待连接，而不是在接收到一个传输指令后就初始化。该指令的回应包含服务器正在监听的主机地址和端口地址
TYPE type	确定传输数据类型（A=ASCII, I=Image, E=EBCDIC）。数据表示是由用户指定的表示类型，类型可以隐含地（比如 ASCII 或 EBCDIC）或明确地（比如本地字节）定义一字节的长度，提供像"逻辑字节长度"这样的表示。注意，在数据连接上传输时使用的字节长度称为"传输字节长度"，和上面讲的"逻辑字节长度"不要弄混。例如，NVT-ASCII 的逻辑字节长度是 8 位。如果该类型是本地类型，那么 TYPE 指令必须在第二个参数中指定逻辑字节长度。传输字节长度通常是 8 位的。 ASCII 类型： 这是所有 FTP 执行必须承认的默认类型。它主要用于传输文本文件。 发送方把内部字符表示的数据转换成标准的 8 位 NVT-ASCII 表示。接收方把数据从标准的格式转换成自己内部的表示形式。与 NVT 标准保持一致，要在行结束处使用 <CRLF> 序列。使用标准的 NVT-ASCII 表示的意思是数据必须转换为 8 位的字节。 IMAGE 类型： 数据以连续的位传输，并打包成 8 位的传输字节。接收站点必须以连续的位存储数据。存储系统的文件结构（或者对于记录结构文件的每个记录）必须填充适当的分隔符，分隔符必须全部为零，填充在文件末尾（或每个记录的末尾），而且必须有识别出填充位的办法，以便接收方把它们分离出去。填充的传输方法应该充分地宣传，使得用户可以在存储站点处理文件。IMAGE 格式用于有效地传送和存储文件，以及传送二进制数据。推荐所有的 FTP 在执行时支持此类型。 EBCDIC 是 IBM 提出的字符编码方式

　　FTP 服务指令表示用户要求的文件传输或文件系统功能。FTP 服务指令的参数通常是一个路径

名。路径名的语法必须符合服务器站点的规定和控制连接的语言规定。隐含的默认值是使用最后一次指定的设备、目录或文件名，或本地用户定义的标准默认值。指令顺序通常没有限制，只有"rename from"指令后面必须是"rename to"，重新启动指令后面必须是中断服务指令（比如 STOR 或 RETR）。除确定的报告回应外，FTP 服务指令的响应总是在数据连接上传输。常用的服务命令如表 11-5 所示。

表11-5 常用的服务命令

命 令 名 称	功　　能
LIST pathname	请求服务器发送列表信息。此指令让服务器发送列表到被动数据传输过程。如果路径名指定了一个路径或其他的文件集，服务器会传送指定目录的文件列表。如果路径名指定了一个文件，服务器会传送文件的当前信息。不使用参数意味着使用用户当前的工作目录或默认目录。数据传输在数据连接上进行，使用 ASCII 类型或 EBCDIC 类型（用户必须保证表示类型是 ASCII 或 EBCDIC）。因为一个文件的信息从一个系统到另一个系统差别很大，所以此信息很难被程序自动识别，但对人类用户却很有用
RETR pathname	请求服务器向客户端发送指定文件。该指令让 server-DTP 用指定的路径名传送一个文件的复本到数据连接另一端的 server-DTP 或 user-DTP。该服务器站点上的文件状态和内容不受影响
STOR pathname	客户端向服务器上传指定文件。该指令让 server-DTP 通过数据连接接收数据传输，并且把数据存储为服务器站点的一个文件。如果指定的路径名的文件在服务器站点已经存在，那么它的内容将被传输的数据替换。如果指定的路径名的文件不存在，那么将在服务器站点新建一个文件
ABOR	中止上一次 FTP 服务命令以及所有相关的数据传输
APPE pathname	客户端向服务器上传指定文件，若该文件已存在于服务器的指定路径下，则数据将会以追加的方式写入该文件；若不存在，则在该位置新建一个同名文件
DELE pathname	删除服务器上的指定文件。此指令从服务器站点删除指定路径名的文件
REST marker	移动文件指针到指定的数据检验点。该指令的参数标记服务器要重新开始文件传输。此命令并不传送文件，而是跳到文件的指定数据检查点。此命令后应该紧跟合适的使数据重传的 FTP 服务指令
RMD pathname	此指令删除路径名中指定的目录（如果是绝对路径）或者删除当前目录的子目录（如果是相对路径）
MKD pathname	此指令创建指定路径名的目录（如果是绝对路径）或在当前工作目录创建子目录（如果是相对路径）
PWD	此指令在回应中返回当前工作目录名
CDUP	将当前目录改为服务器端的根目录，不需要更改账号信息以及传输参数
RNFR filename	指定要重命名的文件的旧路径和文件名
RNTO filename	指定要重命名的文件的新路径和文件名

11.6.6　FTP 应答码

FTP 命令的回应是为了确保数据传输请求和过程进行同步，也是为了保证用户进程总能知道服务器的状态。每条指令最少产生一个回应，虽然可能会产生多于一个的回应。对后一种情况，多个回应必须容易分辨。另外，有些指令是连续产生的，比如 USER、PASS 和 ACCT，或 RNFR 和 RNTO。如果此前的指令已经成功，则回应显示一个中间的状态。其中任何一个命令的失败都会导致全部指令序列重新开始。

FTP 应答信息指的是服务器在执行完相关命令后返回给客户端的执行结果信息，客户端通过应答码能够及时了解服务器当前的工作状态。FTP 应答码是由 3 个数字外加一些文本组成的。不同数字组合代表不同的含义，客户端不用分析文本内容就可以知晓命令的执行情况。文本内容取决于服务器，不同情况下客户端会获得不一样的文本内容。

3 个数字每一位都有一定的含义，第一位表示服务器的响应是成功的、失败的还是不完全的；第二位表示该响应是针对哪一部分的，用户可以据此了解哪一部分出了问题；第三位表示在第二位的基础上添加的一些附加信息。例如，第一个发送的命令是 USER 外加用户名，随后客户端收到应答码 331，应答码的第一位的 3 表示需要提供更多信息；第二位的 3 表示该应答是与认证相关的；与第三位的 1 一起，该应答码的含义是：用户名正常，但是需要一个密码。若使用 xyz 来表示三位数字的 FTP 应答码，表 11-6 给出了根据前两位区分的不同应答码的含义。

表11-6　根据前两位区分的不同应答码的含义

应 答 码	含 义 说 明
1yz	确定预备应答。目前为止操作正常，但尚未完成
2yz	确定完成应答。操作完成并成功
3yz	确定中间应答。目前为止操作正常，但仍需后续操作
4yz	暂时拒绝完成应答。未接受命令，操作执行失败，但错误是暂时的，所以可以稍后继续发送命令
5yz	永久拒绝完成应答。命令不被接受，并且不再重试
x0z	格式错误
x1z	请求信息
x2z	控制或数据连接
x3z	认证和账户登录过程
x4z	未使用
x5z	文件系统状态

根据表 11-6 对应答码含义的规定，表 11-7 按照功能划分列举了常用的 FTP 应答码及其具体的含义。

表11-7　常用的FTP应答码及其具体的含义

具体应答码	含 义 说 明
200	指令成功
500	语法错误，未被承认的指令
501	因参数或变量导致的语法错误
502	指令未执行
110	重新开始标记应答
220	服务为新用户准备好
221	服务关闭控制连接，适时退出
421	服务无效，关闭控制连接
125	数据连接已打开，开始传送数据
225	数据连接已打开，无传输正在进行
425	不能建立数据连接
226	关闭数据连接，请求文件操作成功

（续表）

具体应答码	含 义 说 明
426	连接关闭，传输终止
227	进入被动模式（h1,h2,h3,h4,p1,p2）
331	用户名正确，需要口令
150	文件状态良好，打开数据连接
350	请求的文件操作需要进一步的指令
451	终止请求的操作，出现本地错误
452	未执行请求的操作，系统存储空间不足
552	请求的文件操作终止，存储分配溢出
553	请求的操作没有执行

11.6.7 开发 FTP 客户端

本节主要介绍了 FTP 客户端的设计过程和具体实现方法。首先进行了需求分析，确定了客户端的界面设计方案和工作流程设计方案。然后描述了客户端程序框架，分为界面控制模块、命令处理模块和线程模块 3 部分。最后介绍了客户端主要功能的详细实现方法。

在我们具体开发 FTP 客户端之前，先要准备一个现成的 FTP 服务器软件作为服务端，以方便验证调试客户端。通常，我们不能同时开发服务端和客户端，因为这样一旦出现问题，就无法确定是开发中的服务端出错，还是开发中的客户端出错。

现成的 FTP 服务器软件很多，这里采用的是著名的个人免费 FTP 服务器软件 FtpMan，可以从网上搜索下载，或从源码目录的 somesofts 中找到。FtpMan 的安装很简单，这里不再赘述。安装后，即可启动它，主界面如图 11-18 所示。

图 11-18

c:\TEMP 是这个 FTP 服务器的当前目录。我们可以看到 Server started，说明 FTP 服务启动了。下面我们来实现客户端。

【例 11.9】实现 FTP 客户端

（1）启动 PyCharm，新建一个 Python 工程，工程名是 pythonProject。在 main.py 文件中添加如下代码：

```
import os
import sys
from PyQt5 import QtCore, QtGui, QtWidgets
```

```python
from PyQt5.Qt import *
from ftplib import FTP
import logging
import threading

class Ui_FtpFile(object):
    def __init__(self):
        self.slm = QStringListModel()
        self.ftp = FTP()
        self.select_file = ""
        self.file_list = []

    def setupUi(self, FtpFile):
        FtpFile.setObjectName("FtpFile")
        FtpFile.resize(364, 402)
        self.layoutWidget = QtWidgets.QWidget(FtpFile)
        self.layoutWidget.setGeometry(QtCore.QRect(10, 20, 341, 361))
        self.layoutWidget.setObjectName("layoutWidget")
        self.verticalLayout_2 = QtWidgets.QVBoxLayout(self.layoutWidget)
        self.verticalLayout_2.setContentsMargins(0, 0, 0, 0)
        self.verticalLayout_2.setObjectName("verticalLayout_2")
        self.horizontalLayout = QtWidgets.QHBoxLayout()
        self.horizontalLayout.setObjectName("horizontalLayout")
        self.label = QtWidgets.QLabel(self.layoutWidget)
        self.label.setObjectName("label")
        self.horizontalLayout.addWidget(self.label)
        self.lineEdit = QtWidgets.QLineEdit(self.layoutWidget)
        self.lineEdit.setObjectName("lineEdit")
        self.horizontalLayout.addWidget(self.lineEdit)
        self.label_5 = QtWidgets.QLabel(self.layoutWidget)
        self.label_5.setObjectName("label_5")
        self.horizontalLayout.addWidget(self.label_5)
        self.lineEdit_4 = QtWidgets.QLineEdit(self.layoutWidget)
        self.lineEdit_4.setObjectName("lineEdit_4")
        self.horizontalLayout.addWidget(self.lineEdit_4)
        self.verticalLayout_2.addLayout(self.horizontalLayout)
        self.horizontalLayout_2 = QtWidgets.QHBoxLayout()
        self.horizontalLayout_2.setObjectName("horizontalLayout_2")
        self.label_2 = QtWidgets.QLabel(self.layoutWidget)
        self.label_2.setObjectName("label_2")
        self.horizontalLayout_2.addWidget(self.label_2)
        self.lineEdit_2 = QtWidgets.QLineEdit(self.layoutWidget)
        self.lineEdit_2.setObjectName("lineEdit_2")
        self.horizontalLayout_2.addWidget(self.lineEdit_2)
        self.label_3 = QtWidgets.QLabel(self.layoutWidget)
        self.label_3.setObjectName("label_3")
        self.horizontalLayout_2.addWidget(self.label_3)
        self.lineEdit_3 = QtWidgets.QLineEdit(self.layoutWidget)
        self.lineEdit_3.setObjectName("lineEdit_3")
        self.horizontalLayout_2.addWidget(self.lineEdit_3)
        self.verticalLayout_2.addLayout(self.horizontalLayout_2)
```

```python
        self.label_4 = QtWidgets.QLabel(self.layoutWidget)
        self.label_4.setObjectName("label_4")
        self.verticalLayout_2.addWidget(self.label_4)
        self.horizontalLayout_3 = QtWidgets.QHBoxLayout()
        self.horizontalLayout_3.setObjectName("horizontalLayout_3")
        self.listView = QtWidgets.QListView(self.layoutWidget)
        self.listView.setObjectName("listView")
        self.horizontalLayout_3.addWidget(self.listView)
        self.verticalLayout = QtWidgets.QVBoxLayout()
        self.verticalLayout.setObjectName("verticalLayout")
        self.pushButton = QtWidgets.QPushButton(self.layoutWidget)
        self.pushButton.setObjectName("pushButton")
        self.verticalLayout.addWidget(self.pushButton)
        self.pushButton_1 = QtWidgets.QPushButton(self.layoutWidget)
        self.pushButton_1.setObjectName("pushButton")
        self.verticalLayout.addWidget(self.pushButton_1)
        self.pushButton_2 = QtWidgets.QPushButton(self.layoutWidget)
        self.pushButton_2.setObjectName("pushButton_2")
        self.verticalLayout.addWidget(self.pushButton_2)
        self.pushButton_3 = QtWidgets.QPushButton(self.layoutWidget)
        self.pushButton_3.setEnabled(False)
        self.pushButton_3.setObjectName("pushButton_3")
        self.verticalLayout.addWidget(self.pushButton_3)
        self.pushButton_4 = QtWidgets.QPushButton(self.layoutWidget)
        self.pushButton_4.setObjectName("pushButton_4")
        self.verticalLayout.addWidget(self.pushButton_4)
        self.horizontalLayout_3.addLayout(self.verticalLayout)
        self.verticalLayout_2.addLayout(self.horizontalLayout_3)
        self.retranslateUi(FtpFile)
        QtCore.QMetaObject.connectSlotsByName(FtpFile)

    def retranslateUi(self, FtpFile):
        _translate = QtCore.QCoreApplication.translate
        FtpFile.setWindowTitle(_translate("FtpFile", "FtpFile"))
        self.label.setText(_translate("FtpFile", "域名："))
        self.label_5.setText(_translate("FtpFile", "端口号："))
        self.label_2.setText(_translate("FtpFile", "登录名："))
        self.label_3.setText(_translate("FtpFile", "口令："))
        self.label_4.setText(_translate("FtpFile", "文件目录列表"))
        self.pushButton.setText(_translate("FtpFile", "查询"))
        self.pushButton_1.setText(_translate("FtpFile", "上一层"))
        self.pushButton_2.setText(_translate("FtpFile", "上传"))
        self.pushButton_3.setText(_translate("FtpFile", "下载"))
        self.pushButton_4.setText(_translate("FtpFile", "退出"))
        self.lineEdit.setText("127.0.0.1")
        self.lineEdit_4.setText("21")
        self.lineEdit_2.setText("mike")
        self.lineEdit_3.setText("123456")
        self.pushButton.clicked.connect(self.connect_button)
        self.pushButton_1.clicked.connect(self.back_button)
        self.pushButton_2.clicked.connect(self.upload_button)
```

```python
        self.pushButton_3.clicked.connect(self.download_button)
        self.listView.setModel(self.slm)
        self.listView.clicked.connect(self.select_item)
        self.listView.doubleClicked.connect(self.cd_button)

    def connect_button(self):    #连接并查询
        host = self.lineEdit.text()
        port = int(self.lineEdit_4.text())
        usr = self.lineEdit_2.text()
        pwd = self.lineEdit_3.text()
        try:
            self.ftp.connect(host,port,timeout=10)
        except:
            logging.warning('network connect time out')
            return 1001
        try:
            self.ftp.login(usr,pwd)
        except:
            logging.warning("username or password error")
            return 1002

        self.file_list = self.ftp.nlst()    #当前目录的所有文件列表
        self.slm.setStringList(self.file_list)
        #print(self.file_list)
        #file_list2 = self.ftp.sendcmd("pwd")    #当前目录位置
        #print(file_list2)

        return 1000

    def select_item(self, qModelIndex):
        self.select_file = self.file_list[qModelIndex.row()]
        #print(self.select_file)
        if "." in self.select_file:        #如果是文件，则可下载
            self.pushButton_3.setEnabled(True)
        else:                              #如果是文件夹，则不能下载
            self.pushButton_3.setEnabled(False)

    def cd_button(self):
        self.ftp.cwd(self.select_file)
        self.file_list = self.ftp.nlst()    #刷新当前目录的所有文件列表
        self.slm.setStringList(self.file_list)

    def back_button(self):
        self.ftp.cwd("..")
        self.file_list = self.ftp.nlst()    #刷新当前目录的所有文件列表
        self.slm.setStringList(self.file_list)

    def upload_button(self):
        t = threading.Thread(target=self.t,args=())
        t.start()
```

```python
    def t(self):
        file_path, filer_ = QFileDialog.getOpenFileName()
        print(file_path)
        file_name = os.path.split(file_path)[1]
        print(file_name)
        self.ftp.storbinary('stor '+file_name, open(file_path, 'rb'))

    def download_button(self):
        self.ftp.retrbinary('retr '+self.select_file, open(self.select_file,
'wb').write)
        print("download succeed")

if __name__ == '__main__':
    app = QApplication(sys.argv)
    MainWindow = QMainWindow()
    ui = Ui_FtpFile()
    ui.setupUi(MainWindow)
    MainWindow.show()
    sys.exit(app.exec_())
```

这里，笔者并没有通过 Qt Designer 以可视化方式设计界面，而是通过手写代码的方式来完成界面的设计，界面的代码主要在 setupUi 函数中。能手写界面代码，也是一个 Qt 高手的基本功。希望读者不要过分依赖工具，因为工具随时会被"卡脖子"！就像芯片设计领域，现在没有国外先进的 EDA 工具了，设计的时候就尴尬了。

（2）先运行"个人 FTP 服务器"，在 PyCharm 中按【Shift+F10】快捷键运行程序，然后单击"查询"按钮，此时运行结果如图 11-19 所示。

FTP 服务器界面如图 11-20 所示。

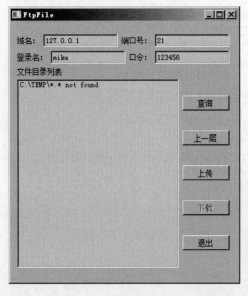

图 11-19

图 11-20

看来是连接成功了。然后我们定位到某个目录下，选中某个文件，这里是 ReadMe.txt 文件，如

图 11-21 所示。

　　单击"下载"按钮，再到工程目录下去查看，可以发现文件 ReadMe.txt 已经下载下来了，读者可自行验证一下。

　　FTP 服务器上也显示了相应的日志，如图 11-22 所示。

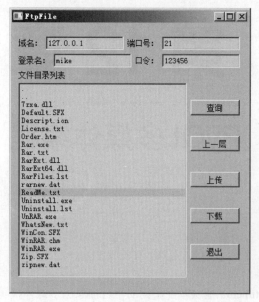

图 11-21

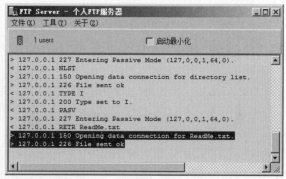

图 11-22

第12章

PyQt 多媒体编程

12.1 概　　述

PyQt 通过 Multimedia 模块提供多媒体功能。Multimedia 模块基于不同的平台抽象出多媒体接口来实现平台相关的特性和硬件加速。这些多媒体接口功能覆盖了播放视频音频、录制视频音频，其中包括多种多媒体封装格式，同样支持类似于 Camera、耳机、麦克风等设备。下面列举一些通过 Multimedia APIs 可以实现的功能：访问音频输入、输出设备，播放低延时音效，支持多媒体播放列表，音频视频编码，收音机功能，支持 Camera 的预览、拍照、录像等功能，播放 3D Positional Audio，解码音频视频到内存或者文件，获取正在录制或者播放的音频和视频数据。

Qt 多媒体模块包括多个类，表 12-1 是一些典型的多媒体应用需要用到的主要的类。

表12-1　一些典型的多媒体应用需要用到的主要的类

媒体模块中的主要类	功　　能
QMediaplayer、QMediaPlayList	播放压缩音频（MP3、AAC 等）
QSoundEffect、QSound	播放音效文件（WAV 文件）
QAudioOutput	播放低延迟的音频
QAudioInput	访问原始音频输入数据
OAudioRecorder	录制编码的音频数据
QAudioDeviceInfo	发现音频设备
QMediaPlayer、QvideoWidget、QGraphics VideoItem	视频播放
QMediaPlayer、QVideoFrame、QAbstract VideoSurface	视频处理
QCamera、QVideoWidget、QGraphicsVideoItem	摄像头取景框
QCamera、QAbstractVideoSurface、QVideoFrame	取景框预览处理
QCamera、QCameraImage Capture	摄像头拍照
QCamera、QMediaRecorder	摄像头录像
ORadioTuner、ORadioData	收听数字广播

12.2　视频播放类 QMediaPlayer

QMediaPlayer 类集成了底部包括音频输出和音频文件读取等操作,是一个高层次的、封装好的播放器内核,通过调用它可以实现输入任意格式的视频、音频播放,并实现对其播放状态的调整。

QMediaPlayer 类可以通过 setmedia()函数设置播放单个文件,也可以通过 setPlayList()函数设置一个 QMediaPlayList 类实例表示的播放列表,对列表中的文件进行播放,并且自动播放下一个文件或循环播放等。QMediaPlayer 类播放的文件可以是本地文件,也可以是网络上的媒体文件。

12.2.1　重要的成员函数

QMediaPlayer 类可以播放经过压缩的音频或视频文件,如 MP3、MP4、WMV 等文件。QMediaplayer 类可以播放单个文件,也可以和 QMediaPlayList 类联合作战,对一个播放列表进行播放。QMediaPlayer 类的主要公有成员函数和槽函数如表 12-2 所示。

表12-2　QMediaPlayer类的主要公有成员函数和槽函数

主要公有成员函数和槽函数	功　　能
def duration(self) -> int:…	获取当前文件播放时间总长,单位为 ms
def setPosition(self, position: int) -> None:…	设置当前文件播放位置,单位为 ms
void setMuted(bool muted)	设置是否静音
def isMuted(self) -> bool:…	返回静音状态,true 表示静音
def setPlaylist(self, playlist: 'QMediaPlaylist') -> None:…	设置播放列表
def playlist(self) -> 'QMediaPlaylist':…	返回播放列表
def state(self) -> 'QMediaPlayer.State':…	返回播放器的当前状态
def setVolume(self, volume: int) -> None:…	设置播放音量: 0~100
def volume(self) -> float:…	得到播放音量
def setPlaybackRate(self, rate: float) -> None:…	设置播放速度,默认是 1,表示正常速度
def setMedia(self, media: QMediaContent, stream: QtCore.QIODevice) -> None:…	设置播放的媒体文件
def currentMedia(self) -> QMediaContent:…	获取当前播放的媒体文件
@staticmethod def play(filename: str) -> None:… @typing.overload def play(self) -> None:…	开始播放
def pause(self) -> None:…	暂停播放
def stop(self) -> None:…	停止播放
def isPlaying(self) -> bool:…	是否正在播放

12.2.2　重要的信号

通过 QMediaPlayer 类播放媒体文件时,有几个有用的信号可以反映播放状态或文件信息,下面一一介绍。

1. stateChanged 信号

该信号声明如下：

```
def stateChanged(self, newState: 'QMediaPlayer.State') -> None: ...
```

该信号在调用 play()、pause()和 stop()函数时发射，可以反映播放器当前的状态。状态用子类 State(int)表示：

```
class State(int):
    StoppedState = ... #type: QMediaPlayer.State
    PlayingState = ... #type: QMediaPlayer.State
    PausedState = ... #type: QMediaPlayer.State
```

其中，QMediaPlayer.StoppedState 表示媒体播放器未播放的内容，将从当前曲目的开头开始播放；QMediaPlayer.PlayingState 表示媒体播放器当前正在播放的内容；QMediaPlayer.PausedState 表示媒体播放器已暂停播放，当前曲目的播放将从播放器暂停的位置恢复。

2. durationChanged 信号

该信号声明如下：

```
def durationChanged(self, duration: int) -> None: ...
```

该信号在文件的时间长度变化时发射，一般在切换播放文件时发射。

3. positionChanged 信号

该信号声明如下：

```
def positionChanged(self, position: int) -> None: ...
```

当前文件播放位置变化时发射该信号，可以反映文件播放进度。

4. mediaStatusChanged 信号

该信号声明如下：

```
def mediaStatusChanged(self, status: 'QMediaPlayer.MediaStatus') -> None: ...
```

当媒体的状况发生改变时，播放器会发射 mediaStatusChanged()信号，可以通过关联该信号来获取媒体加载的一些信息。媒体状态信息用子类 MediaStatus 来表示：

```
class MediaStatus(int):
    UnknownMediaStatus = ...     #type: QMediaPlayer.MediaStatus
    NoMedia = ...                #type: QMediaPlayer.MediaStatus
    LoadingMedia = ...           #type: QMediaPlayer.MediaStatus
    LoadedMedia = ...            #type: QMediaPlayer.MediaStatus
    StalledMedia = ...           #type: QMediaPlayer.MediaStatus
    BufferingMedia = ...         #type: QMediaPlayer.MediaStatus
    BufferedMedia = ...          #type: QMediaPlayer.MediaStatus
    EndOfMedia = ...             #type: QMediaPlayer.MediaStatus
    InvalidMedia = ...           #type: QMediaPlayer.MediaStatus
```

其中，UnknownMediaStatus 表示媒体状况无法确定；NoMedia 表示当前媒体不存在时，播放器处于停止状态；LoadingMedia 表示当前媒体正在被加载时，播放器可以处于任何状态；LoadedMedia 表示当前媒体已经加载完成时，播放器处于停止状态；StalledMedia 表示没有足够的缓冲或者其他临时中断而导致当前媒体的播放处于停滞时，播放器处于暂停状态；BufferingMedia 表示播放器正在缓冲数据，但已经缓冲了足够的数据以便稍后继续播放时，播放器处于播放状态或者暂停状态；BufferedMedia 表示播放器已经完全缓冲了当前媒体时，播放器处于播放状态或者暂停状态；EndOfMedia 表示已经播放到了当前媒体的结尾时，播放器处于停止状态；InvalidMedia 表示当前媒体无法播放时，播放器处于停止状态。

12.2.3　播放音频

播放音频文件的步骤如下：

（1）定义 QMediaPlayer 对象：

```
player =  QMediaPlayer()
```

（2）通过成员函数 setMedia 设置媒体文件：

```
player.setMedia(QMediaContent(QUrl.fromLocalFile("qhc.mp3")))
```

（3）设置音量：

```
player.setVolume(30) #set volume
```

（4）进行播放：

```
player.play() #start to play
```

【例 12.1】控制台播放 MP3 歌曲

（1）启动 PyCharm，新建一个 PyQt 工程，工程名是 pythonProject。
（2）把本例源码目录下的 qhc.mp3 复制到 d 盘根目录下。
（3）在工程中打开 main.py，并输入如下代码：

```
import sys
from PyQt5.QtWidgets import QApplication
from PyQt5.QtMultimedia import QMediaPlayer, QMediaContent
from PyQt5.QtCore import QUrl


if __name__ == "__main__":
    app = QApplication(sys.argv)
    player =  QMediaPlayer()
    mp3file = "d:\qhc.mp3"  #song name
    player.setMedia(QMediaContent(QUrl.fromLocalFile(mp3file)))
    player.setVolume(30) #set volume
    player.play() #start to play
    print("playing qhc.mpeg...")
    sys.exit(app.exec_())
```

我们用简洁的代码播放了一首 MP3 歌曲。首先定义 QMediaPlayer 对象，然后设置 MP3 文件，再设置音量，最后播放 MP3。

（4）按【Shift+F10】快捷键运行工程，运行结果如下：

```
playing qhc.mp3...
```

当这段文字出现的时候，音乐随之响起。这个例子说明在控制台程序也是可以播放歌曲的。但这种控制台程序的人机交互不太好，比如没有提供界面让用户添加按钮控制音量大小。在下面的实例中，我们将在图形窗口中播放歌曲，并且可以控制音量和播放进度。

【例 12.2】能控制音量的 MPEG 播放器

（1）启动 PyCharm，新建一个 PyQt 工程，工程名是 pythonProject。

（2）把本例源码目录下的 qhc.mp3 复制到 d 盘根目录下。

（3）在工程中打开 main.py，并输入如下代码：

```python
import sys
from PyQt5.QtWidgets import QWidget, QApplication, QPushButton, QSlider, QLabel
from PyQt5.QtMultimedia import QMediaPlayer, QMediaContent
from PyQt5.QtCore import QUrl, Qt
import os

class Mp3(QWidget):
    def __init__(self):
        super().__init__()
        self.initUI()
        self.control_flag = 0

    def formatTime(self, num):
        num = int(num)
        if num > 0:
            min = str(int(num / 60 + 100))[1:3]
            sec = str(int(num % 60 + 100))[1:3]
            return "%s:%s" % (str(min), str(sec))
        return "00:00"

    def initUI(self):
        mp3file = "d:\qhc.mp3"
        self,player = QMediaPlayer()
        self.player.setMedia(QMediaContent(QUrl.fromLocalFile(mp3file)))
        self.player.play()
        mp3_lbl = QLabel(os.path.basename(mp3file), self)
        mp3_lbl.move(100, 30)
        #MP3 时长
        self.time_lbl = QLabel(self)
        self.time_lbl.move(130, 60)
        self.volume_slider = QSlider(self)
        self.volume_slider.resize(10, 50)
        self.volume_slider.move(240, 80)
        self.volume_slider.valueChanged[int].connect(self.volume)
        self.player.setVolume(25)
```

```python
        self.volume_lbl = QLabel("25", self)
        self.volume_lbl.move(240, 130)
        self.play_slider = QSlider(Qt.Horizontal, self)
        self.play_slider.resize(200, 20)
        self.play_slider.move(30, 80)
        self.play_slider.sliderPressed.connect(self.setControlIn)
        self.play_slider.sliderReleased.connect(self.setControlOut)
        self.play_slider.sliderMoved.connect(self.setControlIn)
        self.player.pause()
        self.actionbtn = QPushButton("Pause", self)
        self.actionbtn.move(100, 130)
        self.actionbtn.clicked.connect(self.action)
        #信号、槽
        self.player.positionChanged.connect(self.playState)
        self.player.durationChanged.connect(self.playTime)
        self.setGeometry(300, 300, 300, 200)
        self.setWindowTitle("Mpeg")
        self.player.play()

    #按下
    def setControlIn(self):
        self.control_flag = 1

    #离开
    def setControlOut(self):
        self.control_flag = 0
        time = int(self.player.duration() / 1000)
        pos = int(self.play_slider.value() / 100 * time * 1000)
        self.player.setPosition(pos)

    #播放位置
    def playState(self):
        dur = int(self.player.position() / 1000)
        time = int(self.player.duration() / 1000)
        self.time_lbl.setText("%s/%s" % (self.formatTime(dur),
self.formatTime(time)))
        self.time_lbl.adjustSize()
        #控制进度
        if self.control_flag == 0:
            self.play_slider.setValue(int(dur / time * 100))

    def playTime(self):
        time = int(self.player.duration() / 1000)
        self.time_lbl.setText("%s/%s" % (self.formatTime(0),
self.formatTime(time)))
        self.time_lbl.adjustSize()

    def volume(self, num):
        self.player.setVolume(num)
        self.volume_lbl.setText(str(num))
```

```
        self.volume_lbl.adjustSize()

    def action(self):
        if self.actionbtn.text() == "Pause":
            self.actionbtn.setText("PLay")
            self.player.pause()
        else:
            self.actionbtn.setText("Pause")
            self.player.play()

if __name__ == "__main__":
    app = QApplication(sys.argv)
    ex = Mp3()
    ex.show()
    sys.exit(app.exec_())
```

（4）按【Shift+F10】快捷键运行工程，运行结果如图 12-1 所示。

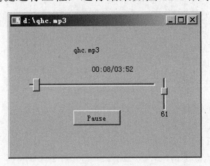

图 12-1

在界面上，Pause 按钮可以用来控制歌曲暂停，再按该按钮，又可以继续播放。右边的竖状滑块可以用来调节音量，越往上滑动，音量越大。

12.3　视频部件类 QVideoWidget

通过 QMediaPlayer 类除了可以用来播放音频外，还可以用来播放视频。但播放视频的时候，QMediaPlayer 类的主要作用是对视频文件进行解码，解码后的帧需要在界面组件上显示，从而达到播放视频的效果。视频显示的界面组件有 QVideoWidget 或 QGraphicsVideoItem，可以直接使用，也可以从这两个类继承，自定义视频显示组件。另外，QMediaPlayer 类也可以结合 QMediaPlayList 实现视频文件列表播放。

值得注意的是，要在 Qt 程序播放视频（比如 MP4），需要预先在操作系统中安装视频解码器，推荐安装 LAVFilters，读者可以去网上下载，在 somesoft 下也可以找到。

这里，我们使用 QVideoWidget 作为视频显示的界面组件。要在工程中使用 QVideoWidget 类，需要在文件开头添加 from PyQt5.QtMultimediaWidgets import QVideoWidget。另外，我们还需要使用 QMediaPlayer 类来控制播放。

QVideoWidget 是一个用来展示视频和播放视频的控件，可以理解为是 QMediaPlayer 的一个输出端。要使用 QVideoWidget，需要先定义一个 QMediaPlayer，然后将 QMediaPlayer 的 VideoOutput 设置为 QVideoWidget 对象，比如：

```
player = QMediaPlayer()
vw=QVideoWidget()  #实例化 QVideoWidget
player.setVideoOutput(vw);
```

然后就可以设置媒体文件并播放了：

```
player.setMedia(QMediaContent(QUrl.fromLocalFile("d:\\news.mp4")))
player.play(); #开始播放
```

值得注意的是，在 Windows 上需要安装 LAVFilter 等解码器才能支持很多播放格式。

QVideoWidget 是一个用来展示视频的类，需要先定义一个 QMediaPlayer 对象，然后将 QMediaPlayer 的 VideoOutput 设置为 QVideoWidget 对象。QVideoWidget 的常用成员函数如下：

```
#渲染视频到 QAbstractVideoSurface 输出
def videoSurface(self) -> QtMultimedia.QAbstractVideoSurface: ...
#饱和度改变信号
def saturationChanged(self, saturation: int) -> None: ...
#色调改变信号
def hueChanged(self, hue: int) -> None: ...
#对比度改变信号
def contrastChanged(self, contrast: int) -> None: ...
#亮度改变信号
def brightnessChanged(self, brightness: int) -> None: ...
#全屏状态改变信号
def fullScreenChanged(self, fullScreen: bool) -> None: ...
#设置饱和度
def setSaturation(self, saturation: int) -> None: ...
#设置色调
def setHue(self, hue: int) -> None: ...
#设置对比度
def setContrast(self, contrast: int) -> None: ...
#设置亮度
def setBrightness(self, brightness: int) -> None: ...
#设置宽高比
def setAspectRatioMode(self, mode: QtCore.Qt.AspectRatioMode) -> None: ...
#设置全屏状态
def setFullScreen(self, fullScreen: bool) -> None: ...
#得到饱和度
def saturation(self) -> int: ...
#得到色调
def hue(self) -> int: ...
#得到对比度
def contrast(self) -> int: ...
#得到亮度
def brightness(self) -> int: ...
#得到屏幕高宽比
def aspectRatioMode(self) -> QtCore.Qt.AspectRatioMode: ...
#得到视频媒体对象
```

```
def mediaObject(self) -> QtMultimedia.QMediaObject: ...
```

下面来看一个小例子，在控制台上播放一个视频。

【例 12.3】控制台播放 MP4 视频

（1）启动 PyCharm，新建一个 PyQt 工程，工程名是 pythonProject。

（2）把本例源码目录下的 news.mp4 复制到 d 盘根目录下。

（3）在工程中打开 main.py，并输入如下代码：

```python
from PyQt5.QtWidgets import *
from PyQt5.QtMultimedia import *
from PyQt5.QtMultimediaWidgets import QVideoWidget
from PyQt5.QtCore import QUrl, Qt
import sys
if __name__ == '__main__':
    app = QApplication(sys.argv)
    widget = QWidget();
    widget.resize(400, 300); #调整部件大小
    player = QMediaPlayer()
    vw=QVideoWidget() #实例化 QVideoWidget
    layout = QVBoxLayout();
    layout.addWidget(vw);
    widget.setLayout(layout);
    player.setVideoOutput(vw);
    player.setMedia(QMediaContent(QUrl.fromLocalFile("d:\\news.mp4")))
    player.play(); #开始播放
    widget.show(); #显示部件窗口
    sys.exit(app.exec_())
```

因为使用 widget 需要预先定义 QApplication 对象，所以我们开始定义了 QApplication 对象 app。然后定义了布局 QVBoxLayout 对象，并把 QVideoWidget 对象加入布局中，接着调用 QWidget::setLayout 设置布局到部件中，这样视频就可以在 widget 上播放了。

（4）按【Shift+F10】快捷键运行工程，运行结果如图 12-2 所示。

注意：运行该例之前，要先安装 LAVFilters。

前面我们用简洁的代码演示了如何播放一个 MP4 视频文件，虽然程序功能很小，但对于教学和学习来说，刚开始接触，越简单、越简洁的例子越合适，如果刚开始就给出一个功能完全的例子，往往会让初学者学习的时候错误百出，顾此失彼，还抓不着重点。在掌握最简单、最核心的代码的基础上，再慢慢拓展新功能，比如在下一节的例子中将稍微拓展一点新功能。

图 12-2

12.4 播放列表类 QMediaPlaylist

QMediaPlaylist 是一个列表，它可以保存媒体文件，包括媒体路径等信息，它具有列表的性能，比如添加、删除、插入等，但它能做的比单纯的存储要多得多，设置播放顺序、对播放的控制、保存到本地、从本地读取都可以很方便地实现。

QMediaPlaylist 表面上只是一个媒体播放列表，保存了很多媒体路径，其实远不止这些。此类有一个函数 setPlaybackMode 可以设置播放模式为播放一次、单循环、顺序播放、列表循环、随机播放，这个函数为我们提供了很大的便利。

此类提供了大量的信号，而且提供了好几种加载的方法，其中就有通过网络请求的。我们只需要对这个类进行控制，就能很好地安排这个播放过程和播放的形式。

QMediaPlaylist 类可以为 QMediaPlayer 提供一个播放列表，它其实是 QMediaContent 对象的列表。QMediaPlayer 通过 setPlayList 函数来设置一个播放列表；QMediaPlaylist 通过 addMedia 函数向播放列表添加一个媒体文件；QMediaPlaylist 类的播放模式 PlaybackMode 其实是一个子类，定义如下：

```python
class PlaybackMode(int):
    CurrentItemOnce = ...    #type: QMediaPlaylist.PlaybackMode
    CurrentItemInLoop = ...  #type: QMediaPlaylist.PlaybackMode
    Sequential = ...         #type: QMediaPlaylist.PlaybackMode
    Loop = ...               #type: QMediaPlaylist.PlaybackMode
    Random = ...             #type: QMediaPlaylist.PlaybackMode
```

其中，CurrentItemOnce 表示当前选中的媒体文件仅播放一次；CurrentItemInLoop 表示当前选中的媒体文件循环播放；Sequential 表示从当前选中的媒体文件开始，列表中的文件顺序播放一次直到最后一个文件；Loop 表示列表中的文件顺序循环播放；Random 表示列表中的文件随机播放。

QMediaPlaylist 成员函数如下：

```python
#@typing.overload，向列表添加单个媒体文件
def addMedia(self, content: QMediaContent) -> bool: ...
#@typing.overload，向列表添加多个媒体文件
def addMedia(self, items: typing.Iterable[QMediaContent]) -> bool: ...
#上一个文件
def previous(self) -> None: ...
#下一个文件
def next(self) -> None: ...
#媒体顺序洗牌，重建媒体的索引
def shuffle(self) -> None: ...
#根据位置参数移动媒体文件
def moveMedia(self, from_: int, to: int) -> bool: ...
#播放列表错误字符串信息
def errorString(self) -> str: ...
#列表错误状态
def error(self) -> 'QMediaPlaylist.Error': ...
#保存列表 QUrl 指定位置
@typing.overload
def save(self, location: QtCore.QUrl, format: typing.Optional[str] = ...) ->
bool: ...
#保存列表到 IO 设备
```

```
@typing.overload
def save(self, device: QtCore.QIODevice, format: str) -> bool: ...
#加载网络媒体
@typing.overload
def load(self, request: QtNetwork.QNetworkRequest, format: typing.Optional[str]
= ...) -> None: ...
#加载本地媒体文件
@typing.overload
def load(self, location: QtCore.QUrl, format: typing.Optional[str] = ...) ->
None: ...
#加载 IO 设备文件
@typing.overload
def load(self, device: QtCore.QIODevice, format: typing.Optional[str] = ...)
-> None: ...
#清空列表
def clear(self) -> bool: ...
#删除列表中指定位置的文件
@typing.overload
def removeMedia(self, pos: int) -> bool: ...
#删除列表中 start 到 end 之间的文件
@typing.overload
def removeMedia(self, start: int, end: int) -> bool: ...
#向播放列表插入一个媒体文件
@typing.overload
def insertMedia(self, index: int, content: QMediaContent) -> bool: ...
#向播放列表插入多个媒体文件
@typing.overload
def insertMedia(self, index: int, items: typing.Iterable[QMediaContent]) ->
bool: ...
#向列表添加单个媒体文件
@typing.overload
def addMedia(self, content: QMediaContent) -> bool: ...
#向列表添加多个媒体文件
@typing.overload
def addMedia(self, items: typing.Iterable[QMediaContent]) -> bool: ...
#是否只读
def isReadOnly(self) -> bool: ...
#列表是否为空
def isEmpty(self) -> bool: ...
#统计播放列表的文件数量
def mediaCount(self) -> int: ...
#获得指定索引的媒体文件
def media(self, index: int) -> QMediaContent: ...
#当前播放文件的上一个文件索引
def previousIndex(self, steps: int = ...) -> int: ...
#当前播放文件的下一个文件索引
def nextIndex(self, steps: int = ...) -> int: ...
#获得当前播放的媒体文件
def currentMedia(self) -> QMediaContent: ...
#当前播放的媒体文件在列表中的索引
def currentIndex(self) -> int: ...
#设置列表播放模式
def setPlaybackMode(self, mode: 'QMediaPlaylist.PlaybackMode') -> None: ...
#获取列表播放模式
def playbackMode(self) -> 'QMediaPlaylist.PlaybackMode': ...
```

```
#视频媒体对象
def mediaObject(self) -> QMediaObject: ...
```

　　根据播放列表源实现的不同，大多数播放列表的操作可以是异步的。下面我们来实现一个较为完善的视频播放器。

【例 12.4】带列表的视频播放器

　　（1）启动 PyCharm，新建一个 PyQt 工程，工程名是 pythonProject。

　　（2）在工程中新建一个 mywin.py 文件，这个文件主要是存放界面窗口、控件之类的代码，限于篇幅不再演示，可以直接参考源码。我们的视频播放器支持把多个视频文件放在一个列表框中，然后可以循环播放等，也可以在窗口上单击"下一部"按钮，直接去播放列表中的下一部视频。另外，也可以调节音量。所有的界面元素代码都是手工创建的，并没有动用 Qt Designer。

　　（3）实现功能逻辑代码。在工程中打开 main.py，并输入如下代码：

```python
from PyQt5.QtGui import QIcon
import os
import sys
from PyQt5.QtCore import QDateTime, QUrl
from PyQt5.QtMultimedia import QMediaPlayer, QMediaContent, QMediaPlaylist
from PyQt5.QtWidgets import QMainWindow, QFileDialog, QApplication, QSlider

from mywin import Ui_MainWindow

class Video_win(QMainWindow, Ui_MainWindow):
    def __init__(self):
        super(Video_win, self).__init__()
        self.setupUi(self)
        self.player = QMediaPlayer()
        self.player.setVideoOutput(self.videoout)
        #播放列表
        self.playlist = QMediaPlaylist()
        self.player.setPlaylist(self.playlist)
        #当前播放的进度，显示调整视频进度条
        self.timeSlider.setValue(0)
        self.timeSlider.setMinimum(0)
        self.player.positionChanged.connect(self.get_time)
        self.timeSlider.sliderPressed.connect(self.player.pause)
        self.timeSlider.sliderMoved.connect(self.change_time)
        self.timeSlider.sliderReleased.connect(self.player.play)

        #当前播放音量
        self.volumeSlider.setValue(50)
        self.volumeSlider.setTickInterval(10)
        self.volumeSlider.setTickPosition(QSlider.TicksBelow)   #刻度位置
        self.volumeSlider.valueChanged.connect(self.change_volume)  #修改音量
        #打开文件
        self.actionfiles.triggered.connect(self.open_file)
        #打开文件夹
        self.actiondirs.triggered.connect(self.open_dir)
        #通过列表切换视频
        self.listvidename.itemClicked.connect(self.change_by_list)
        #快进
```

```python
        self.right_button.clicked.connect(self.up_time)
        #play
        self.play_button.clicked.connect(self.player.play)
        #pause
        self.mid_button.clicked.connect(self.player.pause)
        #快退
        self.left_button.clicked.connect(self.down_time)
        #下一部
        self.actionnext.triggered.connect(self.next_video)
        #上一部
        self.actionprevious.triggered.connect(self.previous_video)
        #默认设置顺序循环播放
        self.playlist.setPlaybackMode(QMediaPlaylist.Loop)
        #改变播放顺序
        self.playlistBox.activated.connect(self.change_PlayBackMode)
        #美化按钮，PNG 图片在工程目录下，所以这里用了相对路径./
        self.play_button.setIcon(QIcon('./pl.png'))
        self.mid_button.setIcon(QIcon('./pu.png'))
        self.left_button.setIcon(QIcon('./back.png'))
        self.right_button.setIcon(QIcon('./front.png'))
        self.setWindowTitle("我的视频播放器")   #设置窗口标题

    #切换播放模式
    def change_PlayBackMode(self, num):
        self.actionnext.setEnabled(True)
        if num == 0:
            self.playlist.setPlaybackMode(QMediaPlaylist.Loop)    #顺序循环播放
        if num == 1:
            self.playlist.setPlaybackMode(QMediaPlaylist.Random) #随机播放
        if num == 2: #当前视频循环播放
            self.playlist.setPlaybackMode(QMediaPlaylist.CurrentItemInLoop)
            self.actionnext.setDisabled(True)

    #获取进度条进度
    def get_time(self, num):
        self.timeSlider.setMaximum(self.player.duration())
        self.timeSlider.setValue(num)
        d = QDateTime.fromMSecsSinceEpoch(num).toString("mm:ss")
        all = self.player.duration()
        all_d = QDateTime.fromMSecsSinceEpoch(all).toString("mm:ss")
        self.nowtime.setText(d + '/ ' + all_d)

    #下一部
    def next_video(self):
        self.playlist.next()
        num = self.playlist.currentIndex()
        self.listvidename.setCurrentRow(num)
        #self.player.play()

    #上一部
    def previous_video(self):
        self.playlist.previous()
        num = self.playlist.currentIndex()
        self.listvidename.setCurrentRow(num)
        self.player.play()
```

```python
#选取文件
def open_file(self):
    urls = QFileDialog.getOpenFileUrls()[0]
    for url in urls:
        yu = url.toString()
        drv, left = os.path.split(yu)
        self.listvidename.addItem(left)
        content = QMediaContent(url)
        self.playlist.addMedia(content)
    num = self.playlist.mediaCount() - len(urls)
    self.playlist.setCurrentIndex(num)
    self.listvidename.setCurrentRow(num)
    self.player.play()

#选取文件夹
def open_dir(self):
    dir = QFileDialog.getExistingDirectory()
    files = os.listdir(dir)
    for file in files:
        self.listvidename.addItem(file)
        url = os.path.join(dir, file)
        Qurl = QUrl.fromLocalFile(url)
        content = QMediaContent(Qurl)
        self.playlist.addMedia(content)
    self.playlist.setCurrentIndex(0)
    self.listvidename.setCurrentRow(0)
    self.player.play()

#调节音量
def change_volume(self, num):
    self.volume.setText(str(num))
    self.player.setVolume(num)

#调节播放进度
def change_time(self, num):
    self.player.setPosition(num)

#快进
def up_time(self):
    num = self.player.position() + int(self.player.duration() / 20)
    self.player.setPosition(num)

def down_time(self):
    num = self.player.position() - int(self.player.duration() / 20)
    self.player.setPosition(num)

#获取进度条进度
def get_time(self, num):
    self.timeSlider.setMaximum(self.player.duration())
    self.timeSlider.setValue(num)
    d = QDateTime.fromMSecsSinceEpoch(num).toString("mm:ss")
    all = self.player.duration()
    all_d = QDateTime.fromMSecsSinceEpoch(all).toString("mm:ss")
```

```
        self.nowtime.setText(d + '/ ' + all_d)

    #通过单击播放列表切换视频
    def change_by_list(self, current):
        index = self.listvidename.currentRow()
        self.playlist.setCurrentIndex(index)
        self.player.play()

    #调节播放进度
    def change_time(self, num):
        self.player.setPosition(num)

if __name__ == '__main__':
    app = QApplication(sys.argv)
    win = Video_win()
    win.show()
    sys.exit(app.exec())
```

其实功能很简单，看注释就能看懂每个槽函数的意义。对于选取文件这个方法，目的是保证添加多个文件后播放的是第一个文件，并且保证播放文件的名称在播放列表中是高亮显示的，可以多次添加。

对于打开文件夹，这里需要把文件名和文件夹路径拼接起来传给 QMediaContent。对于显示进度条，这里需要注意一点，self.timeSlider 的最大值放在槽函数里面，原因是这段代码只显示分和秒，不显示时，all 是总时间，单位是毫秒，换算成时、分、秒即可，num 是已经播放的时间，修改和前面一样。

对于切换播放模式，这里是结合 ComboBox 控件来选择模式，它的列表元素被选中后会反射 index，根据 box 里面的每行对应的内容匹配对应模式。

播放列表用到了 QMediaPlaylist 类，这个类我们第一次碰到，但用法不难，无非是一些常见的列表操作，比如添加项目、删除项目等。这里把文件名添加到播放列表，并把文件路径通过 split 切割了一下。

（4）按【Shift+F10】快捷键运行程序，运行结果如图 12-3 所示。

图 12-3